U0350875

西北旱区生态水利学术著作丛书

丹汉江流域水土流失非点源污染过程与调控研究

李占斌　张秦岭　李　鹏
宋晓强　同新奇　徐国策　著

科学出版社
北京

内 容 简 介

本书依据丹汉江流域自然条件、社会经济、侵蚀环境特征和水沙变化特点，结合丹汉江流域土地利用变化及景观格局变化特征，确定丹汉江水源区非点源污染物的空间分布和负荷。通过模拟实验和定位观测，阐明坡面尺度上径流-泥沙-污染物的迁移过程，建立径流-泥沙-污染物的流失关系，揭示梯田建设对坡面养分的调控作用；阐明小流域尺度上氮磷流失迁移规律和自净能力，并从景观格局演变的角度分析土地利用变化与水质之间的动态响应关系。据此评价丹汉江流域水土保持治理效益，对未来不同治理情景下水土流失与非点源排放量进行预测，为丹汉江水源区水土保持治理与水源保护提供有力支持。

本书可为科研院所和高等院校土壤侵蚀、非点源污染、水土保持、生态水文以及环境经济、环境保护等研究方向的广大科研人员和师生提供参考。

图书在版编目（CIP）数据

丹汉江流域水土流失非点源污染过程与调控研究/李占斌等著. —北京：科学出版社，2017.7

（西北旱区生态水利学术著作丛书）

ISBN 978-7-03-053347-0

Ⅰ. ①丹… Ⅱ. ①李… Ⅲ. ①水土流失–流域污染–非点污染源–污染控制–研究–陕西 Ⅳ. ①X522

中国版本图书馆 CIP 数据核字（2017）第 132625 号

责任编辑：祝　洁　杨　丹　白　丹／责任校对：赵桂芬
责任印制：张　倩／封面设计：迷底书装

科 学 出 版 社 出版
北京东黄城根北街 16 号
邮政编码：100717
http://www.sciencep.com
北京通州皇家印刷厂 印刷
科学出版社发行　各地新华书店经销

*

2017 年 8 月第 一 版　开本：720×1000　1/16
2017 年 8 月第一次印刷　印张：25 1/2　插页：5
字数：520 000
定价：198.00 元
（如有印装质量问题，我社负责调换）

总　序　一

　　水资源作为人类社会赖以延续发展的重要要素之一，主要来源于以河流、湖库为主的淡水生态系统。这个占据着少于 1%地球表面的重要系统虽仅容纳了地球上全部水量的 0.01%，但却给全球社会经济发展提供了十分重要的生态服务，尤其是在全球气候变化的背景下，健康的河湖及其完善的生态系统过程是适应气候变化的重要基础，也是人类赖以生存和发展的必要条件。人类在开发利用水资源的同时，对河流上下游的物理性质和生态环境特征均会产生较大影响，从而打乱了维持生态循环的水流过程，改变了河湖及其周边区域的生态环境。如何维持水利工程开发建设与生态环境保护之间的友好互动，构建生态友好的水利工程技术体系，成为传统水利工程发展与突破的关键。

　　构建生态友好的水利工程技术体系，强调的是水利工程与生态工程之间的交叉融合，由此促使生态水利工程的概念应运而生，这一概念的提出是新时期社会经济可持续发展对传统水利工程的必然要求，是水利工程发展史上的一次飞跃。作为我国水利科学的国家级科研平台，"西北旱区生态水利工程省部共建国家重点实验室培育基地（西安理工大学）"是以生态水利为研究主旨的科研平台。该平台立足我国西北旱区，开展旱区生态水利工程领域内基础问题与应用基础研究，解决了若干旱区生态水利领域内的关键科学技术问题，已成为我国西北地区生态水利工程领域高水平研究人才聚集和高层次人才培养的重要基地。

　　《西北旱区生态水利学术著作丛书》作为重点实验室相关研究人员近年来在生态水利研究领域内代表性成果的凝炼集成，广泛深入地探讨了西北旱区水利工程建设与生态环境保护之间的关系与作用机理，丰富了生态水利工程学科理论体系，具有较强的学术性和实用性，是生态水利工程领域内重要的学术文献。丛书的编纂出版，既是重点实验室对其研究成果的总结，又对今后西北旱区生态水利工程的建设、科学管理和高效利用具有重要的指导意义，为西北旱区生态环境保护、水资源开发利用及社会经济可持续发展中亟待解决的技术及政策制定提供了重要的科技支撑。

中国科学院院士　王光谦

2016 年 9 月

总　序　二

　　近 50 年来全球气候变化及人类活动的加剧，影响了水循环诸要素的时空分布特征，增加了极端水文事件发生的概率，引发了一系列社会-环境-生态问题，如洪涝、干旱灾害频繁，水土流失加剧，生态环境恶化等。这些问题对于我国生态本底本就脆弱的西北地区而言更为严重，干旱缺水（水少）、洪涝灾害（水多）、水环境恶化（水脏）等严重影响着西部地区的区域发展，制约着西部地区作为"一带一路"国家战略桥头堡作用的发挥。

　　西部大开发水利要先行，开展以水为核心的水资源-水环境-水生态演变的多过程研究，揭示水利工程开发对区域生态环境影响的作用机理，提出水利工程开发的生态约束阈值及减缓措施，发展适用于我国西北旱区河流、湖库生态环境保护的理论与技术体系，确保区域生态系统健康及生态安全，既是水资源开发利用与环境规划管理范畴内的核心问题，又是实现我国西部地区社会经济、资源与环境协调发展的现实需求，同时也是对"把生态文明建设放在突出地位"重要指导思路的响应。

　　在此背景下，作为我国西部地区水利学科的重要科研基地，西北旱区生态水利工程省部共建国家重点实验室培育基地（西安理工大学）依托其在水利及生态环境保护方面的学科优势，汇集近年来主要研究成果，组织编纂了《西北旱区生态水利学术著作丛书》。该丛书兼顾理论基础研究与工程实际应用，对相关领域专业技术人员的工作起到了启发和引领作用，对丰富生态水利工程学科内涵、推动生态水利工程领域的科技创新具有重要指导意义。

　　在发展水利事业的同时，保护好生态环境，是历史赋予我们的重任。生态水利工程作为一个新的交叉学科，相关研究尚处于起步阶段，期望以此丛书的出版为契机，促使更多的年轻学者发挥其聪明才智，为生态水利工程学科的完善、提升做出自己应有的贡献。

中国工程院院士

2016 年 9 月

总 序 三

我国西北干旱地区地域辽阔、自然条件复杂、气候条件差异显著、地貌类型多样，是生态环境最为脆弱的区域。20 世纪 80 年代以来，随着经济的快速发展，生态环境承载负荷加大，遭受的破坏亦日趋严重，由此导致各类自然灾害呈现分布渐广、频次显增、危害趋重的发展态势。生态环境问题已成为制约西北旱区社会经济可持续发展的主要因素之一。

水是生态环境存在与发展的基础，以水为核心的生态问题是环境变化的主要原因。西北干旱生态脆弱区由于地理条件特殊，资源性缺水及其时空分布不均的问题同时存在，加之水土流失严重导致水体含沙量高，对种类繁多的污染物具有显著的吸附作用。多重矛盾的叠加，使得西北旱区面临的水问题更为突出，急需在相关理论、方法及技术上有所突破。

长期以来，在解决如上述水问题方面，通常是从传统水利工程的逻辑出发，以人类自身的需求为中心，忽略甚至破坏了原有生态系统的固有服务功能，对环境造成了不可逆的损伤。老子曰"人法地，地法天，天法道，道法自然"，水利工程的发展绝不应仅是工程理论及技术的突破与创新，而应调整以人为中心的思维与态度，遵循顺其自然而成其所以然之规律，实现由传统水利向以生态水利为代表的现代水利、可持续发展水利的转变。

西北旱区生态水利工程省部共建国家重点实验室培育基地（西安理工大学）从其自身建设实践出发，立足于西北旱区，围绕旱区生态水文、旱区水土资源利用、旱区环境水利及旱区生态水工程四个主旨研究方向，历时两年筹备，组织编纂了《西北旱区生态水利学术著作丛书》。

该丛书面向推进生态文明建设和构筑生态安全屏障、保障生态安全的国家需求，瞄准生态水利工程学科前沿，集成了重点实验室相关研究人员近年来在生态水利研究领域内取得的主要成果。这些成果既关注科学问题的辨识、机理的阐述，又不失在工程实践应用中的推广，对推动我国生态水利工程领域的科技创新，服务区域社会经济与生态环境保护协调发展具有重要的意义。

中国工程院院士

2016 年 9 月

前　　言

　　水土流失是我国的头号环境问题，伴随着社会经济的发展和点源污染控制措施的实施，非点源污染逐渐成为我国环境问题中又一个突出问题。非点源污染与水土流失相互交错叠加，且随着水土流失过程而不断发展，水土流失和非点源污染对流域和下游的水体质量和水环境造成了不同程度的破坏。南水北调中线工程水源区的陕西省丹汉江流域也面临着同样严峻的形势，陕西省水源区面积和入库产流量占丹江口水库总控制面积和入库径流总量的 70% 以上。虽然陕西省总体水质良好，能满足调水的要求，但在"八山一水一分田"的地理格局下，加之水源区山高坡陡，土层极薄，夏季暴雨频发，大量坡耕地成为水土流失和非点源污染的主要源地，同时由于广大农村人口聚居区生活污水和垃圾污染防治措施欠缺，导致丹汉江部分支流出现了超Ⅲ类标准的水质。因此，改善库区周边及上游地区的生态环境，保护好丹江口库区的优良水质刻不容缓。

　　非点源污染成因复杂，来源多样，分散隐蔽，与水土流失关系密切，也与当地的自然条件、农村生产生活方式关系密切。因此，非点源污染的治理既不能简单照搬其他地区的经验，也不能靠主观臆断，必须把治理决策建立在坚实的科学研究之上。鉴于此，2009 年年初，陕西省水土保持局启动了"陕西省丹汉江水源区水土流失非点源污染过程与调控研究"课题，以期摸清陕南非点源污染情况及其与水土流失的关系，为保障南水北调中线工程的顺利实施和陕南区域经济社会的可持续发展提供科技支撑。

　　课题沿着"理论—技术—试验—示范—推广"途径，开展了系列的机理探索、技术创新、模式集成和示范推广。课题组先后联合了中国科学院水利部水土保持研究所、西北农林科技大学、商洛学院等多个科研院所、高校及相关单位的技术人员，在商洛市、安康市、汉中市及区县水土保持管理部门的支持下，围绕丹汉江流域非点源污染状况、非点源污染与农村生产生活方式的关系、非点源污染变化和迁移过程与土壤侵蚀的关系、传统水土保持措施控制非点源污染效果、生态清洁型流域技术措施体系等方面，分大中小三个尺度，对丹汉江干流、六条小流域和两百多个小区进行了连续 6 年的观测研究，采集了五万多个土样、水样，分析化验取得了六十多万组数据，为本书的形成奠定了坚实基础。

　　随着国家"五位一体"和生态文明战略的提出,"绿水青山就是金山银山"的生态建设理念逐步深入人心。课题组总结"陕西省丹汉江水源区水土流失非点源污染过程与调控研究"课题的研究成果,凝练成书以飨读者,以期在总结经验的同时,为未来研究奠定更好的基础。本书由李占斌组织并撰写,张秦岭、李鹏、宋晓强、同新奇、徐国策等负责主要撰写工作;唐润芒、沈冰、李怀恩、张铁钢、成玉婷、刘晓君、刘泉、许婷、龙菲菲、黄萍萍、干星、王添、杨媛媛、孙倩、王飞超、马田田、高海东、程圣东、刘刚、彭圆圆、李婧、张雁、黄小菲、刘伟佳、吴旸、李雄飞、寇龙等参与了部分章节的撰写工作。还有一大批水土保持工作管理人员、现场监测工作人员和室内测试分析人员等,对本书成稿作出了贡献,在此一并表示感谢。

　　同时感谢国家自然科学基金项目(41401316、41471226、41330858、51609196、41601092、41071182)和陕西省青年科技新星计划项目(2016KJXX-68)的资助。

　　由于作者水平有限,书中疏漏之处在所难免,敬请同行专家与广大读者批评指正。

目　　录

总序一

总序二

总序三

前言

第1章　绪论 ··· 1

1.1　坡面产流产沙与养分流失 ·· 2

1.1.1　坡面覆盖对产流产沙的影响 ······································ 2

1.1.2　植被覆盖对氮磷流失的影响 ······································ 3

1.1.3　耕作方式对氮磷流失的影响 ······································ 4

1.1.4　水土保持措施对氮磷流失的影响 ································ 4

1.2　流域非点源污染过程与控制 ·· 5

1.2.1　非点源污染的发生机理 ·· 5

1.2.2　土地利用变化对非点源污染的影响 ····························· 8

1.3　非点源污染的研究方法与模型研究进展 ······························· 9

参考文献 ·· 11

第2章　丹汉江流域概况 ··· 21

2.1　自然条件 ·· 21

2.1.1　地形地貌 ··· 22

2.1.2　土壤 ·· 22

2.1.3　水文地质 ··· 23

2.1.4　植被与土地利用 ·· 23

2.1.5　水资源及利用状况 ··· 25

2.1.6　水土流失现状 ·· 25

2.1.7　水土保持发展历史 ··· 26

2.2　农村社会经济条件 ··· 27

2.2.1　人口及组成 ·· 27

2.2.2　农村社会经济 ·· 28

2.3　水土流失与非点源污染状况 ·· 30

2.3.1 水土流失类型 ·················· 30

2.3.2 水土流失的危害 ·················· 30

2.3.3 水土流失的原因 ·················· 31

2.3.4 非点源污染状况 ·················· 32

参考文献 ·················· 33

第3章 丹汉江流域侵蚀环境特征 ·················· 34

3.1 典型小流域侵蚀环境特征 ·················· 34

3.1.1 降雨与侵蚀 ·················· 34

3.1.2 土壤理化性质变化特征 ·················· 42

3.1.3 土壤可蚀性空间变化特征 ·················· 50

3.2 典型县域土壤侵蚀和土地利用的地貌分布特征 ·················· 60

3.2.1 土壤侵蚀空间分布的地貌特征 ·················· 60

3.2.2 土地利用空间分布的地貌特征 ·················· 66

3.3 区域土壤侵蚀与水沙演变 ·················· 70

3.3.1 丹江土壤侵蚀量模拟 ·················· 70

3.3.2 丹汉江土壤侵蚀量分析 ·················· 74

3.3.3 水土流失类型分布与分区 ·················· 76

3.3.4 水土流失的年际变化规律 ·················· 77

3.3.5 水土保持重点防治分区 ·················· 78

参考文献 ·················· 81

第4章 丹汉江流域生态安全评价 ·················· 83

4.1 生态系统健康评价 ·················· 83

4.1.1 生态系统健康评价理论与方法 ·················· 83

4.1.2 区域生态系统健康评价 ·················· 85

4.2 陕南地区生态系统健康评价 ·················· 92

4.2.1 区域主要污染物排放特征分析 ·················· 92

4.2.2 丹汉江水源区生态安全评价 ·················· 92

4.2.3 生态安全评价研究进展 ·················· 94

4.3 区域水生态安全制约因素分析 ·················· 99

4.3.1 水源区自然条件 ·················· 99

4.3.2 水源区经济条件 ·················· 100

4.3.3 水源区环境条件 ·················· 100

4.4 南水北调水源区(陕西片)生态安全评价指标体系 ·················· 102

4.4.1 水源区生态安全评价指标体系选择的原则 ·················· 102

　　　4.4.2　水源区生态安全评价指标构建 ·· 103
　　　4.4.3　水源区生态安全评价指标体系框架 ·· 103
　4.5　区域水环境安全特征演变——以商洛市为例 ·· 104
　　　4.5.1　TOPSIS 法 ·· 104
　　　4.5.2　综合指数法 ·· 106
　　　4.5.3　投影寻踪分类法 ·· 107
　　参考文献 ··· 110
第5章　流域土地利用变化与景观格局演变 ·· 112
　5.1　丹汉江流域土地利用变化 ·· 112
　　　5.1.1　土地利用现状分析 ··· 112
　　　5.1.2　土地利用转移分析 ··· 122
　　　5.1.3　土地利用/覆被变化驱动力分析 ·· 137
　5.2　丹汉江流域景观格局演变 ·· 147
　　　5.2.1　评价区景观类型与指数 ··· 147
　　　5.2.2　丹江流域景观格局演变 ··· 150
　　　5.2.3　主要站点控制流域景观格局演变 ·· 153
　　参考文献 ··· 164
第6章　丹汉江水源区非点源污染源分布与负荷 ··· 165
　6.1　水源区的污染物种类及危害 ·· 165
　　　6.1.1　非点源污染发生的特征 ··· 165
　　　6.1.2　非点源污染的危害 ··· 166
　6.2　水源区各市(县)污染物分布 ·· 169
　　　6.2.1　污染源的总体分布情况 ··· 169
　　　6.2.2　污染物类型与来源的县域分布特征 ··· 172
　6.3　非点源污染负荷与农村生产的关系 ·· 178
　　　6.3.1　非点源污染与种植业的关系 ·· 178
　　　6.3.2　非点源污染与畜禽养殖的关系 ··· 178
　6.4　非点源污染与农村生活的关系 ··· 179
　　　6.4.1　生活污水量及人粪尿排放 ··· 179
　　　6.4.2　固体废弃物量 ·· 179
　　　6.4.3　化肥施用及流失 ··· 180
　　　6.4.4　农村生活对区域非点源污染的贡献 ··· 180
　　　6.4.5　陕南地区县域水土流失非点源分布与负荷特征 ······························ 181
　　参考文献 ··· 182

第 7 章 丹江鹦鹉沟流域坡面氮磷流失迁移规律 ································ 184

7.1 鹦鹉沟流域天然降雨条件下坡面氮磷流失特征 ····················· 184

7.1.1 坡面氮素流失特征 ······························· 184

7.1.2 坡面磷素流失特征 ······························· 185

7.1.3 不同土地利用条件下养分流失特征 ···················· 187

7.2 模拟降雨条件下鹦鹉沟流域坡面氮磷流失特征 ····················· 188

7.2.1 模拟降雨试验设计 ······························· 188

7.2.2 径流过程 ······································ 189

7.2.3 模拟降雨条件下氮素迁移过程 ······················ 190

7.2.4 模拟降雨条件下坡面磷素迁移特征 ···················· 193

7.3 野外模拟降雨条件下水土流失与非点源污染过程 ··················· 196

7.3.1 模拟降雨条件下水土流失过程 ······················ 196

7.3.2 模拟降雨条件下养分流失过程 ······················ 212

参考文献 ··· 237

第 8 章 汉江后沟小流域坡面水土-养分流失过程 ······················ 240

8.1 坡面径流过程与模拟研究 ·································· 240

8.1.1 坡面地表径流变化过程 ··························· 240

8.1.2 坡面壤中流变化过程与特征 ························· 243

8.1.3 径流曲线数法(SCS 法)估算小区产流量 ················· 247

8.2 流域侵蚀输沙过程研究 ··································· 252

8.2.1 不同径流小区土壤侵蚀量变化 ······················ 252

8.2.2 小流域出口径流-泥沙变化过程 ······················ 254

8.2.3 通用土壤流失方程(USLE)估算土壤侵蚀量 ··············· 260

8.2.4 小流域土壤侵蚀输沙特征 ·························· 261

8.3 不同土地利用下小区氮磷流失变化过程 ························· 264

8.3.1 坡面径流中氮磷流失特征 ·························· 264

8.3.2 壤中流硝氮流失变化特征 ·························· 268

8.3.3 产流量与总氮流失关系 ··························· 271

8.3.4 泥沙与总磷流失关系 ···························· 272

参考文献 ··· 272

第 9 章 梯田的水土-养分保持作用 ······························· 275

9.1 材料和方法 ··· 275

9.1.1 研究区概况 ·································· 275

9.1.2 样地特征及土样采集 ···························· 275

9.1.3　土壤样品测定 ·· 276
9.1.4　数据处理方法 ·· 277
9.1.5　土壤养分储量计算 ·· 277
9.1.6　土壤可蚀性 K 值计算公式 ·· 277
9.1.7　半方差函数的理论模型 ··· 277
9.2　梯田土壤养分时空变化及其影响因素研究 ······························ 278
9.2.1　梯田土壤养分的总体含量特征 ······································ 278
9.2.2　梯田土壤养分的水平分布特征 ······································ 280
9.2.3　梯田土壤养分的垂直分布特征 ······································ 282
9.2.4　梯田台阶的土壤养分分布特征 ······································ 283
9.2.5　梯田规格对土壤养分含量的影响 ···································· 287
9.3　坡改梯土壤养分空间变异性及有效性对比研究 ·························· 288
9.3.1　土壤养分的总体含量特征 ··· 289
9.3.2　土壤养分的空间结构分析 ··· 290
9.3.3　空间插值分析 ··· 291
9.3.4　土壤养分有效性对比 ··· 294
9.4　不同治理年限坡改梯的土壤理化性质演变 ······························ 296
9.4.1　不同治理年限坡改梯的土壤理化性质演变 ························· 296
9.4.2　坡改梯对土壤可蚀性的影响 ·· 302
参考文献 ·· 304
第 10 章　丹汉江小流域氮磷流失迁移规律 ······································ 307
10.1　鹦鹉沟小流域水土-养分流失过程 ····································· 307
10.1.1　鹦鹉沟小流域断面氮素流失特征 ·································· 307
10.1.2　鹦鹉沟小流域断面养分水平迁移特征 ······························ 309
10.2　石泉饶峰河流域水土-养分流失过程 ··································· 313
10.2.1　坡面土壤机械组成变化 ·· 313
10.2.2　流域水沙过程 ·· 313
10.2.3　流域把口站水质变化规律 ·· 317
10.2.4　石泉后沟小流域水土-养分流失关系模拟 ··························· 319
10.3　汉滨余姐河流域水土-养分流失过程 ··································· 321
10.3.1　汉滨余姐河流域泥沙过程 ·· 321
10.3.2　汉滨余姐河流域把口站水质变化规律 ······························ 322
10.4　小流域自净能力分析 ··· 324
10.4.1　后沟小流域自净能力分析 ·· 324
10.4.2　鹦鹉沟小流域自净能力分析 ·· 325

参考文献 ··· 326

第 11 章　丹江流域景观格局演变与水质动态响应关系 ································· 327

11.1　土壤侵蚀及其与景观格局响应关系 ·· 327

11.2　流域土壤与全磷 ··· 330

11.2.1　流域土壤粒径分布特征 ··· 330

11.2.2　流域不同土壤粒径全磷特征 ··· 331

11.3　丹江水沙与磷素 ··· 332

11.3.1　丹江水体总磷 ··· 333

11.3.2　丹江泥沙粒径分布特征 ··· 334

11.3.3　不同粒径泥沙的全磷分布特征 ·· 335

11.3.4　丹江泥沙沿程全磷变化特征 ··· 335

11.3.5　丹江水沙磷素转换过程 ··· 336

11.4　流域磷素流失模数 ·· 337

参考文献 ·· 338

第 12 章　流域水土保持治理效益及评价 ··· 342

12.1　陕南地区水土保持生态建设项目的规划与实施 ····························· 342

12.1.1　陕西省水土保持项目规划 ·· 342

12.1.2　项目实施情况 ··· 342

12.1.3　"丹治"工程的效益 ·· 343

12.2　重点水土保持工程完成情况和适宜性评价 ···································· 348

12.2.1　水土保持工程的动态特征 ·· 348

12.2.2　评价指标的选择及指标体系的建立 ··································· 348

12.2.3　基于层次分析法的水土保持工程适宜性评价 ····················· 350

12.2.4　基于主成分分析法的水土保持工程适宜性评价 ·················· 353

12.3　基于水土保持的生态安全评价 ··· 358

12.3.1　指标体系的建立 ·· 358

12.3.2　权重的确定 ·· 361

12.3.3　指标现状值与标准值 ·· 364

12.3.4　评价方法 ··· 365

12.3.5　评价结果 ··· 370

参考文献 ·· 370

第 13 章　氮磷流失预测及其不同治理格局优化配置 ································· 372

13.1　流域水土保持治理演变模型 ·· 372

13.1.1　坡面演变模型 ··· 372

　　　13.1.2　流域演变模型 ·· 373

13.2　修正通用土壤流失方程各因子确定 ································ 373

13.3　流域水土保持治理下的土壤侵蚀和养分流失预测 ············ 375

　　　13.3.1　水土保持措施下土壤侵蚀动态理论分析 ··············· 375

　　　13.3.2　水土保持措施下土壤侵蚀动态实例分析 ··············· 378

　　　13.3.3　水土保持措施下丹江流域泥沙氮素流失分析 ·········· 380

　　　13.3.4　水土保持措施下丹江流域径流氮素流失分析 ·········· 381

13.4　水土保持治理下的土壤侵蚀和全磷流失 ······················ 382

　　　13.4.1　丹汉江侵蚀及磷素流失现状 ··························· 382

　　　13.4.2　水土保持治理下的土壤侵蚀 ··························· 384

　　　13.4.3　水土保持治理下的磷素流失 ··························· 385

参考文献 ··· 386

彩图

第1章 绪 论

20 世纪 60 年代以来，水资源短缺与水环境污染逐渐成为全球性问题。很多国家开始重视这一问题，并积极地采取了应对策略，水资源保护已进入了各国环保战略的核心。水环境污染通常可分为点源污染和非点源污染，点源污染主要包括生活污水和工业废水，具有固定的排污口且集中排放；非点源污染是指降水在形成地表径流或地下水过程中携带的污染物引起的水体污染。据世界卫生组织统计，世界上许多国家仍然面临水污染和资源危机，每年有 300 万～400 万人死于和水污染有关的疾病。《2015 年全球风险报告》指出，人们对洪水、干旱、水污染和供水不足的担忧超过了核武器或全球性疾病，水危机在 2015 年被认为是全球第一大风险因素。美国、日本等国家的研究成果表明，即使点源污染得到全面控制，湖泊、河流、海域的水质达标率仍仅为 42%、64%、78%。非点源污染依然是影响水质进一步提高的重要因素。美国非点源污染量约占水体总污染量的 60%，其中农业非点源污染为75%。

21 世纪以来，我国的点源污染逐渐得到控制，但由于人口增长、禽畜养殖和化肥施用量增加、水坝兴建增加河流水力停留时间、气候变化与土地利用变化等原因，许多大河流域观测到氮、磷等营养盐浓度升高(颜秀利等，2012；Jickells，1998)。据报道，我国五大湖泊中太湖、巢湖和滇池已进入富营养化状态，洪泽湖、洞庭湖、鄱阳湖和一些主要的河流水域，如淮河、汉江、珠江、葛洲坝库区、三峡库区也同样面临着富营养化的威胁(张维理等，2004)。诸多省会城市(如太原、长春、广州)均由于原有水源地供水不足或遭受污染而被迫废弃，只能重新开辟水源地。巢湖水体污染严重，致使合肥市不得不废弃了巢湖水源地。由于太湖污染等原因，上海市不得不开辟了青草沙水源地。渭河的严重污染导致西安市修建了新的取水水源工程，如李家河水库和"引汉济渭"工程。为了解决我国北方地区，尤其是黄淮海流域 4.38 亿人的水资源短缺问题，规模浩大的南水北调工程东线、中线已基本建成通水，西线工程也处于规划论证阶段。

丹江口水库上游的丹江、汉江流域(陕西片区)总面积占丹江口水库控制面积的65.6%，年均入库水量占丹江口水库多年平均入库水量的 70%，是南水北调中线工程最重要的水源涵养区。然而，丹汉江流域山高坡陡、土薄石厚、降水量大且集中，目前需治理的水土流失面积达 29878 km², 约占流域总面积的 45%；此外，尽管汉江上游秦巴山区面积仅占长江流域的 4%，但年输入长江的泥沙达 1.2 亿 t 左右。秦岭地区土壤瘠薄、耕作粗放，农药、化肥施用量近年来呈现增加趋势，由于水土流失导致土地肥力不断降低，迫使农民不断增加化肥使用量，造成恶性循环，在水土流失作用下使大量的氮、磷、农药等进入河流造成非点源污染；随着当地生活水平提高，畜禽养殖发展迅速，畜禽粪便中含有的氮、磷、有机质等营养物质，若不经过妥善处理随意排放进入河流，将对水环境质量形成潜在的威胁。因此，作为我国南水北调中线工程的重要水源涵养区，丹江和汉江流域的土石山区如何有效保护和提高土石山区水源地的水环境质量是当前亟须解决的问题。

1.1 坡面产流产沙与养分流失

1.1.1 坡面覆盖对产流产沙的影响

坡面覆被格局对水土流失的影响关键在于植被改变了径流和泥沙运移及汇集的连续性，应从径流泥沙源汇区的连通性和空间分布分析植被在水土流失中的作用(高光耀等，2013)；佘冬立等(2011)的研究表明：相对于单一利用的坡耕地小区，混合植被格局能够有效拦截坡面径流和控制土壤侵蚀，其中，柠条-豆地-苜蓿三种混合植被组合的年侵蚀模数最低，两年的减蚀率分别达到 98% 和 94%。影响坡面产沙的因素主要包括降雨量、降雨强度、坡度、植被类型、水保措施等。产沙率随雨强、降雨量及坡度的增加而增加(霍云梅等，2015)。樊登星(2014)研究发现，Ⅰ型(大雨量、高雨强)、Ⅱ型(中等雨量、高雨强)最易引起坡面产沙，而植被覆盖及水土保持措施可增加土壤稳定性及入渗性能(肖培青等，2011；蔡进军等，2010)，因而可以显著降低产沙量(路炳军，2004)，不同土地利用类型的土地，其产沙量存在显著差异(汪邦稳等，2012)，且与草被相比，枯落物的减沙效益更好(孙佳美等，2015)。植被类型和雨强及两者的交互效应对产沙也有显著影响(于国强等，2012)。朱冰冰等(2010)通过人工模拟降雨试验研究发现，草本植被覆盖能够深刻地影响降雨侵蚀力，从而对坡面产沙产生较大影响，姜娜和邵明安(2011)、甘卓亭等(2010)的研究也得到类似结论。鲁克新等(2011)的研究发现，坡底植被格局对产沙的调控作用更大。肖培青等(2008)的研究发现，坡面侵蚀发育处于中期时的侵蚀产沙量增加速度最快，初期、后期产沙量分别仅占总产沙量的 28.7%和37.1%。坡面产沙过程中存在着泥沙颗粒分选现象。张怡等(2015)通过试验分析得出侵蚀泥沙颗粒以粉粒为主，且与原土相比，不同粒级的泥沙颗粒在侵蚀泥沙中均存在富集现象。

1.1.2 植被覆盖对氮磷流失的影响

作为研究非点源污染最直接观测和实验最容易实现的研究单元,坡面土壤养分流失成为近年来研究工作的核心之一(傅涛和倪九派,2001)。坡面养分流失受土壤类型、地形、降雨、植被、耕作方式等的影响(王全九等,2007)。由于不同土壤类型的理化性质差异较大,养分流失机制也存在根本差异。例如,与褐土和棕壤相比,相同条件下红壤的养分流失量较大,因此应针对不同土壤类型采取适宜的植被措施防止养分流失(高杨等,2011)。坡面地形因子对养分流失影响的研究也较为广泛。孔刚等(2007)通过模拟降雨试验研究了不同坡度土壤侵蚀和养分流失的过程与机制,结果表明土壤养分流失量随坡度增加而增大,但存在一个临界坡度,坡度大于25°时,坡面的养分流失量反而有减小趋势。黄满湘和章申(2003)研究了地表径流中氮素流失与雨强、作物覆盖和施肥之间的相互关系后指出,农田施肥增加了地表径流中的氮素,尤其是溶解态氮素的流失量。

伴随降雨引发的土壤侵蚀,养分流失主要表现为径流和泥沙两种载体的携带(李俊波等,2005)。已有研究表明,径流为氮素流失的主要载体,而侵蚀产沙是磷素流失的载体,尤其是以吸附性磷素的泥沙颗粒为主(林超文等,2007)。因此,不同土地利用类型土壤的养分流失应采取针对性的措施进行控制。植被覆盖能够在延缓坡面径流过程的同时减少地表径流中的氮磷流失。国内外学者对在农地、林地和草地等土地利用方式下的土壤氮磷流失过程进行了大量研究,主要集中在氮、磷等养分的流失形态等方面。Sharpley 等(1987)认为,草地覆盖可以减少土壤硝氮流失,但对氨氮流失的拦截作用较小。张兴昌等(2000a)指出,随植被覆盖度增加土壤全氮的流失量减少,但其中的矿质氮素(硝氮与氨氮之和)流失量并没有减少。张展羽等(2010)认为,水土流失是导致氮磷流失的主要因素,总氮和总磷的流失均以泥沙携带为主,径流携带次之,通过果树+百喜草覆盖措施能够有效控制水土流失和氮磷等养分流失。黄满湘和章申(2003)认为,植被覆盖是影响农田地表径流养分损失的重要因素,作物覆盖能够有效地减少地表水土和颗粒态氮素流失。张兴昌等(2000b)的研究认为,植被通过调节径流流速来间接影响泥沙全氮富集,土壤侵蚀模数越大,泥沙全氮富集率越小。溶质流失浓度随时间推移呈幂函数变化,且溶质流失量随着植被盖度的增加而逐渐降低(王升等,2012)。陈磊等(2011)通过径流小区实验监测数据计算分析得到了草地及林地氮、磷养分流失总量分别仅为裸地的 14.4%、17.4%和 2.8%、2.6%。

1.1.3　耕作方式对氮磷流失的影响

不同农田耕作方式对土壤侵蚀和地表径流有着重要作用，同时明显地影响土壤氮、磷流失。与轮作及混作模式相比，传统的农作模式养分流失量最大(杨红薇等，2008)。由于免耕法撒播到土壤表面的磷肥不能立即与土壤混合，因此地表径流中磷肥的流失量较大，但对于淤积泥沙中流失的磷肥，传统耕作法高于免耕法(Phillips 和高鹏，1994)。袁东海等(2002)研究了 6 种不同农作方式土壤氮素的流失特征发现，以顺坡农作方式作为对照，其他农作方式均具有明显控制土壤氮素流失的作用，等高耕种、等高土埂、休闲等农作方式控制土壤氮素流失优于水平沟和水平草带的农作方式。Wagger 和 Myers (1995)等认为，免耕和少耕农田产生了相对较少的地表径流，氮磷等养分的地表流失量也较少，短期试验表明降低耕作强度和增加农作物多样性可以有效地提高氮储量。Drury 等(1993)的研究表明，采用传统耕作法的田块中，硝氮淋溶量较少耕法或免耕法大，而地表径流中的氮素含量则是少耕法或免耕法田块高于传统耕作法田块，说明免耕、少耕和作物残茬覆盖等水土保持耕作法不能减少土壤中溶解态养分的流失。Fu 等(2004)的研究认为，在黄土高原北部长期种植紫苜蓿和自然休耕可以增加土壤全氮含量，主要是因为在减少土壤侵蚀的同时，也减少了土壤全氮流失，翻耕农田地表产流量是免耕农田的 1.85 倍。在等高耕作的流域，地表径流中硝氮和氨氮的浓度有时超过水质标准。与传统耕作相比，水平沟每年可减少 6.57 kg/km^2 矿质氮素流失；免耕比其他耕作方式能更有效地降低硝氮淋溶(Tan et al.，2002；Tapia-Vargas et al.，1999)，在不同耕作方式与秸秆覆盖措施的对比方面，林超文等(2010)对四川紫色丘陵区坡耕地不同耕作和覆盖方式对玉米生育期中的坡面水土流失和养分流失影响的研究表明，与顺坡垄作相比，无论是秸秆还是地膜覆盖，横坡垄作均能减少地表径流、地下径流、土壤侵蚀量及氮、磷、钾素总流失量；紫色土区坡耕地最适宜的种植方式为平作+秸秆覆盖。

1.1.4　水土保持措施对氮磷流失的影响

水土保持措施可有效降低土壤养分的流失量。尹迪信等(2002)的研究发现，水土保持措施可使土壤养分维持平衡或在土壤中逐步积累，实现坡耕地的可持续利用。刘宏魁等(2011)的研究发现，吉林省黑土侵蚀区速效养分含量受水土保持措施影响较大。秸秆覆盖对坡面侵蚀产沙也具有明显的抑制作用，随着覆盖度的增加，产沙量逐渐减小(朱高立等，2015)。张翼夫等(2015)建议，农田保持 30%～60%的秸秆覆盖可达到较好的保水效果及播种质量。由于水保措施对侵蚀产沙起着较为积极的阻控作用(朱智勇等，2011)，合理的土地利用格局可以使其水土保持效应得到更好的发挥(佘冬立等，2011)，秸秆或者地膜覆盖均能减少土壤养分流失，且相对于顺坡耕作，横坡垄作易于土壤养分的保持(林超文等，2010)。相同降雨条件下，在坡面采取轮作、梯田、林草等生态保护措施可以对养分流失起到明显的控制作用。张展羽等(2008)的研究认为，不同降雨类型下采取水土保持生态措施能够对整个径流过程中的总氮浓度起到明显的控制作用。北京市门头沟区不同水土保持措施下土壤养分流失的研究表明，全氮、硝氮、氨氮的流失量为石坎梯田>30%覆盖度农地>5%覆盖度农地>裸地>10%覆盖度农地，磷流失量是裸地>5%覆盖度农地>10%覆盖度农地>30%覆盖度农地(苏慧敏，2012)。聚丙烯酰胺(PAM)作为土壤结构改良剂，可以增加土壤表层颗粒间的凝聚力，维系良好的土壤结构，增强土壤抗蚀能力，减少水土流失，已成为防治水土流失的新途径(张长保，2008)。加入土壤改良剂 PAM后，其减沙率更为明显(王丽等，2015)，进而可以有效地减少黄土坡面的溶质随地表径流的流失量(赵伟等，2012)。

1.2　流域非点源污染过程与控制

1.2.1　非点源污染的发生机理

非点源污染的产生、分布、迁移和转化机制是进行定量研究与控制治理的基础。与之相对应的过程分别为降雨径流过程、土壤侵蚀过程及氮磷等营养元素的储量和空间分布特征，地表溶质溶出过程和土壤溶质渗漏过程(余炜敏，2005；张玉珍，2003)。非点源污染模型将这几个过程耦合，用于研究不同管理措施对非点源污染的影响和作用机制。

1. 降雨径流过程

降雨径流过程是非点源污染发生的主要驱动力和载体。降雨量、降雨强度和降雨持续时间及降雨的空间分布对地表径流的形成起决定性作用，进而对非点源污染物的产生、迁移与转化产生显著影响。降雨形成的地表径流和土壤侵蚀产生的泥沙将坡面养分从土壤中剥离、搬运，并最终汇入江河湖泊引发非点源污染。目前，国内外在降雨–径流方面对非点源污染的影响研究主要集中在暴雨径流条件下氮、磷等营养物流失等方面(高超等，2005；黄满湘和周成虎，2002)。Rodríguez-Blanco等(2013)在西班牙一个小流域($16km^2$)5 年的监测数据表明，降雨径流中磷的输出量占总输出量的 68%，且 19%的颗粒态磷和 35%的溶解态磷的流失量发生在 2%的降雨–径流事件中。Bowes 等(2015)采用高频次采样从年尺度来推断污染物的来源和动态变化规律。虽然降雨径流过程与污染物浓度之间存在着密切的线性相关关系，但是在丰水年、平水年和枯水年非点源污染物与径流峰值表现出明显差异，多数的污染物(有机氮、泥沙)浓度峰值与流量峰值大致同步出现，而在枯水年，硝氮的浓度峰值会滞后于洪水的流量峰值(范丽丽等，2008)。崔玉洁等(2013)在三峡库区支流高岚河流域不同降雨过程中污染物迁移规律研究中指出，强降雨冲刷产生的泥沙携带大量颗粒态磷素进入河流，使得总磷含量迅速增加，溶解性总磷和正磷酸磷浓度略微升高，相对于矮胖型降雨，尖瘦型强降雨产生的总磷浓度和通量极大值均高于矮胖型降雨，侵蚀产生的泥沙更多。Jiang 等(2012)的研究表明，控制降雨径流的流量过程能够减少非点源污染。罗专溪等(2008)研究了紫色土丘陵区的氮磷输出规律后指出，40%的总氮、总磷和颗粒态悬浮物污染负荷由占总产流量的30%的初期降雨径流所携带输出。蒋锐等(2009)的研究表明，暴雨径流初期冲刷形成的土壤侵蚀是暴雨初期径流颗粒态氮和颗粒态磷迁移的主要机制。

2. 土壤侵蚀过程

土壤侵蚀是非点源污染物的重要来源和载体，也是危害程度最为严重的一种非点源污染过程(贺缠生等，1998)。因此，土壤侵蚀引起的农业非点源污染也是全球关注的热点(张玉斌等，2007)。降雨产生径流后顺坡向下运动，分别形成坡面流、细沟、浅沟流及沟道流等多种水流形态，在水流作用下相应地形成了片蚀、坡面沟蚀及沟道侵蚀等土壤侵蚀方式。土壤侵蚀不但导致土地退化、生产力下降和严重制约农业生产，而且土壤侵蚀和泥沙搬运作用使得土壤中各种养分含量和组分产生较大变化，进而影响元素地球化学循环(Quinton et al., 2010; Van et al., 2007)。Gburek 和 Sharpley(1998)研究发现流域比例很小的土地却能够贡献比例很大的污染负荷，26%的土地面积贡献了 74%的总磷。Marianne 等(2009)建立了土壤侵蚀指数和氮、磷流失指数模型，并进行了流域氮、磷流失的风险评估。

3. 地表溶质流失过程

在雨滴打击和径流冲刷作用下，土壤表面形成一定厚度的"混合层"，混合层内的溶质参与径流过程而发生土壤养分流失。目前，土壤养分流失造成的非点源污染对当今世界水质恶化构成了最大的威胁(Ongley et al., 2010; Smith et al., 2001; Arhonditsis et al., 2000)。Ahuja 等(1981)将 ^{32}P 放置在不同深度的饱和土壤中，发现处于土壤表层的溶质进入径流的概率最大，而且进入地表径流的概率随着深度增加呈指数递减。王全九等(1999)在黄土高原区提出等效混合深度概念，即假定在产流前土壤水与降雨水完全混合，进而模拟了径流溶质浓度的变化规律。基于矢量合成的概念建立了简单的二层模型，并应用溶质质量守恒方程和水量平衡原理得到了从降雨开始的积水和径流所引起的溶质流失规律及模型解析解(童菊秀和杨金忠，2008)。Wallach 等(2001)采用非完全或非均匀分布混合理论模拟了溶质从土壤进入地表径流的过程。此外，王全九和王辉(2010)在分别考虑了径流和入渗作用的基础上，建立了适合黄土坡面的土壤溶质向地表径流传递的有效混合深度模型。Cao(2014)采用 meta 方法分析了中国各地的氮磷流失状况，并指出我国农业生态系统每年的氮、磷流失量，氮的年流失强度范围为 $0.01\sim249.60\mathrm{kg}$ N/hm^2，磷的年流失强度为 $0.005\sim77.66\mathrm{kg}$ P/hm^2，N/P 流失强度比值变化范围为 $0.01\sim50$，氮素流失强度约为磷素流失强度的 10 倍。

4. 土壤溶质渗漏过程

土壤溶质渗漏是指土壤中可溶性物质随土壤溶液向下迁移的现象。壤中流的形成对坡面养分垂直迁移具有重要作用。由于硝酸盐比磷酸盐更易迁移且危害更大，因此，多数研究集中在硝氮及其他形态的氮素渗漏方面，已有研究表明，氮素从农地向水体的渗漏量巨大，瑞典土壤根区氮素渗漏量为 $22\mathrm{kg}$ N/hm^2(Hoffmann et al.，2000)，挪威为 $36\mathrm{kg}$ N/hm^2(Bechmann et al.，1998)，丹麦高达 $80\mathrm{kg}$ N/hm^2(Dalgaard et al.，2011)。在农田尺度，硝氮的流失量高达 $105\mathrm{kg}$ N/hm^2(Kladivko and Grochulska，1999)，氮素渗漏导致地下水硝酸盐含量上升，使人体健康受到极大的威胁。水体和食物中过量的硝酸盐被视为重要的污染物，大量医学研究证明，饮水中过量硝酸盐与胃癌、高血压、先天性中枢神经系统残疾、婴儿血液氧运输的障碍等的发生有关。由硝酸盐等引起的地下水污染是隐蔽渐进且代价高昂的，地下蓄水层一旦被污染，其净化极其困难。土石山区坡面土质疏松，壤中流发育活跃，与地表径流土壤氮素流失过程有着明显区别，是土壤养分迁移的重要途径之一。壤中流改善了径流特性，在整个径流成分中占有一定比例，对土壤氮素再分布过程和输出过程的影响不容忽视。近年来，日益突出的环境问题驱动人们更加关注硝酸盐的淋失(Schlesinger，2009；张庆忠等，2002)。刘泉等(2012)在汉江水源区的研究认为壤中流是坡耕地硝氮流失最重要的载体，需加强壤中流管理，控制汉江水源区坡耕地非点源污染。西南土石山区的研究表明：土壤氮素流失主要由水文过程，尤其是壤中流和当地农业活动引起，壤中流是坡地径流的重要组成部分，无论施肥与否，壤中流中硝氮的浓度均高于地表径流(丁文峰和张平仓，2009；贾海燕等，2006)；目前已有大量研究表明了不同土壤理化性质、肥料种类、施肥方式等条件下土壤氮素迁移转化的特征，但对坡地土壤氮素淋溶研究仍较为缺乏，坡地硝酸盐淋失途径与淋失机制并不清楚(朱波等，2008)，通常是把氮素淋溶流失与径流流失分开来，很少有研究同时考虑地表径流及泥沙对土壤氮素迁移的影响，在全面认识土壤养分损失上存在不足(林超文等，2010)，也缺乏土壤氮素流失对非点源污染影响的全面评估(韩建刚和李占斌，2005)。至今为止还没有被广泛应用于确定和模拟农业土壤氮素迁移的标准方法(谢云等，2013)。在多数情况下可靠、准确地模拟预测土壤氮磷迁移的能力还较薄弱，定量评价氮、磷素迁移量仍是具有较高挑战性的工作。由于对土石山区土壤氮、磷素在壤中流作用下的迁移过程认识非常薄弱，极大地制约了水源区水质保护工作的深入研究。

1.2.2 土地利用变化对非点源污染的影响

在流域范围内控制氮磷输出可以削减农业非点源污染物排放量，从而缓解水体富营养化(张维理等，2004)，而对小流域主要污染物的识别和负荷计算可以为流域水质控制和管理提供科学依据。然而，由于流域中多种非点源污染物各种源、汇的复杂性，氮磷的输出规律也成为研究的难点之一。流域内土地利用和产业结构的变化是造成氮磷负荷逐年变化的主要原因之一(张微微等，2013)，同时，人口、土地施肥也是其变化的驱动因子(孟伟等，2007)。因此，阐明流域氮磷输出过程的主要影响因素，可以为流域控制非点源污染及削减污染负荷提供理论支撑。李艳利等(2012)认为，氨氮、速效磷和总氮受结构性因素的影响较大，空间相关性较强，而硝氮及总磷则主要受随机性因素影响，表现出较弱的空间相关性变异特征，进而推测氮素空间分布的结构性因素主要有林地、农田和居民用地，而磷素空间分布的结构性因素主要为农田和草地。李兆富等(2012)发现，湿地对氮磷的截留功效具有较强的季节效应。同时，人为因素对流域氮磷输出的贡献率明显高于气候因素，化肥的大量使用是导致氮磷输出较高的重要原因之一(付意成等，2012)。冯源嵩等(2014)在贵阳麦西河流域的研究发现，氨氮和硝氮经由径流携带进入水体的风险较高，而总磷在冬季的输出量高于夏季；然而付斌等(2015)研究发现，7~9月流域氮、磷排放量分别占全年总量的55.33%和77.81%。廖义善等(2014)利用构建的"径流-地类"参数的非点源氮磷负荷模型计算了汛期的氮磷流失主要为非点源污染，其非点源氮、磷流失量均占总流失量的95%以上。因此，确定流域氮磷输出量并分析其影响因素可以为流域非点源污染治理和土地利用调整提供理论依据。

分析土地利用方式与污染负荷之间的内在联系是国内外非点源污染研究的基本出发点。土地利用是氮、磷流失的关键影响因素，导致不同土地利用类型产生的氮、磷流失量差别巨大(Tesfaye et al.，2016；Li et al.，2014；Shen et al.，2013；Qin et al.，2010)。不同的土地利用类型对水体氮素负荷的贡献率是不同的。不同的坡地结构及土地利用类型显著地影响流量及其携带的氮、磷含量；农用地与林地面积比例明显地影响着径流中氮、磷元素的含量(Zhu et al.，2012；杨金玲等，2003)。

不同土地利用类型的土壤养分循环机制不同,对水体氮、磷等营养物负荷的贡献率也存在明显的差异(Gelaw et al.,2014;Xu et al.,2013;Jiang et al.,2012)。李兆富等(2005)的研究发现,地表水中的氮素含量与耕地的面积比例呈线性关系。在单一土地利用结构中,地表径流中的溶解态氮浓度差别较大,村庄最高,其次是坡耕地、林果地、荒草坡(王晓燕等,2003;王超,1997)。国外已有研究表明,径流中氮素浓度的94%与农地、林地的面积有关,径流中氮素浓度与林地面积比例呈显著的线性相关,随林地面积的增加,氨氮、硝氮、总氮的平均浓度均成比例地减少。在林地-耕地、草地-耕地等不同土地利用结构中,径流中氨氮的浓度随着林地或草地所占面积比例的增加而降低,随着耕地面积所占比例的百分比增加而升高(Yuan et al.,2015)。流域尺度上,土地利用类型的比例与河流水质的变化有密切关系(Meneses et al.,2015;Sliva and Williams,2001;Hunsaker and Levine,1995)。在不同的土地利用变化情景下,土地利用结构和格局的变化对非点源污染负荷有显著影响(赵军等,2011;Ouyang et al.,2009)。不合理的土地利用结构和管理造成土壤侵蚀和养分流失,进而导致流域大面积的非点源污染,引起氮磷流失和水华(Zhang et al.,2013;Wang et al.,2012;Li et al.,2011)。土地利用和植被覆盖变化与水化学参数显著相关,研究土地利用和植被覆盖变化对径流和水质的作用对河网管理和修复至关重要(Tsiknia et al.,2015;Tsiknia et al.,2013;Adamczyk et al.,2011)。目前,国内外学者将景观生态学的空间格局引入到土地利用与非点源污染的研究中,提出了建立景观格局指数与流域水质之间的相关关系,主要包括"子流域"分析法(Tu,2011;Amiri and Nakane,2009;Sutton et al.,2009)、"缓冲区"分析法、"梯度"分析法和"源-汇"理论(Chen et al.,2006;陈利顶等,2003)。土地利用的时空变化对地表径流、土壤侵蚀及非点源污染有显著的影响,Fiener 等(2011)从斑块和连通度方面进行了系统的总结。通过定量分析景观-水质之间的格局-过程关系,优化流域的景观格局,从源头减少非点源污染物的产生,在污染物运移过程中进行拦截非点源污染物,并促使其向无害形态转化(刘丽娟等,2011)。

1.3 非点源污染的研究方法与模型研究进展

农业非点源污染的研究方法主要有:① 选择代表性小流域进行径流小区实验。非点源污染物主要来源于降雨发生时,土壤表层受到降雨、地表径流、植被格局、耕作制度和地形等因素的影响而表现出复杂的迁移规律,因此选择有代表性的径流小区,研究天然降雨条件非点源污染的产生、迁移和转化规律的研究方法被广泛采用。根据不同土地利用类型径流小区的污染迁移规律和各类土地利用的面积,通过加权法计算流域的非点源污染负荷。然而，由于典型的径流小区较难确定，且流域越大，非点源污染的空间差异性越大，将径流小区的研究成果推广到小流域或者更大尺度流域时的空间尺度效应仍有待进一步研究。② 人工模拟降雨试验。利用天然降雨事件获取试验数据的周期长达一年或数年，而采用人工降雨模拟试验能够在较短的时间内有效地再现非点源污染物的产生、迁移和转化特征。在流域内设置不同土地利用类型的径流小区进行人工模拟降雨试验，可以加速研究不同植被类型、格局、耕作措施、水保措施等条件下的水土流失和氮、磷流失规律。但这种方法多用于模拟暴雨条件下径流中污染物的流失规律。③ 降雨径流过程中河流水质的动态变化规律。分布在流域各个坡面的氮磷等养分均会随水土流失汇入河流、湖泊等天然水体，通过天然降雨过程中径流、泥沙的实时采样，分析氮磷等污染物浓度的变化过程，研究河流的水质变化规律能够揭示流域氮磷等非点源污染的输出机制，选择多个流域则可以研究土地利用类型对流域水质的影响机制。④ 非点源污染计算机模拟方法。随着人们对非点源污染研究的不断深入，理论逐渐成熟，监测技术更加完善，从而涌现出许多流域非点源污染模型。

非点源污染模型是研究非点源污染的定量化及影响最有效的研究方法。径流和泥沙作为非点源污染的主要载体，改进非点源污染模型中的降雨-径流模型和土壤侵蚀模型，可进一步提高非点源污染模型的精度(张玉斌等，2007)。最早的非点源污染模型是 CREAMS(chemicals runoff and erosion from agricultural management systems)模型，主要用于研究土地管理对流域径流、泥沙、氮磷等营养物及农药迁移的影响，其中，径流预测采用径流曲线数(SCS)法，侵蚀产沙模型采用 USLE(universal soil loss equation)方程，氮、磷等营养物的负荷采用概念模型。在 CREAMS 的基础上，发展出的 GLEAMS(groundwater loading effects on agricultural management system)模型和 EPIC(erosion productivity impact calculator)模型，分别用于模拟地下水中杀虫剂负荷和土壤侵蚀对农作物产量的影响。以上模型均为集总式水文模型。随着集总式水文模型向物理分布式水文模型的不断发展，单场降雨事件的分布式水文模型 ANSWERS(areal nonpoint source watershed environment response simulation)模型、AGNPS(agricultural nonpoint source)模型，以及不同功能的 HSPF 模型、SWRRB 模型、SWAT(soil water assessment tool)和 WEPP(water erosion prediction project)等模型被研发出来，并广泛应用。洪华生(2004)采用 AGNPS 模型估算了研究流域的氮磷输出负荷值，并验证了模型的适用性。Rode 和 Frede(1997)采用 AGNPS 模型进行情景模拟，研究了土地利用和耕种措施对非点源污染的影响。Mostaghimi 等(1997)用 AGNPS 模型模拟了 1153hm² 小流域的营养物负荷量和泥沙产量，经过校正后，应用 AGNPS 模型成功地模拟了加拿大魁北克省的一个流域面积为 26km² 小流域的地表产流量和产沙量。Kusumandari 和 Mitchell (1997)使用 AGNPS 模型评估了一个小集水区中的树木覆盖区和农作物覆盖区的土壤侵蚀过程，结果表明农作物能够减少侵蚀量。邢可霞等(2004)基于 HSPF 模型对滇池流域非点源污染进行了模拟，结果表明滇池入湖的污染负荷中 80%的固体悬浮物和 1/3 的总氮(TN)和总磷(TP)来源于非点源污染。Zeng 和 Meijerink(2002)在研究西班牙 Teba 流域的产流量和泥沙量时采用了 SWRRB 模型，模拟结果表明年产流量的模拟精度可达 83.6%。SWAT 模型作为一个开源的水文模型，能够模拟各种管理措施和气候变化对水资源供给等多方面的影响，在美国、加拿大、欧洲、亚洲及澳大利亚得到了广泛应用(张银辉，2005)，而且 SWAT 模型可以与 ArcGIS 软件进行交互开发，模型得到进一步的完善和提高。Arnold 和 Allen(1996)在美国各地不同尺度的流域对 SWAT 模型的模拟精度进行了全面评估，证实了 SWAT 模型在径流模拟方面的适用性。我国刘昌明等(2003)选取唐乃亥水文站站逐年、月实测径流资料对 SWAT 模型进行率定，进而利用模型研究了引起黄河河源区径流变化的主要原因，以及土地利用和气候变化对黄河河源区产流量的影响。郝芳华等(2004)通过 SWAT 的情景模拟土地利用变化对流域产流量和产沙量的影响，模拟结果表明森林增加了产流量的同时减少了产沙量，草地也能减少产沙量，而农业用地的增加将导致产沙量增加。SWAT 的情景模拟技术还可以用于研究退耕还林、等高种植、化肥减量和植被过滤带等非点源污染控制措施的综合效果(马放等，2016)。

土石山区坡改梯和退耕还林(草)等一系列水土保持措施及生态建设活动，不仅具有保持水土、减少土壤养分流失的作用，还在一定程度上保护了水源区水质。因此，大面积的土地利用变化将会深刻影响流域的径流过程，也使径流驱动的侵蚀泥沙输移-沉积过程和土壤养分流失过程发生显著变化。科学认识土石山区小流域的水-沙-养分多尺度、多过程的变化规律及其对土地利用变化的响应机理，已成为区域生态环境稳定发展和水源地水资源安全亟待解决的关键科学问题。因此，迫切需要开展土石山区坡面和流域尺度的径流过程研究，分析流域降雨-径流变化及空间尺度特征，确定流域土壤侵蚀及氮、磷等养分的空间分布规律，揭示降雨径流过程中氮、磷迁移通量和输出机制，阐明土地利用变化对水质的影响规律，预测变化环境下水-沙-养分迁移多尺度、多过程的变化趋势。

参 考 文 献

蔡进军，李生宝，蒋齐，等，2010. 宁南黄土丘陵区典型水保工程措施对土壤入渗性能的影响[J]. 水土保持通报，30(1): 22-26.

陈磊，李占斌，李鹏，等，2011. 野外模拟降雨条件下水土流失与养分流失耦合研究[J]. 应用基础与工程科学学报，S1: 170-176.

陈利顶, 傅伯杰, 徐建英, 等, 2003. 基于"源–汇"生态过程的景观格局识别方法——景观空间负荷对比指数[J]. 生态学报, 23(11): 2406-2413.

崔玉洁, 刘德富, 宋林旭, 等, 2013. 高岚河不同降雨径流类型磷素输出特征[J]. 环境科学, 34(2): 555-560.

丁文峰, 张平仓, 2009. 紫色土坡面壤中流养分输出特征[J]. 水土保持学报, 23(4): 15-19.

樊登星, 2014. 北京山区坡面土壤侵蚀响应特征及模型模拟研究[D]. 北京:北京林业大学博士学位论文.

范丽丽, 沈珍瑶, 刘瑞民, 2008. 不同降雨 径流过程中农业非点源污染研究[J]. 环境科学与技术, 31(10): 5-8.

冯源嵩, 林陶, 杨庆媛, 2014. 百花湖周边城市近郊小流域氮、磷输出时空特征[J]. 环境科学, 12: 4537-4543.

付斌, 刘宏斌, 鲁耀, 等, 2015. 高原湖泊典型农业小流域氮、磷排放特征研究——以凤羽河小流域为例[J]. 环境科学学报, 35(9): 2892-2899.

付意成, 魏传江, 储立民, 等, 2012. 浑太河流域水质达标控制方法研究[J]. 中国环境监测, 28(2): 70-76.

傅涛, 倪九派, 魏朝富, 等, 2001. 坡耕地土壤侵蚀研究进展[J]. 水土保持学报, 15(3): 123-128.

甘卓亭, 叶佳, 周旗, 等, 2010. 模拟降雨下草地植被调控坡面土壤侵蚀过程[J]. 生态学报, 30(9):2387-2396.

高超, 朱继业, 朱建国, 等, 2005. 不同土地利用方式下的地表径流磷输出及其季节性分布特征[J]. 环境科学学报, 25(11): 1543-1549.

高光耀, 傅伯杰, 吕一河, 等, 2013. 干旱半干旱区坡面覆被格局的水土流失效应研究进展[J]. 生态学报, 33(1): 12-22.

高杨, 宋付朋, 马富亮, 等, 2011. 模拟降雨条件下 3 种类型土壤氮磷钾养分流失量的比较[J]. 水土保持学报, 25(2): 15-18.

韩建刚, 李占斌, 2005. 紫色土小流域种植模式对土壤氮素流失的影响初探[J]. 中国农学通报, 21(9): 275-278.

郝芳华, 陈利群, 刘昌明, 等, 2004. 土地利用变化对产流和产沙的影响分析[J]. 水土保持学报, 18(3): 5-8.

贺缠生, 傅伯杰, 陈利顶, 1998. 非点源污染的管理及控制[J]. 环境科学, 5: 87-91.

黄满湘, 周成虎, 2002. 农田暴雨径流侵蚀泥沙流失及其对氮磷的富集[J]. 水土保持学报, 16(4): 13-16.

黄满湘, 章申, 张国梁, 等, 2003. 北京地区农田氮素养分随地表径流流失机理[J]. 地理学报, 58(1): 147-154.

霍云梅, 毕华兴, 朱永杰, 等, 2015. 模拟降雨条件下南方典型粘土坡面土壤侵蚀过程及其影响因素[J]. 水土保持学报, 29(4): 23-26.

贾海燕, 雷阿林, 雷俊山, 等, 2006. 紫色土地区水文特征对硝氮流失的影响研究[J]. 环境科学学报, 26(10): 1658-1664.

姜娜, 邵明安, 2011. 黄土高原小流域不同坡地利用方式的水土流失特征[J]. 农业工程学报, 27(6): 36-41.

蒋锐, 朱波, 唐家良, 等, 2009. 紫色丘陵区典型小流域暴雨径流氮磷迁移过程与通量[J]. 水利学报, 40(6): 659-666.

康玲玲, 朱小勇, 王云璋, 等, 1999. 不同雨强条件下黄土性土壤养分流失规律研究[J]. 土壤学报, 36(4): 536-543.

孔刚, 王全九, 樊军, 2007. 坡度对黄土坡面养分流失的影响实验研究[J]. 水土保持学报, 21(3): 14-18.

李俊波, 华珞, 冯琰, 2005. 坡地土壤养分流失研究概况[J]. 土壤通报, 36(5): 753-759.

李秀彬, 马志尊, 姚孝友, 等, 2008. 北方土石山区水土流失现状与综合治理对策[J]. 中国水土保持科学, 6(1): 9-15.

李艳利, 徐宗学, 刘星才, 2012. 浑太河流域氮磷空间异质性及其对土地利用结构的响应[J]. 环境科学研究, 25(7): 770-777.

李兆富, 刘红玉, 李恒鹏, 2012. 天目湖流域湿地对氮磷输出影响研究[J]. 环境科学, 33(11): 3753-3759.

李兆富, 杨桂山, 李恒鹏, 2005. 西苕溪典型小流域土地利用对氮素输出的影响[J]. 中国环境科学, 25(6): 678-681.

廖义善, 卓慕宁, 李定强, 等, 2014. 基于“径流–地类”参数的非点源氮磷负荷估算方法[J]. 环境科学学报, 34(8): 2126-2132.

林超文, 陈一兵, 黄晶晶, 等, 2007. 不同耕作方式和雨强对紫色土养分流失的影响[J]. 中国农业科学, 40(10): 2241-2249.

林超文, 罗春燕, 庞良玉, 等, 2010. 不同耕作和覆盖方式对紫色丘陵区坡耕地水土及养分流失的影响[J]. 生态学报, 30(22): 6091-6101.

刘昌明, 李道峰, 田英, 等, 2003. 基于 DEM 的分布式水文模型在大尺度流域应用研究[J]. 地理科学进展, 22(5): 437-445.

刘宏魁, 曹宁, 张玉斌, 2011. 吉林省黑土侵蚀区水土保持措施对土壤颗粒组成和速效养分影响分析[J]. 中国农学通报, 27(1): 111-115.

刘丽娟, 李小玉, 何兴元, 2011. 流域尺度上的景观格局与河流水质关系研究进展[J]. 生态学报, 31(19): 5460-5465.

刘泉, 李占斌, 李鹏, 等, 2012. 汉江水源区自然降雨过程下坡地壤中流对硝氮流失的影响[J]. 水土保持学报, (26)5: 1-5.

鲁克新, 李占斌, 张霞, 等, 2011. 室内模拟降雨条件下径流侵蚀产沙试验研究[J]. 水土保持学报, 25(2): 6-9.

路炳军, 2004. 北京山区植被覆盖对土壤侵蚀影响的定量研究[D]. 北京: 北京师范大学博士学位论文.

罗专溪, 朱波, 王振华, 等, 2008. 川中丘陵区村镇降雨特征与径流污染物的相关关系[J]. 中国环境科学, 28(11): 1032-1036.

马放, 姜晓峰, 王立, 等, 2016. 基于 SWAT 模型的阿什河流域非点源污染控制措施[J]. 中国环境科学 36(2): 610-618.

孟伟, 张楠, 张远, 等, 2007. 流域水质目标管理技术研究(Ⅰ)域水控制单元的总量控制技术[J]. 环境科学研究, 20(4): 1-8.

任盛明, 曹龙熹, 孙波, 2014. 亚热带中尺度流域氮磷输出的长期变化规律与影响因素[J]. 土壤, 6: 1024-1031.

佘冬立, 邵明安, 薛亚锋, 等, 2011. 坡面土地利用格局变化的水土保持效应[J]. 农业工程学报, 27(4): 22-27.

苏慧敏, 2012. 不同水土保持措施下土壤养分流失的研究[D]. 重庆: 西南大学博士学位论文.

孙佳美, 余新晓, 梁洪儒, 等, 2015. 模拟降雨条件下不同覆被减流减沙效益与侵蚀影响因子[J]. 水土保持通报, 2: 46-51.

童菊秀, 杨金忠, 2008. 农田地表径流中溶质流失规律研究[J]. 水利学报, 39(5): 34-41.

庹刚, 李恒鹏, 金洋, 等, 2009. 模拟暴雨条件农田磷素迁移特征[J]. 湖泊科学, 21(1): 45-52.

汪邦稳, 肖胜生, 张光辉, 等, 2012. 南方红壤区不同利用土地产流产沙特征试验研究[J]. 农业工程学报, 28(2): 239-243.

王超, 1997. 氮类污染物在土壤中迁移转化规律实验研究[J]. 水科学进展, 8(2) :176-182.

王丽, 王力, 王全九, 2015. PAM 对不同坡度坡地产流产沙及氮磷流失的影响[J]. 环境科学学报, 35(12): 3956-3964.

王全九, 邵明安, 李占斌, 等, 1999. 黄土区农田溶质径流过程模拟方法分析[J]. 水土保持研究, 6(2): 67-71.

王全九, 王辉, 2010. 黄土坡面土壤溶质随径流迁移有效混合深度模型特征分析[J]. 水利学报, 6: 671-676.

王全九, 王力, 李世清, 2007. 坡地土壤养分迁移与流失影响因素研究进展[J]. 西北农林科技大学学报: 自然科学版, 35(12): 109-114.

王升, 王全九, 董文财, 等, 2012. 黄土坡面不同植被覆盖度下产流产沙与养分流失规律[J]. 水土保持学报, 26(4): 23-27.

王晓燕, 王一峋, 王晓峰, 等, 2003. 密云水库小流域土地利用方式与氮磷流失规律[J]. 环境科学研究, 16(1): 30-33.

肖培青, 姚文艺, 申震洲, 等, 2011. 苜蓿草地侵蚀产沙过程及其水动力学机理试验研究[J]. 水利学报, 2: 232-237.

肖培青, 郑粉莉, 汪晓勇, 等, 2008. 黄土坡面侵蚀方式演变与侵蚀产沙过程试验研究[J]. 水土保持学报, 22(1): 24-27.

谢云, 王延华, 杨浩, 2013. 土壤氮素迁移转化研究进展[J]. 安徽农业科学, 41(8): 3442-3444.

邢可霞, 郭怀成, 孙延枫, 等, 2004. 基于 HSPF 模型的滇池流域非点源污染模拟[J]. 中国环境科学, 24(2): 229-232.

颜秀利, 翟惟东, 洪华生, 等, 2012. 九龙江口营养盐的分布、通量及其年代际变化[J]. 科学通报, 17: 1575-1587.

杨红薇, 张建强, 唐家良, 等, 2008. 紫色土坡地不同种植模式下水土和养分流失动态特征[J]. 中国生态农业学报, 16(3): 615-619.

杨金玲, 张甘霖, 周瑞荣, 2001. 皖南丘陵地区小流域氮素径流输出的动态变化[J]. 农村生态环境, 17(3):1-4.

杨劲松, 杨奇勇, 2010. 不同尺度下耕地土壤有机质和全氮的空间变异特征[J]. 水土保持学报, 24(6): 100-104.

杨武德, 王兆骞, 1999. 土壤侵蚀对土壤下垫面及土地生产力的影响[J]. 应用生态学报, 10(2): 175-178.

尹迪信, 唐华彬, 朱青, 等, 2002. 坡耕地不同水土保持措施下的养分平衡和土壤肥力变化[J]. 水土保持学报, 16(1): 72-75.

于国强, 李占斌, 裴亮, 等, 2012. 不同植被类型下坡面径流侵蚀产沙差异性[J]. 水土保持学报, 26(1): 1-5.

余炜敏, 2005. 三峡库区农业非点源污染及其模型模拟研究[D]. 重庆:西南农业大学博士学位论文.

袁东海, 王兆骞, 陈欣, 等, 2002. 不同农作方式红壤坡耕地土壤氮素流失特征[J]. 应用生态学报,13(7): 863-866.

张长保, 2008. 降雨条件下黄土坡面土壤养分迁移特征试验研究[D]. 杨凌:西北农林科技大学博士学位论文.

张庆忠, 陈欣, 沈善敏, 2002. 农田土壤硝酸盐积累与淋失研究进展[J]. 应用生态学报,13(2): 233-238.

张微微, 李红, 孙丹峰, 等, 2013. 怀柔水库上游农业氮磷污染负荷变化[J]. 农业工程学报,24: 124-131.

张维理, 武淑霞, 冀宏杰, 等, 2004. 中国农业面源污染形势估计及控制对策: Ⅰ, Ⅱ, Ⅲ[J].中国农业科学, 37(7): 1008-1033.

张兴昌, 刘国彬, 付会芳, 2000a. 不同植被覆盖度对流域氮素径流流失的影响[J]. 环境科学, 21(6): 16-19.

张兴昌, 邵明安, 黄占斌, 等, 2000b. 不同植被对土壤侵蚀和氮素流失的影响[J]. 生态学报, 20(6): 1038-1044.

张怡, 丁迎盈, 王大安, 等, 2015. 坡度对侵蚀产沙及其粒径分布的影响[J]. 水土保持学报,29(6):25-29.

张翼夫, 李洪文, 何进, 等, 2015. 玉米秸秆覆盖对坡面产流产沙过程的影响[J]. 农业工程学报, 7: 118-124.

张银辉, 2005. SWAT 模型及其应用研究进展[J]. 地理科学进展, 24(5): 121-130.

张玉斌, 郑粉莉, 武敏, 2007. 土壤侵蚀引起的农业非点源污染研究进展[J]. 水科学进展, 18(1):123-132.

张玉珍, 2003. 九龙江上游五川流域农业非点源污染研究[D]. 厦门: 厦门大学博士学位论文.

张展羽, 王超, 杨洁, 等, 2010. 不同植被条件下红壤坡地果园氮磷流失特征分析[J]. 河海大学学报:自然科学版, 38(5): 479-483.

张展羽, 左长清, 刘玉含, 等, 2008. 水土保持综合措施对红壤坡地养分流失作用过程研究[J]. 农业工程学报, 24(11): 41-45.

赵军, 杨凯, 邰俊, 等, 2011. 区域景观格局与地表水环境质量关系研究进展[J]. 生态学报, 31(11): 3180-3189.

赵伟, 吴军虎, 王全九, 等, 2012. 聚丙烯酰胺对黄土坡面水分入渗及溶质迁移的影响[J]. 水土保持学报, 26(6): 36-40.

朱冰冰, 李占斌, 李鹏, 等, 2010. 草本植被覆盖对坡面降雨径流侵蚀影响的试验研究[J]. 土壤学报, 47(3): 401-407.

朱波, 汪涛, 况福虹, 等, 2008. 紫色土坡耕地硝酸盐淋失特征[J]. 环境科学学报,28(3): 525-533.

朱高立, 黄炎和, 林金石, 等, 2015. 模拟降雨条件下秸秆覆盖对崩积体侵蚀产流产沙的影响[J]. 水土保持学报, 29(3): 27-31.

朱智勇, 解建仓, 李占斌, 等, 2011. 坡面径流侵蚀产沙机理试验研究[J]. 水土保持学报, 25(5): 1-7.

Phillips D L, 高鹏, 1994. 农业耕作措施对非点源污染的影响[J]. 水土保持应用技术, 3: 6-7.

ADAMCZYK S, ADAMCZYK B, KITUNEN V, et al., 2011. Influence of diterpenes (colophony and abietic acid) and a triterpene(beta-sitosterol) on net N mineralization, net nitrification, soil respiration,and microbial biomass in birch soil[J]. Biology & Fertility of Soils, 47(6): 715-720.

AHUJA L R, SHARPLEY A N, YAMAMOTO M, et al., 1981. The depth of rainfall-runoff-soil interaction as determined by 32 P[J]. Water Resources Research, 17(4): 969-974.

AMIRI B J, NAKANE K, 2009. Modeling the linkage between river water quality and landscape metrics in the Chugoku District of Japan[J]. Water Resources Management, 23(5): 931-956.

AMUNDSON R, AUSTIN A T, SCHUUR E A G, et al., 2003. Global patterns of the isotopic composition of soil and plant nitrogen[J]. Global Biogeochemical Cycles, 17(1):225-227.

AMUNDSON R, AUSTIN A T, SCHUUR E A G, 2003. Global patterns of the isotopic composition of soil and plant nitrogen[J]. 17(1) : 1031, 10-1029.

ARHONDITSIS G, TSIRTSIS G, ANGELIDIS M O, et al., 2000. Quantification of the effects of nonpoint nutrient sources to coastal marine eutrophication:applications to a semi-enclosed gulf in the Mediterranean Sea[J]. Ecological Modelling, 129(2): 209-227.

ARNOLD J G, ALLEN P M, 1996. Estimating hydrologic budgets for three Illinois watersheds[J]. Journal of Hydrology, 176(1): 57-77.

BARWELL R E, SCHUMAN G E, 1974. Precipitation nitrogen contribution to surface runoff discharges[J]. Journal of Environmental Quality, 3(3): 366-369.

BECHMANN M, EGGESTAD H O, VAGSTAD N, 1998. Nitrogen balances and leaching in four agricultural catchments in southeastern Norway[J]. Environmental Pollution, 102(98): 493-499.

BERGE H F M, BURGERS S L G E, VANDER MEER H G, et al., 2007. Residual inorganic soil nitrogen in grass and maize on sandy soil[J]. Environmental Pollution, 145(1): 22-30.

BOWES M J, JARVIE H P, HALLIDAY S J, et al., 2015. Characterising phosphorus and nitrate inputs to a rural river using high-frequency concentration-flow relationships[J]. Science of the Total Environment, 511: 608-620.

BROWN T C, BROWN D, DAN B, 1993. Law and programs for controlling non-point source pollution in forest areas[J]. Water Resource Bulletin, 29(1): 1-3.

CAMDEVYREN H, DEMYR N, KANIK A, 2005. Use of principal component scores in multiple linear regression models for prediction of Chlorophyll-a in reservoirs[J]. Ecological Modeling, 181(4): 581-589.

CAO D, CAO W Z, FANG J, et al., 2014. Nitrogen and phosphorus losses from agricultural systems in China: a meta-analysis[J]. Marine Pollution Bulletin, 85(2): 727-732.

CHEN L, FU B, ZHAO W, 2006. Source-sink landscape theory and its ecological significance[J]. Frontiers of Biology in China, 3(2): 131-136.

CLEMENT J C, HOLMES R M, PETERSON B J, et al., 2003. Isotopic investigation of dentrification in a riparian ecosystem in western France.[J]. Journal of Applied Ecology, 40(6): 1035-1048.

CLEMENT J C, HOLMES R M, PETERSON B J, et al., 2003. Isotopic investigation of denitrification in a riparian ecosystem in western France[J]. 40(6): 1035-1048.

DALGAARD T, HUTCHINGS N, DRAGOSITS U, et al., 2011. Effects of farm heterogeneity and methods for upscaling on modelled nitrogen losses in agricultural landscapes[J]. Environmental Pollution, 159(11): 3183-3192.

DRURY C F, FINDLAY W I, GAYNOR J D, et al.,1993. Influence of tillage on nitrate loss in surface runoff and tile drainage[J]. Soil Science Society of America Journal, 57(3): 797-802.

ELLISON W D, 1947. Soil detachment hazard by rainfall splash[J]. Agricultural Engineering, 28: 197-201.

FIENER P, AUERSWALD K, OOST K V, 2011. Spatio-temporal patterns in land use and management affecting surface runoff response of agricultural catchments—A review[J]. Earth-Science Reviews, 106(S1-2): 92-104.

FU B J, MENG Q H, QIU Y, et al., 2004. Effects of land use on soil erosion and nitrogen loss in the hilly area of the Loess Plateau, China[J]. Land Degradation & Development, 15(1): 87-96.

GBUREK W J, SHARPLEY A N, 1998. Hydrologic controls on phosphorus loss from upland agricultural watersheds[J]. Journal of Environmental Quality, 27(2): 267-277.

GELAW A M, SINGH B R, LAL R, 2014. Soil organic carbon and total nitrogen stocks under different land uses in a semi-arid watershed in Tigray, Northern Ethiopia[J]. Agriculture Ecosystems & Environment, 188(15): 256-263.

HOFFMANN M, JOHNSSON H, GUSTAFSON A, et al., 2000. Leaching of nitrogen in Swedish agriculture —a historical perspective[J]. Agriculture Ecosystems & Environment, 80(00): 277-290.

HUNSAKER C T, LEVINE D A, 1995. Hierarchical approaches to the study of water quality in rivers[J]. Bioscience, 45(45): 193-203.

JIANG J, AN N, ZHANG Y et al., 2012. Influence of rainfall run-off in hydrologic process on non-point pollution[J]. Journal of Anhui Agricultural Sciences, 13(2): 380-383.

JIANG J, AN N, ZHANG Y, et al., 2012. Influence of rainfall run-off in hydrologic process on non-point pollution[J]. Journal of Anhui Agricultural Sciences,40(6) 3529-3531.

JIANG R, WOLI K P, KURAMOCHI K, et al., 2012. Coupled control of land use and topography on nitrate-nitrogen dynamics in three adjacent watersheds[J]. Catena, 97(5): 1-11.

JICKELLS T D, 1998. Nutrient biogeochemistry of the coastal zone. Science, 281: 217-222.

KLADIVKO E J, GROCHULSKA J, 1999. Pesticide and nitrate transport into subsurface tile drains of different spacings[J]. Journal of Environmental Quality, 28(3): 997-1004.

KUSUMANDARI A, MITCHELL B, 1997. Soil erosion and sediment yield in forest and agroforestry areas in West Java, Indonesia[J]. Journal of Soil & Water Conservation, 52(5): 376-380.

Laflen J M, Baker J L, 1983. Water quality consequences of conservation tillage[J]. J Soil and Water Cons, 38: 186-193.

LAX A. CARAVACA F, 1999. Organic matter, nutrient contents and cation exchange capacity in fine fractions from semiarid calcareous soils[J]. Geoderma, 93(3-4): 161-176.

LI JIAKE, HUAIEN LI, SHEN B, et al., 2011. Effect of non-point source pollution on water quality of the Weihe River[J]. International Journal of Sediment Research, 26(1): 50-61.

LI Q, QI J Y, XING Z S, et al., 2014. An approach for assessing impact of land use and biophysical conditions across landscape on recharge rate and nitrogen loading of groundwater[J]. Agriculture, Ecosystems and Environment, 196: 114-124.

LÓPEZ-BELLIDO L, LÓPEZ-BELLIDO R J, REDONDO R, 2005. Nitrogen efficiency in wheat under rainfed Mediterranean conditions as affected by split nitrogen application[J]. Field Crops Research, 94(1): 86-97.

MARIANNE B, PER S, SIGURN K, et al., 2009. Integrated tool for risk assessment in agricultural management of soil erosion and losses of phosphorus and nitrogen[J]. Science of the Total Environment,

407(2): 749-759.

MARTINEZ-MENA M, ALBALADEJO J, CASTILLO V M, 1997. Runoff and soil loss response to vegetation removal in a semiarid environment[J]. Soil Sci. Soc. Am J, 61(4): 1116-1121.

MENESES B M, REIS R, VALE M J, et al., 2015. Land use and land cover changes in Zêzere watershed (Portugal)-Water quality implications[J]. Science of the Total Environment, 527-528: 439-447.

MONICA V, FRANCESCO M, MAURIZIO B, 2005. Effectiveness of buffer strips in removing pollutants in runoff from a cultivated field in North-East Italy[J]. Agri. Ecosys. & Environ., 102(1-2): 101-114.

MOSTAGHIMI S, PARK S W, COOKE R A, et al., 1997. Assessment of management alternatives on a small agricultural watershed[J]. Water Research, 31(8): 1867-1878.

NING S K, CHANG N B, et al., 2006. Soil erosion and non-point source pollution impacts assessment with the aid of multi-temporal remote sensing images[J]. Journal of Environmental Management, 79(1): 88-101.

ONGLEY E D, ZHANG X, YU T, 2010. Current status of agricultural and rural non-point source Pollution assessment in China[J]. Environmental Pollution, 158(5): 1159-1168.

OUYANG W, WANG X L, HAO F H, et al., 2009. Temporal-spatial dynamics of vegetation variation on non-point source nutrient pollution[J]. Ecological Modelling, 220: 2702-2713.

QIN H P, KHU S T, YU X Y, 2010. Spatial variations of storm runoff pollution and their correlation with land-use in a rapidly urbanizing catchment in China[J]. Science of the Total Environment, 408: 4613-4623.

QUINTON J N, GOVERS G, OOST K V, et al., 2010. The impact of agricultural soil erosion on biogeochemical cycling[J]. Nature Geoscience, 3(5): 311-314.

RODE M, FREDE H G, 1997. Modification of AGNPS for agricultural land and climate conditions in Central Germany[J]. Journal of Environmental Quality, 26(1): 165-172.

RODRÍGUEZ-BLANCO M L, TABOADA-CASTRO M M, TABOADA-CASTRO M T, 2013. Phosphorus transport into a stream draining from a mixed land use catchment in Galicia (NW Spain): Significance of runoff events[J]. Journal of Hydrology, 481(481): 12-21.

ROSS S M, IZAURRALDE R C, JANZEN H H, et al., 2008. The nitrogen balance of three long-term agroecosystems on a boreal soil in western Canada [J]. Agriculture Ecosystems & Environment, 127(3):241-250.

ROSS S M, IZAURRALDE R C, JANZEN H H, et al., 2008. The nitrogen balance of three long-term agroecosystems on a boreal soil in western Canada[J]. Agriculture Ecosystems & Environment, 127(3-4): 241-250.

SALEH A, ARNOLD J G, GASSMAN P W, et al., 2000. Application of SWAT for the upper North Bosque River watershed[J]. Transaction of the American Society of Agricultural Egineers, 43(5): 1077-1087.

SCHLESINGER W H, 2009. On the fate of anthropogenic nitrogen[J]. Proceedings of the National Academy of Sciences of the United States of America, 106(1): 203-208.

SHARPLEY A N, SMITH S J, NANEY J W, 1987. Environmental impact of agricultural nitrogen and phosphorus use[J]. Journal of Agricultural & Food Chemistry, 35(5): 812-817.

SHEN Z, CHEN L, QIAN H, et al., 2013. Assessment of nitrogen and phosphorus loads and causal factors from different land use and soil types in the Three Gorges Reservoir Area[J]. Science of the Total Environment, 454/455: 383-392.

SHERIDAN J, HUBBARD R K, 1983. Water and nitrate losses from a small upland coastal plain watershed[J]. J. Environ. Qual., 12: 291-295.

SLIVA L, WILLIAMS D D, 2001. Buffer zone versus whole catchment approaches to studying land use impact on river water quality[J]. Water Research, 35(14): 3462-3472.

SMITH K A, JACKSON D R, WITHERS P J, 2001. Nutrient losses by surface run-off following the application of organic manures to arable land.1. Nitrogen[J]. Environmental Pollution, 112(1): 41-51.

SUTTON A J, FISHER T R, GUSTAFSON A B, 2009. Effects of restored stream buffers on water quality in non-tidal streams in the choptank river basin[J]. Water Air & Soil Pollution, 208(1): 101-118.

TAN C S, DRURY C F, GAYNOR J D, et al., 2002. Effect of tillage and water table control on evapotranspiration, surface runoff, tile drainage and soil water content under maize on a clay loam soil[J]. Agricultural Water Management, 54(3): 173-188.

TAPIA-VARGAS M, TISCAREÑO-LÓPEZ M, STONE J J, et al., 1999. Tillage system effects on runoff and sediment yield in hillslope agriculture[J]. Journal of Vacuum Science & Technology A, 17(5): 2463-2466.

TAPIAVARGAS M, TISCAREOLPEZ M, STONE J J, et al., 2001. Tillage system effects on runoff and sediment yield in hillslope agriculture[J]. Field Crops Research, 69(2):173-182.

TENBERGE H F M, BURGERS S L G E, VAN DER MEER H G, et al., 2007. Residual inorganic soil nitrogen in grass and maize on sandy soil [J]. Environmental Pollution, 145(1):22-30.

TESFAYE M A, BRAVO F, RUIZ-PEINADO R, et al., 2016. Impact of changes in land use, species and elevation on soil organic carbon and total nitrogen in Ethiopian Central Highlands[J]. Geoderma, 261: 70-79.

TISCAREO-LPEZ M, STONE J, TAPIA-VARGAS M, 2001. Tillage system effects on runoff and sediment yield in hillslope agriculture[J]. Field Crops Research, 69(2): 173-182.

TSIKNIA M, PARANYCHIANAKIS N V, VAROUCHAKIS E A, et al., 2015. Environmental drivers of the distribution of nitrogen functional genes at a watershed scale[J]. Microbiology Ecology, 91(6): 10.1093/femsec/fiv052.

TSIKNIA M, TZANAKAKIS V A, PARANYCHIANAKIS N V, et al., 2013. Insights on the role of vegetation on nitrogen cycling in effluent irrigated lands [J]. Applied Soil Ecology, 64: 104-111.

TU J, 2011. Spatially varying relationships between land use and water quality across an urbanization gradient explored by geographically weighted regression[J]. Applied Geography, 31(1): 376-392.

ULÉN B, JOHANSSON G, KYLLMAR K, 2001. Model predictions and long-term trends in phosphorus transport from arable lands in Sweden[J]. Agricultural Water Management, 49(3): 197-210.

VAN O K, QUINE T A, GOVERS G, et al., 2007. The impact of agricultural soil erosion on the global carbon cycle[J]. Science, 318: 626-629.

VIDON P G F, HILL A R, 2004. Landscape control on nitrate removal on stream riparian zones [J]. Water Resources Research, 40(3):114-125.

WAGGER W G, MYERS J L, 1995. Chemical movement in relation to tillage system and simulated rainfall intensity[J]. J. Environ. Qual., 24(6): 1183-1192.

Wallach R, Grigorin G, Rivlin J, 2001. A comprehensive mathematical model for transport of soil-dissolved chemicals by overland flow[J]. Journal of Hydrology, 247(1): 85-99.

WANG X, WANG Q, WU C, et al., 2012. A method coupled with remote sensing data to evaluate non-point source pollution in the Xin'an jiang catchment of China[J]. Science of the Total Environment, 430(430): 132-143.

XU G C, LI Z B, LI P, 2013. Fractal features of soil particle-size distribution and total soil nitrogen distribution in a typical watershed in the source area of the middle Dan River, China[J]. Catena, 101(2): 17-23.

XUE Z, CHENG M, AN S, 2013. Soil nitrogen distributions for different land uses and landscape positions in a small watershed on Loess Plateau, China[J]. Ecological Engineering, 60(11): 204-213.

YOUNG R A, ONSTAD C A, BOSCH D D, et al., 1989. AGNPS, a nonpoint source pollution model for evaluating agricultural watersheds[J]. Journal of Soil & Water Conservation, 44(2): 168-173.

YUAN Z J, CHU Y M, SHEN Y J, 2015. Simulation of surface runoff and sediment yield under different land-use in a Taihang Mountains watershed, North China[J]. Soil & Tillage Research, 153(1): 7-19.

ZENG Z Y, MEIJERINK A M J, 2002. Water yield and sediment yield simulations for teba catchment in Spain using SWRRB model: II. simulation results[J]. Pedosphere, 12(1): 49-58.

ZHANG J, LI J, LIU J, et al., 2013. Monitoring spatial distribution of non-point source pollution loads in dagu river watershed[J]. Sensor Letters, 11(6-7): 999-1007.

ZHU B, WANG Z, ZHANG X, 2012. Phosphorus fractions and release potential of ditch sediments from different land uses in a small catchment of the upper Yangtze River[J]. Journal of Soils & Sediments, 12(2): 278-290.

第2章 丹汉江流域概况

2.1 自 然 条 件

丹江、汉江流域位于秦岭以南，涉及陕西省 3 个市的 28 个县(区)，即汉中市的汉台、洋县、勉县、留坝、宁强、镇巴、佛坪、城固、西乡、南郑、略阳 11 个县(区)；安康市的汉滨、汉阴、平利、旬阳、石泉、岚皋、紫阳、宁陕、白河、镇坪 10 个县(区)；商洛市的商州、山阳、柞水、镇安、丹凤、商南、洛南 7 个县(区)。陕西省丹汉江流域位置及其在丹江口水库水源区所占面积示意图见图 2.1。丹汉江流域土地总面积为 62731km²，其中，汉江流域面积为 55180km²，丹江流域面积为 7551km²。陕西省汉中、安康、商洛 3 个市是南水北调中线工程的主要水源区，3 个市境内的丹汉江流域面积占丹江口水库控制面积(95198km²)的 66%(王星，2013)。

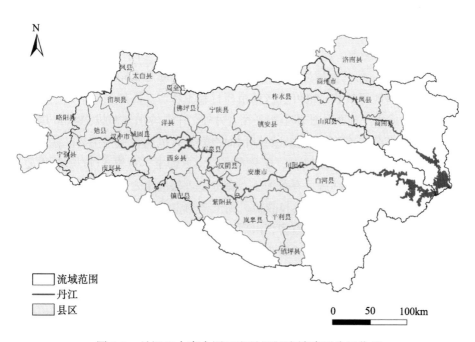

图 2.1 丹江口水库水源区和丹汉江流域陕西片区位置

2.1.1　地形地貌

陕西省总土地面积为 20.58 万 km²，占全国土地面积的 2.14%。按地表形态特征可分为高原、平原、山地三大类型。据统计部门资料，高原 13876.85 万亩[①]，占全省土地面积的 45%；平原 5862.12 万亩，占 19%；山地 11101.48 万亩，占 36%。其中，平原是以关中平原为主，其次有汉中盆地、安康盆地。汉中盆地和安康盆地平坦，土地肥沃，灌溉条件好，地处北亚热带，是陕西省主要水稻产地，作物可一年两熟，亩产在千斤以上。山地主要分布在关中平原南部，以秦岭、巴山石质山地为主体。秦岭山体高大，山峰一般海拔 2000～3000m，太白山最高峰为 3767m，相对高度一般在 1000m 上下，山峦峥嵘，气候环境复杂，植被垂直带谱明显，是陕西省生物资源的宝库。但是，由于山高、坡陡、土层薄，不适宜耕作。巴山山势较低，山峰一般海拔 1500～2000m，化龙山最高峰为 2917m，地处北亚热带，水热条件好，适于发展经济林、用材林。秦巴山地海拔 1000m 以下的低山丘陵(浅山)区 3400 多万亩，占山地面积的 31%。低山区一般坡陡、土薄，可以种植，但不宜过量耕垦。近年来由于耕垦过度，水土流失严重，造成洪水灾害，使部分山地变成草木不生的石板地。

2.1.2　土壤

水源区内土壤类型多种多样，主要有泡土、黄泡土、高山灰白土、潮土、盐渍土、水稻土、黄褐土等。泡土(棕壤)分布在秦岭高中山，由于山高、土薄、石渣多，土层厚度不足 1m。黏粒含量为 14%～20%，有机质含量为 2.50%。泡土不适于耕作，坡度缓的林间草地可放牧，也可适当种植药材和土特产。需加强保护，严禁过伐和垦荒，避免造成水土流失，破坏生态平衡。另外，在秦岭山地海拔 2800m 以上的冷杉、云杉林下还分布有高山灰白土(针叶林棕壤)，有机质含量为 3%，黏粒含量为 15%～20%。在海拔 3400m 以上，还分布有高山草甸土。黄泡土(黄棕壤)主要分布在秦岭南坡浅山和巴山林区，有黄泥土、黄泡土、黑泡土之分。土性近似泡土，色黄而均，质细而匀，未见 A2 层和硅粉，黏土矿物中高岭石较多。由于山坡陡和滥垦乱伐，土壤侵蚀严重，土薄石多，出现有石渣土、石皮子土和砂土。这种土壤不易耕作，需要加强管理和保护，防止土壤继续侵蚀，环境恶化。黄褐土广泛分布在陕南盆地、谷地周围和丘陵地带。土性黏重密实、中至酸性反应，怕涝易旱，有"有雨一包糟，天晴一把刀"和"下雨流黄汤，天旱硬似钢"之说。黏粒含量约为 40%，下淋明显，呈块状和板块状结构，有机质含量为 1%～2%，氮磷含量均小于 0.10%。

---

① 1 亩 ≈ 666.67m²；1hm²=15 亩。

黄褐土主要用于种植小麦、玉米、豆类和薯类作物，产量低且不稳定。需要深耕培肥，广种绿肥，消除板结，防治水土流失。水稻土主要分布于陕南河谷盆地。按土性和色泽分为黄泥田、青泥田、沙泥田、冷漫田和鸭屎泥之分。黄泥田分布最广，土质黏，肥力差，熟化程度低，应逐渐深耕改土，水旱轮作，多种绿肥，增施磷肥，预防"坐秋"。青泥田常见于开阔的沿河地表，熟化程度高，土质差。沙泥田零星分布在河滩，沙石多，需要引洪淤漫，培肥。冷漫田和鸭屎泥都为冬水田，泥深而浮，作物难"扎根"，易"坐秋"需要水旱轮作，排水冻垡，改良土性。此外，还有多种岩生土，土性和岩性类似，结构不良，肥力低，需要改良。汉江两岸分布的水稻土，是长期种植水稻形成的土壤。经过人工耕作培肥，土质肥沃，亩产可达千斤以上。深水稻田还可养鱼，是陕西省稻米和油料的重要产区，被誉为"鱼米之乡"。

2.1.3　水文地质

受气候、地形地貌、地质构造、岩性等因素影响，在陕西省形成了陕北黄土高原半干旱带、关中盆地半湿润带和陕南秦巴山地湿润带 3 个不同特征的水文地质分区。陕南除汉中、安康等几个小盆地地下水丰富外，广大山区均为裂隙水，裂隙水又转而补给地表水成为河川径流的基流。地下水补给源主要是大气降水，其次为地表水，因陕西省农田灌溉比较发达，所以农田灌溉水也是地下水主要补给源之一。地下水补给模数平原大于山区，长江流域片大于黄河流域片，全省浅层地下水总补给量为 182.82 亿 m^3，其中矿化度小于 5g/L 的为 181.82 亿 m^3。由于山区、丘陵区地下水又转化为河川径流，全省可供开采量仅有 34.99 亿 m^3。汉中盆地地区补给量为 6.57 亿 m^3，可开采量为 3.37 亿 m^3，河漫滩及一、二级阶地为富水和强富水区，单井涌水量在降深 5m 时为 80～150t/h，地下水位埋深为 0.60～5.50m；三、四、五级阶地及洪积扇区为弱富水和贫水区，降深 5m 时单井涌水量为 5～20t/h，地下水位埋深为 6～30m。

陕西省对埋深在 300m 以下的承压水研究很少，仅在关中盆地和汉中盆地进行过少量勘探工作。关中盆地主要为砂、卵石层承压水，含水层厚度一般为 250～300m，埋深在 300m 以下，单井涌水量在低阶地地区为 10～20t/h，在黄土原区为 1～10t/h，初步探明储量约为 5.73 亿 m^3。汉中盆地为卵石、砂层承压水，含水层厚度约为 80m，埋深为 70～150m，其单井涌水量为 2.50～5.00t/h，勘探范围内储量为 2.92 亿 m^3。

2.1.4　植被与土地利用

1. 植被

陕西省地形南北狭长，有山地、高原、盆地、沙漠，大小河流交错，具有温带、暖温带、北亚热带气候，自然环境复杂，生态条件多样，生物资源丰富，且具有明显的地带性分布特点。从北到南有温带草原地带、森林草原地带、暖温带落叶阔叶林地带、北亚热带常绿落叶阔叶林地带。南北差别大，生物资源种类繁多，据调查陕西省有野生维管植物 3300 多种，分属 1000 多属，190 余科，居我国北方诸省(区)前列。其中，种子植物 3100 余种，1000 多属，160 余科；栽培植物 60 余种，主要有小麦、水稻、玉米、谷子、糜子、高粱、春小麦、黑麦、莜麦、青稞、荞麦、黑豆、白豆、青豆、绿豆、蔓豆、扁豆、豌豆、薯类、棉花、烟草、油菜、芝麻、花生、大麻、小麻、黄芥、云芥及各种蔬菜等。栽培的果树主要有苹果、枣、梨、核桃、柿子、石榴、桃、杏、葡萄、板栗、柑橘等。野生动物资源有兽类、鸟类、两栖爬行类动物 700 余种，多数栖息在秦巴山区。家畜家禽有牛、马、驴、骡、骆驼、猪、山羊、奶山羊、绵羊、家兔、鸡、鸭、鹅等(程丽丽，2009)，其中，秦川牛、关中驴、西镇牛、佳米驴都是驰名中外的优良品种。这些生物资源，除种植业、养殖业、栽培业为发展陕西省农、林、牧、副、渔及轻工业作出了重大贡献外，其他野生生物在保护环境，恢复生态平衡，用作饲料、燃料、食品、医药、工业原料，以及提供观赏和科学研究等方面，也发挥了重要作用。

2. 土地利用

陕南水源区中汉中市、安康市、商洛市的耕地面积分别为 2030.59km²、1955.40km²、1322.70km²，3 个市的耕地面积总和为 5308.69km²，约占陕西耕地面积的 18.67%。主要以坡地为主，水田集中在川坝地区，占全省水田的 88.90%，而汉中地区水田则占全省水田的 68.70%。林地若加上灌木林、疏林地、未成林地、苗圃等，全省林业用地为 9928.26 万亩，占全省土地面积的 32.20%。其中，有林地为 7000.38 万亩，占全省总面积的 22.7%。按地区分布，陕南有林地为 3794.56 万亩，分别占全省有林地面积的 19.85%、25.94%和 54.21%，主要分布在秦巴山地，占全省林地面积一半以上。全省草地面积为 8167.08 万亩，占全省土地面积的 26.46%。其中，天然草地为 7809.27 万亩，占全省土地的 25.32%。人工草地为 357.8 万亩，占草地面积的 4.38%。按地区分布，陕南草地为 2521 万亩，占全省草地面积的 30.87%。亩产草量和载蓄量由南向北呈递减趋势，陕南最高，关中次之，陕北最低；城乡居民住宅和工矿用地，全省城乡居民住宅和厂矿用地共 624.18 万亩，约占全省土地面积的 2.00%。其中，城乡居民点住宅用地为 586.01 万亩，人均约为 0.20 亩；厂矿用地为 38.17 万亩。城乡居民住宅用地在各地区的比例是：关中为 348.14 万亩，占全区土地的 4.19%，人均为 0.20 亩；陕南为 110.86 万亩，占全区土地的 1.06%，人均为 0.13 亩；陕北为 147 万亩，占全区土地的 1.22%，人均为 0.36 亩。根据陕西省土地资源的特点，必须控制侵占耕地，否则势必影响农业发展。全省江、河、湖、塘、水库等水域面积为 656.91 万亩，占全省土地的 2.13%。陕南 225.58 万亩，占全省水域面积的 34.34%；全省水域中，渔业利用水面积为 37.29 万亩，仅占水域面积的 5.68%。其他水产品利用率也不高。全省交通用地包括铁路、公路、乡村道路和企业专用道路等，共 303.36 万亩，占全省土地面积的 0.98%。其中，关中地区 92.95 万亩，占全省交通用地的 30.64‰；陕南 75.59 万亩，占 24.87%。全省特殊用地包括国防、名胜古迹、自然保护区等，共 193.36 万亩，占全省土地面积的 0.63%。陕南 75.59 万亩，占 39.09%；陕北 11.94 万亩，占 6.18%。全省有荒耕坡地 2832.96 万亩，占全省土地面积的 9.18%。其中，陕南 314.21 万亩，占 11.10%。荒耕地实际上为农业用地，在未经详测论证和核准之前暂以荒坡地处理。难利用地包括流沙地、河漫滩沙地、砾石滩地，裸露地、难利用的盐碱滩地等，全省共 2287.27 万亩，占全省土地面积的 7.42%。其中，陕南 528.56 万亩，占 23.11%。

2.1.5　水资源及利用状况

陕西省丹汉江流域一级支流为汉江，较大的二级支流有丹江、巴水、褒河、胥水河、牧马河、汉水河、月河、旬河等，流域面积在 $100km^2$ 以上的有 213 条，$1000km^2$ 以上的有 20 条。河流支流众多，但分布不对称，河网密度北岸为 $1.69km/km^2$，南岸只有 $1.52km/km^2$。由于多气候条件的制约及地形条件的影响，流域内的河流具有季节性变化特点，汛期沙多水浑；枯水期水量急剧减少，水清沙少。境内河流的共同特点是：山溪性河流，河床狭窄、比降大、水流湍急、水量丰富、水质较好，是国家重要的梯级水电能源开发区和南水北调中线工程主要的水源地(王星，2013)。流域多年平均产流量为 276.70 亿 m^3，占丹江口水库入库水量(388 亿 m^3)的 71.31%。

陕南汉中、安康、商洛三市的水资源总量为 314.58 亿 m^3，约占陕西省水资源总量 451.61 亿 m^3 的 69.70%。人均拥有的水资源量是全国的 1.80 倍，是全省的 2.43 倍。

2.1.6　水土流失现状

陕西省丹汉江流域山高坡陡，土薄石厚，降水量大，耕地资源稀缺，土壤被侵蚀后会迅速形成沙砾及砾质劣地，水土流失及荒漠化危害威胁群众生存，流失危害远较黄土高原直接和严重；同时洪水频繁，易发滑坡、滑塌等重力侵蚀和泥石流、水石流等地质灾害和混合侵蚀，不仅严重危害区域生态环境、农业生产和社会经济发展，而且影响南水北调中线工程的引水安全。

陕西省水土流失面积高达 13.75 万 km^2，占总面积的 66.81%。省内长江流域在

72487km² 的面积上，年输沙量也高达 0.82 亿 t，占长江年输沙量的 12%。陕南一般侵蚀模数为 200～2000t/km²，有 23 个县均在 1000t/km² 以上，最严重的略阳县高达 7076t/km²。浅山地区水土流失也比较严重，如汉江两岸的石泉县到白河县区间的侵蚀模数达 2482t/km²。

流域内水土流失的特点如下：一是面积大，分布广。根据长江水利委员会 2007 年遥感调查的数据，陕西省丹汉江流域总上地面积为 62731km²，水土流失面积为 26267.55km²，占土地总面积的 41.90%。二是流失强度大。年土壤侵蚀总量为 10618.79 万 t，平均侵蚀模数为 4042t/(km²·a)，年输沙总量为 1926 万 t，占长江流域年输沙总量的 12%。三是水土流失类型多。流域流失主要以水力侵蚀为主，水力侵蚀尤以面蚀最为普遍，而沟蚀一般发生在河流阶地、冲洪积扇、深厚的残坡积层，以及岩性软弱易风化的页岩、片麻岩、花岗岩出露区。该区域土少石多，不少地方已流失为广石板。四是地质等山地灾害频繁，危害严重。流域地处秦巴山地，地质环境十分复杂，区域断裂、褶皱构造发育，岩石特别破碎，易形成崩塌和滑坡。区内风化强烈，岩质松散，抗侵蚀能力差，山坡及沟谷地带普遍覆盖有松散岩土层。同时，流域内年均降水量大，每年汛期大雨、暴雨集中。上述环境条件使该流域成为我国地质灾害多发地区之一，据不完全统计，陕西省丹汉江流域共有崩塌、滑坡和泥石流地质灾害隐患点 9900 多处。

造成该流域水土流失严重的主要原因包括两方面：一是自然因素。流域内复杂破碎的地形、松散的下垫面物质、稀疏的植被、相对集中的降雨，特别是暴雨洪水的击溅、冲刷、切割等，都促进了水土流失的发生发展。二是人为因素。由于陕南坡耕地面积大，广种薄收，以及在高速公路、矿产开发等基本建设过程中水土保持工作相对滞后，从而加速了水土流失。秦巴山区山高坡陡，土薄石厚，降水量大，山区耕地资源稀缺，土壤被侵蚀后会迅速形成沙砾及砾质劣地，同时诱发滑坡、泥石流等地质灾害，而且会造成河道堵塞、水库淤积和非点源源污染。

2.1.7　水土保持发展历史

自 1989 年国家启动长江上中游水土保持重点防治工程以来，截至 2008 年，陕南地区的 13 个县被列入治理范围，开展了一至七期工程建设，累计治理水土流失面积为 820.03km²，完成投资 17245.50 万元，其中，中央投资 10588 万元。1989 年"长治"一期工程启动实施，涉及陕西省的镇巴、宁强、略阳 3 个县，开展治理小流域 7 条，实施期为 1989～1993 年，1994 年通过国家验收。1990 年"长治"二期工程启动实施，涉及陕西省的略阳、宁强、镇巴、凤县 4 个县，开展治理小流域 39 条，实施期为 1990～1994 年，1995 年通过国家验收。1994 年"长治"三期工程启动实施，涉及陕西省的略阳、宁强、镇巴、凤县、西乡、南郑、商南、白河 8 个县，开展治理小流域 96 条，实施期为 1994～1998 年，1999 年通过国家验收。1998 年"长治"四期工程启动实施，涉及陕西省的太白、留坝、佛坪等 3 个县，开展治理小流域 8 条，实施期为 1998～2000 年，2001 年通过国家验收。1999 年"长治"五期工程启动实施，涉及陕西省的凤县、略阳、宁强、南郑、西乡、镇巴、商南、白河 8 个县，开展治理小流域 72 条，实施期 5 年(1999～2003 年)，2004 年通过国家验收。2001 年"长治"六期工程启动实施，涉及陕西省的太白、留坝、佛坪、山阳、丹凤 5 个县，开展治理小流域 25 条，实施期 5 年(2001～2005 年)，2004 年进行了阶段验收。2004 年"长治"七期工程启动实施，涉及陕西省的凤县、太白、略阳、宁强、镇巴、留坝、南郑、西乡、白河、商南、山阳、丹凤 12 个县，开展治理小流域 89 条，实施期 5 年(2004～2008 年)，2009 年通过国家验收。

2006 年 2 月 10 日，国务院以国函[2006]10 号批复了《丹江口库区及上游水污染防治和水土保持规划》，同意将规划中近期项目纳入南水北调工程总体方案，与南水北调工程同步实施。规划中水土保持方面涉及陕西省 25 个县，项目 781 个，投资 34.97 亿元。其中，小流域治理 690 条，投资 34.14 元；流域监测项目 70 个，投资 0.25 亿元；湿地恢复与保护项目 2 个，投资 0.20 亿元；小流域治理示范项目 14 个，投资 0.28 亿元；中心苗圃建设项目 5 个，投资 0.10 亿元。规划近期项目实施期限为 2006～2010 年，远期项目实施期限为 2011～2020 年。陕南三市有 24 个县(区)被列入一期项目治理范围。2007～2010 年，"丹治"一期项目累计治理小流域 348 条，治理水土流失面积为 7681.55km²，完成投资 191882.90 万元，其中，中央投资 103609 万元，取得了明显的生态效益、经济效益和社会效益。2012 年 6 月国务院以国函[2012]50 号批复了《丹江口库区及上游水污染防治和水土保持"十二五"规划》，"十二五"期间陕南三市 28 县区全部列入二期项目实施范围，规划治理小流域 218 条，治理水土流失面积 4891.30km²，总投资 19.76 亿元(王星，2013)。

2.2　农村社会经济条件

2.2.1　人口及组成

水源区包括汉中、安康、商洛 3 个地(市)的 28 个县(区)，截至 2010 年年底总人口为 9307093 人，人口密度为 123 人/km²。其中，农业人口为 7238993 人，约占总人口的 77.78% (表 2.1)。水源区内的民族以汉族为主，其次为回族，并且分布有少数的满族、蒙古族、维吾尔族等。

表 2.1　2010 年水源区内各县(区)人口统计

地区	总户数	总人口			总人口中	
		合计	男	女	非农业人口	农业人口
汉台区	199768	551739	283328	268411	256798	294941
南郑县	182506	553880	289969	263911	81429	472451
城固县	175917	529172	274036	255136	92150	437022
洋县	139845	444558	236524	208034	73757	370801
西乡县	140478	413428	220055	193373	56753	356675
勉县	140723	423222	221795	201427	74419	348803
宁强县	107335	334043	177761	156282	34225	299818
略阳县	65016	199594	106626	92968	56548	143046
镇巴县	82150	288521	156186	132335	28710	259811
留坝县	14678	44099	23397	20702	7771	36328
佛坪县	11318	32999	18042	14957	6461	26538
汉滨区	319430	1008622	537256	471366	220974	787648
汉阴县	101854	305687	164933	140754	33605	272082
石泉县	63692	182262	98188	84074	29469	152793
宁陕县	25250	74268	39981	34287	14784	59484
紫阳县	106292	341787	185849	155938	40706	301081
岚皋县	61174	172019	93628	78391	24449	147570
平利县	87009	236106	127847	108259	34196	201910
镇坪县	20062	59598	31811	27787	9070	50528
旬阳县	142906	452553	242441	210112	57445	395108
白河县	61882	210588	114071	96517	23177	187411
商州区	152007	550093	289153	260940	188694	361399
洛南县	138864	453324	235573	217751	171202	282122
丹凤县	93675	304448	160081	144367	109151	195297
商南县	80127	239461	125622	113839	95632	143829
山阳县	130360	449658	243760	205898	132109	317549
镇安县	85881	296170	159697	136473	71948	224222
柞水县	49365	155194	84122	71072	42468	112726
水源区总计	2979564	9307093	4941732	4365361	2068100	7238993

2.2.2　农村社会经济

　　水源区内文化事业健康运行。文化机构健全，活动领域不断拓宽，人民文化生活丰富繁荣，参政议政能力提高，发展经济意识增强，居民的整体文化水平得到提高。社会保障事业不断进步。低保制度不断完善，管理更加规范，农村合作医疗救助制度逐步建立，农民看病难的问题也得到了有效缓解。一系列措施的实施，使陕南水源区经济结构有所改善，但是，在全国百强县排名中，陕南无百强县。陕西省县域经济社会发展十强县排名中，陕南仍无十强县。2012 年国家公布的国家贫困县中，陕南水源区 28 个县中，24 个为国家贫困县。可见，陕南水源区各县(区)经济发展仍处于落后状态。2010 年陕南各县(区)农村经济主要指标见表 2.2。

表 2.2　2010 年陕南各县(区)农村经济主要指标

地区	农林牧渔业总产值/万元	年末常用耕地面积/hm²	农用化肥施用折纯量/t	粮食产量/t	牛存栏/万头	猪存栏/万头	羊存栏/万只	家禽存栏/万只
汉台区	172984	15583	9189	116620	0.89	11.65	0.25	119.32
南郑县	228253	30264	21640	165901	2.96	32.17	2.10	87.05
城固县	426444	24332	37571	157017	3.31	31.87	1.43	143.80
洋县	224183	27896	19074	176625	7.34	40.22	5.05	102.36
西乡县	182510	21797	13562	110108	2.92	45.11	5.06	62.78
勉县	210786	25089	20031	150511	2.54	37.71	0.65	125.89
宁强县	176280	21136	10892	92005	3.82	31.16	2.02	95.78
略阳县	91202	9831	3473	52462	2.15	9.92	2.29	130.30
镇巴县	148550	22893	8649	97583	3.51	30.84	11.78	57.72
留坝县	29443	2970	878	13439	0.51	2.92	0.21	6.55
佛坪县	12781	1801	548	9019	0.10	1.36	0.13	5.10
汉滨区	257321	43137	30625	242364	4.54	50.93	12.08	171.86
汉阴县	141242	22941	9996	110219	2.54	28.37	4.23	99.47
石泉县	79063	13036	5282	72011	2.93	18.42	5.00	60.14
宁陕县	47152	3316	343	21869	0.38	4.11	2.32	18.81
紫阳县	153838	24224	5272	117128	0.82	29.03	9.28	75.92
岚皋县	75573	16141	4645	69171	0.23	19.52	7.10	104.68
平利县	122193	18302	4561	79868	0.75	20.81	14.85	72.50
镇坪县	35716	4931	1362	30393	0.33	13.61	2.11	31.88
旬阳县	159372	35709	18122	127488	9.19	38.59	19.06	136.00
白河县	85398	13806	4667	60356	0.99	12.57	8.73	55.92
商州区	156501	21714	11759	118523	1.61	15.99	1.73	52.40
洛南县	221357	31202	17202	178364	4.29	26.16	5.34	86.80
丹凤县	130436	12307	5964	72820	1.31	15.46	2.59	101.10
商南县	148408	14084	4823	68399	1.33	12.00	2.65	96.30

续表

地区	农林牧渔业总产值 /万元	年末常用耕地面积 /hm²	农用化肥施用折纯量 /t	粮食产量 /t	牛存栏 /万头	猪存栏 /万头	羊存栏 /万只	家禽存栏 /万只
山阳县	138249	23943	8876	121278	0.86	12.17	9.49	98.50
镇安县	137811	20723	6778	104223	1.29	10.13	7.56	53.41
柞水县	70782	8301	5192	46887	0.74	4.41	2.45	47.00
水源区总计	4063828	531409	290976	2782651	64.18	607.21	147.54	2299.34

2.3　水土流失与非点源污染状况

2.3.1　水土流失类型

陕西省的水土流失类型主要有水蚀、风蚀、重力侵蚀和泥石流等。① 水蚀。陕西省以水蚀为主,水蚀的主要类型有雨滴溅蚀、面蚀和沟蚀。坡度较陡的地面,土粒向坡下激溅会增加地面的侵蚀量。面蚀常把土壤中易溶解的物质,胶粒和细粒带走,留下较粗的土粒,使土壤变瘠薄,对农业生产危害较大。沟蚀是山区土壤侵蚀的主要形式,坡度越陡,地表土壤越松散,则越容易形成沟蚀。② 风蚀。陕北长城沿线风速 5～6m 就可起沙,风力搬运沙土有滚动、跃动和吹扬三种形式。滚动沙粒运动近地悬浮成细粒可远离源地。一般风把土中细粒吹走,留下粗粒,这样就造成了土壤的沙化。风蚀能破坏农田、村庄、道路、堵塞小河渠和增加河流泥沙含量等,危害较大。③ 重力侵蚀。陕南山高坡陡,基岩多为花岗岩、千枚岩、砂页岩,形成松散的风化壳,也易产生重力侵蚀,这种侵蚀往往与水蚀相伴或交替发生。重力侵蚀有崩塌、泻溜、滑坡等几种类型。崩塌主要发生在黄土高原的陡坡上,常见于切沟和冲沟的陡壁,崩塌的土体都堆积在坡脚或沟底。泻溜多发生于无植被的陡坡,常发生在 35°以上的土坡或坡耕地的下方。滑坡多见于在下部有倾斜不透水层的地方。④ 泥石流。泥石流是水土流失的特殊形式,多见于秦巴山区。泥石流破坏交通,危害工矿、村镇,是一种非常严重的水土流失形式。

2.3.2　水土流失的危害

水土流失危害是多方面的,主要有 6 个方面:① 冲毁土地,破坏农田。陕南土石山区的耕地,多为未经改造的零星山坡地,土层薄,植被差。人多地少滥垦乱种。特别是在浅山丘陵区,沟谷发育,长期水土流失,部分坡面已被洪水冲刷得只剩下烂石头或光石板。② 土层变薄,肥力减退。陡坡耕地侵蚀严重,土层逐渐变薄，使大量有机质和有效肥分被冲走，造成土壤肥力日益减退。丘陵和山区农田每年流失表土若以 1cm 厚度计算，全省山原耕地每年就要白白流走氮、磷、钾肥 500 多万 t，相当于 1983 年全省年化肥施用总量 156.30 万 t 的 3.20 倍。③ 淤积库渠，影响灌溉。陕西省 1970 年以前兴修的百万立方米以上的水库，到 1980 年，已淤满的占 31.70%。尚在运用的水库中有 23.10% 的水库，泥沙淤积占库容的 40%。全省平均每年因淤积损失库容约 1.10 亿 m³。④ 抬高河床，阻塞航运，威胁城镇。由于陕南的河流推移质数量较多，河床抬高很快，商洛地区的丹江及支流，新中国成立以来局部河段河床抬高 1～2m，有的高出农田，形成地上河。⑤ 加剧洪灾，使生态失调，造成严重损失。1981 年 7～8 月的洪水灾害是 1949 年以来陕西省最大的一次，殃及汉中、宝鸡、咸阳、渭南、安康、西安 6 个地、市的 68 个县、市、区、1350 个公社、13896 个生产大队。受灾群众 236 万多户，1183 万多人，被洪水冲走或倒塌的房屋共 156 万多间，危房 73 多间，造成 6.80 万多户、36 万多人无家可归。秦巴山区的宝成铁路宝鸡至广元段遭受大洪灾 290 处，泥石流 18 处，塌方 177 万 m³，冲毁和堵塞大小桥涵 219 处，中断交通两个多月。⑥由于水土流失，导致生态失调，使陕西省干旱日趋严重。水土流失，生态破坏，必然影响到气候和降水，如安康地区 20 世纪 50 年代是 10 年一大旱，5 年一小旱，60 年代变成了 3 年一大旱，2 年一小旱。水源涵养功能减弱，造成泉水干涸，沟溪断流。

2.3.3　水土流失的原因

自然因素是引起水土流失的主要原因之一，主要包括气候、土壤(包括一部分基岩)、地形、植被等。陕西省降雨集中，6～9 月的降雨量占年降水量的 60% 以上，且多暴雨。降雨，特别是暴雨，是引起水土流失的动力条件，降雨量越大、强度越大，水土流失越严重。长城沿线的风蚀多发生在春季。3、4 两月常有 8 级以上大风，对水土流失影响较大。

地形因素是影响土壤侵蚀的另一主要因素，主要是地面坡度、坡长、坡形、坡向和地面的破碎程度等。其中，决定的因素是地面坡度。坡度越大，地面径流速度越快，渗入土壤的比例越小，土壤侵蚀越剧烈。陡峻的边坡是重力侵蚀的重要条件。地面越破碎，则沟壑越多，土壤侵蚀越严重。植物的地上部分可以拦截和吸收一部分降水，缓冲雨滴对地面的破坏，减弱地面径流的冲刷能力。根系可以固结土壤。腐烂的枝叶、根系又能增加土壤的有机质，改良土壤的结构，增加土壤的抗蚀能力。没有植被覆盖的裸露土地，一遇降雨产生径流就会出现水土流失。

人为因素中主要是不合理的开垦土地，广种薄收，采取掠夺式的经营，如乱伐森林、滥垦、滥牧等，毁坏了植被，破坏了表层土壤，助长了水力、风力等搬运作用，造成了不同程度的水土流失。一些地方在开矿、建厂、修路以及进行其他基本建设时，不注意水土保持，废土、废渣、废料随意倾倒，加剧了水土流失，增加了河流的输沙量。

2.3.4　非点源污染状况

近年来，南水北调中线陕西水源区经过各级政府及广大群众的不懈努力，投入了大量的财力、人力和物力，坚持以小流域为单元，积极开展了黄河水土保持生态工程、"长治"工程、国家八大片水保重点建设工程、淤地坝试点工程、丹江口库区及上游水保工程、世行贷款项目等国家重点水土保持建设项目，打坝淤地、植树种草、实施综合治理，项目区内水土流失治理速度明显加快，水土流失程度有所缓解，水土保持效益显现，水污染得到了进一步控制，水质得到了净化，生态环境得到了明显改善。但是这些工程项目主要集中在项目区或在典型小流域内实施点上操作，还未面上推广，大范围治理，生态环境还需要进一步改善(杜金柱，2013)，距离南水北调中线工程Ⅱ类水质要求下的生态环境目标还任重而道远。

总体来说，整个水源区内水污染状况比较严重，不容乐观。首先，点源污染严重。水源区内城市工业、生活污水大部分未经处理排入下游河道或汉江，造成水体严重污染。据2004年对长江流域排污口调查结果显示，丹汉江水系共有排污口345个。其中，工业排污口161个、生活废污水排污口106个、混合污水排污口78个。结合2004~2006年丹江口库区及上游水污染防治和水土保持规划报告显示(党志良等，2009)，丹汉江水系直接入河排污口共51个，废污水直接排入总量为1.49×10^8t/a，其中，工业废污水总量为0.24×10^8t/a，生活废污水总量为0.37×10^8t/a，混合废污水排放量为0.88×10^8t/a。而主要污染物COD入河量为4.03×10^4t/a，NH_3-N入河量为0.26×10^4t/a。其次，水源区内面源污染也越来越严重。主要体现在以下几个方面：① 农业生产中大量不合理使用农药和化肥。水源区内各县均属农业主产区，种植业占主导地位，在农业生产中需要投入大量的农用生产资料。而这些农药多是杀虫剂、杀菌剂、除草剂等，它们难以分解，影响耕作，少部分分解物释放出有害物质也污染土壤和地下水。② 畜禽粪便及生活垃圾量逐年增大。近年来，随着农业生产结构调整步伐的加快，畜牧养殖业发展迅速，畜牧养殖业造成的面源污染问题也越来越突出。而畜禽的粪便随意排放性强、处理率低，氮、磷、COD等大量富营养物质直接或间接排入库区，造成环境和水体水质的直接污染。③ 汉江、丹江流域总土地面积为6.27×10^4km^2，其中，水土流失面积为3.39×10^4km^2，水土流失比较严重。大量的水土流失不但造成水库淤积，而且使水质质量变差，富营养化程度提高。④ 土壤性能差。水源区以黄褐土、黄黏土为主，质地较重，易干缩裂缝、通透性差、表土层稀松浅薄，既不耐旱，又不耐涝，并易受侵蚀，对降雨冲击的抵抗力较弱，经雨水冲刷后极易形成水土流失。水土流失使泥沙及附着在土壤上的农药化肥残留量得以汇入地表径流，流入库区，造成库区悬浮物和氮、磷超标，对库区水质影响较大。

自 2003 年起陕西省水土保持局利用国家资金，在陕西南部汉江、丹江流域划出了 6 个水土保持的示范区进行了预防保护的工程建设，目前这些示范区共完成水土流失治理面积 8972.97 km²，修建水平梯田 48.27 km²，退耕还林 2134.70km²(中华，2007)，建设水土保持监测点 4 个，有效地改善了当地生态环境。但是，随着生产建设项目活动的增多，特别是一些工业产业结构不尽合理，重污染的造纸、化工、制药、酿造行业在工业生产中占比比较大，使得地表水体污染严重，人类活动及自然灾害对流域内的生态环境破坏势头正在加剧。现在水源地的水质情况已不容乐观，据统计，目前汉江、丹江流域废污水排放量约为 1.50×10^8t/a。

汉江、丹江流域，既是陕西省水土流失最严重区域之一，又是经济欠发达地区之一，区内 28 个县(区)，大多数属于国家级贫困县。回顾陕西水源区 50 多年的水土保持和环境治理实践，由于缺乏稳定的投入渠道，治理经费不足，长期制约了水土流失的治理速度。虽然历经了几代水保人的不断探索，获得了不少有效措施，各级政府也逐步加大了投资规模，但随着治理任务的加大，治理质量标准的提高及农村劳动积累工和义务工的取消，治理经费仍然远远不能满足发展的需要(刘春燕，2012)。为了彻底扭转陕西水源区在治理资金上的困境，建立一个持续稳定和保障有力的治理投资机制，把水土保持生态补偿机制的建立作为一项重要措施，结合国家重点建设项目，展开研究探索，将是陕西水源区生态环境综合整治的一条非常重要的途径。

参 考 文 献

程丽丽，2009. 基于区域划分的陕西省空间运输联系实证研究[D]. 西安: 长安大学博士学位论文.

杜金柱，2013. 南水北调中线陕西水源区水土保持资金的使用效益评价及融资模式研究[D].西安: 西安理工大学博士学位论文.

党志良，吴波，冯民权，等，2009. 南水北调中线陕西水源区水环境容量预测研究[J]. 西安: 西北大学学报(自然科学版), 39(4): 660-666.

刘春燕，2012. 水土保持技术措施对生态补偿量的影响研究——以南水北调中线陕西水源区水保Ⅰ区为例[D]. 西安: 西安理工大学博士学位论文.

王星，2013. 陕西省丹汉江流域水土保持环境效应与生态安全评价[D]. 西安: 西安理工大学博士学位论文.

中华，2007. 确保"一江清水到北京"[J]. 环境经济, 4: 26-28.

第3章　丹汉江流域侵蚀环境特征

3.1　典型小流域侵蚀环境特征

3.1.1　降雨与侵蚀

降雨不仅是径流的直接来源，同时还是泥沙产生的主要动力。不同雨型、雨量、降雨历时和雨强特征的降雨过程直接影响小流域内径流产生过程、泥沙及养分的流失量和特征。因此，剖析后沟小流域降雨时空变化及降雨特征参数的变异，有助于径流及其养分负荷过程的定量与模拟。

1. 石泉后沟小流域

1) 降雨特征

通过 HOBO 小型气象站 2011～2012 年对后沟农业小流域 18 场野外降雨过程的监测，阐述区域的降雨特征。图 3.1 表明，2011 年和 2012 年汛期的总降雨量分别为 859.1mm 和 608.7mm。两年间降雨量主要分布在年内汛期时间段内(5～10月)，汛期降雨量分别占全年总水量的 82%和 76%，而且小流域降雨量年内分配极不均匀。其中，2011 年总降雨量相对较多，主要集中在汛期的 6～9 月，主要的降雨事件发生在 6 月 20 日、8 月 3 日、9 月 10 日和 9 月 16 日。2011 年和 2012 年观测有效降雨场次分别为 14 场和 8 场，本书选取具有典型有效降雨 18 场次，探讨小流域降雨-径流关系。

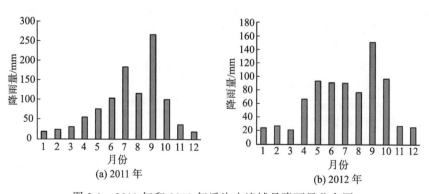

图 3.1　2011 年和 2012 年后沟小流域月降雨量分布图

可以看出：① 时间上：雨季产流量对降雨的响应为多峰型。其中，降雨前期的一次峰值是灌溉的影响，补给土壤水分含量，降雨结束后的 2 次峰值是饱和土壤水受重力作用形成的壤中流，最大流量发生在 2011 年 7 月 28 日的降雨事件中，约为 1.96m³/s，而汛期之初，产流量一般对降雨的响应为单峰型，主要发生在降雨过程中形成的峰值，最大流量达 0.22m³/s。汛期降雨过程中径流峰值几乎与降雨强度同步，主要是汛期降雨过程频繁，土壤水分含量趋于饱和，导致蓄满产流发生。而对于汛期之初，降雨过程必须首先满足土壤最小含水量，所以汛期初期 1～2 场降雨过程，把口站径流过程基本上呈现单峰变化。② 空间上：上游和下游径流变化对同一产流过程响应类似。在降雨最大强度发生的 2h 内，上游产流提前，大约 1h后下游产流量明显增大。根据雨峰的不同和所测的累计降雨量 P(mm)和累计产流量 Q(m³)资料，可得两者显著的正相关关系。

单峰降雨过程：$Q=1273.3P-22614$，　$R^2=0.5805$，　$p<0.05$　　　　　　　(3.1)

多峰降雨过程：$Q=2505.2P-64222$，　$R^2=0.5017$，　$p<0.05$　　　　　　　(3.2)

式中，R^2 为相关系数；p 为置信水平。

饶峰河后沟小流域把口站监测的水位变化滞后于降雨产流大约 1h，而水位最大值则滞后于产流降雨最大值约 1.5h。从产流量过程随降雨量的变化来看，小流域降雨-土壤水分-径流界面转化特征可分为 3 个阶段。

(1) 小流域土壤水分补给阶段。2011 年 6 月 16 日的降雨过程，虽然降雨量达到 30mm，但产生的产流量为 3896.00m³，远低于 2011 年 6 月 20 日降雨过程(降雨量为 58.2mm)产生的产流量 11524.00m³，说明汛期之初，降雨除形成地表径流外，部分大气水入渗补给小流域春季亏缺的土壤水分。由于 0～20cm 范围黄棕壤的土壤孔隙度为 34.80%～54.30%，大、小孔隙比例基本相当，土壤导水性较好，这使得浅土壤水分极易得到补给。随着降雨次数增加，小流域土壤水分趋于饱和，降雨结束后，产流时间明显增加。

(2) 小流域土壤水饱和阶段。汛期之初的首场降雨过后，小流域土壤水分储存趋于饱和状态，沟渠径流得到雨季坡地中的出流补充，整个汛期处于不间断产流，即使两场降雨时间间隔大于 15d，小流域沟渠的水位仍然维持在 5cm 左右。此阶段持续大强度降雨使土壤水分入渗速率降低，在小流域出口处形成 3 个阶段中最大流量。汛期降雨仍然是小流域蓄水量的主要来源，降雨-土壤水分-径流界面水分转化作用较强，大强度的降雨补给深层土壤水。

(3) 小流域土壤水消耗阶段。2012 年 7 月 27 日～8 月 19 日，在此阶段降雨较少，小流域处于干旱少雨阶段。而且此时植被蒸腾作用明显增加，土壤水在毛管作用下上行补充土壤表层所消耗的水分。但在降雨发生后短时间内，土壤水分得到充分补给, 降雨-土壤水分-径流界面水分转化作用与第一阶段相似。

从整个季节来看, 此阶段小流域土壤水分处于消耗阶段, 故在 2012 年 8 月 19 日降雨事件发生后, 小流域出口的产流量变化过程出现陡然增加, 然后迅速降低。径流陡然增加是因为降雨初期雨强比较大(I_{30}=9.2mm), 雨水来不及进行土层下渗, 一旦雨强减小, 雨水获得充分的入渗时间, 进行土壤水分的补充, 所以产流量呈现陡然增加(减小)的变化趋势。

2) 雨型特征

气象部门一般以日(24h)降雨量的大小划分降雨标准(表 3.1), 本书为了阐明土壤侵蚀机制及其对养分流失的影响, 根据雨峰在整个降雨事件中出现的相对时间和分布特征, 把研究流域 2 年间主要产流降雨事件(表 3.2)划分为中大型、峰在前型、峰在后型和间歇型四类, 将其分别定义为雨峰在中间(如 110616 降雨, 图 3.2, 下同)、在前(如 110721 降雨), 在后(如 120727 降雨)或雨峰不连续, 具有明显的分段现象(如 120701 降雨)。

表 3.1 气象部门雨型划分标准

雨型的雨量标准	小雨	中雨	大雨	暴雨	大暴雨	特大暴雨
日降雨量/mm	0.1~9.9	10.0~24.9	25.0~49.9	50.0~99.9	100.0~250.0	>250.0

表 3.2 2011~2012 年汛期流域主要降雨事件特征参数

雨次编号	降雨时间	降雨量/mm	历时/h	I_{30} /(mm/h)	雨型
110616	16:54	30.0	22.5	6.4	中大型
110620	2:54	58.2	66.6	11.2	峰在后型
110626	15:05	7.8	1.5	14.8	峰在前型
110705	9:19	103.8	35.75	36.0	峰在前型
110721	7:54	36.8	11.6	23.2	峰在前型
110726	9:54	6.8	2.5	8.0	峰在后型
110728	23:19	133.6	88.3	16.4	间歇型
110803	23:19	66.0	31.0	5.6	中大型
110821	4:23	31.4	8.0	15.4	中大型
110905	16:28	67.0	44.0	6.8	间歇型
110910	11:33	98.8	79.25	11.6	峰在前型
110916	7:13	101.2	94.0	19.2	峰在前型
120625	6:16	48.0	36.5	16.4	间歇型
120701	17:16	15.4	34.75	4.4	间歇型
120721	0:56	20.8	32.25	5.6	间歇型
120727	20:26	23.8	4.6	37.2	峰在后型
120819	7:46	49.0	38.5	21.6	峰在前型
120831	0:36	77.6	50.5	6.4	中大型

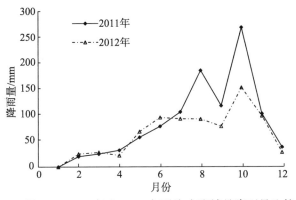

图 3.2 2011 年和 2012 年后沟小流域月降雨量比较

根据表 3.2，以相应雨型降雨事件次数占两年内统计降雨事件总次数的比率计算各种雨型降雨事件的发生概率。结果表明，中大型、峰在前型、峰在后型和间歇型降雨事件在研究流域的发生概率分别为 18.20%、27.30%、13.60%和 22.8%。可见，四种雨型对应的降雨事件占到流域 2 年间总降雨事件的 81.80%以上，以这四种雨型代表研究后沟小流域的降雨特征是可行的。

3) 流域降雨侵蚀力分布特征

降雨和径流是坡面土壤侵蚀的驱动力。降雨击溅和径流冲刷引起土壤颗粒分散、剥离、泥沙输移和沉积等现象的发生都取决于雨强、降雨季节、降雨量、降雨历时。后沟小流域处于汉江谷地，多年平均降雨量为 877.1mm，雨量充沛，但雨量和强度分配极不均匀，根据石泉县气象部门资料，小流域年内各月降雨量分布极不均匀(图 3.2)，降雨量主要集中在 6~9 月，而且在研究区内，汛期农业耕作活动最为频繁，此阶段也是水土保持工作的关键期。

石泉后沟小流域的月降雨量资料显示，流域内 2011~2012 年降雨出现明显的枯丰年现象。从小流域年降雨量来看，2011 年为偏丰年，年降雨量为 1051.1mm；2012 年降雨量则为偏枯年，年降雨量为 797.7mm。2012 年的降雨量与 2011 年相比有推后现象，2011 年月均降雨量最大发生在 7、9 月，而 6、8、10 月都相对较大；2012 年最大月均降雨量集中在 9、10 月，而其余月份则相对较小。2011~2012 年的月平均降雨量分布差异较大，年内出现明显的季节性降雨，全年降雨量均集中在 5~10 月，汛期降雨量占全年降雨总量的 80%以上。

降雨侵蚀力(R)是单位面积上雨滴冲击地面的总动能(E)与降雨强度(I)的乘积，是反映降雨侵蚀土壤潜在能力的一个重要指标，反映了降雨引起土壤侵蚀的潜在能力。由于 2011~2012 年研究区不同年际和不同月份的降雨量存在分布差异，相应的降雨侵蚀力也存在年际和月际的分布变化。研究陕南地区，尤其汉江谷地的降雨侵蚀力时空分布对认知区域水土流失规律、指导非点源污染的治理都具有重要意义。

在通用土壤流失方程(USLE)中,降雨侵蚀力是最重要的因子,该因子的确定是预测降雨产生水土流失量的首要任务。国内外学者研究提出了不同地区降雨侵蚀力的其他表征方法,用以计算坡面和流域的年土壤侵蚀量和次降雨土壤侵蚀量。

对后沟流域降雨侵蚀力的计算,选取石泉县气象站和HOBO自动气象站2011～2012年日降雨量常规资料,自动气象站每5min记录一次数据。本书采用宁丽丹等(2003)利用日降雨量资料估算西南地区的降雨侵蚀力总结的模型确定后沟小流域的降雨侵蚀力,利用式(3.3)估计年降雨侵蚀力及其时间和季节变化。

$$E_j = \alpha \left[1 + \eta \cos(2\pi f_j + \omega) \right] \sum_{k=1}^{N} R_k^{\beta} \qquad R_k > R_0 \tag{3.3}$$

式中,E_j为第j月降雨侵蚀力的估计值;R_k为第j月内第k日降雨量;R_0为临界降雨量,12.0mm;N为一年中日降雨量大于12.0mm的天数;f_j为第j月余弦函数的基本频率;α、β、ω、η为模型参数。

$$E_a = \sum_{j=1}^{12} E_j \tag{3.4}$$

式中,E_a为年降雨侵蚀力的估计值。

式(3.4)中,α、β、ω、η、R_0五个参数的合理选择是该模型应用的关键。参数R_0是能够使土壤产生侵蚀的临界降雨量,根据Hudson(1961)在研究热带地区降雨时的发现可知,并非每场降雨均能产生土壤侵蚀,当日降雨量大于12.0mm时,土壤侵蚀才会出现。因此,临界降雨量R_0=12.0mm,f_j=1/12,ω=5/6。

研究区的年降雨量在500～1050mm时,模型中α、β、η三个参数的选取根据式(3.5)确定:

$$\alpha = 0.395 \left\{ 1 + 0.098 [3.26(S/P)] \right\} \tag{3.5}$$

式中,S为标准径流小区泥沙流失量(t/a);P为年均降雨量(mm)。

由于参数β与年均降雨量P之间的关系相关度较低,根据Yu等(1996)的研究结论,参数β取值范围为1.20～1.80,故β取值为1.66。

参数η与年均降雨量P呈现极显著关系,因此,η与P之间的一元方程为

$$\eta = 0.58 + \frac{0.25P}{1000} \tag{3.6}$$

式中,η为每年5～10月的降雨量,即半年降雨量(mm);P为年均降雨量(mm)。

石泉县多年平均降雨量P为877.1mm,η值计算结果为0.799,α值计算结果为0.416。将上述参数α、β、ω、η、R_0代入式(3.3)中,求得后沟小流域月降雨侵蚀力,最后得出年降雨侵蚀力R值为3403.66 MJ·mm/(hm²·h·a)。这与李静(2008)利

用日降雨量计算降雨侵蚀力模型计算得出的该地区年均降雨侵蚀力 R 值为 3710～6540 MJ·mm/(hm^2·h·a)比较接近，后沟小流域月均降雨侵蚀力与月均降雨量关系为：R=4.35P+12.86 (确定性系数 r=0.79)。

由图 3.3 可知，降雨侵蚀力和降雨量都呈双峰变化曲线，小流域内多年月平均降雨量 9 月为最大，而降雨侵蚀力的最大值出现在 7 月，其次是 9 月，说明该地区的暴雨多集中在 7 月，9 月的降雨侵蚀力的贡献主要在降雨量方面。9 月后，降雨侵蚀力随降雨量的逐渐减少而相应变小，降雨侵蚀主要发生在 7～10 月，该阶段降雨侵蚀力占全年的 60.8%。

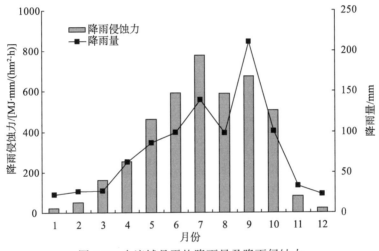

图 3.3　小流域月平均降雨量及降雨侵蚀力

降雨侵蚀力的季节变化与降雨量的分布存在一定的差异。9 月的降雨量是月降雨量的最大值，占全年降雨量的 23.30%，但降雨侵蚀力仅占全年的 16.10%；7 月降雨量仅占全年降雨量的 15.30%，而降雨侵蚀力占全年的 18.60%；虽然 9 月后降雨量和降雨侵蚀力呈现逐渐减小的趋势，但 10 月的降雨侵蚀力还是比较大，仍占全年的 12.10%，说明该地区 10 月仍有少量暴雨。就整个汛期(5～10 月)来说，汛期降雨量为全年的 81.10%，降雨侵蚀力占全年降雨侵蚀力值的 86.10%。

月均降雨量与降雨侵蚀力在全年内分布有些差异，是由不同阶段的降雨特征(降雨量、雨强和降雨历时等)和降雨侵蚀力的构成因素决定的。通过 2011～2012 年5～9 月研究区的日降雨量发现，集中降雨开始于 5 月中旬，此后基本上每周有一次持续的降雨过程，直到 7 月下旬。然后 8～9 月降雨事件的间隔逐渐变大，此期间经常会出现大到暴雨。然后当年 10 月至次年 4 月降雨量很少，该阶段降雨侵蚀发生的概率较小，而且降雨时间间隔较长，主要补充土壤水分，所以很难产生径流，对于土壤侵蚀影响较小。

2. 商南鹦鹉沟流域

1）降雨特征分析

选择 2010 年 7 月的 5 场典型降雨及产流、产沙进行分析，5 场典型降雨基本情况见表 3.3。

表 3.3　鹦鹉沟流域 5 场典型降雨特征

降雨日期	降雨量/mm	平均降雨强度/(mm/h)	降雨历时/h	最大 30min 雨强/mm
2010/07/01	180.00	31.60	0.50	180.00
2010/07/03	51.80	3.98	13.00	2.80
2010/07/08	20.80	1.93	10.75	6.80
2010/07/18	103.60	3.60	28.75	21.20
2010/07/25	12.80	4.65	2.75	7.20

由表 3.3 可知，7 月 1 日的降雨量较小，但降雨强度达到 31.60mm/h，因此属于短时阵型暴雨，与之降雨量较为接近的 7 月 8 日、7 月 25 日，降雨强度仅为 1.93mm/h 和 4.65mm/h。另外，7 月 18 日降雨量最大，但平均雨强仅为 3.60mm/h，且历时达 28.75h，是所监测的降雨中历时最长的。而 7 月 3 日最大 30min 雨强最小，仅为 2.80mm。重点分析 7 月 1 日及 17～18 日的采样数据，如图 3.4 所示。

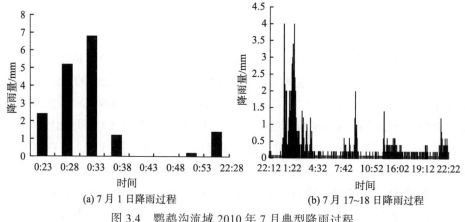

(a) 7 月 1 日降雨过程　　　　(b) 7 月 17~18 日降雨过程

图 3.4　鹦鹉沟流域 2010 年 7 月典型降雨过程

2）小区产流产沙特征

径流是导致泥沙流失和养分流失的原动力，而次降雨产生的产流量和产沙量可以表征不同土地利用方式的水土保持特征。降雨过程中，随着地表侵蚀的发生，土壤养分会随泥沙及地表径流流失。

　　选取 7 月监测到的 5 场典型降雨说明鹦鹉沟小流域不同小区产流产沙情况。由表 3.4 可知，小区的产流量及泥沙基本随雨强的增加而增加，但由于 7 月 1 日的降雨为短时阵型暴雨，其产沙浓度小于 25 日。并且根据观测，7 月 24～25 日均有降雨，使得所监测的小区前期含水量较大，土壤可蚀性增大。

表 3.4　鹦鹉沟流域不同小区降雨及径流与泥沙流失情况

坡度	降雨日期	花生小区		辣椒小区		玉米小区		草地小区	
		泥沙 /(kg/hm²)	径流 /m³	泥沙 /(kg/hm²)	径流 /m³	泥沙 /(kg/hm²)	径流 /m³	泥沙 /(kg/hm²)	径流 /m³
陡坡	2010/07/01	19.888	0.033	21.897	0.006	1.687	0.048	0.698	0.008
	2010/07/03	63.161	0.145	2.294	0.007	2.632	0.088	0.854	0.011
	2010/07/08	0.549	0.007	0.642	0.004	0.728	0.021	0.535	0.002
	2010/07/18	7.990	0.030	10.483	0.184	3.243	0.139	0.881	0.014
	2010/07/25	85.840	0.194	29.430	0.627	2.119	0.069	1.595	0.329
缓坡	2010/07/01	2.710	0.015	5.857	0.021	1.414	0.017	0.581	0.008
	2010/07/03	1.670	0.002	2.498	0.055	1.753	0.019	0.436	0.005
	2010/07/08	0.293	0.000	2.676	0.020	0.673	0.015	0.476	0.009
	2010/07/18	3.223	0.067	4.630	0.273	1.411	0.017	0.548	0.212
	2010/07/25	12.832	0.083	13.140	0.884	1.555	0.018	1.419	0.311

　　对陡、缓坡泥沙及径流分别进行独立样本 t 值检验，结果显示陡坡泥沙均值明显高于缓坡泥沙，且差异较显著。与泥沙数据相反，陡缓坡所产生的径流整体差异不大，说明坡度对径流影响不大。另外，比较不同土地利用方式可知，草地小区的径流及产沙均低于其他作物，充分表征了调节地面径流以及对于土壤的保持作用。陡坡小区中花生地产沙量最大，其次为辣椒小区和玉米小区；缓坡小区中辣椒小区产沙量最大，其次为花生小区和玉米小区。

　　根据监测的几场典型降雨，得到不同土地利用类型两种坡度下的泥沙与径流关系如表 3.5 所示。回归方程中 x 系数即代表径流产沙量，由结果可知，各小区均随着径流的增加，产沙量变大，但各小区增加速度不同。对于花生、辣椒和草地小区，当坡度变大时，产沙量也急剧增加，这表现在其陡坡的径流泥沙回归方程斜率较大。而玉米小区缓坡方程斜率反而大于陡坡，表明玉米缓坡小区径流含沙量较大，但根据监测数据，其产沙总量仍小于陡坡小区。另外，草地小区产沙量基本低于其他小区，表明草地在水土保持中的作用更明显。

表 3.5 不同土地利用类型的陡、缓坡泥沙与径流回归方程

土地利用类型	陡坡		缓坡	
花生	$y=447.72x-1.138$	$R^2=0.9891$	$y=154.350x+0.755$	$R^2=0.9826$
辣椒	$y=44.844x+1.53$	$R^2=0.9968$	$y=10.939x+3.020$	$R^2=0.8621$
玉米	$y=20.820x+0.562$	$R^2=0.9434$	$y=290.040x-3.565$	$R^2=0.8018$
草地	$y=39.762x+0.391$	$R^2=0.9825$	$y=10.279x+0.406$	$R^2=0.9721$

注：y 为小区次降雨产沙量，x 为次降雨产流量。

3.1.2 土壤理化性质变化特征

不同土地利用类型的采样地点和土壤基本情况见表 3.6。土壤以黄棕壤为主。南坡坡面的梯田为 2008 年新修，刚收获花生；坡耕地为梯田附近同一土壤类型，刚收获花生；弃耕地为 2007 年弃耕，植被为箭草、黄姜；林地为梯田附近落叶阔叶林，以榆树和桐树为主，郁闭度为 90%；园地为退耕后种植的核桃林，树龄 10 年以上；草地为白砂土，主要植被为箭草、酸枣、蔷薇、榆树。北坡坡面的梯田为

表 3.6 土壤采样地点分布情况

剖面名称	采样地点	小流域名称	土壤类型	坡度/(°)	主要植被	郁闭度/%	备注
南坡梯田	金丝峡镇白玉河口村	朱利沟	黄棕壤	8	花生，已收获，仅有少量杂草	2	2008 年新修
北坡梯田	金丝峡镇丹南村	窑西沟	黄棕壤	8	玉米	40	2008 年新修
南坡坡耕地	金丝峡镇白玉河口村	朱利沟	黄棕壤	17	花生，已收获，仅有少量杂草	2	
北坡坡耕地	金丝峡镇丹南村	窑西沟	黄棕壤	25	花生，已收获，仅有少量杂草	10	
南坡弃耕地	金丝峡镇白玉河口村	朱利沟	黄棕壤	19.5	箭草、黄姜	100	2007 年弃耕
北坡弃耕地	金丝峡镇丹南村	窑西沟	黄棕壤	22	箭草、蒿草	100	2006 年弃耕
南坡林地	金丝峡镇白玉河口村	朱利沟	棕壤	22.4	桐树、榆树	90	
北坡林地	金丝峡镇丹南村	窑西沟	棕壤	21	栎树、松树	80	
南坡园地	金丝峡镇白玉河口村	朱利沟	黄棕壤	35	核桃	40	树龄 10 年以上
北坡园地	金丝峡镇丹南村	窑西沟	棕壤	30	核桃	40	树龄 10 年以上
南坡草地	金丝峡镇白玉河口村	朱利沟	白砂土	28	箭草、酸枣、蔷薇、榆树	100	

2008 年新修，主要植被为玉米；坡耕地为梯田附近同一土壤类型，刚收获花生；弃耕地为 2006 年弃耕，植被为箭草、蒿草；林地为梯田附近落叶阔叶林，以栎树和松树为主，郁闭度为 80%；园地为退耕后种植的核桃林，树龄 10 年以上。

不同土地利用类型的土壤理化性质见图 3.5。土壤容重的平均值：梯田>弃耕地>草地>园地>林地>坡耕地。梯田由于在修筑过程中发生倒土、压实，土壤变得更加紧实；弃耕地在弃耕之后由于土壤的自然沉降而变得紧实；草地由于含石砾较多，容重增高；坡耕地由于长期的持续耕作，土壤变得疏松。梯田、坡耕地、弃耕地的土壤容重沿剖面自上而下逐步升高，林地、园地、草地的土壤容重沿剖面变化不大。显示梯田、坡耕地、弃耕地的表层土壤由于耕作而变得疏松。

土壤有机质的平均值：坡耕地>草地>林地>梯田>园地>弃耕地。土壤全氮的平均值：坡耕地>林地>梯田>园地>草地>弃耕地。土壤氨氮的平均值：坡耕地>弃耕地>林地>草地>梯田>园地。土壤全磷的平均值：园地>坡耕地>弃耕地>梯田>林地>草地。坡耕地由于长期耕作施肥，土壤不仅疏松而且养分含量增加；梯田由于在修筑过程中发生倒土，养分流失，积累少；弃耕地由于没有长期施肥，而且植被

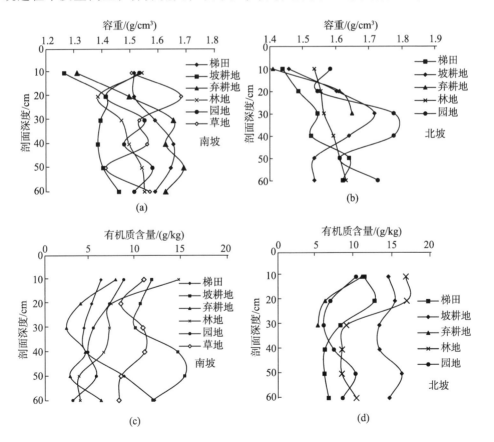

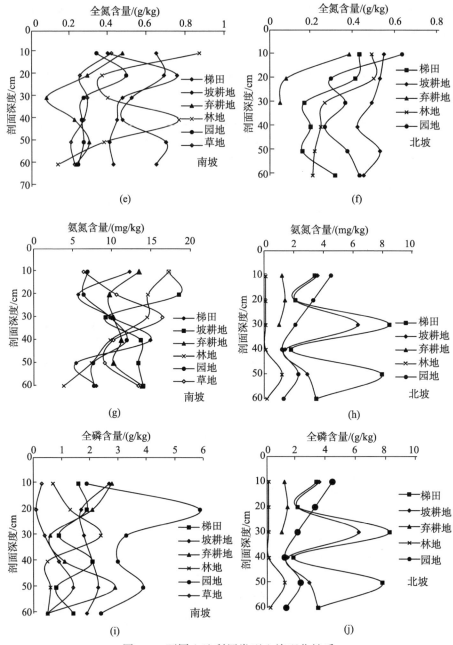

图 3.5　不同土地利用类型土壤理化性质

少腐殖质积累少,全氮含量低,但其氨氮和全磷仍保持较高值;草地由于大多为一年生草本,腐殖质积累较快,有机质含量高于林地和园地,由于受成土母质的影响,其全氮和全磷含量却低于林地和园地。

梯田、坡耕地、弃耕地的土壤剖面有机质呈 U 型变化，即表层和底层含量高，而中间含量低；林地、园地、草地从表层至底层含量呈降低趋势。梯田、坡耕地、弃耕地由于耕作中土壤发生扰动，土壤性质区域接近，又由于种植作物，使得中间土层的有机质被作物吸收。而林地、园地、草地基本保持了土壤形成的原貌，表层由于腐殖质的积累，养分含量高。

由上述分析可以看出，坡耕地的有机质、全氮、氨氮、全磷含量均明显偏高，除了全磷含量比园地略低以外，其他养分含量均属于最高。因此，坡耕地是丹江流域土壤养分较高的土地利用类型，但又由于其土质疏松坡度大，易产生坡面径流和壤中流，造成养分的流失，是氮、磷面源污染的重要来源地。

各土地利用类型土壤理化性质平均值的分布状况见表 3.7。南坡和北坡的土壤容重平均值比较接近，南坡的全氮略高于北坡，而南坡的有机质、氨氮、全磷均明显低于北坡。土壤容重变异系数较小，氨氮的变异系数略高，而有机质和全氮的变异系数较高，全磷的变异系数最高。不同土地利用类型土壤的物理性质变异较小，而化学性质变异较大。

表 3.7　不同土地利用类型土壤理化性质的平均值(0～60cm)

项目	单位	南坡					北坡				
		最大值	最小值	平均值	标准差	变异系数 C_V/%	最大值	最小值	平均值	标准差	变异系数 C_V/%
容重	g/cm³	1.62	1.40	1.54	0.077	5.00	1.68	1.55	1.59	0.051	3.21
有机质	g/kg	12.39	4.58	7.73	2.83	36.61	14.52	7.46	10.05	2.96	29.45
全氮	g/kg	0.63	0.28	0.42	0.146	34.76	0.51	0.17	0.34	0.124	36.47
氨氮	mg/kg	14.33	8.38	10.96	2.04	18.61	15.65	9.65	12.93	2.49	19.26
全磷	g/kg	3.40	0.60	1.70	0.98	57.65	4.52	0.30	2.35	1.67	71.06

表 3.8 和表 3.9 为不同土地利用类型土壤养分之间的相关系数 r 及对其进行 t 值检验结果，可以看出，土壤有机质与全氮、氨氮之间极显著相关，土壤有机质与全氮、氨氮和全磷三者之间的相关性不显著。

表 3.8　不同土地利用类型土壤养分之间的相关系数

土壤养分	有机质	全氮	氨氮	全磷
有机质	1			
全氮	0.5198	1		
氨氮	0.3650	0.248	1	
全磷	−0.0141	0.0224	−0.1679	1

表 3.9　不同土地利用类型土壤养分之间相关性的 *t* 值检验

土壤养分	有机质	全氮	氨氮	全磷
有机质	1			
全氮	4.75**	1		
氨氮	3.06**	0.200	1	
全磷	0.011	0.017	0.133	1

**代表 0.01 显著水平。

　　计算 0～60cm 土层土壤养分密度,可以通过分析并比较不同土地利用类型土壤剖面中养分密度。计算方法为：每 10cm 深度的土壤容重乘以养分含量,得出各层次养分密度,然后将各层次养分密度相加得出土壤坡面养分密度。将同一小流域南坡和北坡朝向的不同土地利用类型的土壤养分密度进行对比,可以得到土壤(0～60cm)中养分总含量情况,见图 3.6。不同土地利用类型土壤(0～60cm)中养分总含量变化与养分平均值的变化基本一致,南坡梯田和坡耕地的有机质和全磷总量比北坡低,而全氮和氨氮比北坡高。南坡由于光照充足,在土壤类型接近的情况下,母质和有机质分解产生的全氮和氨氮比北坡高。有机质由于分解而降低。磷的含量与有机质关系密切,由于有机质降低,磷的分解减少而被土壤固定增加。

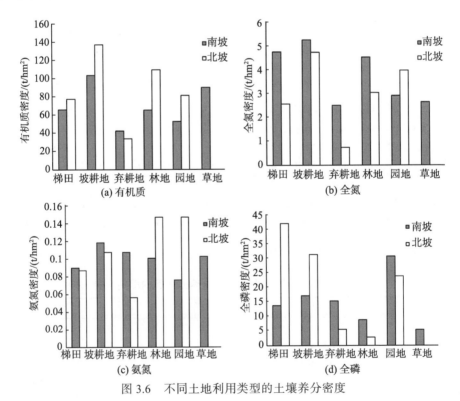

图 3.6　不同土地利用类型的土壤养分密度

梯田和坡耕地的有机质、全氮和全磷均比弃耕地高，而氨氮密度比较接近。梯田和坡耕地由于耕作和施肥，其有机质、全氮和全磷总体增加；氨氮由于易于转化、迁移和被植物吸收，在梯田和坡耕地中密度不大，梯田与坡耕地相比接近。

不同土地利用类型的土壤养分密度的 t 值检验结果见表 3.10。结果显示，南坡和北坡不同土地利用类型的土壤养分密度均没有达到显著水平。

表 3.10 不同土地利用类型的土壤养分密度的 t 值检验

土壤养分	t	p	显著水平
有机质	0.955	0.365	
全氮	0.921	0.381	$t_9(0.05)=2.262$,
氨氮	0.568	0.584	$t_9(0.01)=3.250$
全磷	0.751	0.472	

根据对后沟小流域土地利用现状图分析发现，海拔 380～400m 主要分布水田和旱地，种植作物以水稻、玉米、红薯和蔬菜为主，土壤表层有机质含量较高，具有良好的结构，土壤团聚体比较稳定；海拔 400～480m 主要分布梯田、坡耕地和果园，土壤渗透力较强，但土体较薄，土壤的保水性能并不强；而在海拔大于 480m 的地区主要分布大面积的人工林地和零星的退耕地，土壤表层含有较多的风化物质颗粒和粉砂质细颗粒，透水性强，保水能力弱，易干旱。

根据现场调查的结果，选取坡度相近、坡面平整、坡向坡位相似的农林地作为试验地，为了尽可能消除地形、季节和人类活动等因素对土壤特性的影响，选取的样地在同一个坡面、坡位相似的迎风向阳坡面。在后沟小流域选择典型坡面(海拔 380～610m)，选取耕地、坡耕地、梯田、林地和退耕地几种土地利用类型，共计 15 块地类为研究对象，样地基本特征见表 3.11。

陕南地区海拔高度对土壤理化性质影响显著。如图 3.7 和图 3.8 所示，林草地的容重随海拔总体呈现逐渐减小的趋势，在海拔 420m 处的梯田林地(桑树)处坡面土壤容重最小，随后逐渐增加。

回归分析表明，林草地土壤容重与海拔呈显著的二次函数关系($R^2=0.51$)。随着海拔高度增加，玉米地土壤容重表现为先减小后增加的趋势，回归分析表明，容重与海拔呈显著的二次函数关系($R^2=0.69$)，同样，梯田地的土壤容重最小。在林草地和玉米地坡面土壤有机碳含量随着海拔的变化呈显著的二次函数关系($R^2=0.60$，0.42)，其中，海拔较高处的封育林地(刺槐、侧柏)土壤有机碳没有显著差异，而对于人工林地(桑树、核桃)和退耕地土壤有机碳随海拔变化逐渐增加，在海拔 515～550m 的退耕地时达到最大，随后有所降低，600m 的封育林地(刺槐、侧柏)，土壤有机碳含量要低于 515～550m 的退耕地，但是仍显著高于海拔 400m 左右的人工林。

表 3.11　不同植被类型样地基本情况表

土地利用 类型	坡度/(°)	海拔/m	土壤类型	植被覆 盖度/%	植被类型
林地	10	390	潮土	60	桑树(*Morus alba* L.)
林地(梯田)	6	420	黄棕壤	75	桑树(*Morus alba* L.)
林地	20	433	黄棕壤	75	核桃(*Juglandis regia*)树龄 7 年
林地	18	450	黄棕壤	52	桃树(*Prunus persica*)树龄 8 年
退耕地	25	515	黄棕壤	70	白茅(*Rhizoma imperatae*)、蓟草(*Cirsium setosum*)为主
退耕地	22	550	黄棕壤	60	牛筋草[*Eleusine indica* (L.) Gaertn.]为主
林地	28	592	黄棕壤	68	刺槐(*Robinia pseudoacacia* L.)
林地	32	605	黄棕壤	55	侧柏[*Platycladus orientalis* (L.) Franco]
耕地	5	386	潮土	70	玉米(*Zea mays* L.)
梯田	6	430	黄棕壤	75	玉米(*Zea mays* L.)
坡耕地	22	448	黄棕壤	70	玉米(*Zea mays* L.)
梯田	5	460	黄棕壤	70	玉米(*Zea mays* L.)
坡耕地	20	482	黄棕壤	70	玉米(*Zea mays* L.)
坡耕地	22	494	黄棕壤	60	玉米(*Zea mays* L.)
坡耕地	28	502	黄棕壤	56	玉米(*Zea mays* L.)

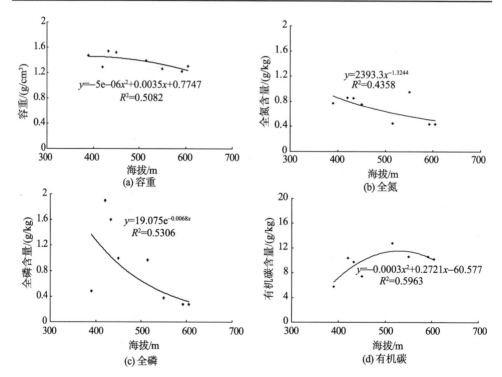

(a) 容重

(b) 全氮

(c) 全磷

(d) 有机碳

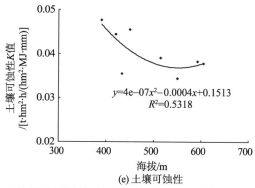

(e) 土壤可蚀性

图 3.7　小流域典型坡地(林草地)土壤主要理化性质随海拔变化

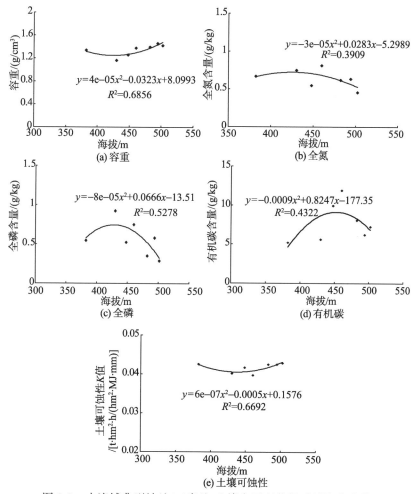

(a) 容重　　　　　　　　　　　　　　　　　(b) 全氮

(c) 全磷　　　　　　　　　　　　　　　　　(d) 有机碳

(e) 土壤可蚀性

图 3.8　小流域典型坡地(玉米地)土壤主要理化性质随海拔变化

随着退耕植被生物量的增加，封育林地产生的枯落物增多，有机质累计明显增加；对于人工林地施肥较少，且产生的枯落物较少，改善土壤肥力的能力较弱，所以土壤有机质含量呈现下降趋势。玉米地的土壤有机碳的变化规律与林草地相似。可见，土壤有机碳含量顺序是：退耕地>封育林>人工林>玉米地。

回归分析还表明，林草地的土壤全氮(TN)含量与海拔高度呈现显著幂函数的变化规律(R^2=0.44)，随着海拔升高，土壤 TN 含量总体上是逐渐降低的，但在 550m 处的退耕地，含量呈现显著增加，随后趋于降低，在 600m 的封育林处达到最小值。而玉米地的土壤 TN 含量随着海拔高度的变化，呈现显著的二次函数的变化趋势(R^2=0.39)。随着海拔的升高，玉米地土壤 TN 呈现先增加后降低的变化趋势。在海拔 460m 时玉米地土壤 TN 达到最大值，随后逐渐降低，上述现象的主要原因在于人为耕作和施肥活动对玉米地施加的影响较大，导致土壤 TN 与海拔高度之间的相关性较小。

林草地土壤全磷(TP)含量在 420m 处较 390m 处显著升高，随后显著降低，封育林的土壤 TP 含量最低，回归分析表明林草地土壤全磷含量与海拔高度之间呈显著的二次函数关系(R^2=0.53)，玉米地土壤 TP 含量与 TN 的变化趋势大体一致，在海拔 460m 时玉米地土壤 TP 达到最大值。

通过上述分析表明，梯田对土壤氮、磷养分的保持作用非常显著。土壤中 TN 养分溶解于地表径流，主要随径流而损失，上游修建的梯田田面较下游田面窄，同时上游梯田地块小，在坡面上汇集的产流量小，减少了 TP 随径流的流失量，土壤 TN 含量比下游梯田高。TP 流失形态主要是以泥沙结合态为主。下游梯田比上游梯田更为平缓，土壤侵蚀量小，TP 随泥沙流失量少，田面宽地块大，TP 蓄集在下游梯田中的养分含量就更高。

3.1.3　土壤可蚀性空间变化特征

1. 丹江土壤可蚀性

2011 年 10 月以商南县南坡和北坡朝向的梯田、坡耕地、弃耕地、林地、草地、园地，以及 2009 年、2008 年、2007 年、1999 年、1996 年不同治理时期的梯田和附近对比坡耕地作为研究对象，采集坡中部剖面 0～60cm 不同层次的土壤，样品经过风干和预处理，通过 1mm 和 0.149mm 土筛。土壤容重采用环刀法；土壤有机碳采用重铬酸钾氧化-外加热法，然后换算成有机质含量；土壤全氮含量采用凯氏法，用 Foss8400 全自动凯氏定氮仪测定；氨氮、全磷采用德国 ADA 间断化学分析仪(CleverChem200)测定。

采集梯田、坡耕地、弃耕地、林地、草地、园地，以及不同治理年限的梯田和附近对比坡耕地土壤剖面 0～60cm 不同层次的土壤，采样地点均为南坡坡面坡中部，样品经过风干和预处理，通过 2mm 土筛。土壤有机碳采用重铬酸钾氧化–外加热法，颗粒分布采用马尔文公司生产的 MS2000 型激光粒度测量仪测定。

采用 Sharply 和 Williams1990 年在 EPIC(erosion-productivity impact calculator) 模型中提出的计算式计算土壤可蚀性 K 值：

$$K = \left\{0.2 + 0.3\exp\left[0.0256\text{SAN}(1-0.01\text{SIL})\right]\right\}$$
$$\left(\frac{\text{SIL}}{\text{CLA}+\text{SIL}}\right)^{0.3}\left(1.0 - \frac{0.25C}{C+\exp(3.72-2.95C)}\right)\left(1.0 - \frac{0.7\text{SNI}}{\text{SNI}+\exp(-5.51+22.9\text{SNI})}\right)$$
$$(3.7)$$

式中，SAN 为砂粒(0.05～2mm)含量(%)；SIL 为粉砂粒(0.05～0.002mm)含量(%)；CLA 为黏粒(<0.002mm)含量(%)；C 为有机碳含量；SNI=1–SAN/100。式中土壤颗粒分析标准为美国制，计算得到的 K 值为美制单位[t·acre·hr/(100·acre·feet·tonf·inch)]，将其乘以 0.1317 转化为国际制单位[t·hm²·h/(hm²·MJ·mm)]。

土壤采样地点及分布情况见表 3.12。不同土地类型土壤的颗粒含量、有机碳含量和可蚀性 K 值见表 3.13 和图 3.9。根据美国制土壤质地分类方法，各土壤的质地

表 3.12 土地利用类型土壤采样地点及分布情况

土地利用类型	采样地点	小流域名称	土壤类型	坡度/(°)	主要植被	郁闭度/%
弃耕地	金丝峡镇白玉河口村	朱利沟	黄棕壤	19.5	箭草、黄姜	100
林地	金丝峡镇白玉河口村	朱利沟	棕壤	22.4	桐树、榆树、花椒	90
草地	金丝峡镇白玉河口村	朱利沟	白砂土	8.0	箭草、酸枣、蔷薇、榆树苗	100
园地	金丝峡镇白玉河口村	朱利沟	黄棕壤	35.0	退耕地种植核桃林，树龄10年以上	40
2009年新修梯田	过风楼镇柳树湾村	水利沟	黄棕壤	5.0	花生，已收获，仅有少量杂草	5
2009年对比坡耕地	过风楼镇柳树湾村	水利沟	黄棕壤	12.0	玉米，已收获，仅有少量杂草	5
2008年新修梯田	金丝峡镇白玉河口村	朱利沟	黄棕壤	8.0	花生，已收获，仅有少量杂草	2
2008年对比坡耕地	金丝峡镇白玉河口村	朱利沟	黄棕壤	17.0	花生，已收获，仅有少量杂草	2
2007年新修梯田	富水镇沭河村	富水河	黏壤土	2.0	玉米，未收获	80
2007年对比坡耕地	富水镇沭河村	富水河	沙壤土	18.0	玉米，未收获	80
1999年新修梯田	城关镇党马店村	索峪河	沙壤土	2.0	玉米，未收获	60
1999年对比坡耕地	城关镇党马店村	索峪河	沙壤土	20.0	玉米，未收获	80

表 3.13　不同土地利用类型土壤颗粒含量、有机碳含量和可蚀性 K 值

土地利用类型	剖面深度/cm	黏粒含量/%	粉粒含量/%	砂砾含量/%	有机碳含量/(g/kg)	可蚀性 K 值/[t·hm²·h/(hm²·MJ·mm)]	土壤质地
梯田	0~10	14.4	82.1	3.5	3.59	0.354	粉(砂)壤土
	10~20	13.5	82.6	3.9	2.99	0.355	
	20~30	17.4	80.5	2.1	2.50	0.354	
	30~40	16.3	82.3	1.5	2.64	0.356	
	40~50	15.4	79.3	5.4	5.06	0.350	
	50~60	15.2	82.2	2.6	7.01	0.354	
	平均	15.4	81.5	3.1	3.97	0.354	
坡耕地	0~10	12.4	78.0	9.6	6.85	0.347	粉(砂)壤土
	10~20	14.1	78.3	7.5	6.12	0.348	
	20~30	14.9	78.2	6.9	5.80	0.348	
	30~40	11.9	74.0	14.0	8.50	0.339	
	40~50	13.6	76.4	10.1	8.93	0.344	
	50~60	13.7	76.2	10.2	6.91	0.344	
	平均	13.4	76.9	9.7	7.19	0.345	
弃耕地	0~10	12.2	78.1	9.7	4.51	0.348	粉(砂)壤土
	10~20	13.7	80.4	5.8	2.28	0.357	
	20~30	14.4	81.1	4.5	1.37	0.407	
	30~40	14.8	79.1	6.1	2.58	0.352	
	40~50	15.3	80.4	4.2	1.60	0.385	
	50~60	14.0	81.9	4.0	3.59	0.354	
	平均	14.1	80.2	5.7	2.66	0.367	
林地	0~10	16.1	76.7	7.1	8.56	0.345	粉(砂)壤土
	10~20	14.8	77.3	7.9	4.24	0.346	
	20~30	15.8	79.8	4.4	4.12	0.350	
	30~40	14.8	78.1	7.1	3.75	0.348	
	40~50	15.1	79.5	5.4	2.18	0.357	
	50~60	15.9	78.9	5.3	2.25	0.355	
	平均	15.4	78.4	6.2	4.18	0.350	
草地	0~10	10.4	67.7	21.8	6.35	0.324	粉(砂)壤土
	10~20	11.9	70.1	18.0	4.85	0.330	
	20~30	11.6	72.9	15.5	6.29	0.337	
	30~40	12.6	73.8	13.6	6.39	0.339	
	40~50	10.9	85.7	3.4	4.86	0.359	
	50~60	11.2	76.2	12.6	4.72	0.344	
	平均	11.4	74.4	14.1	5.58	0.339	

续表

土地利用类型	剖面深度/cm	黏粒含量/%	粉粒含量/%	砂砾含量/%	有机碳含量/(g/kg)	可蚀性 K 值/[t·hm²·h/(hm²·MJ·mm)]	土壤质地
园地	0～10	9.3	75.9	14.8	5.04	0.343	粉(砂)土
	10～20	10.3	78.4	11.3	4.13	0.348	
	20～30	9.4	83.8	6.7	3.09	0.358	
	30～40	9.9	78.5	11.5	2.74	0.350	
	40～50	8.6	84.6	6.8	3.28	0.359	
	50～60	8.6	83.2	8.2	1.78	0.379	
	平均	9.4	80.7	9.9	3.34	0.356	

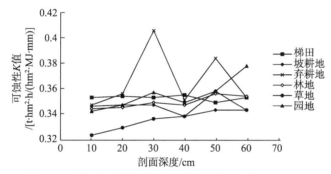

图 3.9　不同土地利用类型土壤可蚀性 K 值(0～60cm)

类型主要为粉(砂)壤土。随着土壤剖面深度的增加，梯田和坡耕地的土壤可蚀性 K 值变化不明显，而弃耕地、林地、草地、园地的土壤可蚀性 K 值略有增加。梯田和坡耕地由于在耕作过程中，上下层的土壤经过深翻，理化性质趋于接近，因而土壤可蚀性 K 值比较接近。林地、草地、园地的土壤保持了剖面结构原状，理化性质呈现规律性变化；由于 K 值与粉粒含量呈正相关性，与砂砾含量和有机碳含量呈负相关性；随着土壤剖面深度的增加，粉粒含量增加，砂砾含量和有机碳含量下降，土壤可蚀性 K 值增加。弃耕地的土壤可蚀性 K 值随剖面波动较大，但表层和底层的土壤可蚀性 K 值均低于中间层，显示出退耕之后，表层土壤的可蚀性 K 值先降低。

根据各土地利用方式，在 K 值的面积范围采用面积加权平均，可计算出各土地利用方式下 K 的面积加权平均值。通过遥感分析显示 2004 年商南县的土地利用结构中水平和梯田(0°～5°)、坡耕地(5°以上)、林地、草地、园地的面积分别为 6467hm²、23146hm²、142837hm²、54352hm²、50hm²，合计为 226852hm²，经加权平均计算，全县的土壤可蚀性 K 值为 0.347t·hm²·h/(hm²·MJ·mm)。

土壤可蚀性 K 值是衡量土壤自身抗侵蚀能力的重要指标。K 值大小表示了土壤被侵蚀的难易程度，同时也是影响土壤流失量的内在因素，对于定量研究土壤侵蚀起着基础性的作用。

土壤可蚀性 K 值采用式(3.7)计算。通过对后沟小流域典型坡面在不同海拔下坡耕地、梯田和林草地等不同土地利用类型进行采样分析，估算土壤可蚀性 K 值变化规律。

不同海拔对土壤机械组成及可蚀性影响明显。随着海拔升高，林草地和玉米地土壤砂粒含量变化趋势为先升高然后略微降低，粉砂粒和黏粒含量则趋于降低，中间略有波动，不同海拔土壤机械组成均以粉砂粒为主。土壤可蚀性分析表明，随着海拔的升高，林草地土壤可蚀性逐渐降低，在 390m 处桑树林达到最大值，随后逐渐降低。对于玉米地来说，430m 和 460m 处的梯田玉米地土壤可蚀性最小，说明梯田对于土壤抗蚀性具有显著的作用，480～502m 处的坡耕地土壤可蚀性基本趋于稳定，且明显高于梯田。

根据表 3.14 可知，土壤可蚀性和砂粒、粉粒、黏粒含量以及土壤有机碳之间具有极显著的相关性。土壤作为生态过程中最活跃的因素，它的发生发展不仅受海

表 3.14　不同土地利用在不同海拔土壤机械组成及可蚀性变化

土地类型	海拔/m	植被类型	砂粒/%	粉粒/%	黏粒/%	SNI	可蚀性 K 值
林地	390	桑树(Morus alba L.)树龄 8 年	5.67	84.84	9.50	0.943	0.048
林地(梯田)	420	桑树(Morus alba L.)树龄 8 年	22.40	73.32	4.30	0.776	0.044
林地	433	核桃(Juglandis regia)树龄 7 年	44.50	50.29	5.16	0.555	0.036
林地	450	桃树(Prunus persica)树龄 6 年	12.04	77.01	10.95	0.880	0.046
退耕地	515	白茅(Rhizoma imperatae)、蓟草(Cirsium setosum)	37.18	58.91	3.91	0.628	0.039
退耕地	550	牛筋草(Eleusine indica Gaertn.)	51.02	47.77	1.21	0.490	0.034
林地	592	刺槐(Robinia pseudoacacia L.)	38.26	57.02	4.71	0.617	0.038
林地	605	侧柏[Platycladus orientalis (L.) Franco]	40.50	56.02	3.51	0.595	0.038
耕地(滩地)	386	玉米(Zea mays L.)	25.89	67.89	6.21	0.741	0.043
梯田	430	玉米(Zea mays L.)	31.79	61.72	6.50	0.682	0.040
坡耕地	448	玉米(Zea mays L.)	26.42	65.57	8.02	0.736	0.042
梯田	460	玉米(Zea mays L.)	37.18	58.91	3.91	0.628	0.040
坡耕地	482	玉米(Zea mays L.)	22.60	61.13	4.22	0.774	0.043
坡耕地	494	玉米(Zea mays L.)	28.26	68.02	3.71	0.717	0.043
坡耕地	502	玉米(Zea mays L.)	28.00	69.02	3.01	0.720	0.043

注：土壤可蚀性 K 值单位为 $t \cdot hm^2 \cdot h/(hm^2 \cdot MJ \cdot mm)$。

拔高度的影响，而且植被类型、坡度、温度、降水量和人类活动等方面对其发生发展都有显著的影响，所以海拔高度可以作为土壤水热条件的综合指标来影响土壤理化性质。研究结果表明，在海拔 390m 左右，无论林草地还是玉米地土壤可蚀性均较高。随着海拔的升高，土壤可蚀性逐渐降低，在海拔 420～430m 的梯田处基本达到最小值，并趋于稳定。由于在沟谷地，受人为影响最为严重，枯枝落叶很难归还到土壤中，在海拔 420～430m 的梯田处，植被生长和枯落物归还量显著增加，土壤结构能够得到改善，土壤抗蚀性得到明显增加。而在海拔 482～605m 的区域，各种土地利用类型总体受外界干扰的影响明显减少，土壤理化性质差异总体不显著。

值得关注的是，土壤有机碳、TN、TP 和容重等主要土壤理化性质指标的转折点均出现在海拔 420～430m。因此，420～430m 可以作为小流域典型坡面的过渡区。根据生态学的原理可知，生态过渡区一般具有波动性、脆弱性和敏感性等特点，该区域连接人类活动影响剧烈农业耕作区与其上的林草覆盖区，因此坡面土壤性质出现了转折点的变化。

随着海拔升高，典型坡面土壤表层理化性质、地表状况发生了改变，进一步导致表层土壤机械组成和土壤可蚀性发生改变。研究发现，在低海拔区域土壤的粉砂粒含量明显偏高，而砂粒含量则明显偏低。分析其中原因可能有两个方面：一是该区域岩性以泥岩为主，土壤为黄棕壤，风化作用比较强烈，所以细颗粒含量偏多；二是由于年降水量偏多，水力侵蚀比较活跃，加之退耕还林恢复时间偏短，土壤团聚体结构尚未形成。

土壤可蚀性作为土壤的属性之一，受土壤理化性质的影响，任何导致土壤理化性质变化的因素都会导致土壤可蚀性的变动。对比低海拔人类影响区域和较高海拔较少人类活动影响的区域土壤可蚀性可以发现，前者的土壤可蚀性明显升高，并且在海拔 550m 以上的封育林地和退耕地土壤可蚀性降到最低，表明减少人类活动的影响、林下凋落物还田和修建梯田可以增强土壤结构的稳定性，提高抗侵蚀能力。

2. 商南鹦鹉沟流域土壤可蚀性分析

选取鹦鹉沟小流域不同土地利用类型和坡度的土壤为研究对象，根据当地土层厚度，选取 0～10cm、10～20cm、20～40cm 和 40～60cm 土层进行颗粒分析与土壤有机质计算。土壤颗粒分析采用 Malvern 公司生产的 Mastersizer 2000 激光粒度仪进行分析，土壤有机碳测定方法为采用高温催化氧化进行消解，使用 NDIR 法测定有机碳含量，分析仪器为 Analytik Jena AG 公司生产的 Multi N/C 3100 TOC/TC Analyzer。采样点分布如图 3.10 所示。

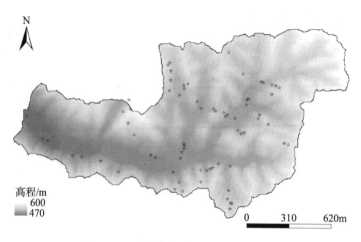

图 3.10　鹦鹉沟小流域采样点分布图

1) 描述性统计特征

按照经典统计方法，将研究区土壤可蚀性 K 值统计特征值列于表 3.15 中。

表 3.15　土壤可蚀性 K 值统计特征值

样本数	最小值	最大值	均值	中值	标准差	变异系数/%	偏度	峰度
283	0.027	0.062	0.047	0.045	0.006	12.367	0.626	0.943

注：土壤可蚀性 K 值单位为 $t \cdot hm^2 \cdot h/(hm^2 \cdot MJ \cdot mm)$。

由表 3.15 可以看出，鹦鹉沟小流域土壤可蚀性 K 值的变化范围为 0.027～0.062，最大值是最小值的 2.29 倍，说明 K 值变幅较大。K 值均值为 0.047，中值为 0.045，均值与中值数值相近，说明研究区土壤可蚀性 K 值分布较为均匀，没有受到特异值的影响。

通常把土壤性质变异按照变异系数的大小分为强变异(C_V>100%)、中等变异(10%<C_V<100%)和弱变异(C_V<10%)三类。流域内测定的 K 值变化标准差为 0.006，变异系数为 12.367%。因此，研究区的土壤可蚀性 K 值属中等变异，原因在于流域内土壤质地、地形、植被和耕作制度等多种因素的差异性。

2) 正态分布检验

利用 SPSS 中 Analyze-Descriptive Statistics-Frequencies 频数分布统计功能可得土壤可蚀性 K 值的频数统计图(图 3.11)。由图可以看出，土壤可蚀性 K 值的频数分布呈倒钟形，基本符合正态分布。为了进一步确定其分布类型，对其进行非参数柯尔莫哥洛夫-斯米诺夫(KS)检验。KS 检验是建立在观测量与预期累计分布之间存在着巨大差异的基础上。一般情况下，当其显著水平 Sig.<0.05，便可以拒绝数据正态

分布的假设。结果显示吻合度为 0.72，因此接受本数据的正态分布假设。

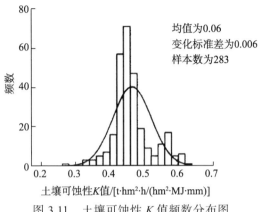

图 3.11   土壤可蚀性 K 值频数分布图

3) 土壤可蚀性的趋势分析

趋势分析图中的每一根竖棒代表了一个数据点的值(高度)和位置。这些点被投影到一个东西向和一个南北向的正交平面上，通过投影点可以做成一条最佳拟合线，并用它来模拟特定方向上的存在趋势。图 3.12 为鹦鹉沟小流域土壤可蚀性 K 值的趋势分析图，从图中可以看出投影到东西向(X 轴左西右东)上的趋势线，从西向东呈增加趋势；而南北方向上(Y 轴上北下南)，趋势线呈倒 U 型。可以得知，流域内东部、中部土壤可蚀性较大，抗侵蚀能力最小，可能是由于鹦鹉沟小流域东部多山、中部多农田有关。

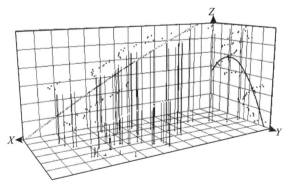

图 3.12   土壤可蚀性 K 值趋势分析图

土壤可蚀性 K 值的空间相关性可根据块金值与基台值之比(C_0/C_0+C)划分，该值越大，则说明由随机部分引起的空间变异程度越大，反之则表明由结构性因素引起的空间变异性程度较大。当 $C_0/(C_0+C)<25\%$ 时，变量具有强烈的空间相关性；$C_0/(C_0+C)$ 在 $25\%\sim75\%$ 时，变量具有中等的空间相关性；而当 $C_0/(C_0+C)>75\%$ 时，变量空间相关性很弱。从表 3.16 中可以看出，当土壤可蚀性 K 值的半方差函数理论模型为指数模型时，$C_0/(C_0+C)$ 值为 4.78%，小于 25%，表明在变程内具有强烈的空间相关性，进行 Kriging 插值能得到较准确的结果(管孝艳等，2012)。

表 3.16　土壤可蚀性 K 值的半方差函数理论模型及其相关参数

理论模型	块金值	基台值	块金值/基台值	变程	RSS	R^2
球状模型	1.100E−05	2.300E−04	0.048	1428	7.584E−11	0.680
高斯模型	1.300E−05	2.600E−05	0.500	1593	7.707E−11	0.676
指数模型	1.100E−05	2.800E−05	0.393	3375	7.742E−11	0.641

4) 不同植被土壤可蚀性 K 值垂直变异特征

不同的土地利用方式，影响土壤表层的理化性质，从而使地表状况产生差异，导致表层土壤可蚀性不同。为了研究不同植被类型土壤可蚀性 K 值的影响，选择玉米地、栎树林、草地、茶地、花生地及松林，共 6 种类型样地，以 $0\sim10\text{cm}$、$10\sim20\text{cm}$、$20\sim40\text{cm}$ 和 $40\sim60\text{cm}$ 分层分析土壤可蚀性 K 值垂直变异特征。图 3.13 为不同土层深度和不同土地利用类型土壤可蚀性 K 值变化图。

从图 3.13(a)中可以看出，土壤可蚀性 K 值的垂直变异特征整体上为随着土层深度的增加而增大。说明土壤表层可蚀性最小，抗侵蚀能力最强。而土壤 $40\sim60\text{cm}$ 处一般处于耕作土层的心土层，心土层的结构一般较差，养分含量较低，因此，$40\sim60\text{cm}$ 处土壤可蚀性值整体偏高。

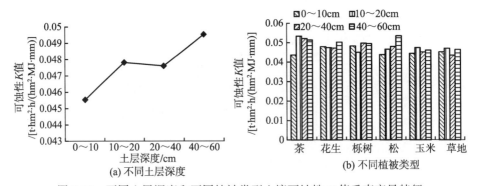

图 3.13　不同土层深度和不同植被类型土壤可蚀性 K 值垂直变异特征

在六种植被类型中，茶、玉米和草地的可蚀性 K 值在 $10\sim20\text{cm}$ 的最大，其次是 $40\sim60\text{cm}$；花生、栎树、松树的可蚀性 K 值在 $40\sim60\text{cm}$ 的最大。其中，草地可蚀性整体最小，说明旱耕地长期受施肥、耕作措施(如秸秆还田)等影响较大，造成土壤性质发生改变，抗侵蚀能力变弱。调用 SPSS 工具栏中 Analyze-Compare Means-One-Way ANOVA 命令对数据进行统计分析，结果显示为不同植被土壤可蚀性 K 值均值差异不显著($p=0.24>0.05$)，六种不同植被类型土壤表层 0～10cm 内 K 值的大小顺序为：栎树林>花生地>草地>松林>茶地>玉米地。由于不同植被根系在土壤垂直剖面及空间分布状况、采样点的地形差异及人为的干扰程度等，不同植被类型对土壤可蚀性影响较为复杂，需进一步具体研究。

5) 土壤可蚀性 K 值的空间变异特征

调用 ArcMap9.2 中的统计分析模块 Geostatistical Analyst-Geostatistical Wizard，选用其中的 Kriging 插值，选择球状模型为理论模型，对鹦鹉沟小流域土壤可蚀性 K 值进行插值，生成研究区土壤可蚀性 K 值空间分异图。

从图 3.14 中可以看出，研究区土壤可蚀性 K 值总体分布趋势是从南至北逐渐减小，条带状分布明显，与之前的趋势分析结果一致。造成小流域土壤可蚀性 K 值的这种空间分布特征的原因主要与土壤结构性因素(土壤类型、母质、地形、气候等)引起的空间变异性程度较大，随机性因素(施肥、耕作措施、种植制度等)使得土壤可蚀性的空间相关性增强有关(李海东，2008)。小流域不同区域下垫面的差异及人为干扰程度的不同是造成研究区土壤可蚀性 K 值分布特征的主要随机性因素。研究区整体呈峡谷状，山体横向延伸。西北部山体上由于多年的植树造林活动，植被覆盖度较大，土壤有机质的累计量也较大，因而可蚀性低；而在东南部山体上人类关注较少，植物的土壤根系生长、分布情况比北部差，影响了土壤抗侵蚀能力，定位监测时的滑坡现象也证明了这点。中部耕作种植及居住生活区地势较低，由于长

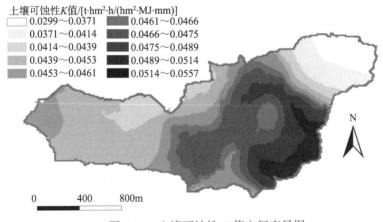

图 3.14　土壤可蚀性 K 值空间变异图

期以来受人类耕作种植、过度开发利用等,土壤有机质分解加速、累计量较低,土壤颗粒组成受干扰程度较大,土壤可蚀性 K 值大,土壤抗侵蚀能力比北部山体的小。由此可知,小流域西部、西北部森林覆盖区土壤抗侵蚀能力较强,东南部及中东部耕作种植、居住生活区及未受关注的山体上土壤抵抗侵蚀能力弱。

3.2 典型县域土壤侵蚀和土地利用的地貌分布特征

3.2.1 土壤侵蚀空间分布的地貌特征

以陕西省汉江源头地区的宁强县、汉江谷地的石泉县、丹江中游的商南县为研究对象,借助 GIS 平台,利用遥感数据成图技术,对土壤侵蚀强度在坡度、坡向、高程、起伏度等地貌特征的空间分布状况进行研究,以期为区域水土保持规划和水土流失治理等提供决策依据和理论支持。

1. 典型县概况与研究方法

1) 典型县概况

宁强县位于陕西省西南部,陕甘川三省交界,坐标介于 105°20′10″~106°35′18″E、32°37′06″~33°12′42″N,总面积为 3245.73km²。境内分属嘉陵江、汉江两大长江支流,嘉陵江贯穿该县南北,流域面积为 2223.00km²;汉江发源于该县北部,流域面积为 1022.73km²。属中低山区地貌,北属秦岭山地,大部分海拔为 1000~1600m;南属大巴山山系,大部分海拔为 1000~1800m(李云峰,2010)。

石泉县地处陕西南部、汉江中游的月河盆地。坐标介于 108°01′8″~108°28′42″E,32°45′57″~33°19′56″N,总面积为 1525km²,汉江由西向东横贯全境,北依秦岭,南接巴山,呈“两山夹一川”之势。北部秦岭山高坡陡,南部巴山山势稍缓,多呈浑圆状山脊,中部沿汉江两岸及池河下游为河谷盆地。

商南县地处秦岭东段南麓,位于陕西省东南隅、鄂豫陕三省结合部,属长江流域汉江水系丹江中游地区。坐标介于 110°24′~111°01′E、33°06′~33°44′N,总面积为 2314.90km²。主要地貌为浅山丘陵,境内地势西南部和北部较高,东南部和中部较低,千米以下的低山、丘陵占总面积的 77%。丹江自西向东贯穿县境中部,把全县分为南、北两部分。北部山势多西北东南走向,地势由高趋低,山体浑圆,河谷开阔;南部山势多由西向东,西高东低,山形陡峭,河谷深切(李云峰,2010)。

采用印度 CartoSat-1 号卫星(又名 IRS-P5,简称 P5)2007 年 10 月初季相的遥感影像(分辨率 2.5m)。首先结合外业调查建立影像解译标志,应用 ERDAS Imagine 8.7 对研究区遥感影像进行判读,勾绘区内主要景观类型,形成土地利用分布图,同时由数字高程模型(digital elevation model，DEM)提取坡度因子。然后根据各图斑的土地利用类型、坡度、植被覆盖度等判定其土壤侵蚀强度，绘制土壤侵蚀强度分布图(图 3.15～图 3.17)，最后使用 ArcGIS 软件将其转化为栅格格式(王星等，2013，2012)。

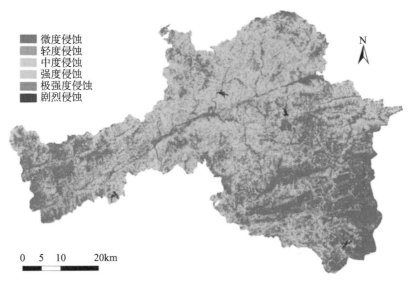

图 3.15　宁强县土壤侵蚀强度图

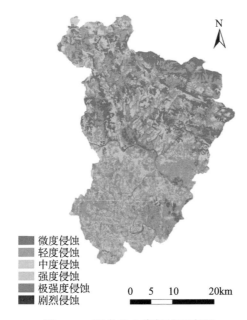

图 3.16　石泉县土壤侵蚀强度图

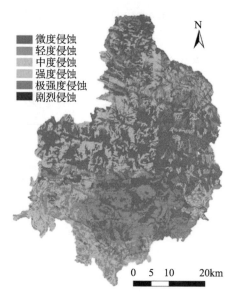

图 3.17　商南县土壤侵蚀强度图

2) 研究方法

DEM 分辨率对坡度有较大影响，分辨率 10m 的 DEM 提取的坡度也能反映出微地形的变化，可用于较大尺度区域的研究(刘洪鹄等，2010)。1:5 万比例尺的 DEM 可用于重点流域、重点治理区的水土保持现状调查、水土流失观测等工作(赵帮元等，2004)。用 1:5 万地形图和 ANUDEM 软件建立的 DEM，其派生等高线与原始等高线符合度高，并且对地形(坡度)的描述和对地貌与水文关系的表现均更加准确和真实，可为土壤侵蚀模拟分析提供更直接的数据支持(师维娟等，2007)。本书采用分辨率 10m、比例尺 1:5 万、由 ANUDEM 软件建立的 DEM，其精度可以满足县域范围土壤侵蚀研究的要求。

按照《土壤侵蚀分类分级标准》(SL190—2007)，将研究区土壤侵蚀类型分为微度、轻度、中度、强烈、极强烈、剧烈六大类。陕西省丹汉江流域属于西南土石山区，土壤容许流失量为 500t/(km²·a)，相当于微度的侵蚀模数，因而微度侵蚀地块可认为是无水土流失部分。

首先在 ArcGIS 平台下，以 DEM 图为基础，利用空间分析模块，分别提取坡度、坡向、高程、起伏度等专题因子，生成坡度、坡向、高程、起伏度等专题图。再以各地形因子专题图为基础，结合自然地貌特点，生成地形因子等级专题图，等级分类见表 3.17。最后将各地形因子专题图与土壤侵蚀强度分布图进行空间叠加，对土壤侵蚀的地貌特征进行分析。

表 3.17　地形因子分级体系表

分级	1	2	3	4	5	6	7	8	9	10
坡度/(°)	0~5	5~10	10~15	15~20	20~25	25~30	30~35	35~40	40~45	>45
高程/m	0~500	500~700	700~900	900~1100	1100~1300	1300~1500	1500~1700	1700~1900	1900~2100	>2100
起伏度/m	0~100	100~200	200~300	300~400	400~500	500~600	600~700	700~800	800~900	—

2. 土壤侵蚀强度空间分布的特征

土壤侵蚀强度研究的基本流程和三个县的土壤侵蚀特征分别见图 3.18 和表 3.18。可以看出，宁强县土壤轻度侵蚀以上面积为 207331hm²，水土流失程度(轻度侵蚀以上面积占总土地面积的比例)为 63.79%；土壤侵蚀强度以中度为主，占总面积的 34.02%，其次为轻度和强烈侵蚀，分别占总面积的 16.09% 和 11.62%。石泉县轻度土壤侵蚀以上面积为 113686hm²，水土流失程度为 75.07%；土壤侵蚀强度以轻度为主，占总面积的 41.07%，其次为强烈和中度侵蚀，分别占总面积的 23.39% 和 8.87%。商南县轻度土壤侵蚀以上面积为 131276hm²，水土流失程度为 56.52%；土壤侵蚀强度以轻度为主，占总面积的 23.62%，其次为中度和极强烈侵蚀，分别占总面积的 22.53% 和 9.24%。

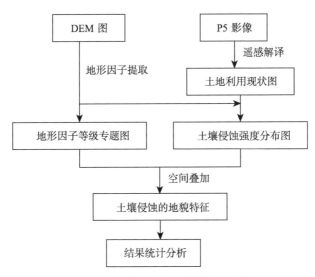

图 3.18　土壤侵蚀强度研究基本流程图

三县的水土流失程度较高，土壤侵蚀强度以轻度和中度为主，强烈、极强烈和剧烈侵蚀所占比例较低。这说明陕西省丹汉江流域的水土流失面积虽然分布较广，但流失强度属于轻中度。

表 3.18　土壤侵蚀特征表

侵蚀强度	宁强县		石泉县		商南县	
	面积/hm²	面积比例/%	面积/hm²	面积比例/%	面积/hm²	面积比例/%
微度	117667	36.20	37753	24.93	101004	43.48
轻度	52288	16.09	62198	41.07	54870	23.62
中度	110558	34.02	13427	8.87	52340	22.54
强烈	37767	11.62	35420	23.39	2518	1.08
极强烈	6045	1.86	2565	1.69	21464	9.24
剧烈	673	0.21	76	0.05	84	0.04
合计	324998	100	151439	100	232280	100

　　为了对不同单元内的土壤侵蚀情况进行比较分析，就需要能反映这些单元内土壤侵蚀强度的一个综合指标，该指标的大小反映土壤受侵蚀的严重程度，可用土壤侵蚀的综合指数(INDEX)来表示，其计算公式如下：

$$INDEX = \sum_{i=1}^{n}\sum_{j=1}^{m} W_{ij} A_{ij} \tag{3.8}$$

式中，W_{ij} 为第 i 类第 j 级土壤侵蚀强度的分级值；A_{ij} 为第 i 类第 j 级土壤侵蚀强度面积比例。水力侵蚀中的微度、轻度、中度、强度、极强和剧烈的分级值分别为0、2、4、6、8、10，分级值越高，表示对土壤侵蚀综合指数的贡献越大(杨存建等，2000)。

　　宁强县、石泉县、商南县的土壤侵蚀综合指数分别为 4.00、3.62、3.86，地处汉江源头地区的宁强县土壤侵蚀较严重，而汉江谷地的石泉县和丹江中游以丘陵为主的商南县土壤侵蚀相对较轻。

　　不同地形因子下的水土流失面积(轻度侵蚀以上)分布和土壤侵蚀综合指数见表 3.19～表 3.22。不同坡度、高程、起伏度下的水土流失面积比例和土壤侵蚀综合指数均呈现先增大后减小。宁强县、石泉县、商南县不同坡度下的水土流失面积比例的最大值均出现在 25°～30°，土壤侵蚀综合指数的最大值分别出现在 30°～35°、20°～25°、25°～30°。三县在平地的水土流失面积接近 0，不同坡向上的水土流失面积比例和土壤侵蚀综合指数差异不显著，但宁强县在西、西北方向，石泉县和商南县在东、东南方向的水土流失面积比例和土壤侵蚀综合指数比其他坡向略高。宁强县、石泉县、商南县不同高程下的水土流失面积比例的最大值分别出现在 900～1100m、500～700m、500～700m，土壤侵蚀综合指数的最大值分别出现在 700～900m、500～700m、1300～1500m。宁强县、石泉县、商南县不同起伏度下的水土流失面积比例的最大值均出现在 300～400m，土壤侵蚀综合指数的最大值分别出现在 800~900m、300~400m、200~300m。

表 3.19 不同坡度下的水土流失面积比例和土壤侵蚀综合指数

县名	项目	坡度分级									
		0°~5°	5°~10°	10°~15°	15°~20°	20°~25°	25°~30°	30°~35°	35°~40°	40°~45°	>45°
宁强县	水土流失面积比例/%	1.0	2.0	4.9	10.0	15.9	21.6	20.6	14.1	6.7	3.2
	土壤侵蚀综合指数	0.25	0.47	0.97	1.88	3.20	4.93	6.63	6.40	3.29	1.98
石泉县	水土流失面积比例/%	5.15	4.03	7.21	11.93	16.62	19.54	17.47	11.07	4.87	2.11
	土壤侵蚀综合指数	1.53	2.45	2.83	3.04	3.05	2.93	2.70	2.46	2.23	2.02
商南县	水土流失面积比例/%	6.13	5.24	8.39	12.61	16.25	18.43	16.18	10.35	4.56	1.85
	土壤侵蚀综合指数	0.76	1.56	2.06	2.29	2.39	2.42	2.41	2.28	2.08	1.97

表 3.20 不同坡向下的水土流失面积比例和土壤侵蚀综合指数

县名	项目	坡向分级								
		平地	北	东北	东	东南	南	西南	西	西北
宁强县	水土流失面积比例/%	0	12.6	11.8	12.2	12.0	12.2	12.6	13.3	13.3
	土壤侵蚀综合指数	0	4.13	3.51	3.61	3.16	3.82	3.65	3.97	4.15
石泉县	水土流失面积比例/%	1.81	10.54	12.23	13.24	12.98	11.45	12.92	13.03	11.80
	土壤侵蚀综合指数	0.90	2.61	2.84	3.06	2.94	2.78	2.64	2.60	2.51
商南县	水土流失面积比例/%	1.75	10.81	12.38	13.40	12.89	11.64	13.08	12.62	11.44
	土壤侵蚀综合指数	0.33	2.07	2.11	2.29	2.29	2.29	2.25	2.25	2.13

水土流失面积反映了土壤侵蚀的范围,而土壤侵蚀综合指数反映了土壤侵蚀的程度,两者出现的最大值略有差异。陕西省丹汉江流域水土流失面积主要集中在25°~30°、起伏度为 300~400m,宁强县集中在高程 900~1100m,而石泉县和商南县集中在 500~700m,这部分是生产用地和人口集中的区域。由于宁强县地处汉江源头,土壤侵蚀综合指数的坡度、起伏度最大值比石泉、商南两县大,但高程的最大值比石泉县大而比商南县小。

表 3.21　不同高程下的水土流失面积比例和土壤侵蚀综合指数

县名	项目	高程分级									
		0~500m	500~700m	700~900m	900~1100m	1100~1300m	1300~1500m	1500~1700m	1700~1900m	1900~2100m	>2100m
宁强县	水土流失面积比例/%	0	5.5	27.9	30.2	19.0	11.0	4.8	1.4	0.2	0.000006
	土壤侵蚀综合指数	0	2.40	8.78	8.62	4.36	3.56	1.87	0.37	0.03	0.000045
石泉县	水土流失面积比例/%	13.66	30.35	27.64	18.00	6.37	2.31	1.17	0.48	0.03	0
	土壤侵蚀综合指数	2.64	2.99	2.93	2.69	1.92	1.11	0.81	0.45	0.46	0
商南县	水土流失面积比例/%	13.97	32.38	22.72	16.26	10.53	3.49	0.49	0.15	0.01	0
	土壤侵蚀综合指数	2.00	2.21	2.03	2.24	2.52	2.60	0.88	0.61	0.42	0

表 3.22　不同起伏度下的水土流失面积比例和土壤侵蚀综合指数

县名	项目	起伏度分级								
		0~100m	100~200m	200~300m	300~400m	400~500m	500~600m	600~700m	700~800m	800~900m
宁强县	水土流失面积比例/%	0.72	4.70	15.75	27.00	26.93	16.59	6.64	1.51	0.16
	土壤侵蚀综合指数	0.25	1.28	2.00	2.56	2.82	2.87	2.93	2.98	3.29
石泉县	水土流失面积比例/%	0.40	5.57	20.67	28.74	25.12	13.23	5.10	1.02	0.15
	土壤侵蚀综合指数	1.39	2.41	2.76	2.81	2.74	2.71	2.69	1.91	0.61
商南县	水土流失面积比例/%	1.11	13.14	28.83	33.95	19.10	3.64	0.24	1.11	13.14
	土壤侵蚀综合指数	2.19	2.31	2.34	2.17	1.96	1.83	1.28	2.19	2.31

3.2.2　土地利用空间分布的地貌特征

本书以陕西省丹江汉江流域的商南县为研究对象，借助 GIS 平台和 DEM，通过遥感数据的解译和分析，对土地利用类型在坡度、坡向、高程、起伏度等方面的地形分布特征进行研究，以期为县域土地利用结构调整和水土保持规划等提供决策依据和理论支持。

1. 研究方法

根据陕西省国土资源厅公布的 2006 年土地调查统计资料，商南县的土地总面积为 231490hm²，其中耕地 14682hm²、园地 1576hm²、林地 186961hm²、牧草地 15203hm²、其他农用地 2597hm²、居民点及工矿用地 3413hm²、交通用地 565hm²、水利设施用地 91hm²、未利用地 6402hm²。

根据 2004 年 TM 影像(分辨率 30m)获得商南县土地利用现状图。结合研究区的具体情况，按照 1984 年全国农业区划委员会制定的《土地利用现状调查技术规程》中的《土地利用现状分类》标准，将研究区土地利用类型分为耕地、园地、林地、牧草地、居民点及工矿用地、交通用地、水域和未利用地 8 个大类(王星等，2011)。分类后的土地利用现状图使用 ArcGIS 软件转化为栅格格式，分辨率为 30m。商南县数字高程模型(分辨率 30m)由 1:5 万比例尺的等高线矢量图内插而成，等高距为 5m。

研究的基本流程是：首先在 ArcGIS 平台下，利用空间分析模块，以 DEM 为基础，分别提取坡度、坡向、高程、起伏度等地形因子，生成商南县坡度、坡向、高程、起伏度等地形因子专题图。再以各地形因子专题图为基础，结合自然地貌特点，生成地形因子等级专题图。地形因子分级体系见表 3.23。最后将各地形因子等级专题图与土地利用现状图进行空间叠加，通过计算与统计分析，对土地利用类型的地形分布特征进行分析(汤国安，2005)。研究基本流程见图 3.19。

表 3.23　地形因子分级体系表

分级	1	2	3	4	5	6	7	8	9	10
坡度/(°)	0~5	5~10	10~15	15~20	20~25	25~30	30~35	35~40	40~45	>45
高程/m	200~400	400~600	600~800	800~1000	1000~1200	1200~1400	1400~1600	1600~1800	1800~2000	>2000
起伏度/m	0~50	50~100	100~150	150~200	200~250	250~300	300~350	350~400	400~450	>450

2. 土地利用结构空间分布的特征

商南县土地利用结构的基本特征见表 3.24。耕地和草地远大于国土部门统计数据；园地、林地、居民点及工矿用地和未利用地则远小于国土部门数据；交通用地差异较小；有遥感资料的水域包括水面和水利设施用地，而国土部门数据仅指水利设施用地，两者之间不具有可比性。这些差异既与遥感资料的精度有关，也与国土资源部门的统计误差和土地利用类型分类方法有关。商南县土地利用类型以林地

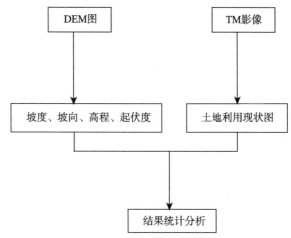

图 3.19 研究基本流程图

表 3.24 商南县土地利用结构基本特征表

土地类型	面积/hm²	面积比例/%	说明
耕地	29613	12.87	种植农作物的土地,包括新开荒地、休闲地、轮歇地、草田轮作地;以种植农作物为主间有零星果树、桑枝或其他树木的土地
园地	50	0.02	种植以采集果、叶、根茎等为主集约经营的多年生木本和草本作物,覆盖度>50%,或每亩株数大于合理株数70%的土地,包括果树苗圃等用地
林地	142837	62.07	生长乔木、竹类、灌木等林木的土地,不包括居民绿化用地,以及铁路、公路、河流、沟渠的护路、护岸林
草地	54352	23.62	生长草本植物为主,用于畜牧业的土地,包括天然草地、改良草地和人工草地
居民点及工矿用地	655	0.28	城乡居民点、独立居民点,以及居民点以外的工矿、国防、名胜古迹等企事业单位用地,包括其内部交通、绿化用地
交通用地	458	0.20	居民点以外的各种道路及其附属设施,包括护路林
水域	2155	0.93	陆地水域和水利设施用地
未利用地	14	0.01	目前还未利用的土地,包括难利用的土地
合计	230134	100	

和草地为主,分别占全县总面积的 62.07%和 23.62%,林草覆盖率达 85.69%,该县植被覆盖总体较好。耕地占全县总面积的 12.87%,耕地资源比较丰富。其他土地利用类型所占比例较小,仅为 1.44%。农业生产用地(耕地、园地)与生态用地(林地、草地)的比例为 1:6.65,土地利用结构总体上较为合理。草地主要为天然草地,未利用地主要为裸岩及裸土地。

3. 土地利用类型多样化指数的空间分布特征

采用吉布斯–马丁(Gibbs-Mirtin)的多样化指数模型来度量土地利用类型的多样化程度(刘恩勤等, 2009), 其模型为

$$\text{GM} = 1 - \sum_{i=1}^{n} S_i^2 \bigg/ \left(\sum_{i=1}^{n} S_i\right)^2 \qquad (3.9)$$

式中, GM 为土地利用类型的多样化指数; S_i 为第 i 种土地利用类型的面积。GM 的取值范围为 0~1, 其值越接近于 1, 说明该区土地利用类型的多样化程度越高; 若该区仅一种土地利用类型, 则 GM 值为 0。经计算, 商南县土地利用类型多样化指数为 0.54, 说明研究区的土地利用类型比较丰富。

利用吉布斯–马丁多样化指数计算公式及各地形因子与土地利用结构数据, 得出土地利用类型多样化指数的空间分布特征见图 3.20。随着坡度的增大和高程的上升, 土地利用类型多样化指数呈下降趋势, 说明平地和缓坡及低海拔地区是人类活动较频繁的区域, 土地利用的结构也较丰富。平地和朝南坡向的土地利用类型多样化指数明显偏高, 而朝北坡向的土地利用类型多样化指数相对较低, 这不仅与光照和热量分布有关, 也与人类的生活习性有关。随着起伏度的增大, 土地利用类型多样化指数总体呈下降趋势, 但在起伏度 50~100m 有一个较小峰值, 上升到起伏度 150m 后趋势极具下降, 这反映了商南县是浅山丘陵地貌, 土地利用类型主要分布在起伏度 150m 以下区域。

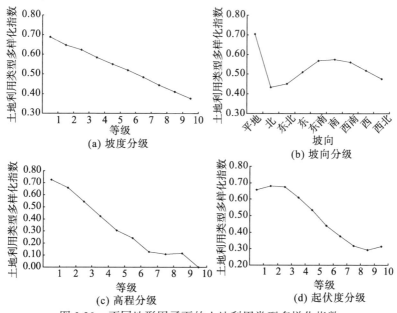

图 3.20　不同地形因子下的土地利用类型多样化指数

4. 不同土地利用类型的土壤侵蚀强度分布特征

以商南县为例，将土地利用图和土壤侵蚀图叠加，得出土壤侵蚀强度在不同土地利用类型的分布情况和不同土地利用类型的土壤侵蚀强度分布情况，见图 3.21 和图 3.22。微度、轻度、中度、强烈、极强烈土壤侵蚀主要分布在林地和草地，剧烈侵蚀土壤侵蚀主要分布在耕地和林地。土壤侵蚀综合指数最大的分别是草地(2.88)、园地(2.76)和林地(2.10)。土壤侵蚀的范围主要分布在林地、草地和耕地，而侵蚀程度最大的为草地、园地和林地。

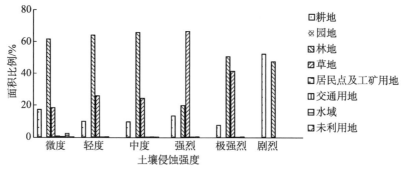

图 3.21　土壤侵蚀强度在不同土地利用类型的分布

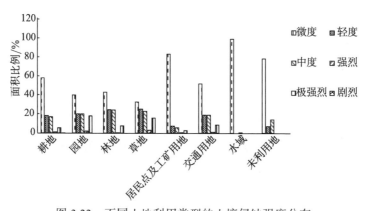

图 3.22　不同土地利用类型的土壤侵蚀强度分布

3.3　区域土壤侵蚀与水沙演变

3.3.1　丹江土壤侵蚀量模拟

选用修正的通用土壤流失方程(RUSLE)对丹江流域土壤侵蚀量进行计算，其计

算公式为

$$A = R \cdot K \cdot S \cdot L \cdot C \cdot P \qquad (3.10)$$

式中，A 为年平均土壤流失量[t/(hm²·a)]；R 为降雨侵蚀力因子[MJ·mm/(hm²·h·a)]；K 为土壤可蚀性因子[t·hm²·h/(hm²·MJ·mm)]；S 为坡度因子；L 是坡长因子；C 为作物覆盖管理因子；P 为水土保持措施因子。

1. 降雨侵蚀力 R 值

计算公式如下：

$$F = \sum_{i=1}^{12} j_i^2 / J \qquad (3.11)$$

式中，i 为月份；j_i 为降雨量(mm)；J 为年降雨量(mm)。R 与该指数的关系为

$$R = 4.1F - 152 \qquad (3.12)$$

依据丹江流域各区县 1999～2010 年的逐月降雨资料，计算得到各县区的年降雨侵蚀 R 值，然后利用计算得到的结果，采用 IDW 内插方法进行降雨侵蚀力空间表面插值，得到丹江降雨侵蚀力分布图(图 3.23)，降雨侵蚀力单位为 MJ·mm/(hm²·h·a)。

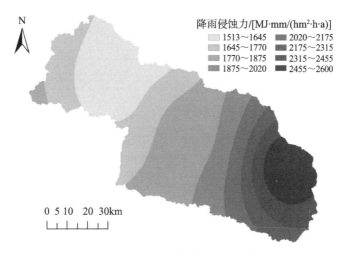

图 3.23　丹江流域降雨侵蚀力分布图

2. 土壤可蚀性因子 K 值的计算

根据全球 1:100 万土壤数据库，利用 EPIC 模型中的 K 值计算公式计算得丹江流域土壤可蚀性 K 值分布图(图 3.24)。

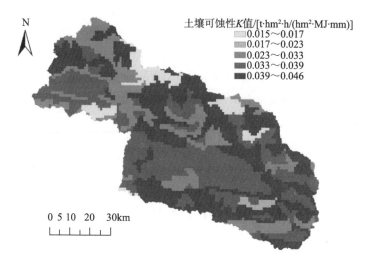

图 3.24　丹江流域土壤可蚀性 K 值分布图

3. 坡度坡长因子(LS)的计算

地形对土壤侵蚀的影响由坡度(S)和坡长(L)决定。通常情况下，土壤侵蚀量随坡度的增大而增加，在坡度相同时，随着坡长的增加，土壤侵蚀量增大。本书采用通用土壤流失方程经典方法分别计算坡长因子(L)和坡度因子(S)。坡长因子采用Wischmeier 等(1971)提出的计算方法：

$$L = (\lambda / 22.13)^{m} \tag{3.13}$$

式中，L 为坡长因子；λ 为水平投影坡长(m)；m 为坡长指数，采用刘宝元(2015)提出的：坡度≤1°时，取 0.20；1°<坡度≤3°时，取 0.30；3°≤坡度≤5°时，取 0.40；坡度>5°时，取 0.50。缓坡采用 McCool 坡度公式，陡坡采用刘宝元的坡度公式。当坡度小于等于 5°时，McCool 等 1987 年提出坡度因子(S)公式：

$$S = 10.8\sin\theta + 0.03 \ (3.13) \tag{3.14}$$

当坡度大于 5°时，采用刘宝元提出的计算方法：

$$\begin{cases} S = 16.8\sin\theta - 0.5 & 5° \leqslant \theta < 10° \\ S = 21.9\sin\theta - 0.96 & \theta \geqslant 10° \end{cases} \tag{3.15}$$

式中，S 为坡度因子；θ 为坡度(°)。

坡长因子和坡度因子的获取是利用丹江流域 30m 分辨率 DEM 数据计算得到，从而获得丹江流域坡度、坡长因子分布图。

4. 覆盖与管理因子 C 的计算

在 RUSLE 中，植被覆盖和经营管理因子是指在一定条件下，农耕地的土壤流失量与同等条件下实时翻耕连续休闲对照地土壤流失量比率，反映所有覆盖管理因素对土壤侵蚀的综合作用，其值大小取决于具体的作物覆盖、轮作顺序及管理措施的综合作用，以及作物不同生长期侵蚀性降雨的分布状况(庞国伟，2012)。C 值的计算公式为

$$C = \left(\sum_{i=1}^{n} B_i \times Q_i \right) \Big/ Q_t \tag{3.16}$$

式中，C 为年均值或一个作物生长期的平均值；B_i 为第 i 个时段的土壤流失比率；Q_i 为第 i 时段的降雨侵蚀力指数(Q)值占全年 Q 值的比例(%)；n 为时段数；Q_t 为所有时段 Q 比例之和，但由于每一时段的土壤流失比率由前期表面糙度次因子(SR)、土壤水分次因子(SM)、土地利用次因子(PLU)、地面覆盖次因子(SC)、冠层覆盖次因子(CC)5 个次因子的乘积计算得到，这使得对 C 因子值的计算复杂、难度加大。根据蔡崇法等(2000)在三峡进行的土壤侵蚀研究，C 值的估算公式为

$$\begin{cases} C = 1 & G = 0 \\ C = 0.6508 - 0.3431 \lg G & 0 < G < 78.3\% \\ C = 0 & G > 78.3\% \end{cases} \tag{3.17}$$

式中，G 为植被覆盖率。

根据丹江流域 2000 年的土地利用类型图，利用公式、研究区径流小区监测结果以及其他学者的研究成果，对研究区不同土地利用 C 值进行估算赋值,结果见表 3.25。计算得丹江流域覆盖与管理因子分布图，见图 3.25。

表 3.25　不同土地利用 C 因子的计算值

土地利用类型	水田	旱地	林地	疏林地	草地	水域	建设用地	裸地
年平均 C 因子	0.18	0.31	0.006	0.017	0.04	0	0	1

5. 水土保持措施因子 P 的计算

某种水土保持措施土地上的土壤流失量与顺坡种植土地上的土壤流失量之比被定义为水土保持措施因子 P。水土保持措施的实施改变了地形和水流汇流方式，从而减少产流量，降低径流速率，因而减少了水土、养分流失。一般无任何水土保持措施的土地类型 P 值为 1，其他情况 P 值在 0～1，本书只考虑梯田措施，参照有关研究结果将梯田的因子 P 确定为 0.30，未采用水土保持措施的土地利用类型 P 值取 1。

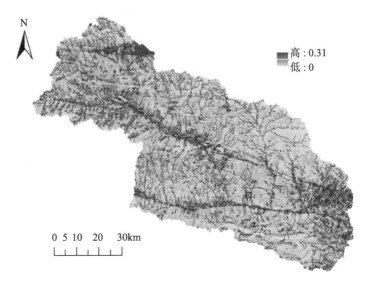

图 3.25 丹江流域覆盖与管理因子分布图

3.3.2 丹汉江土壤侵蚀量分析

以 ArcGIS 的空间分析模块为软件基础，根据土壤侵蚀模型中各因子的运算关系，将各因子栅格数据进行乘法运算，得到各个网格单元的侵蚀模数 A，并生成土壤侵蚀模数专题图。在此基础上，根据水利部颁发的《土壤侵蚀分类分级标准》，对研究区的侵蚀量进行分类，得到土壤侵蚀强度分级表(表 3.26)。

表 3.26 丹江流域土壤侵蚀强度分级表

级别	平均侵蚀模数/[t/(km²·a)]	面积/km²	面积比例/%
微度	<500	1336.86	18.86
轻度	500～2500	2922.98	41.24
中度	2500～5000	1137.56	16.05
强烈	5000～8000	540.24	7.62
极强烈	8000～15000	480.19	6.77
剧烈	>15000	670.47	9.46

丹江流域降雨侵蚀力呈现西北低东南高的趋势，其中，东部(亦即商南县东部)侵蚀力达到最高，说明该县域内东部降雨量较其他地区降雨量大，具有侵蚀能力的降雨场次多。丹江流域可蚀性 K 值的分布规律相对不明显，但相对较大的 K 值基本分布于海拔较高的山地上，说明高陡山坡土壤易受土壤侵蚀。与 K 值分布特征类似，LS 因子在丹江地区的分布较为分散，但较高值均分布于高海拔的山地上，这

与实际相符。但由于 C 因子的定义和计算方法,海拔较高的山地、林地和草地覆盖度较高,而居民居住地广泛分布在低海拔的沿河地区。因此,C 因子分布特征与 K、LS 相反,高海拔地区 C 值较小,低海拔地区 C 值反而较大。

高侵蚀模数的地块广泛分布于丹江流域的各个地区,A 值越大,发生的潜在流失量越大,其中,丹江流域平均土壤侵蚀模数为 4971.03t/(km²·a),属中度土壤侵蚀强度,远大于水利部颁布的土石山区土壤允许流失量 500t/(km²·a)的标准,需加强水土流失治理。强度侵蚀等级以上的土地面积只占流域总面积的 23.85%,主要是坡度较大的坡耕地和坡下部的坡耕地,是丹江流域需要重点治理的区域。

为了更具体地对比分析各因子的统计特征,本书列出了各因子的平均值、最小值、最大值、标准偏差及变异系数(表 3.27)。由表 3.27 可知,丹江地区各侵蚀因子的变异系数顺序为:A>LS>K>R,其中,侵蚀模数变化最剧烈,达到高等变异程度,说明由于研究区面积较大,下垫面特征的不同导致其各地区 A 值大小不一;R 值变异系数最小(15.72%),即研究区降雨量空间变化较小。

表 3.27　丹江流域侵蚀因子统计特征

侵蚀因子	平均值	最小值	最大值	标准偏差	变异系数/%
R	1913.86	1513.24	2597.21	300.80	15.72
K	0.03	0.02	0.04	0.01	21.79
LS	14.33	0.01	107.50	10.04	70.07
A	4971.03	0.00	195756.66	10216.29	205.52

注:各因子平均值、最小值、最大值的单位见 3.3.1 小节。

根据土壤侵蚀模型中各因子的运算关系,利用 ArcGIS 的空间分析模块,将各因子栅格数据进行乘法运算,预测土壤侵蚀量,得到各个网格单元的侵蚀模数,并生成土壤侵蚀量图层。在栅格土壤流失量图的基础上,根据水利部颁发的《土壤侵蚀分类分级标准》,对研究区的侵蚀量进行分类,得到土壤侵蚀强度分级表(表 3.28)。

表 3.28　陕南土壤侵蚀强度分级表

级别	平均侵蚀模数/[t/(km²·a)]	面积/km²	面积比例/%
微度	<500	41386.88	40.55
轻度	500~2500	22147.34	21.71
中度	2500~5000	13146.33	12.88
强烈	5000~8000	7232.99	7.09
极强烈	8000~15000	6716.83	6.58
剧烈	>15000	11422.95	11.19

陕南地区 2000 年年均土壤侵蚀模数为 5120.60t/km², 属强烈土壤侵蚀强度, 远大于水利部颁布的土石山区土壤允许流失量 500t/km² 的标准, 需加强水土流失治理。强度侵蚀等级以上的土地面积只占流域总面积的 24.86%, 主要是坡度较大的坡耕地和坡下部的坡耕地是流域需要重点治理的区域。主要分布特性如下。

1) 垂向变化特性

由于人类活动是影响山地景观生态格局的主要因素, 所以人类活动对山地生态环境的影响从低山丘陵向高山逐渐减弱, 侵蚀强度一般随着山地高度的增加, 呈现出有规律的垂向变化。例如, 汉江与丹江干流沿岸的低山丘陵区, 森林植被基本被破坏殆尽, 坡耕地与荒山秃岭面积大, 侵蚀模数达 5000~8000t/(km²·a); 低中山区(海拔 1200~1800m), 植被覆盖度达 40%~50%, 侵蚀模数为 2500~5000t/(km²·a); 中山区(海拔 1800~2500m), 人类活动影响较小, 植被覆盖率达 60%以上, 侵蚀强度降为 500~2500t/(km²·a); 高中山和高山区(海拔>2500m), 即秦岭和巴山主脊地带, 侵蚀强度均低于 500t/(km²·a)。

2) 土壤侵蚀强度由西北向东南逐渐增大

流域内西北部的宝鸡市太白县、西安市周至县生态环境良好, 植被覆盖度高, 土壤侵蚀模数小于 1000t/(km²·a); 中部西乡、洋县、石泉等地土壤侵蚀模数增加到 1000~2500t/(km²·a); 东南部白河、山阳县等地毁林、毁草、陡坡开荒面积广大, 森林覆盖率低于 25%, 土壤侵蚀模数高达 5000~8000t/(km²·a)。

3) 土壤侵蚀具有明显的地带性

流域内沿丹汉江干流及主要支流分布着 3 个相当明显的侵蚀地带: 一是沿丹汉江及主要支流两岸的川道平坝区, 侵蚀模数小于 1000t/(km²·a); 二是丹汉江及主要支流的低山丘陵沟壑区, 这一地带水土流失严重, 是江河泥沙的主要来源区, 侵蚀模数在 2500~5000t/(km²·a), 局部地区高达 8000t/(km²·a); 三是丹汉江及主要支流的中高山区, 这一地带土壤侵蚀轻微, 侵蚀模数小于 500t/(km²·a)(孙虎和王继夏, 2009)。

3.3.3 水土流失类型分布与分区

根据类型区划分原则(孙虎和王继夏, 2009), 重点考虑地貌类型、土地利用类型、水土流失类型和强度的差异, 采用二级分类体系, 将其划分为 3 个一级水土流失类型区、6 个二级水土流失类型区(表 3.29)。

1) 水土流失时间分布规律

气候因素是影响一个地区土壤侵蚀强度极为重要的因素之一。由于四季更替, 各地气候状况也在有规律的变化, 因此水土流失强度也呈现出随季节变化而变化的规律。

表 3.29　水土流失类型分区

一级类型区	二级类型区	范围
高山、中山区水源林、用材林面蚀、崩塌侵蚀类型区	高山、高中山区水源涵养林面蚀、崩塌微度侵蚀区	流域内海拔高于 2500m 的高山、高中山区，主要包括凤县、太白县、周至、佛坪县、宁陕县、柞水县、镇坪县等地的秦岭、巴山主脊山区
	中山区水源涵养林面蚀、崩塌微度、轻度侵蚀区	流域内海拔介于 1800m 与 2500m 之间的中山区，主要包括留坝县、洋县、城固县、宁强县、南郑县、西乡县、镇巴县、岚皋县、紫阳县、平利县、山阳县等地的秦岭南坡、巴山北坡中山地区
	低中山区用材林面蚀轻度、中度侵蚀区	流域内海拔介于 1200m 与 1800m 之间的低中山，主要包括勉县、石泉县、汉阴县、镇安县、安康市、旬阳县、白河县、商州区、丹凤县、商南县等地的低中山区
低山丘陵区经济林、农地、薪炭林面蚀、沟蚀侵蚀类型区	低山区经济林、薪炭林面蚀、沟蚀中度、强度侵蚀区	流域内海拔小于 1200m 的低山区，主要包括勉县、石泉县、汉阴县、安康市、旬阳县、白河县、商州区、丹凤县、商南县等地的低山区
	丘陵区经济林、农地面蚀、沟蚀强度侵蚀区	流域内海拔相对高度小于 200m 的丘陵区，主要包括勉县、石泉县、汉阴县、安康市、旬阳县、白河县、商州市、丹凤县、商南县等地的丘陵区
河谷平川区经济林、农地面蚀侵蚀类型区	河谷平川区经济林、农地面蚀微度、轻度侵蚀区	流域内河谷平川地区，包括勉县、汉台区大部、城固县中部、洋县、汉阴、安康市、白河县中部地区，以及商洛、丹凤、商南县的河谷地区

2）水土流失的年内变化规律

陕南丹汉江流域地跨北亚热带和暖温带，具有四季分明、夏秋多雨、冬春干旱、垂直差异显著的山地气候特点。多年平均降水量在 600～1200mm，受季风的影响，年降水量的 70%左右集中于夏秋两季，且大雨、暴雨频繁，强度大。大雨、暴雨对地表土层的强烈冲击，严重地破坏了土层结构，使土层抗蚀能力大大减弱，侵蚀强度剧增，尤其在 7～9 月汛期，水力和重力侵蚀最为活跃，是陕南山区水土流失主要的时期，流失量占年总量的 84%以上。

综合分析表明：陕南丹汉江流域，水土流失年内季节变化十分明显，各季节的流失量占年总流失量分别是：春季 7.37%，夏季 65.43%，秋季 27.13%，冬季 0.07%；侵蚀强度夏季最强，秋季次之，春季、冬季最弱。水土流失不仅有季节性变化，而且流失量高度集中，尤以 7 月量最大，占年总侵蚀量的 40%。

3.3.4　水土流失的年际变化规律

土壤侵蚀在年际之间也有变化，侵蚀量随枯水与丰水年变化显著。例如，1976 年丹汉江流域恰逢枯水年，汉江干流安康站输沙量仅为 $7.15 \times 10^6 t$，丹江干流荆紫关站输沙量仅为 $1.28 \times 10^6 t$，分别占多年平均输沙量的 28.83%和 29.16%；1979～1980 年丹汉江流域为丰水年,汉江干流安康站输沙量猛增,为多年平均输沙量的 1.55 倍,丹江干流荆紫关站输沙量为多年平均输沙量的 1.27 倍。表 3.30 为丹江、汉江平均多年四季输沙量。

表 3.30　丹江、汉江平均多年四季输沙量

河流水文站名称	集水面积/km²	春季		夏季		秋季		冬季		年输沙量/万 t
		输沙量/万 t	占全年输沙量比值/%	输沙量/万 t	占全年输沙量比值/%	输沙量/万 t	占全年输沙量比值/%	输沙量/万 t	占全年输沙量比值/%	
汉江水系										
汉江干流武侯站	3092	18.39	7.23	178.60	70.22	57.29	22.53	0.05	0.02	254.33
汉江干流安康站	41439	267.50	10.77	1576.00	63.46	638.70	25.71	1.39	0.06	2483.59
汉江干流白河站	59115	155.06	3.50	2965	67.00	1304.45	29.47	1.14	0.03	4425.65
丹江水系										
丹江干流麻街站	326	0.87	3.72	12.00	51.69	10.35	44.58	0.00	0.01	23.22
丹江干流丹凤站	2766	22.09	8.04	190.70	69.39	61.28	22.30	0.75	0.27	274.82
丹江干流紫荆关站	7060	46.20	10.52	265.80	60.54	126.90	28.90	0.16	0.04	439.06

3.3.5　水土保持重点防治分区

根据《全国水土保持区划导则》(试行),陕南共划分为 4 个三级区,三级区主要用于确定水土流失防治途径及技术体系,作为重点项目布局与规划的基础,反映区域水土流失及其防治需求的区内相对一致性和区间最大差异性。秦岭北麓-渭河中低山阶地保土蓄水区,包括洛南县;丹江口水库周边山地丘陵水质维护保土区,包括商洛市商州区、丹凤县、商南县、山阳县;秦岭南麓水源涵养保土区,包括留坝县、佛坪县、略阳县、勉县、汉中市汉台区、城固县、洋县、西乡县、宁陕县、石泉县、汉阴县、安康市汉滨区、旬阳县、白河县、镇安县、柞水县;大巴山山地保土生态维护区,包括宁强县、镇巴县、南郑县、平利县、镇坪县、紫阳县、岚皋县。陕南 4 个水土保持三级分区见图 3.26。

将陕南各县的土壤侵蚀模数平均加权计算后,根据其土壤侵蚀模数的不同强度,可将陕南地区分为 5 个侵蚀区。其中第一级为微度侵蚀区,包括城固县、勉县、汉台区、南郑县、留坝县、宁陕县、佛坪县、洋县,侵蚀模数为 632～1319t/(km²·a);

第二级为轻度侵蚀区，包括洛南县、镇安县、略阳县、石泉县、西乡县、旬阳县、宁强县、汉阴县、白河县、平利县、镇坪县、丹凤县，侵蚀模数为 1789～2529t/(km²·a)；第三级为中度侵蚀区，包括山阳县、商州区、镇巴县、柞水县、商南县，侵蚀模数为 2682～3109t/(km²·a)；第四级和第五级为重度侵蚀区，包括汉滨区、岚皋县和紫阳县，侵蚀模数为 3585～4711t/(km²·a)。

　　从图 3.27 中可以看出汉江流域各地水土流失状况及表现形式不尽相同，其规模、严重程度受降水、土壤、地形地貌、植被等自然环境和人类活动诸多因素的影响。流域自上游、中游到下游地区的变化特点主要为土壤侵蚀强度从微度慢慢过渡到重度之后又变为轻度，中上游地区土壤侵蚀强度比较大，其中，中游地区为土壤侵蚀最严重的地区。汉江流域中游地区位于低山丘陵区，由于该区石多土薄，降水集中，陡坡耕地多，加之人为破坏比较严重，滥砍滥伐，随意开荒，森林和植被基本被破坏殆尽，坡耕地和荒山秃岭面积大，植被覆盖度低，侵蚀模数为 2600～5000t/(km²·a)，土壤侵蚀严重。流域的上游和下游地区位于中山区和高山区，由于该区雨量充沛，植被条件较好，林草覆盖率高，人为破坏的影响较小，侵蚀模数≤2500t/(km²·a)，土壤侵蚀较轻。

图 3.26　陕南水土保持三级分区图

　　丹江流域各地区水土流失状况及表现形式也各不相同，其规模和严重程度同样受到自然环境和人为因素的影响。流域自上游、中游到下游地区的变化特点主要为土壤侵蚀强度从中度到轻度再到中度，其中，上游地区和下游地区的土壤侵蚀强度比较严重。丹江流域由于受气候和地形的影响，降水分布极不均匀，中游和下游地区为多雨区，且暴雨较多，加之山高坡陡，该区侵蚀模数为 2600～3200 t/(km²·a)，土壤侵蚀比较严重。流域中游地区地形比较平缓，降水充沛，植被覆盖度高，人为破坏也比较小，该区侵蚀模数≤2500 t/(km²·a)，土壤侵蚀较轻。

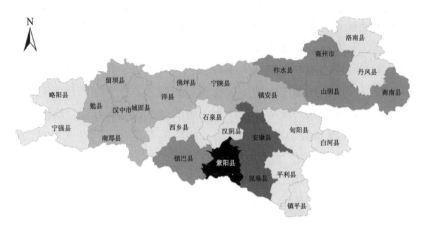

图 3.27　汉江流域土壤侵蚀五级分区图

　　通过小流域的降雨资料分析，可知小流域降雨侵蚀力的季节变化与降雨量的分布存在一定的差异。7 月降雨量占全年降雨量的 15.30%，而降雨侵蚀力占全年的 18.60%；9 月后降雨量和降雨侵蚀力呈现逐渐减小的趋势，但 10 月的降雨侵蚀力还比较大，仍占全年的 12.10%，说明该地区 10 月仍有少量暴雨。就整个汛期(5～10 月)来说，汛期降雨量为全年的 81.10%，降雨侵蚀力占全年降雨侵蚀力值的 86.10%。

　　在丹汉江流域尺度上，陕南地区 2000 年年均土壤侵蚀模数为 5120.60t/km²，属强烈土壤侵蚀强度，远大于水利部颁布的土石山区土壤允许流失量 500t/km² 的标准，需加强水土流失治理。强度侵蚀等级以上的土地面积只占流域总面积的 24.86%，主要是坡度较大的坡耕地和坡下部的坡耕地，是流域需要重点治理的区域。输沙量集中在汛期表明水土流失和输沙量与汛期暴雨存在密切关系，强降雨是影响河流输沙量的主要降雨类型。

参 考 文 献

蔡崇法, 丁树文, 史志华, 等, 2000. 应用 USLE 模型与地理信息系统 IDRISI 预测小流域土壤侵蚀量的研究[J]. 水土保持学报, 14(2): 19-24.

符素华, 刘宝元, 周贵云, 等, 2015. 坡长坡度因子计算工具[J]. 中国水土保持科学, 5: 105-110.

管孝艳, 王少丽, 高占义, 等, 2012. 盐渍化灌区土壤盐分的时空变异特征及其与地下水埋深的关系[J]. 生态学报, 32(4): 1202-1210.

李海东, 2008. 苏南丘陵区小流域土壤特性空间变异及其植被影响的研究[D]. 南京: 南京林业大学博士学位论文.

李静, 刘志红, 李锐, 2008. 黄土高原不同地貌类型区降雨侵蚀力时空特征研究[J]. 水土保持通报, 03: 124-127.

李云峰, 2010. 陕南地区坡面径流及其利用研究[M]. 西安: 陕西人民出版社.

刘恩勤, 杨武年, 陈宁, 等, 2009. 基于 RS 与 GIS 的土地利用空间格局地形分异特征研究——以马尔康县为例[J]. 安徽农业科学, 37(5): 2184-2186.

刘洪鹄, 龙翼, 严冬春, 等, 2010. 不同分辨率 DEM 提取三峡库区地形参数的精度研究[J]. 长江科学院院报, 27(11): 21-24.

刘泉, 2013. 汉江中游小流域水土-养分流失过程与调控研究[D]. 杨凌: 中国科学院大学博士学位论文.

庞国伟, 2012. 人为作用对土壤侵蚀环境影响的定量表征——以黄土高原典型流域为例[D]. 杨凌: 中国科学院大学博士学位论文.

师维娟, 杨勤科, 赵东波, 等, 2007. 中分辨率水文地貌关系正确 DEM 建立方法研究——以黄土丘陵区为例[J]. 西北农林科技大学学报(自然科学版), 35: 143-148.

孙虎, 王继夏, 2009. 丹汉江流域水土流失类型区划分及分布规律[J]. 西北大学学报(自然科学版), 39(5): 879-882.

孙明凤, 2007. 南水北调中线水源区水资源可持续利用研究[D]. 武汉: 华中师范大学博士学位论文.

汤国安, 2005. 数字高程模型及地学分析的原理与方法[M]. 北京: 科学出版社.

王星, 李占斌, 李鹏, 等, 2011. 基于 GIS 的商南县土地利用地形分布特征研究[J]. 西安理工大学学报, 27(4): 386-391.

王星, 李占斌, 李鹏, 等, 2012. 宁强县土壤侵蚀的地貌分布特征[J]. 农业工程学报, 28(11): 132-137.

王星, 李占斌, 李鹏, 等, 2013. 陕西省丹汉江流域典型县土壤侵蚀的地貌分布特征[J]. 北京林业大学学报, 35(1): 23-29.

杨存建, 刘纪远, 张增祥, 2000. 重庆市土壤侵蚀与其背景的空间分析[J]. 水土保持学报, 14(3): 84-87.

赵帮元, 喻权刚, 马红斌, 等, 2004. 不同比例尺数字高程模型在水土保持信息提取中的应用分析[J]. 中国水土保持, 2: 33-34.

HUTCHINSON M F, 1989. A new procedure for gridding elevation and stream line data with automatic removal of spurious pits[J]. Journal of Hydrology, 106(3-4): 211-232.

HUTCHINSON M F, 2004. ANUDEM Version 5.1 User Guide[M]. Canberra: Centre for Resource and Environmental Studies, The Australian National University.

MCCOOL D K, BROWN L C, FOSTER G R, et al, 1987. Revised slope steepness factor for the universal soil loss equation[J]. Transactions of the ASAE - American Society of Agricultural Engineers (USA), 30(5):

1387-1396.

MCCOOL D K, BROWN L C, FOSTER G R, et al., 1987. Revised slope steepness factor for the universal soil loss equation[J]. Transactions of the ASAE - American Society of Agricultural Engineers (USA), 30(5): 1387-1396.

MEYER L D, WISCHMEIER W H, DANIEL W H, 1971. Erosion, runoff and revegetation of denuded construction sites[J]. Transactions of the American Society of Agricultural Engineers, 14(1): 138-141.

SHARPLEY A N, WILLIAMS J R, 1990. Epic-erosion/Productivity Impact Calculator: 1. Model Documentation[M]. Washington D C: United States Department of Agriculture.

YU B, ROSEWELL C J, 1996. Rainfall erosivity estimation using daily rainfall amounts for South Australia[J]. Australian Journal of Soil Research, 34(5): 721-733.

第4章 丹汉江流域生态安全评价

4.1 生态系统健康评价

4.1.1 生态系统健康评价理论与方法

生态系统健康是生态系统的综合特征,具有活力、稳定和自调节能力。换言之,一个生态系统的生物群落在结构、功能与理论上所描述的相近,那么它们就是健康的,否则就是不健康的。一个不健康的生态系统往往是处于衰退,并逐渐趋向于不可逆的崩溃过程。

生态系统健康是环境管理的一种新方法,也是环境管理的新目标。健康意味着正常发挥功能。很明显,地球上生态系统功能的正常发挥是人们普遍关心的问题,也是一个主要的社会目标。以人类利益为目标,健康的生态系统能够维持自身的复杂性,同时能满足人类的需求。因此,需要对不同的生态系统健康进行评价。如果没有一个生态系统健康评价体系,就不能客观、准确地比较不同生态系统的健康状况,也将使人类的发展无法达到可持续状态。因此,有必要对不同生态系统的健康状况进行评价。

1. 指标选取原则

健康的概念最近才开始应用到生态系统和景观水平,是一个相对新的概念,在应用上还没有准确的定义。陕南丹汉江流域是我国南水北调水源区,水土流失与非点源污染是水源区建设与保护的关键生态问题。所以在此区域,评价一个生态系统是否健康,最基本的条件便是能够在多大程度上防止或限制水土流失的发生,减少非点源污染。

生态系统是在一定空间中共同栖息着的所有生物(即生物群落)与其环境之间由于不断地进行物质循环和能量流动过程而形成的统一整体。生态系统各要素之间相互作用、相互依赖,共同完成生态系统的功能。生态系统要素中,下垫面因素和降雨的侵蚀力对水土流失和非点源污染有决定性作用。下垫面是地面环境的总称,是地球表面在地球内、外营力作用基础上,人类活动干预的结果。影响侵蚀发生的下垫面因素主要是土壤的抗蚀性、地貌形态、植被覆盖等。降水、土壤、植被和地貌这 4 个要素共同控制着水土流失的过程。所以，选取评价生态系统健康指标时必须能够反映这 4 个要素的特征，以及它们所具有的与水土流失相关的功能。

2. 评价指标

在进行该流域生态系统健康评价过程中，需要加强与水土流失过程相关的研究。从降雨、土壤、植被和地貌 4 个要素中选取评价指标。但这 4 个要素非常复杂，每一个要素都包含着多种性质，有些是容易得到的，有些非常困难。所以按照丹汉江流域的实际情况和评价的要求，对这 4 个要素进行分析，从中选取适宜的评价指标。

1) 降雨因素

降雨是引起土壤水蚀的基本动力，降雨通过雨滴的动能分散和溅蚀土壤颗粒，并形成地表径流冲刷和搬运土壤。影响侵蚀的降雨因素主要包括降雨量、降雨强度和径流深度(高启晨等，2005)。降雨受一个地区的气候和天气条件控制，在长时间尺度上，它具有相对稳定性；同时，在短时间尺度上，又具有天气条件的不确定性。

2) 土壤抗蚀性

土壤是在气候、生物、母质和地形等自然因素与人类生产活动综合作用下形成的。土壤母质经风化和崩解，再经过生物的作用，逐渐发育成土壤；在统一的气候背景下，土壤和生物又具有趋同性，协同发育、相互作用。从土壤母质发育到现在熟化的土壤经过了漫长的历史时间，是一个不断进化的过程。在这个过程中，土壤形成了与当地气候、生物、母质和地形相一致的性质。

土壤抗蚀性主要指土壤的抗侵蚀能力，它与土壤的物质成分、颗粒组成、有机质含量、土壤或风化层厚度等性质有关。这些指标的综合，便是土壤类型的反映。土壤类型直接反映出土壤的抗蚀性。

3) 植被覆盖

植被覆盖可以减弱降雨对土壤的溅蚀作用，调节地表径流、减缓径流速率、减少地表冲刷、促进拦淤。植被覆盖度越大，土壤侵蚀量越小，同时植物根系对土壤具有良好的固结作用。由于水热组合与植被类型的一致性，植被类型在一定程度上也反映了植被盖度和根系，甚至植被破坏后恢复能力的特征(王玉华等，2008)，所以选用植被类型作为评价指标，也可以准确地反映出植被覆盖对水土流失的作用。

4) 地貌形态

地貌形态是影响水土流失的重要因素，主要有坡度、坡长、坡向、沟谷密度和沟谷深度等。研究证实，水土流失对坡度的敏感性最强。对于 0°～24°的斜坡，坡度越大，侵蚀越强。大约在 24°存在一个临界值，坡度大于 24°时，坡度越大，侵

蚀反而减弱，但趋势不明显。坡向也是一个比较重要的因素，坡向不同，植被盖度
也不同。

3. 数据来源及处理方法

DEM 数据来源于中国科学院计算机网络信息中心国际科学数据镜像网站。该
数据集由 ASTER GDEM 第一版本(V1)的数据进行加工后得来，是覆盖整个中国区
域的空间分辨率为 30m 的数字高程数据产品。数据时期为 2009 年，数据类型为
IMG，投影为 UTM/WGS84。下载的 DEM 数据经过拼接、裁剪后，重采样至 100m，
供后续分析使用。

土壤数据来源于联合国粮食和农业组织(FAO)与维也纳国际应用系统研究所
(IIASA)构建的世界和谐土壤数据库(HWSD)，于 2009 年 3 月 26 日发布了 1.1 版本。
该数据可为建模者提供模型输入参数，农业角度可用来研究生态农业分区、粮食安
全和气候变化等。数据分辨率为 1km。中国境内数据源为第二次全国土地调查南京
土壤所提供的 1:100 万土壤数据。数据格式为 grid，投影为 WGS84。采用的土壤分
类系统主要为 FAO-90。数据使用丹汉江流域边界进行裁剪，供后续分析使用。

植被数据来源于国家自然科学基金委"中国西部环境与生态科学数据中心"
(http://westdc.westgis.ac.cn)。1:100 万中国植被图的原始数据来源于《1:1000000 中
国植被图集》，将图集中的 60 幅图件分别进行数字化处理(多边形属性)，然后进行
投影、匹配、拼 vege ID(植被群系编号)、新编号植被群系和亚群系，植被型编号、
植被型、植被型组编号、植被型组、植被大类以及相应的英文属性信息。全面反映
出我国 11 个植被类型组、54 个植被型的 833 个群系和亚群系(包括自然植被和栽培
植被)，以及约 2000 多个群落优势种主要农作物和经济植物的地理分布。1:100 万
中国植被图采用 shape file 格式放在修订植被图文件夹里，命名为 vegetation，该数
据坐标系及投影为 Albers 正轴等面积双标准纬线圆锥投影。

4.1.2　区域生态系统健康评价

1. 因子选择与权重的确定

1) 坡度与坡向

地貌形态是影响水土流失的重要因素，主要有坡度、坡长、坡向、沟谷密度、
沟谷深度等。水土流失对坡度有最强的敏感性。研究证实对于 0°~24° 的斜坡，坡
度越大，侵蚀越强。大约在 24° 存在一个临界值，坡度大于 24° 时，坡度越大，侵
蚀反而越弱，但趋势不明显，坡度等级分类见表 4.1。研究区域坡度分布情况见
图 4.1。

表 4.1　坡度等级分类标准

等级	1	2	3	4	5	6
坡度/(°)	<5	5～8	8～15	15～25	25～35	>35
打分	1	0.8	0.6	0.4	0.4	0.4

注：依据《土壤侵蚀分类分级标准》(SL 190—2007)，打分为 0～1，0 为最差，1 为最好，下同。

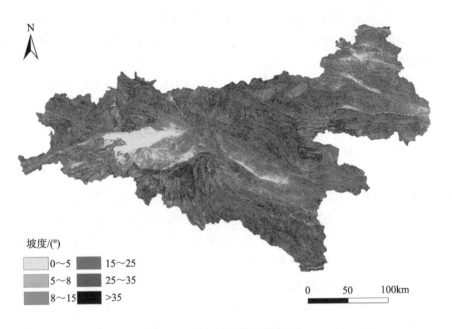

坡度/(°)
0～5　15～25
5～8　25～35
8～15　>35

图 4.1　研究区域坡度等级图

　　坡向也是一个比较重要的因素，不同的坡向有不同的植被盖度。坡向对水土流失的影响在于，不同坡向接受的热量不同，改变了水热组合，进而影响植被类型和覆盖度。由于受蒸发等条件的影响，北坡水分含量高，植被覆盖度好；南坡则相反；东坡和西坡居中。通常 4 个方向植被覆盖度的大小顺序为：阴坡>半阴坡＝半阳坡>阳坡，水土流失敏感性也是如此顺序，其坡向等级分类见表 4.2。研究区域坡向分布情况见图 4.2。

表 4.2　坡向等级分类标准

坡向	平地	阴坡	半阴坡	半阳坡	阳坡
坡向范围/(°)	0，360	315～360，0～45	45～90，270～315	90～135，225～270	135～225
打分	1	1	0.5	0.4	0.2

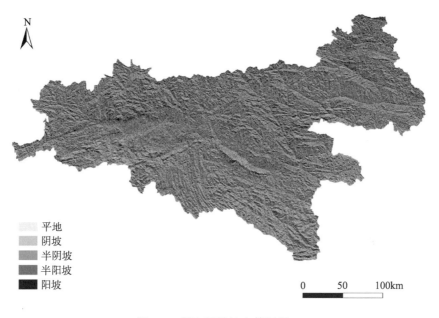

图 4.2　研究区域坡向等级图

2) 植被类型

秦岭林区，位于关中平原与汉江谷地、盆地之间。森林面积为 3780.2 万亩，占全省森林面积的 54%，是陕西省面积最大的林区，主要为次生林。森林覆盖率为 46.5%，平均每亩林木蓄积量为 4.8m³，每年每亩生长量为 0.12m³。该林区东部商洛地区森林破坏较西部严重，林相残败，森林覆盖率低，一般在 20%～25%。南北浅山区大面积山地已成为光山秃岭或疏林灌丛。太白、周至、佛坪、宁陕等人口稀少，交通不便的高、中山地，还保留一些原始森林。

植被对水土流失具有负向驱动力。当然，不同的植被类型有不同的负向驱动能，良好的植被可以更有效地降低水土流失的程度。确定植被类型级别分数，同样要根据植被类型的功能，按照其负向驱动能的相对强弱，将负向驱动能最强的植被类型级别分数定为 10，负向驱动能最弱的植被类型级别分数定为 0，其他类型级别分数按负向驱动能强弱赋予 0～10 的数值。植被类型级别分数表见表 4.3。

3) 土壤与土壤可蚀性

土壤是在气候、地形、水文、成土时间、生物及人为干扰等因素综合作用下形成的。其中，气候、地形因素起主导作用，气候直接影响土壤的水热状况，决定着土壤的物理、化学和生物过程；地形改变地表物质的分配和能量的循环，影响地表径流及地下水活动状况，从而形成不同类型的土壤(陈维川，2005)。依据中国土壤区划，佛坪自然保护区属黄棕壤带汉中—安康盆地黄棕壤、山地棕壤区，分为 4 个土类。

表 4.3　植被类型级别分数表

编码	二级土地利用类型	功能赋值
21	有林地	1
22	灌木林	0.8
23	疏林地	0.7
31	高覆盖度草地	0.6
32	中覆盖度草地	0.5
33	低覆盖度草地	0.4
41	河渠	0.9
43	水库坑塘	1
46	滩地	1
51	城镇用地	0.5
52	农村居民点	0.4
111	山地水田	0.4
112	丘陵水田	0.4
113	平原水田	0.6
121	山地旱地	0.3
122	丘陵旱地	0.3
123	平原旱地	0.4
124	大于 25°旱地	0.2

　　一般对土壤水土保持性能的分类，按照其颗粒组成、有机质含量、土壤透水性等特征进行。为了更好地揭示土壤的水土保持性能，本书采用土壤可蚀性这一指标进行分析。土壤可蚀性是衡量土壤自身抗侵蚀能力大小的重要因子之一，土壤可蚀性的大小表示了土壤被侵蚀的难易程度，反映土壤对侵蚀外营力剥蚀和搬运的易损性和敏感性，是影响土壤流失量的内在因素，也是定量研究土壤侵蚀的基础(马云等，2011)。K 因子定义为标准地块中单位侵蚀力所产生的土壤年流失量。K 值越大，土壤受侵蚀的敏感度越高，故打分等级越低。土壤可蚀性 K 值的计算根据式(3.7)。

　　评价区土壤可蚀性 K 值分布在 0.0768～0.3395，其分级打分标准见表 4.4。

表 4.4　土壤可蚀性分级打分标准

分级	< 0.1	0.1～0.15	0.15～0.2	0.2～0.25	0.25～0.3	> 0.3
打分	1	0.8	0.6	0.4	0.2	0.1

4) 生态系统健康评价指标体系与权重

根据上述研究结果,影响土壤侵蚀的因素由土壤可蚀性、植被、坡向、坡度等几个要素决定。对水土流失来说,这几个要素对水土流失的贡献率有所差别。根据叠加生成的土壤可蚀性分布图、植被类型图、坡度、坡向等。按照专家经验对植被类型、土壤可蚀性、坡度、坡向 4 个指标权重赋值,见表 4.5。

表 4.5 不同因素的权重值

项目	植被类型	土壤可蚀性	坡度	坡向
权重	0.5	0.3	0.1	0.1

2. 实现过程

首先将数据格式转化,然后进行重分类,最后计算。具体技术路线见图 4.3。

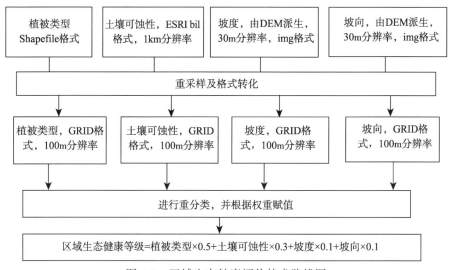

图 4.3 区域生态健康评价技术路线图

3. 区域生态健康评价结果

1) 安康市生态健康评价

根据区域生态环境特征及初步计算结果,确定陕南地区生态健康评价按照四级分类标准进行(表 4.6)。

分析计算结果(图 4.4 和表 4.7)表明,研究区内生态系统中一级健康面积为 12126.58km^2,占区域总面积的 17.37%;二级健康面积为 57028.62km^2,占区域总面积的 81.67%;三级健康面积为 567.50km^2,占区域总面积的 0.81%;四级健康面

表 4.6　健康分级及其分值标准

等级	分值	状态
1	1.0～0.75	良性循环
2	0.75～0.5	良好
3	0.5～0.25	相对稳定
4	0.25～0	脆弱

积为 106.85km^2，占区域总面积的 0.15%。其中，一级健康与二级健康类型面积占区域面积的 99.04%，表明在目前条件下，陕南地区整体没有出现生态系统退化的现象，生态系统健康状况良好。生态系统脆弱类型仅存在于局部地区，特别是盆地等人类活动集中的区域，需要注意加强监督和管理。

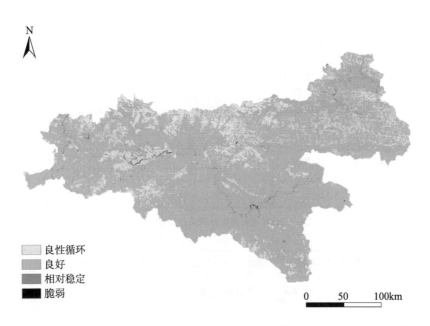

图 4.4　研究区生态系统健康评价图

表 4.7　研究区不同健康类型面积表

等级	面积/km^2	比例/%
一级健康	12126.58	17.37
二级健康	57028.62	81.67
三级健康	567.50	0.81
四级健康	106.85	0.15

2) 商洛市生态健康评价

商洛市生态健康评价结果(图 4.5, 表 4.8 和表 4.9)表明, 整个商洛市生态系统中一级健康面积为 4075.45km^2, 占区域总面积的 20.89%; 二级健康面积为 15926.68km^2, 占区域总面积的 78.41%; 三级健康面积为 119.12km^2, 占区域总面积的 0.61%; 四级健康面积为 17.31km^2, 占区域总面积的 0.09%。其中一级健康与二级健康面积占区域面积的比例超过 98%, 表明商洛市生态健康状况良好。其中, 山阳、柞水和镇安三县中, 不存在生态退化类型。与整个陕南地区相比, 其健康面积比例增加, 四级健康面积比例减少, 表明商洛市的生态健康状况整体优于整个水源区的健康状况。

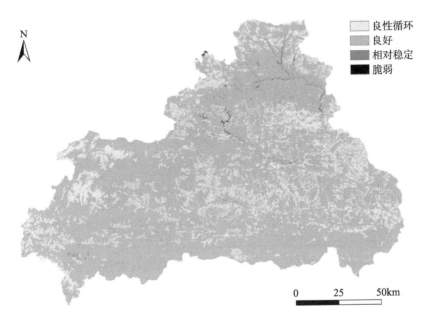

图 4.5   区域生态系统健康评价

表 4.8   商洛市县域生态健康等级面积分布   (单位: km^2)

等级	商南	丹凤	商周	山阳	柞水	洛南	镇安	合计
一级健康	510.20	771.68	562.56	656.13	485.66	533.56	555.66	4075.45
二级健康	1779.00	1614.60	2043.13	2845.98	1842.75	2218.16	2953.06	15296.68
三级健康	6.03	15.23	26.66	17.68	4.85	35.88	12.78	119.12
四级健康	0.13	0.27	6.125	0.05	0.011	10.59	0.13	17.31

表 4.9　商洛市县域生态健康等级面积比例　　　　　（单位：%）

等级	商南	丹凤	商周	山阳	柞水	洛南	镇安	合计
一级健康	22.23	32.13	21.32	18.64	20.81	19.07	15.78	20.89
二级健康	77.50	67.23	77.44	80.86	78.98	79.27	83.85	78.41
三级健康	0.26	0.63	1.01	0.50	0.21	1.28	0.36	0.61
四级健康	0.01	0.01	0.23	0.00	0.00	0.38	0.01	0.09

4.2　陕南地区生态系统健康评价

4.2.1　区域主要污染物排放特征分析

废污水排放量一般是工业废水排放量和城镇生活污水排放量的总称。根据商洛市实测的入河排污统计情况，现状年各行政区废污水排放量及处理再利用情况见表 4.10。

由表 4.10 可知，商洛市现状年城镇生活总排污量为 818.75 万 m^3，人均废污水排放量为 28m^3，工业年废污水排放总量为 2299 万 m^3，其中，国有及规模以上工业的年废污水排放总量为 1205 万 m^3，单位万元产值污水排放量为 111m^3；规模以下工业的年废污水排放总量为 1094 万 m^3，单位万元产值污水排放量为 73m^3。全市现状年总废污水排放量为 3118 万 m^3。COD_{cr} 年排放量为 1536.0m^3；BOD_5 排放量为 58.39m^3；SS 的排放量为 735.21m^3；氨氮排放量为 65.2m^3。商州区城市生活年人均废污水排放量为 36 万 m^3，工业废污水排放量为 700 万 m^3，总废污水排放量为 1052 万 m^3，占全市废污水排放总量的 33.7%。COD_{cr} 排放量为 405 m^3；BOD_5 排放量为 1.665m^3；SS 的排放量为 32.14 m^3；氨氮排放量为 0.001m^3。

对于污水的处理和再利用情况，由于商洛市目前没有污水处理厂。但在洛南县和镇安县，部分厂矿实行了污水的处理和再利用。因此，污水的再利用部分仅限这两个县。其中，洛南县国有及规模以上工业现状年污水的再利用量为 283 万 m^3；镇安县规模以下现状年工业的污水再利用量为 3 万 m^3。

4.2.2　丹汉江水源区生态安全评价

区域生态系统安全作为社会经济安全的基础，已成为目前研究的热点问题。土地利用的生态安全是区域土地持续利用的基础。土地利用的改变，导致了土壤质量降低、土地退化等生态环境的恶化，对土地生态安全构成了较大的威胁，也影响了区域生态环境的安全水平。分析和评价土地利用的生态安全水平，进而探讨区域土地的生态安全水平，是辨析区域土地中存在的生态问题，进行土地资源优化配置的依据(刘世梁等，2007)。

表 4.10　商洛市 2005 年废污水排放量及处理再利用情况

县级行政区	年废污水排放量/万m³									主要污染物排放量/m³				集中处理量/万m³			再利用量/万m³				
	城镇生活/万m³	人均污水排放量/m³	工业/万m³			达标排放量/万m³	单位万元产值污水排放量/m³		总排污量合计/万m³	COD_{Cr}	BOD_5	SS	氨氮	总量	其中		农业	工业		生态	生活
			国有及规模以上工业	规模以下工业	工业排污量合计		国有及规模以上工业	规模以下工业							一级处理量	二级处理量		国有及规模以上工业	规模以下工业		
商州区	352	36	384	316	700	—	182	195	1052	405	1.665	32.1	0.001	—	—	—	—	—	—	—	—
洛南县	121	19	373	95	468	—	339	31	589	—	—	—	—	—	—	—	—	283	—	—	—
丹凤县	35	11	10	65	75	—	20	32	110	0	—	0.001	—	—	—	—	—	—	—	—	—
商南县	81.75	27	23.5	132	156	—	24	57	237	611	—	0.017	65.17	—	—	—	—	—	—	—	—
山阳县	110	25	165	230	395	—	85	89	505	221	20.2	50.33	0.03	—	—	—	—	—	—	—	—
镇安县	84	45	82	164	246	—	59	166	330	1611	38.2	652.58	—	—	—	—	—	—	—	—	—
柞水县	35	37	167	92	259	—	60	39	294	138	—	0.15	—	—	—	—	—	—	—	—	—
全市	818.75	28	1205	1094	2299	—	111	73	3118	1536.05	58.39	735.21	65.20	—	—	—	—	—	—	—	—

注：城市是指地级市、县级市和县城，统计范围为建成区。表中"—"为未检测出或无数据。

4.2.3 生态安全评价研究进展

1. 生态安全概念的提出

生态安全概念最早由 Brown 于 1977 年提出。广义上，它包括自然生态安全、经济生态安全和社会生态安全(张艳芳和任志远，2003)；狭义上指自然和半自然生态系统的安全(陈文波等，2002)。近几十年来，由于生态环境剧变引起了不同程度和速度的全球变化，给人类的生存和发展带来了很大的压力，威胁着人类的安全。人类如何适应全球变化、调控自身的行为以维护生态的安全，成为科学关注的焦点(马利邦等，2009)。Costanza 等(1997)通过对比生态承载力需求和生态承载力供给来说明人类对自然生态系统的压力是否处于本地区所提供的生态承载力范围内，从而判断系统是否安全。Karr(1991)应用生物完整性指数对鱼类种群的组成与分布、种群多样性，以及敏感种、耐受种、固有种等多方面变化进行分析，并评价了水体生态系统安全状况。

国内以洪德元院士为首席科学家所主持的国家重点基础研究发展规划项目：长江流域生物多样性变化、可持续利用与区域生态安全的研究，旨在进行生物入侵及其生态安全评价，提出生物多样性保护的区域生态安全格局模式。曲格平(2002)在讨论了生态安全的概念后，介绍了影响我国一些生态安全问题的特点，并提出解决我国生态安全问题的战略重点和措施。不少学者对西部干旱区的生态安全问题及其对策做了不少有益的探讨。还有学者借助 RS 和 GIS 从空间格局方面对区域生态安全进行了评价。

2. 评价模型与方法

依赖概念模型建立指标体系的方法已经得到了广泛应用，概念模型的建立能够较清楚地反映社会活动、经济发展、生态变化各方面的关系。20 世纪 80 年代末，经济合作和开发组织(OECD)与联合国环境规划署(UNEP)共同提出了环境指标的 PSR 概念模型，即压力(pressure)-状态(state)-响应(response)模型(马利邦等，2009)。在 PSR 框架内，某一类环境问题，可由 3 个不同但又相互联系的指标类型来表达：压力指标反映人类活动给环境造成的负荷；状态指标表征环境质量、自然资源与生态系统的状况；响应指标表征人类面临环境问题所采取的对策与措施。PSR 概念模型从人类与环境系统的相互作用与影响出发，对环境指标进行组织分类，具有较强的系统性。有学者认为，PSR 模型对比其他模型具有清晰的因果关系，它从人类和环境系统的相互作用出发，对环境指标进行组织分类，具有较强系统性和可操作性。但是此模型仅将人类活动作为压力，没有把自然压力列出，这样就缺少了自然因素。在此基础上，一些学者对 PSR 模型进行了修正和扩展。左伟等(2003)提出了 DPSR 模型，即驱动力(driving force)-PSR 模型，该模型除了反映人类活动的压力之外，添设了生态环境驱动力，从而添加了自然灾害压力，使压力类指标含义更广泛、中性化，而且首次引入了生态环境服务功能，取代了简单的生态支持作用。在吉林省的生态安全评价中，提出了 PFC 模型，即压力(需求驱动)-反馈(生态服务功能)-调控(减压)，对 PSR 模型进行扩展，此模型将自然压力归入了生态环境，而且分析了 3 个成分的功能，基于生态服务功能和对生态系统完整性提出评价指标体系(魏彬等，2009)。

DSR 模型即驱动力(driving force)-状态(state)-响应(response)。驱动力是自然灾害及人类活动带给生态系统的压力，状态是生态系统的结构、功能状况，同时也是自然生态系统给人类提供服务功能和资源的反映，响应是处理生态环境问题、维护改善生态系统状态的保障和管理能力。在海岸带的生态安全评价中，将驱动力设置为人类对于资源的需求，这种行为带来了压力，以此为出发点建立评价指标体系。

DPSIR 模型即驱动力(driving forces)、压力(pressure)-状态(state)-影响(impact)-响应(responses)。该模型认为驱动力产生压力，压力影响生态状态，生态状态影响人类自身系统，进而产生人为响应来调节驱动力、压力、生态状态。依靠此模型建立的深圳水资源的评价指标体系，进行各成分之间的动力学分析，有效地描述了环境问题的起因和结果的关系。

结合以上模型的优点，左伟等(2004)在重庆市忠县的生态安全综合评价中，建立了 DPSER 模型，以人类的需求驱动力为源泉，产生了压力，造成了污染，影响了生态状态，而响应反过来调节压力、污染与生态的状态，模型引入了风险评价中的暴露-响应模型，将污染暴露单列为一个部分，着重体现了对生态环境污染的压力。

以上评价模型均是以人类的需求为驱动力而建立起来的，人类的需求对生态系统产生压力，导致生态系统的服务功能受损，从而影响人类的发展，当人类发现问题，为了缓解或解决阻碍因素，进行自我行为和生态状态的调节。

3. 评价指标体系

指标体系是评价一个区域生态安全状况的基础，要能够综合反映一个区域社会经济与生态环境系统的协调与统一。指标的选取应遵循科学性、系统性、目的性、相对独立性和实用性等原则。

生态评价的指标体系部分是依据各自评价对象的特色、咨询专家、层次分析法来制定的。一般情况下具有 3 个层次：目标层、准则层和指标层。目标层反映生态安全总态势，准则层由生态安全的主要因素组成，可以进一步划分，如城市生态安全评价可以分为准则层和子准则层，指标层是体系中最基本的层面，由可以度量的指标组成。指标体系的内容涉及经济、社会、生态等内容，才能较全面地反映社会-经济-生态复合生态系统。例如，黄土丘陵区纸坊沟流域近 70 年农业生态安全评价中，包括了社会经济、生态环境、综合功能 3 个方面的内容。赵运林和邹齐生(2005)提出了增加观念意识响应指标的部分，包括资源安全意识、环境安全意识、应急安全意识，丰富了评价指标体系。上述的指标体系较为宏观，还可以遵循生态系统的一般规律，考虑评价对象的特色，结合科学性、综合性、主导性、可比性、针对性、层次性和可操作性的原则设定不同的指标体系。

马利邦等(2009)根据 PSR 概念模型，在甘肃省生态安全评价及驱动因素分析中，构建了 3 个层次区域生态安全评价指标体系。第一层次是目标层(object)，即评价目标，也即生态安全综合指数(A)；第二层次是项目层(item)，包括压力(B_1)、状态(B_2)和响应(B_3)；第三层次是指标层(indicator)，即每一个评价因素由哪些具体指标来表达。生态安全评价指标体系见表 4.11。

杨冬梅等(2007)在神木县生态安全评价中，从神木县的资源、生态、人文环境现状出发，考虑自然生态环境状态、人文环境状态、环境污染压力、环境保护及建设能力 4 个方面，构建生态安全综合评价指标体系(表 4.12)。用生态安全综合指数(ESSI)对神木县的生态安全进行了评价。

表 4.11　生态安全评价指标体系

目标层	项目层	指标层
生态安全综合指数(A)	压力(B_1)	人口密度/(人/km^2) (C_1)
		人口自然增长率/ ‰(C_2)
		人均水资源量/m^3 (C_3)
		人均耕地面积/hm^2 (C_4)
		平均人均居住面积/m^2 (C_5)
		城市年生活用水量/(×10^{4}t) (C_6)
		城市单位工业产值生产用水量/(t/万元) (C_7)
		城市化水平/% (C_8)
		万元产值能源消费量/(t/万元) (C_9)
		单位产值工业废水排放量/(t/万元) (C_{10})
		单位产值工业废气排放量/(m^3/元) (C_{11})
		单位产值工业固体废弃物排放量/(t/万元) (C_{12})
		工业 SO$_2$ 排放量/(×10^{4}t) (C_{13})
		化肥使用量/(kg/hm^2) (C_{14})
		农药使用量/(kg/hm^2) (C_{15})
		农膜使用量/(kg/hm^2) (C_{16})

续表

目标层	项目层	指标层
生态安全综合指数(A)	状态(B_2)	恩格尔系数/% (C_{17})
		人均 GDP /(元/人) (C_{18})
		森林覆盖率/% (C_{19})
		草地面积比例/% (C_{20})
		水土流失面积/($\times 10^3 \text{hm}^2$) (C_{21})
		沙漠化面积/($\times 10^4 \text{hm}^2$) (C_{22})
		耕地面积比例/% (C_{23})
		农民人均纯收入/(元/人) (C_{24})
		人均地方财政收入/元(C_{25})
	响应(B_3)	工业废水排放达标率/% (C_{26})
		工业固体废物综合利用率/% (C_{27})
		环保投资占 GDP 比例/% (C_{28})
		第三产业比例/% (C_{29})
		工业 SO_2 处理率/% (C_{30})
		平均每万人口中大学生数/人(C_{31})

在进一步的研究中，基于 GIS 分析和考虑，人类干扰对区域生态安全的影响也越来越受到重视，研究人员注意到了研究尺度对生态评价的影响。不同尺度，生态安全代表的含义不同，因此多尺度评价时，所选择的指标也应有差异。刘世梁等(2007)从陕北地区特点出发，构建了地市级和县级两个尺度的评价指标体系(图4.6)。

表 4.12 神木县生态安全综合评价指标体系

目标层	准则层	指标层
生态安全综合指数(A)	自然环境状态(B_1)	年降水量(C_1)
		年均风速(C_2)
		林地所占比例(C_3)
		牧草地所占比例(C_4)
		沙地所占比例(C_5)
	人文环境状态(B_2)	人口自然增长率(C_6)
		人均 GDP (C_7)
		恩格尔系数(C_8)
		财政收入(C_9)
		年末存栏牲畜数(C_{10})
	环境污染压力(B_3)	化肥实物量(C_{11})
		农用薄膜(C_{12})

续表

目标层	准则层	指标层
生态安全综合指数(A)	环境污染压力(B_3)	农药(C_{13})
		工业废水排放量(C_{14})
		工业废气排放量(C_{15})
		工业固体废物排放量(C_{16})
		农村劳动力受教育程度(C_{17})
		废弃地利用面积(C_{18})
	环境保护及建设能力(B_4)	退耕还林还草面积(C_{19})
		工业废水达标量(C_{20})
		当年造林面积(C_{21})
		工业固体废物处置量(C_{22})

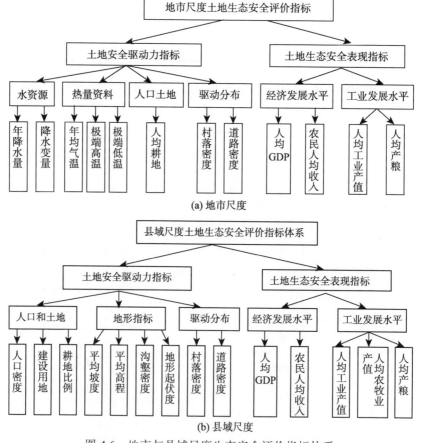

图 4.6　地市与县域尺度生态安全评价指标体系

总之，目前生态安全评价已成为生态安全的核心问题，其理论与方法有了很好的发展，评价对象也很广泛。但是需要在指标体系建立、评价方法选择，特别是权重确定等方面进行深入研究。同时为了各区域能够更好地协调发展，针对相似特征的评价主体时，要建立统一的评价等级标准、评价方法，并配以其他方法评价的结果校正。

4.3 区域水生态安全制约因素分析

4.3.1 水源区自然条件

(1) 地质、地貌。南水北调中线陕西水源区地属秦巴土石山区，大部分山体从海相岩层发育而来，以变质岩系和灰岩系为主，构造上经强烈的带状褶皱、抬升和断裂运动，成为东西向褶皱带和起伏较大的岩质山地。由秦岭山地、汉江盆地和大巴山地构为"两山夹一川"地貌，称为"八山一水一分田"。

(2) 气候。水源区跨丹江、汉江两大流域，其北部为山地暖温带温和湿润气候区，南部为北亚热带温热湿润气候区，四季分明，气候温和，雨量充沛，无霜期长。地区年降水量为 600～1200mm，年平均温度为 15.24℃，相对湿度为 67.4%，日照时数为 1600～2000h，无霜期为 240～270d。

(3) 水资源。水源区境内河流密布，水力资源十分丰富。境内河流主要属长江流域汉江、丹江水系。汉江流域 10km^2 以上的支流 1320 条，主要有褒河、湑水河、子午河、牧马河、月河、旬河、金钱河、丹江等。整个水源区境内河流平均年产流量为 2.92×10^{10}m^3，地区水质清澈，无污染，是国家南水北调中线工程的重要水源地。汉江梯级开发、南水北调以及丹汉江周边生态环境治理工程的实施，形成了集发电、供水、航运、养殖、旅游于一体的丹、汉江沿岸经济开发带。

(4) 生物资源。整个区域植被较好，森林覆盖率达 42%，拥有野生种子植物 3754 余种，约占全国的 10%。珍稀植物 30 种，药用植物近 800 种。中华猕猴桃、沙棘、绞股蓝、富硒茶等资源极具开发价值。生漆产量和质量居全国之冠。红枣、核桃、桐油是传统的出口产品，药用植物天麻、杜仲、苦杏仁、甘草等在全国具有重要地位。产于镇坪县的珙桐(又称鸽子树)被称为 250 万年前的活化石，为世界罕见树种。

该区野生珍贵动物众多，现有陆生脊椎动物 604 种，鸟类 380 种，两栖类 28 种，爬行类 49 种，哺乳类 147 种，均占全国的 30%；两栖爬行类动物 77 种，占全国的 13%。其中，珍稀动物 30 种，大熊猫、金丝猴、朱鹮等被列为国家一级保护动物。

(5) 矿产资源。水源区地质构造复杂，成矿条件优越，迄今已发现各类矿产 60 种。其中，铁、钒、锑、银、萤石、钾长石、白云母储量大，并有汞锑矿、铅锌矿、毒重石矿、瓦板岩、绿色花岗石、天然优质富硒矿泉水等独特矿产资源。

4.3.2 水源区经济条件

水源区内，陕南汉中、安康、商洛三地市地处国家经济欠发达地区，经济发展水平普遍较低，各项经济指标均低于全省水平，远远低于全国水平，长期以来主要靠"吃财政饭"维持，财力非常薄弱，主要依靠山里的木材、药材、矿产等资源来发展经济。

近年来水源区内各县(区)国民经济取得了较快的发展，各项经济指标也都有了较大程度的提高。2006 年，整个水源区国民生产总值(GDP)为 611.255 亿元，同比增长了 11.77%。农业实现总产值 239.76 亿元，同比增长了 9.8%，工业实现总产值 491.11 亿元，同比增长了 17.94%。社会消费品零售总额为 190.81 亿元，完成全社会固定资产投资 259.44 亿元，地方财政收入 14.42 亿元，农民人均收入达到 1827.78 元。

4.3.3 水源区环境条件

近年来，中线陕西水源区经过各级政府及广大群众的不懈努力，投入了大量的财力、人力和物力，坚持以小流域为单元，积极开展了"长治"工程、丹江口库区及上游水保工程、施行贷款项目等国家重点水土保持建设项目，打坝淤地、植树种草、实施综合治理，项目区内水土流失治理速度明显加快，水土流失程度有所缓解，水土保持效益显现，水污染得到了进一步控制，水质得到了净化，生态环境得到了明显改善。但是这些工程项目主要集中在项目区或典型小流域内实施点上操作，还未面上推广，大范围治理，生态环境还需要进一步改善，距离南水北调中线工程Ⅱ类水质要求下的生态环境目标还任重而道远。

1. 水土流失状况

从整个南水北调中线陕西水源区来看，水土流失还比较严重，水土保持工作还需要进一步加强。经全国第三次水土流失遥感普查确认，汉江流域现有急需治理的水土流失面积 $2.9878\times10^4\mathrm{km}^2$，占流域总面积的 45% 左右。汉江上游秦巴山区面积仅占长江流域的 4%，但年输入长江泥沙达 $1.2\times10^8\mathrm{t}$，占长江总输沙量的 12%，且水土流失有进一步扩大的趋势。汉江中下游地区属中低山和丘陵区，是水土流失的主要分布区，水土流失面积约 $1.2\times10^4\mathrm{km}^2$，土壤侵蚀总量为 2500～4900t/a(王晓峰等，2009)。

同时水土流失还增加河流泥沙，威胁防洪安全。目前汉江流域的石泉县、安康地区等大部分水库淤积都很严重，如果不尽快遏制水土流失，势必会直接影响南水北调中线工程水质安全。

2. 水污染状况

整个水源区内水污染状况比较严重。水源区内城市工业、生活污水大部分未经处理排入下游河道或汉江，造成水体严重污染。据 2004 年对长江流域排污口调查结果显示，丹汉江水系共有排污口 345 个。其中，工业排污口 161 个、生活废污水排污口 106 个、混合污水排污口 78 个。结合 2004～2006 年丹江口库区及上游水污染防治和水土保持规划报告显示，丹汉江水系直接入河排污口共 51 个，废污水直接排入总量为 1.49×10^{8}t/a，其中，工业废污水总量为 0.239×10^{8}t/a，生活废污水总量为 0.373×10^{8}t/a，混合废污水排放量为 0.88×10^{8}t/a。而主要污染物 COD 入河量为 4.03×10^{4}t/a，NH$_3^-$-N 入河量为 0.262×10^{4}t/a(党志良等，2009)。

其次，水源区内面源污染也越来越严重。主要体现在以下几个方面：① 农业生产中大量不合理使用农药和化肥。水源区内各县均属农业主产区，种植业占主导地位，在农业生产中需要投入大量的农用生产资料。而这些农药多是杀虫剂、杀菌剂、除草剂等，它们难以分解，影响耕作，少部分分解物释放出有害物质，也污染土壤和地下水；② 畜禽粪便及生活垃圾量逐年增大。近年来，随着农业生产结构调整步伐的加快，畜牧养殖业发展迅速，畜牧养殖业造成的面源污染问题也越来越突出。而畜禽的粪便随意排放性强、处理率低，N、P、COD 等大量富营养物质直接或间接排入库区，造成环境和水体水质的直接污染；③ 丹汉江流域总土地面积为 6.27×10^{4}km^2，其中，水土流失面积为 3.39×10^{4}km^2，水土流失比较严重。大量的水土流失不但造成水库淤积，而且使水质变差，富营养化程度提高；④ 土壤性能差。水源区以黄褐土、黄黏土为主，质地较重，易干缩裂缝、通透性差、表土层稀松浅薄，既不耐旱，又不耐涝，并易受侵蚀，对降雨冲击的抵抗力较弱，经雨水冲刷后极易形成水土流失。水土流失使泥沙及附着在土壤上的农药化肥残留物得以汇入地表径流，流入库区，造成库区悬浮物和 N、P 超标，对库区水质影响较大(史淑娟，2010)。

自 2003 年起陕西省水土保持局利用国家资金，在陕西南部汉江、丹江流域划出了 6 个水土保持的示范区，进行了预防保护的工程建设，目前这些示范区共完成水土流失治理面积 8972.97km^2，修建水平梯田 48.27km^2，退耕还林 2134.7km^2，建设水土保持监测点 4 个，有效地改善了当地生态环境(中华，2007)。但是随着生产建设项目活动的增多，特别是一些工业产业结构不尽合理，重污染的造纸、化工、制药、酿造行业在工业生产中占比较大，使得地表水体污染严重，人类活动及自然灾害对流域内的生态环境破坏呈抬头趋势。现在水源地的水质安全不容乐观。

4.4　南水北调水源区(陕西片)生态安全评价指标体系

陕西是南水北调中线工程的主要水源地，因此，针对区域生态安全的制约因素在水生态安全评价过程中需要综合考虑区域涉及生态安全的相关因素。

4.4.1　水源区生态安全评价指标体系选择的原则

水源区生态安全评价涉及的因素众多，评价指标体系的建立，不仅要反映水资源开发、利用、配置、管理等方面的状态与水平，还要考虑与水资源相关的社会经济系统和生态环境系统的发展状况。在选择指标和构建指标体系时，须遵循以下原则。

(1) 科学性原则。即在可持续发展理论框架下，采用科学性方法，构建能够全面反映水资源条件、社会经济发展状况、生态环境状态和水资源管理水平的指标体系。

(2) 系统性原则。资源、经济、社会、生态、环境各要素都不是孤立存在的，构建指标体系应以水资源复杂巨系统理论为指导，统筹考虑、系统分析水资源的量、质、温、能属性及相应的服务功能。

(3) 完备性原则。水是基础性的自然资源和战略性的经济资源，是生态环境的控制性要素。指标体系应体现水资源与饮水安全、粮食安全、经济安全、生态安全、环境安全等方面的关系，全面反映水资源安全程度。

(4) 动态性与静态性相结合原则。指标体系要求具有导向性，应既能反映系统的发展状态，又能反映系统的发展过程，以达到水资源安全的评价、预测、预警作用。

(5) 定性与定量相结合原则。指标体系应尽可能选择可量化指标，难以量化的重要指标可定性描述。

(6) 可比性原则。指标尽可能采用标准的名称、一致的内涵以及相同的计算方法，以便于区域之间对比分析，另外，也具有与同类研究成果的可比性。

(7) 可操作性原则。应充分考虑各指标的现实可操作性，指标含义直观明确，易于理解和应用，而且资料相对容易获得。

4.4.2　水源区生态安全评价指标构建

在指标选取与结构设计方面,一般做法是通过总结相关研究成果,在一定原则下对现有指标加以改进和综合,使之适用于当前研究,从而得到合适的指标体系。目前,已有不少专家学者根据实际问题建立了生态安全评价的指标体系。由于生态安全评价的对象和目标各不相同,因此,所选择的指标体系各出其门,自成体系,表达了不同研究系统的安全状况,并且在具体指标选取上有非常大的差异。

水源区安全问题涉及面非常广阔,既有自然性的指标又有社会性的指标,既有动态的指标又有静态的指标,既有定性的指标又有定量的指标,而且各指标体系应该具有一定的层次结构。从大的方面来讲,为了与国际会议上提出的 21 世纪水安全所面临的挑战相吻合,认为水安全评价应包括水资源管理、饮用水安全、粮食安全、处理灾害、生态环境、水供需矛盾和赋予水价值问题;同时在建立评价指标体系的时候遵循了完备性原则,所以不同地区在应用上指标的选取应有区别;此外,需要考虑到资料获取的可行性,在实际应用中应根据研究区的实际情况和资料的来源情况选取合适的指标(韩宇平和阮本清,2003)。

4.4.3　水源区生态安全评价指标体系框架

本书在国内外已有的研究基础上,基于压力–状态–响应模型(简称 PSR 模型),初步提出了一套针对丹汉江水源区的区域生态安全水平度量指标体系和综合评价方法。

通过前文分析,考虑区域生态安全的制约因素,建立区域水资源安全多层次综合评价指标体系,首先将指标体系分为项目层、项目亚层、指标层 3 个层次。

(1) 项目层(A)。根据 PSR 模型的基本原理,水生态安全评价需要考虑压力、状态、响应等方面的影响。因此,将水生态安全的压力、状态、响应作为评价指标体系的项目层。

(2) 项目亚层(B)。由于影响水源区生态安全的因素很多,为了便于分析和理解,对压力层进行了分解。分别设置了社会经济建设与发展压力(B_1)、水资源压力(B_2)、污染负荷压力(B_3)、水土流失压力(B_4)四个亚层。

(3) 指标层(C)。指标层由可直接度量的指标构成,它是水资源安全评价指标体系最基本的层面。评价指标体系的三层结构设置是与水资源复杂巨系统的"系统–子系统–要素"结构相对应的。

据此,得到由 3 个评价项目、21 个具体指标构成的水源区生态安全多层次综合评价指标体系,见表 4.13。

表 4.13　　水生态安全评价指标体系

A	B	C		单位
压力 A_1	社会经济建设与发展压力 B_1	年均降水量	C_1	万 m^3
		人均 GDP	C_2	元/人
		人均耕地资源	C_3	hm^2/人
		人均粮食产量	C_4	t/人
	水资源压力 B_2	工业用水量	C_5	万 t
		城镇生活用水量	C_6	万 t
	污染负荷压力 B_3	工业废水排放量	C_7	万 t
		城镇生活污水排放量	C_8	万 t
		化肥施用强度	C_9	t/hm^2
		农药施用强度	C_{10}	kg/hm^2
	水土流失压力 B_4	水土流失面积率	C_{11}	%
状态 A_2	水生态与环境状态 B_5	产水系数	C_{12}	
		人均水资源占有量	C_{13}	m^3/人
		水资源开发利用程度	C_{14}	%
		地下水开采率	C_{15}	%
		生态系统健康指数	C_{16}	%
响应 A_3	水生态与水环境保护整治及建设能力 B_6	流域水土保持植被覆盖率	C_{17}	%
		工业废污水达标排放率	C_{18}	%
		城镇生活污水处理率	C_{19}	%
		水土流失治理度	C_{20}	%
		环保科技人员数量	C_{21}	人

4.5　区域水环境安全特征演变——以商洛市为例

现以商洛市为例，选择该地区评价因子中的 12 项作为评价指标，分别用三种方法进行分析计算，即 TOPSIS 法、综合指数法和投影寻踪分类法。

4.5.1　TOPSIS 法

1. 原理与计算方法

利用基于变异系数权重的 TOPSIS(technique for order preference by similarity to ideal solution)法将这些指标综合成单一指标，为生产决策者进行最后的科学决策提供依据。

TOPSIS 法是系统工程有限方案多目标决策分析的一种常用方法，可用于效益评价、决策、管理多个领域。TOPSIS 法的基本思想是：基于归一化后的原始数据矩阵，找出有限方案中的最优方案和最劣方案(分别用最优向量和最劣向量表示)，然后分别计算各评价对象与最优方案和最劣方案的距离，获得各评价对象与最优方案的相对接近程度，以此作为评价优劣的依据。

方案优劣排序：将 CI 由大到小依次排序，CI 大者为优。表 4.14 为 TOPSIS 法的计算结果。

表 4.14　TOPSIS 法各个样本排序指标值

样本	D+	D−	统计量 CI	名次
N1	0.865	0.394	0.313	9
N2	0.782	0.508	0.394	6
N3	0.855	0.466	0.353	8
N4	0.745	0.586	0.440	3
N5	0.749	0.461	0.381	7
N6	0.703	0.489	0.411	4
N7	0.746	0.491	0.397	5
N8	0.578	0.613	0.515	2
N9	0.502	0.825	0.622	1

2. 结果分析与评价

根据 TOPSIS 法计算的结果可知，商洛市 2009 年的 CI 统计量最大，与最优方案最接近，即生态安全状况最好；其次是 2008 年，以此类推，而生态安全状况最差的为 2001 年。

根据以上结果，结合商洛市 2001～2009 年各项指标数据分析可知，相较于其他年份，2009 年水利、水产总投资最大，人均 GDP 最大，而城镇人均日用水量最少，这些因素都能够促进 2009 年该地区生态安全的健康发展。但同时，2009 年的工业用水量、城镇生活用水量、工业污水排放量和城镇生活年污水排放量这些不利因子量也较大。这些不利因素的存在，之所以没有影响到 2009 年的整体生态安全，是因为它们不仅反映了水资源压力的状况，同时也间接反映了其他方面的情况，如工业产值、居民生活水平等，所以并不是越小越好，要进行综合考虑。而 2001 年的生态安全状况最差，由其统计数据可知，2001 年工业用水重复利用率和人均 GDP 较其他年份最低，特别是工业用水重复利用率，远远低于其他年份。但同时，其工业用水量和城镇生活用水量也较少，给水资源造成的压力较小，所以综合来看，这一年份该地区各方面发展水平较低，对生态安全的治理也较弱，因此生态安全状况差。

4.5.2 综合指数法

1. 原理与计算方法

用来测定一个或一组变量对某个特定变量值大小的相对数，称为指数。例如，环境质量指数，是以地形、地貌、水文、气象、生态、污染源、污染物等环境监测数据计算出的无量纲相对数，用以反映环境质量。反映某一事物或现象动态变化的指数，称为个体指数；综合反映多种事物或现象动态平均变化程度的指数，称为总指数。综合指数是编制总指数的基本计算形式，能定量地反映几个指标的综合平均变动程度。利用综合指数的计算形式，定量地对某现象进行综合评价的方法称为综合指数法(synthetic index)。综合指数法可用于社会、环境评价、工作效率评价等。

高优指标的个体指数 p，用实测值 X 与标准值 M 的商计算，即 $p=X/M$；低优指标的个体指数 p，可用标准值 M 与实测值 X 的商计算，即 $p=M/X$；综合指数 I 较为复杂，没有统一的表达形式，可根据实际问题确定计算模式，可表示为各个指标的相加或相乘，如取相加，则有

$$I = \frac{1}{n}\sum_1^m y \quad \text{或} \quad I = \sum_{i=1}^k \prod_{j=1}^l y_{ij} \tag{4.1}$$

式中，y 为个体指数；m 为指标数；n 为分组数；k 为指标类别数；l 为各类内的指标数。模型建立后，要用已知评价结果的历史资料计算总体指数，对比符合程度。评价矩阵计算结果见表 4.15。

表 4.15　评价矩阵计算结果

评价指标	评价矩阵								
	U_1	U_2	U_3	U_4	U_5	U_6	U_7	U_8	U_9
U_1	1.00	0.97	0.97	0.54	0.11	1.13	0.11	0.15	0.11
U_2	0.33	1.00	0.99	0.47	0.11	0.92	0.82	0.20	0.15
U_3	0.22	1.01	1.00	0.47	0.11	0.60	0.29	0.20	0.15
U_4	0.11	0.74	0.74	1.00	0.11	0.73	0.79	0.35	0.26
U_5	0.11	0.31	0.30	0.53	1.00	0.86	0.86	0.44	0.32
U_6	0.11	0.31	0.30	0.11	1.00	1.00	0.93	0.54	0.40
U_7	0.11	0.11	0.11	0.57	1.00	0.13	1.00	0.70	0.51
U_8	0.22	0.29	0.28	0.56	0.11	0.49	0.89	1.00	0.73
U_9	0.33	0.34	0.34	0.53	0.11	0.77	0.77	1.37	1.00

评价矩阵诊断：

(1) 最大特征根 $\lambda=4.6875$。

(2) 评价矩阵一致性指标 CI=0.5391。

(3) 评价矩阵的随机一致性指标　RI=1.4506。

(4) 评价矩阵的随机一致性比值　CR=0.3716。

2. 结果分析与评价

综合指数法通过三种计算方法，分别计算出幂值、行均值和综合权重，根据这3 个值的计算结果分别进行排序，得到表 4.16 中的结果。对比可知，这三种方法的结果一致，都以 2009 年为最优情况，其次为 2001 年、2002 年，以此类推，最差为2003 年。

表 4.16　评价结果与排序

评价指标	幂值	名次	行均值	名次	综合权重	名次
U_1	89.16	2	91.28	2	90.82	2
U_2	85.54	3	89.67	3	88.76	3
U_3	69.63	9	72.72	9	72.04	9
U_4	83.17	4	86.52	4	85.78	4
U_5	82.62	5	84.99	5	84.47	5
U_6	82.06	6	84.36	6	83.86	6
U_7	74.73	8	76.06	8	75.77	8
U_8	81.20	7	81.98	7	81.81	7
U_9	100.00	1	100.00	1	100.00	1

根据以上结果，结合商洛市 2001～2009 年各项指标数据分析可知，相较于其他年份，2009 年水利、水产总投资和人均 GDP 最大，而城镇人均日用水量最少，这些因素都能够促进 2009 年该地区生态安全的健康发展。而 2003 年的生态安全状况最差，由其统计数据可知，2003 年工业用水重复利用率和水利、水产总投资比其他年份低很多，这两个因子都是直接反映生态安全的重要指标，所以会严重影响其综合评价指数。并且该年份的其他高优指标也没有较为突出的，因而它的生态安全状况最差。

4.5.3　投影寻踪分类法

1. 原理与计算方法

投影寻踪分类法(projection pursuit clustering，PPC)是一种既可作探索性分析，又可作确定性分析的聚类和分类分析方法。投影实质上就是从不同的角度去观察数据，寻找能够最大限度地反映数据特征和最能充分挖掘数据信息的最优投影方向。PPC 法是一种可用于高维数据分析的、有效的降维技术，适用于高维、非线性、非正态问题的分析和处理，评价结果与实际相符率高，已经广泛应用于水质评价、大气环境质量综合评价、灾情评估、工业经济、企业竞争力等方面。

PPC 法的特点是在未知权重系数的情况下，通过把高维数据投影到低维(1～3维)子空间上，对于投影到的构形，采用投影指标函数来衡量投影暴露某种结构的可能性大小，寻找出使投影指标函数达到最优(即能反映高维数据结构或特征)的投影值，然后根据该投影值来分析高维数据的结构特征，或根据该投影值与研究系统的输出值之间的散点图构造数学模型以预测系统的输出。它避免了专家打分的人为干扰因素，省去了利用专家打分评定的步骤，更为准确和便捷，因而在定量评价指标数据的处理上更具有优势。

2. 结果分析与评价

由表 4.17 可知，2009 年商洛市水环境安全指数最好，2008 年次之，最差的是2004 年。

根据以上结果，结合商洛市 2001～2009 年各项指标数据分析可知，相较于其他年份，2009 年水利、水产总投资和人均 GDP 最大，而城镇人均日用水量最少，这些因素都能够促进 2009 年该地区生态安全的健康发展。而 2004 年的生态安全状况最差，由其统计数据可知，2004 年水利、水产总投资最低，且水土流失治理度也较其他年份很低，这两个因子都是直接反映生态安全的重要指标，所以会严重影响其生态安全评价指数。并且该年份的其他高优指标也没有比较突出的，因而它的生态安全状况最差。

通过 TOPSIS 法、综合指数法和投影寻踪分类法分别得出了不同的结果，但其中 TOPSIS 法与投影寻踪分类法结果比较接近。三种方法一致的地方是其结论都是2009 年生态安全状况最好。

对于其他分歧较大的年份，主要是因为不同的方法有各自的特点，有自身的侧重点和局限性。例如，综合指数法，它的优点是只要选择并固定了合适的评价方法和评价指标，就可以对区域环境质量进行时空上的比较，而且这种比较是依据数值大小、结论明确的计算结果来进行的。并且可以依据各分指数超标的多少进行排序，以提供切实的污染控制建议，亦可根据动态分析结果评价污染控制措施的成效。而综合指数法也有明显的缺点，例如，它将环境质量硬性分级，没有考虑环境系统客观存在的模糊性；另外，由于各评价指标在综合评价结果中地位和作用不一样，理应对每一个评价指标赋以一定的权重，而综合指数法则恰恰忽略了这一点，从而造成评价结果的片面性。

表 4.17　2001~2009 年商洛市水环境安全指数评价结果

样本	高优(x_1~x_5)					低优(x_6~x_{10})					高优(x_{11}~x_{12})		投影值	名次
	x_1	x_2	x_3	x_4	x_5	x_6	x_7	x_8	x_9	x_{10}	x_{11}	x_{12}		
S1	0.01	0.06	0.32	98.69	2487.75	106.6	5054	1505	2492	1044.75	1.30	11498.20	11974.31	6
S2	0.01	0.06	0.30	67.47	2772.47	102.6	5139	1411	2655	1031.75	17.00	10144.10	10677.04	7
S3	0.01	0.05	0.26	69.04	2775.16	101.0	5168	1411	2914	1029.75	5.27	8369.00	8924.42	8
S4	0.01	0.05	0.28	72.09	3616.18	111.6	4265	2179	2873	1074.55	16.30	7501.00	8178.77	9
S5	0.01	0.05	0.29	74.82	4139.19	108.6	2789	1494	2614	1092.00	18.00	12099.00	12715.63	5
S6	0.01	0.05	0.31	77.37	4702.97	113.6	2786	888	1759.5	1000.38	19.50	23604.52	24144.61	3
S7	0.01	0.05	0.21	79.09	5580.66	118.6	2126	1561	905	908.75	21.00	17527.96	18261.67	4
S8	0.01	0.05	0.25	80.86	7283.23	118.6	2716	1546	905	863.75	18.50	33978.14	34785.30	2
S9	0.01	0.06	0.28	82.30	9400.37	121.60	2905.00	1501.00	1138.00	818.75	16.00	51004.03	51920.69	1

指标的选取，会对评价结果造成一定影响。例如，指标工业用水量、城镇生活用水量、城镇人均日用水量等，这些指标看似越低越好，但实际它们同时也反映了工业产值、经济发展状况、人民生活水平等，从这一角度看就并非是越低越好，而生态安全又是一个各因素综合作用的概念，因此评价因子自身的复杂性对它具有较大的影响。

参 考 文 献

陈百明, 刘新卫, 杨红, 2003. LUCC研究的最新进展评述[J]. 地理科学进展, 22(1): 22-29.

陈维川, 2005. 北京蒲洼自然保护区植物多样性及其保护研究[D]. 北京: 北京林业大学硕士学位论文.

陈文波, 肖笃宁, 李秀珍, 2002. 景观空间分析的特征和主要内容[J]. 生态学报, 22(7): 1135-1142.

党志良, 吴波, 冯民权, 等, 2009. 南水北调中线陕西水源区水环境容量预测研究[J]. 西北大学学报(自然科学版), 39(4): 660-666.

高启晨, 陈利顶, 吕一河, 等, 2005. 西气东输工程沿线陕西段区域生态安全格局设计研究[J]. 水土保持学报, 19(4): 164-168.

韩宇平, 阮本清, 2003. 区域水安全评价指标体系初步研究[J]. 环境科学报, 23(2): 267-272.

刘世梁, 郭旭东, 连纲, 等, 2007. 黄土高原典型脆弱区生态安全多尺度评价[J]. 应用生态学报, 18(7): 1554-1559.

马利邦, 牛叔文, 李永华, 等, 2009. 甘肃省生态安全评价及驱动因素分析[J]. 干旱区资源与环境, 23(5): 30-36.

马云, 何丙辉, 何建林, 等, 2011. 三峡库区皇竹草植物篱对坡面土壤分形特征及可蚀性的影响[J]. 水土保持学报, 04:79-82+87.

曲格平, 2002. 关注生态安全之三：中国生态安全的战略重点和措施[J].环境保护, 8: 3-5.

史淑娟, 李怀恩, 刘利年, 等, 2009. 南水北调中线水源区生态补偿研究现状与展望[J]. 西北大学学报(自然科学版), 39(6): 1084-1087.

史淑娟. 2010. 大型跨流域调水水源区生态补偿研究[D].西安：西安理工大学硕士学位论文.

王晓峰, 赵璐, 解维宁, 等, 2009. 南水北调中线陕西水源区环境质量评价[J]. 长江流域资源与环境, 18(12): 1137-1142.

王玉华, 方颖, 焦隽, 2008. 江苏农村"三格式"化粪池污水处理效果评价[J]. 生态与农村环境学报, 24(2): 80-83.

魏彬, 杨校生, 吴明等, 2009. 生态安全评价方法研究进展[J]. 湖南农业大学学报(自然科学版), 35(5): 572-579.

吴金华, 戴淼, 尹剑, 2008. 基于遗传神经网络的陕西省土地利用结构模型研究[J]. 安徽农业科学, 36: 16071-16073.

杨冬梅, 任志远, 赵昕, 2007. 生态脆弱区的县域生态安全评价——以神木县为例[J]. 江西农业学报, 19(2): 98-101.

张艳芳, 任志远, 2003. 基于不同尺度的干旱区城市景观生态研究——以陕西榆林市为例[J]. 干旱区研究, 20(3): 175-179.

赵云林, 邹冬生, 2005. 城市生态学[M]. 北京:科学出版社.

中华, 2007. 确保"一江清水到北京"[J]. 环境经济, 4: 26-28.

左伟, 周慧珍, 王桥, 2003. 区域生态安全评价指标体系选取的概念框架研究[J]. 土壤, 35 (1): 2-7.

左伟, 周慧珍, 王桥, 等, 2004. 区域生态安全综合评价与制图—以重庆市忠县为例[J]. 土壤学报, 41(2):203-209+331.

COSTANZA R, D'ARGE R, DE GROOT R, et al., 1997. The value of the world's ecosystem services and natural capital[J]. Nature, 387: 253-260.

KARR J R, 1991. Biological Integrity: A long-neglected aspect of water resource management[J]. Ecological Application, 1(1): 66-84.

SHARPLEY A N, WILLIAMS J R, 1990. Epic-erosion/Productivity Impact Calculator: 1. Model Documentation[M]. Washington D C: United States Department of Agriculture.

第5章 流域土地利用变化与景观格局演变

5.1 丹汉江流域土地利用变化

土地利用/覆被变化可引起许多自然现象和生态过程及水资源环境的变化。土地利用是人类为了一定的社会经济目的，对土地进行长期或周期性经营的一系列生物和技术活动(陈百明等，2003)，土地利用/覆被变化反映了不同时期人类出于各种目的对土地利用方式的改变。由于不同时期人们对土地利用方式的差异，导致了土地利用时空模式的变化。这种变化既包括土地资源数量、质量随时间的变化，也包括土地利用空间格局的变化及土地利用类型组合方式的变化。土地利用/覆被变化是一个长期复杂的现象和过程，从时间和空间上完整把握土地利用/覆被变化是很不容易的，本次从时间序列上利用 1985 年土地利用详查资料和 1996 年、2000 年 Landsat TM 遥感影像解译数据，分析陕西省南部地区 15 年土地利用/覆被变化的幅度、速率、转化类型和空间变化模式。

5.1.1 土地利用现状分析

1. 数据来源及分析方法

土地利用数据下载于国家自然科学基金委员会"中国西部环境与生态科学数据中心"(http://westdc.westgis.ac.cn)。该数据库基于 Landsat MSS、TM 和 ETM 遥感图像，主要通过相关专家对图像光谱、纹理、色调等的认识结合地形图目视解译而成。数据库以中国 1:10 万土地利用数据采用分层的土地覆盖分类系统，将全国分为 6 个一级类(耕地、林地、草地、水域、建设用地(城乡、工矿、居民用地)和未利用土地)，31 个二级类。按行政区划的省界编码原则采用国家标准(统一采用数据格式是 ARC/INFO 的 adf)制备。

2. 南水北调水源区(陕西片)土地利用/覆被变化特征

由 1985 年、1996 年和 2000 年水源区(陕西片)的土地利用/覆被类型图及近 15 年的土地利用变化过程(图 5.1 和表 5.1、表 5.2)可以看出，尽管土地利用在不同程度上发生了变化，但是基本上还是以草地、林地和耕地三种土地利用类型为主的土地利用格局，三者所占比例超过 95%；林草地面积比例超过 70%。

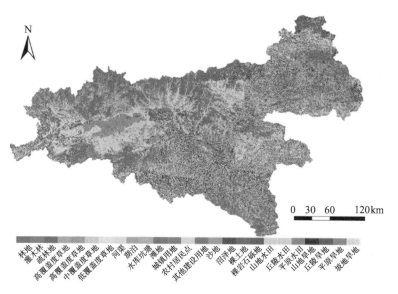

(a) 1985 年陕南地区土地利用/覆被类型图

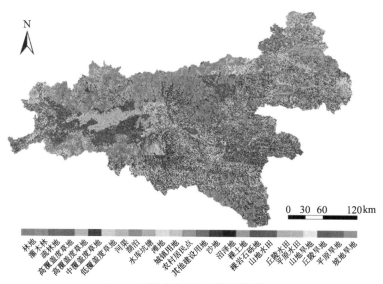

(b) 1996 年陕南地区土地利用/覆被类型图

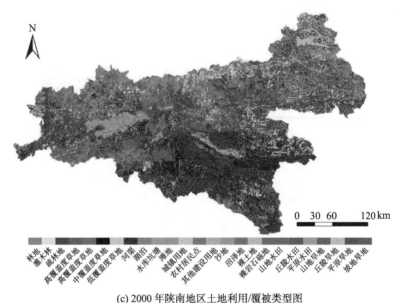

(c) 2000 年陕南地区土地利用/覆被类型图

图 5.1　1985 年、1996 年和 2000 年陕南地区土地利用/覆被类型图

表 5.1　1985 年、1996 年和 2000 年水源区(陕西片)土地利用动态

土地利用 类型	1985 年		1996 年		2000 年	
	面积/km²	比例/%	面积/km²	比例/%	面积/km²	比例/%
耕地	1794.51	25.55	1780.91	25.36	1805.01	25.71
林地	2218.99	31.60	2202.81	31.37	2214.89	31.54
草地	2942.20	41.90	2974.46	42.36	2934.44	41.79
水域	29.86	0.43	28.95	0.41	29.73	0.42
建设用地	35.77	0.51	34.16	0.49	37.26	0.53
未利用土地	0.65	0.01	0.69	0.01	0.65	0.01

表 5.2　1985～2000 年水源区(陕西片)土地利用变化幅度　　　　(单位：km²)

土地利用类型	1985～1996 年	1996～2000 年	1985～2000 年
耕地	−13.60	24.10	10.50
林地	−16.18	12.08	−4.10
草地	32.26	−40.02	−7.76
水域	−0.91	0.78	−0.13
建设用地	−1.61	3.10	1.49
未利用土地	0.04	−0.04	0.00

1985～1996 年，除了草地和未利用土地的面积有所增加之外，其余土地利用类型都出现了下降，其中，以林地面积减少最大，减少了 16.18km²，耕地面积减

少了 13.60km^2。而 1996～2000 年，各土地利用类型的面积变化恰好相反，除了草地和未利用土地面积减少之外，其余土地利用类型的面积都有所增加。其中，草地面积减少 40.02km^2，未利用土地面积减少了 0.04km^2；面积增加的几种土地利用类型中，耕地面积增加最大，增加了 24.10km^2，林地面积增加次之，增加了 12.08km^2，值得一提的是，在此期间，建设用地面积增加较大，增加了 3.10km^2。

总之，近 15 年间，除未利用土地外，其余各种土地利用类型面积都有所变化。耕地与建设用地有所增加，其中，耕地面积增加了 10.51km^2，建设面积增加了 1.49km^2；而林地、草地与水域面积都有所降低，其中，林地面积减少了 4.10km^2，草地面积减少了 7.76km^2，水域面积减少了 0.13km^2。总体而言，生态用地的面积出现了减少的趋势，这对于当地的生态环境保护是一个值得关注的信号；耕地面积的扩大有利于提高粮食产量，但是从水环境保护这一角度而言，耕地面积的增加意味着农业非点源污染的压力增大，需要加强相关管理，提高对非点源污染的治理程度和农田的合理开发利用。

3. 安康市土地利用/覆被变化特征

从图 5.2、表 5.3 和表 5.4 中可以看出，除了未利用土地没有发生变化以外，不同时期的土地利用变化特征不同。1985～1996 年，林地和草地面积呈增长趋势，其

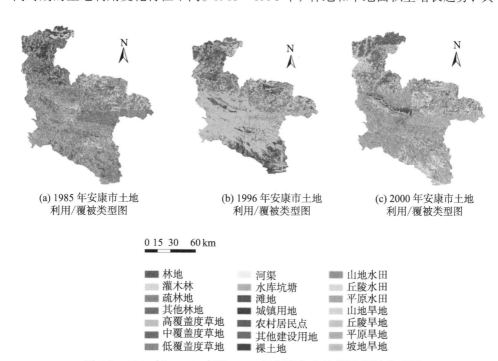

(a) 1985 年安康市土地利用/覆被类型图　　(b) 1996 年安康市土地利用/覆被类型图　　(c) 2000 年安康市土地利用/覆被类型图

0 15 30　60 km

林地　　河渠　　山地水田
灌木林　　水库坑塘　　丘陵水田
疏林地　　滩地　　平原水田
其他林地　　城镇用地　　山地旱地
高覆盖度草地　　农村居民点　　丘陵旱地
中覆盖度草地　　其他建设用地　　平原旱地
低覆盖度草地　　裸土地　　坡地旱地

图 5.2　1985 年、1996 年和 2000 年安康市土地利用/覆被类型图

中，草地面积增加最大，增加了 92.20km^2，林地面积次之，增加了 6.31km^2。耕地、水域、建设用地面积呈减少趋势，其中，耕地面积减少最大，减少了 96.56km^2，水域面积次之，减少了 1.51km^2，建设用地面积减少最小，减少了 0.44km^2。而 1996～2000 年，除了水域面积继续有所减少外，其他几种土地利用类型的面积正好和 1985～1996 年相反，草地面积减少最大，减少了 110.52km^2，林地面积次之，减少了 26.62km^2，而耕地面积增加了 134.61km^2，建设面积增加了 2.60km^2。

表 5.3　1985 年、1996 年和 2000 年安康市土地利用动态

土地利用类型	1985 年		1996 年		2000 年	
	面积 km^2	比例/%	面积/km^2	比例/%	面积/km^2	比例/%
耕地	6047.38	25.84	5950.82	25.43	6085.43	26.01
林地	7035.68	30.07	7041.99	30.09	7015.37	29.98
草地	10165.64	43.45	10257.84	43.84	10147.32	43.36
水域	89.80	0.38	88.29	0.38	88.22	0.38
建设用地	59.47	0.25	59.03	0.25	61.63	0.26
未利用土地	2.33	0.01	2.33	0.01	2.33	0.01

表 5.4　　1985～2000 年安康市土地利用变化幅度　　（单位：km^2）

土地利用类型	1985～1996 年	1996～2000 年	1985～2000 年
耕地	−96.56	134.61	38.05
林地	6.31	−26.62	−20.31
草地	92.20	−110.52	−18.32
水域	−1.51	−0.07	−1.58
建设用地	−0.44	2.60	2.16
未利用土地	0.00	0.00	0.00

从表 5.4 中可以看出，1985～2000 年的 15 年间，安康市耕地面积表现为增加趋势，净增加 38.05km^2。林地面积减少了 20.31km^2，草地面积减少了 18.32km^2，水域面积减少了 1.58km^2，建设用地面积增加了 2.16km^2，未利用土地没有发生变化。从中可以看出，耕地、建设用地面积与林地、草地等生态用地面积呈此消彼长态势，耕地、建设面积的增加有利于粮食安全和经济发展，但同时会对生态带来一定的压力。如何平衡两者之间的关系，实现生态与经济可持续发展，需要当地环境安全部门的充分重视。

4. 汉中市土地利用/覆被变化特征

从图 5.3 可以看出，汉中市三期的 LUCC 分类图上均为耕地、林地、草地三种土地利用类型最明显。从 1985～2000 年汉中土地利用动态来看(表 5.5)，1985 年、1996 年、2000 年各土地利用类型占总面积的比例中，均为耕地、林地和草地比例

(a) 1985 年汉中市土地利用/覆被类型图

(b) 1996 年汉中市土地利用/覆被类型图

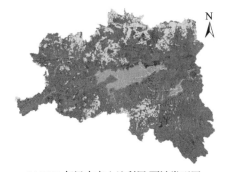

(c) 2000 年汉中市土地利用/覆被类型图

图 5.3　1985 年、1996 年和 2000 年汉中市土地利用/覆被类型图

表 5.5　1985 年、1996 年和 2000 年汉中市土地利用动态

土地利用类型	1985 年		1996 年		2000 年	
	面积/km²	比例/%	面积/km²	比例/%	面积/km²	比例/%
耕地	7441.49	27.42	7427.46	27.37	7433.62	27.39
林地	8136.55	29.99	7960.17	29.34	8136.68	29.99
草地	11182.69	41.21	11397.30	42.00	11180.20	41.20
水域	166.32	0.61	158.44	0.58	166.62	0.61
建设用地	209.88	0.77	193.55	0.71	219.81	0.81
未利用土地	1.01	0.00	1.01	0.00	1.01	0.00

最高。三种土地利用面积之和占全市面积的比例 1985 年为 98.62%，1996 年为 98.71%，2000 年为 98.58%。由此可见，15 年来汉中市主要的土地利用/覆盖类型没有发生变化，都是以耕地、林地和草地为主，三大土地利用类型在全市占绝对优势。

　　汉中市城市化过程比较明显，城镇用地持续增加，主要通过占用耕地来实现。从表 5.6 中可以看出，1985～1996 年，耕地相对减少了 14.03 km^2，1996～2000 年有所回升，增加了 6.16 km^2，而从 1985～2000 年整个时间段来看，总体减少了 7.87 km^2，因此 15 年来汉中市的耕地面积呈现持续的降低趋势。1985～1996 年林地面积减少了 176.38 km^2，1996～2000 年的林地面积增长了 176.51km^2，而从 1985～2000 年整个期间来看，生态用地的林地总体是呈平稳趋势，增加了 0.13 km^2，因此林地用地呈现先减后增，最后处于平稳状态。1985～1996 年草地面积增加了 214.61 km^2，1996～2000 年草地面积相对减少了 217.10km^2，而从 1985～2000 年整个期间来看，总体减少 2.49，因此汉中市生态用地的草地面积的利用也呈现了持续的下降趋势。从 1985～1996 年的水域面积利用来说，减少了 7.87km^2，1996～2000 年的水域面积利用增加了 8.17km^2，从 1985～2000 年来看，总体持平稳状态，增加了 0.30km^2，因此汉中市的水域用地呈现较平稳的状态。1985～1996 年的建设用地减少了 16.33km^2，1996～2000 年增加了 26.26km^2，从 1985～2000 年整个期间来看，增加了 9.93km^2，由此可见，建设用地的利用呈现持续增加的趋势，未利用土地一直都没有变化。由此可知，汉中市的林地和水域的变化相对较为平稳，建设用地却呈现一定的扩张状态，耕地和草地的面积逐渐减少，其他土地类型都比较稳定，说明汉中市的土地利用变化幅度比较简单，体现出汉中市土地利用与变化的多向性和互动性，这种土地利用与覆盖类型间的交互变化有利于生态系统的稳定。

表 5.6　1985～2000 年汉中市土地利用变化幅度　　　　　　(单位：km^2)

土地利用类型	1985～1996 年	1996～2000 年	1985～2000 年
耕地	−14.03	6.16	−7.87
林地	−176.38	176.51	0.13
草地	214.61	−217.10	−2.49
水域	−7.87	8.17	0.30
建设用地	−16.33	26.26	9.93
未利用土地	0.00	0.00	0.00

5. 商洛市土地利用/覆被变化特征

　　从图 5.4 中可以看出，商洛市主要以耕地、林地、草地等土地利用类型为主。

从表 5.7 及表 5.8 中可以看出，商洛市在 1985～2000 的 15 年间，主要土地利用类型为草地、林地和耕地。从表中数据可以看出，这三种类型的土地利用面积在 1985～2000 年都处于较平稳的状态，其中，在 1985 年这三种类型的土地总和占到全市面积的比例为 99.31%，在 1996 年为 99.31%，在 2000 年为 99.3%。由此可以看出，这三种类型的土地利用同样在商洛市占有绝对的优势。

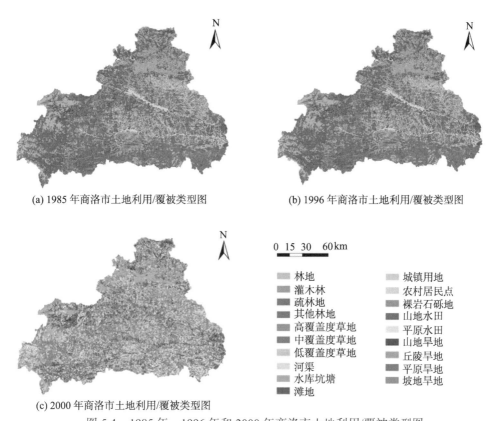

(a) 1985 年商洛市土地利用/覆被类型图　　　　　　　　(b) 1996 年商洛市土地利用/覆被类型图

0　15　30　　60km

林地　　　　　　　城镇用地
灌木林　　　　　　农村居民点
疏林地　　　　　　裸岩石砾地
其他林地　　　　　山地水田
高覆盖度草地　　　平原水田
中覆盖度草地　　　山地旱地
低覆盖度草地　　　丘陵旱地
河渠　　　　　　　平原旱地
水库坑塘　　　　　坡地旱地
滩地

(c) 2000 年商洛市土地利用/覆被类型图

图 5.4　1985 年、1996 年和 2000 年商洛市土地利用/覆被类型图

表 5.7　1985 年、1996 年和 2000 年商南土地利用动态

土地利用类型	1985 年		1996 年		2000 年	
	面积/km²	比例/%	面积/km²	比例/%	面积/km²	比例/%
耕地	4456.17	22.64	4430.90	22.51	4531.07	23.02
林地	7017.68	35.65	7025.94	35.70	6996.85	35.55
草地	8073.68	41.02	8089.43	41.10	8016.85	40.73
水域	42.50	0.22	42.78	0.22	42.50	0.22
建设用地	88.39	0.45	89.00	0.45	91.15	0.46
未利用土地	3.18	0.02	3.55	0.02	3.18	0.02

表 5.8　1985～2000 年商洛市土地利用变化幅度　　　　　　(单位：km²)

土地利用类型	1985～1996 年	1996～2000 年	1985～2000 年
耕地	−25.27	100.17	74.90
林地	8.26	−29.09	−20.83
草地	15.75	−72.58	−56.83
水域	0.28	−0.28	0.00
建设用地	0.61	2.15	2.76
未利用土地	0.37	−0.37	0.00

　　商洛市在 1985～2000 年的近 15 年间，耕地面积增加了 74.90km²，表明多数土地利用类型的变化有向耕地转变的趋势，且转变的比例较大，同比前两个时间段呈增长态势。林地面积减少了 20.83km²，呈先增后减的降低趋势。草地面积减少了 56.83km²，呈先增后减的降低态势。水域面积总体持平稳状态。建设用地增加了 2.76 km²，总体持平稳状态。而未利用土地几乎没什么变化。可以看出，耕地为商洛市内变化幅度最大的土地利用类型，耕地的面积呈现逐渐增加的趋势，这主要是由于人类的开垦所致。耕地面积的增加一方面增加了水土流失的压力，另一方面增加了非点源污染来源，应该采取措施加以保护。

　　6. 土地利用/覆被变化的速率

　　土地利用变化速度可以通过土地利用动态模型进行度量，它既可表征单一土地类型的时序变化，也可以反映区域土地利用动态的总体状况及其区域分异特征。其模型具体表达式如式(5.1)所示(王秀兰和包玉海，1999)：

$$K = \frac{U_b - U_a}{U_a} \times \frac{1}{T} \times 100\% \tag{5.1}$$

式中，K 为研究时段内某一土地类型的变化率(%)；U_a、U_b 为研究初期和研究末期某一土地利用类型的数量(km²)；T 为研究时段长度(年)。

　　按土地利用变化动态模型分别计算水源区(陕西片)及三市 1985 年、1996 年和 2000 年 3 个时段的土地变化速率，计算结果见表 5.9～表 5.12。

表 5.9　1985～2000 年水源区(陕西片)土地利用变化速率(%)

土地利用类型	1985～1996 年	1996～2000 年	1985～2000 年
耕地	−0.07	0.27	0.04
林地	−0.07	0.11	−0.01
草地	0.10	−0.27	−0.02
水域	−0.28	0.54	−0.03
建设用地	−0.41	1.81	0.28
未利用土地	0.52	−1.07	0.00

表 5.10　1985～2000 年安康市土地利用变化速率(%)

土地利用类型	1985～1996 年	1996～2000 年	1985～2000 年
耕地	−0.15	0.45	0.04
林地	0.01	−0.08	−0.02
草地	0.08	−0.22	−0.01
水域	−0.15	−0.02	−0.12
建设用地	−0.07	0.88	0.23
未利用土地	0.00	0.00	0.00

表 5.11　1985～2000 年汉中市土地利用变化速率(%)

土地利用类型	1985～1996 年	1996～2000 年	1985～2000 年
耕地	−0.02	0.02	−0.01
林地	−0.20	0.44	0.00
草地	0.17	−0.38	0.00
水域	−0.43	1.03	0.01
建设用地	−0.71	2.71	0.32
未利用土地	0.00	0.00	0.00

表 5.12　1985～2000 年商洛市土地利用变化速率(%)

土地利用类型	1985～1996 年	1996～2000 年	1985～2000 年
耕地	−0.05	0.45	0.11
林地	0.01	−0.08	−0.02
草地	0.02	−0.18	−0.05
水域	0.06	−0.13	0.00
建设用地	0.06	0.48	0.21
未利用土地	1.06	−2.09	0.00

表 5.9 的计算结果可以看出，南水北调水源区 1985～1996 年耕地平均每年减少 0.07%，1996～2000 年呈增加趋势，平均每年增加 0.27%，增加速度超过前期的减少速度，因此在 1985～2000 年的整个研究期间，区域耕地面积整体呈现增加趋势，年均增加 0.04%。1985～1996 年林地平均每年减少 0.07%，1996～2000 年呈增加趋势，平均每年增加 0.11%，增加的速度明显加快，1985～2000 年整体呈现减少趋势，年均减少 0.01%。1985～1996 年草地平均每年增加 0.1%，1996～2000 年呈减少趋势，平均每年减少 0.27%，1985～2000 年整体呈现减少趋势，年均减少 0.02%。1985～1996 年水域平均每年减少 0.28%，1996～2000 年呈增加趋势，平均每年增加 0.54%，1985～2000 年整体呈现减少趋势，年均减少 0.03%。1985～1996 年建设平均每年减少 0.41%，1996～2000 年呈增加趋势，平均每年增加 1.81%，1985～2000

年整体呈现增加趋势，年均增加 0.28%。1985~1996 年未利用土地平均每年增加 0.52%，1996~2000 年呈减少趋势，平均每年减少 1.07%，1985~2000 年整体不变。

同时，比较所有土地利用类型的变化趋势(表 5.10~表 5.12)可以看出，总体而言，整个研究区域土地利用的变化速率不大，说明区域生态环境整体没有受到大的干扰。值得关注的是，在最近几年中，建设用地的增加速度在所有土地利用类型中是最快的，应进一步关注建设用地的来源以及建设用地的使用方式，注意加强相关的监测与分析，特别是其对周围环境可能产生的影响。

5.1.2　土地利用转移分析

土地利用/覆被变化通常分为渐变和转换两大类，转换是指从一种土地利用类型转变成另一种土地利用类型，如林地开发成耕地，或草地开发成耕地等，土地利用类型的变化必然导致土地覆被类型的变化。渐变是指土地利用类型没改变，而其结构功能发生改变，是土地利用类型中各亚类之间的转化，如高覆盖度草地、中覆盖度草地、低覆盖度草地之间的变化，其生物量、生产力等都发生了改变。

本书针对南水北调水源区(陕西片)1985~2000 年土地利用类型的转变，利用三期土地利用类型图，按照地图迭代方法求出两个时期的土地利用类型转化，得到各种土地利用/覆被类型相互转化的矩阵(图 5.5，表 5.13~表 5.15)。

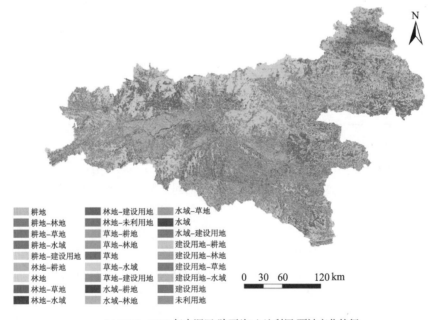

(a) 1985~1996 年水源区(陕西片)土地利用/覆被变化特征

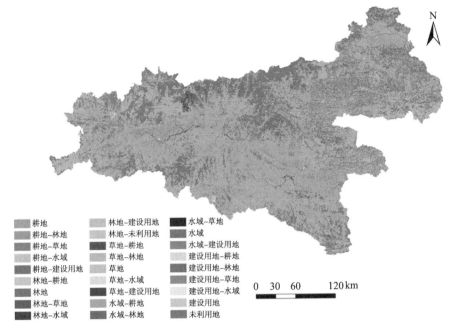

耕地	林地-建设用地	水域-草地
耕地-林地	林地-未利用地	水域
耕地-草地	草地-耕地	水域-建设用地
耕地-水域	草地-林地	建设用地-耕地
耕地-建设用地	草地	建设用地-林地
林地-耕地	草地-水域	建设用地-草地
林地	草地-建设用地	建设用地-水域
林地-草地	水域-耕地	建设用地
林地-水域	水域-林地	未利用地

0　30　60　　　　120 km

(b) 1996～2000 年水源区(陕西片)土地利用/覆被变化特征

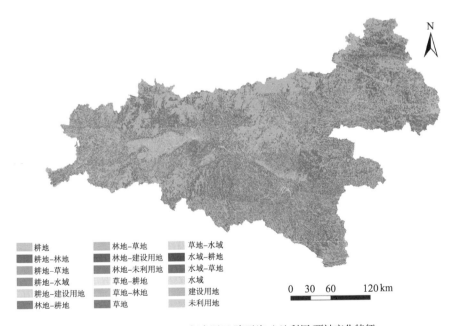

耕地	林地-草地	草地-水域
耕地-林地	林地-建设用地	水域-耕地
耕地-草地	林地-未利用地	水域-草地
耕地-水域	草地-耕地	水域
耕地-建设用地	草地-林地	建设用地
林地-耕地	草地	未利用地

0　30　60　　　　120 km

(c) 1985～2000 年水源区(陕西片)土地利用/覆被变化特征

图 5.5　水源区(陕西片)土地利用/覆被变化特征

1. 水源区(陕西片)土地利用转移矩阵

1) 1985～1996 年土地利用转移分析

从表 5.13 中可以看出，从 1985～1996 年，水源区主要土地利用类型发生了一些变化，各种土地利用类型之间存在一定程度的相互转化，但是转化的来源与去向各有差异。

耕地作为当地农业生产的基地，加之农业生产是当地的主要生产方式，因此耕地面积的变化是研究关注的重点。如前所述，1985～1996 年，耕地面积有所减少，主要是由于部分耕地转化为林地和草地，其中转化为林地的面积为 53.01km²，转化为草地的面积为 241.05km²，此外，耕地转化建设用地的面积为 14.13km²，转化为水域的面积为 4.15km²。新增加的耕地面积，主要是由于其他土地类型转化为耕地，其中，林地转化面积为 30.94km²，草地转化面积为 101.95km²，水域转化面积为 12.90km²，建设用地转化面积为 30.68km²。分析其中的原因，可能是由于在经济发展过程中，农村劳动力的转移，以及粮食单产面积的提高等导致的。

表 5.13　1985～1996 年水源区(陕西片)土地利用转移矩阵　　　　(单位：km²)

类目		1996 年					
		耕地	林地	草地	水域	建设用地	未利用地
1985 年	耕地	17632.71	53.01	241.05	4.15	14.13	0.00
	林地	30.94	21898.85	257.64	0.02	2.08	0.37
	草地	101.95	75.43	29243.06	1.10	0.45	0.00
	水域	12.90	0.16	1.33	284.22	0.01	0.00
	建设用地	30.68	0.64	1.49	0.02	324.91	0.00
	未利用地	0.00	0.00	0.00	0.00	0.00	6.52

在林地土地利用变化方面，林地主要被转化为耕地和草地等，其中，林地转化耕地的面积为 30.94km²，转化为草地的面积为 257.64km²，另有少量的林业用地转化为建设用地及其他土地利用类型。另外，耕地与草地也是转化为林地的主要土地利用类型，其中，耕地转化面积为 53.01km²，草地转化面积为 75.43km²，其他土地利用类型的转化面积较少。在草地土地利用面积动态变化方面，草地面积的减少主要是由于草地转化为耕地和林地，其转化面积分别是 101.95km² 和 75.43km²。与此同时，林地面积的增加也主要是由于耕地和草地转化为林地，其转化面积分别是 53.01km² 和 75.43km²。建设用地面积的数量变化较少，其主要来源以耕地为主，少量的变化来源于草地。

综上可知，对于南水北调水源区(陕西片)，1985～1996 年，土地利用类型的变化主要是由耕地、林地和草地等主要类型的变化引起的。除了草地和未利用土地的面积有所增加之外，其余土地利用类型都出现了下降，其中，以林地面积减少最大，减少了 161.81km²，耕地面积减少了 135.87km²。

2) 1996～2000 年土地利用转移分析

从表 5.14 中可以看出，1996～2000 年，耕地、林地和草地依然是变化比较活跃的几种土地利用类型。其中，耕地面积增加最大，增加了 240.93km²，林地面积次之，增加了 120.79km²，居民用地面积也有较大增加，增加了 31.00km²，而草地面积则减少了 400.19km²。就其来源而言，耕地转化为林地、草地、水域和建设用地的面积都比较大，分别为 23.29km²、71.82km²、10.69km²、36.02km²。而其他土地利用类型转化为耕地的数量也比较大，其中，草地转化面积最大，为 298.24km²，林地次之，为 75.46km²，其余的数量比较小。林地的变化则主要是转化为耕地和草地，面积分别为 75.46km² 和 81.80km²，而其他土地利用类型转化为林地的则主要为草地和耕地，其转化面积分别为 254.32km² 和 23.29km²。其中，以上各种土地类型利用图的转化关系如图 5.5(b)所示。

表 5.14　1996～2000 年水源区(陕西片)土地利用转移矩阵　　　(单位：km²)

类目		2000 年					
		耕地	林地	草地	水域	建设用地	未利用地
1996 年	耕地	17667.37	23.29	71.82	10.69	36.02	0.00
	林地	75.46	21869.82	81.80	0.16	0.85	0.00
	草地	298.24	254.32	29189.23	1.14	1.63	0.00
	水域	3.05	0.02	1.07	285.34	0.02	0.00
	建设用地	6.00	1.06	0.45	0.01	334.07	0.00
	未利用地	0.00	0.37	0.00	0.00	0.00	6.52

3) 1985～2000 年期间土地利用转移分析

根据表 5.15 和前面的分析可知，在这十余年的变化过程中，水源区的土地利用变化主要表现为耕地和林地面积的减少，草地面积的增加。其中，各种土地利用类型的转化关系如图 5.5(c)所示。

表 5.15　1985～2000 年水源区(陕西片)土地利用转移矩阵　　　(单位：km²)

类目		2000 年					
		耕地	林地	草地	水域	建设用地	未利用地
1985 年	耕地	17913.14	2.58	14.08	1.53	13.71	0.00
	林地	32.42	22144.92	11.43	0.00	1.14	0.00
	草地	101.82	1.39	29318.79	0.00	0.00	0.00
	水域	2.74	0.00	0.07	295.81	0.00	0.00
	建设用地	0.00	0.00	0.00	0.00	357.74	0.00
	未利用地	0.00	0.00	0.00	0.00	0.00	6.52

就土地利用类型变化的速度而言，整个水源区中建设用地的增加速度是最快的，因此，尽管目前整个水源区基本土地利用结构没有发生大的变化，但是目前这种土地利用变化对于水源区的生态环境还是产生了一定的压力。尽管建设用地面积增加不大，其所负载的污染量不容忽视。

2. 水源区土地利用与坡度的关系

近年来，土地利用时空变化格局与环境因子的关系已成为土地利用/土地覆被变化研究的核心内容之一。为讨论不同地形条件下土地利用类型的分异程度，本书利用研究区三期土地利用图及数字化地形图生成的 DEM，研究该区主要土地利用类型变化(耕地、林地和草地)的地形分异程度，分析研究区主要土地利用类型的时空变化规律。

坡度对土地利用有着重要的影响：小于 5°的坡地，可开发为旱地或牧草地；大于 5°的坡地已开始产生土壤侵蚀，需修筑梯田或采用水保耕作法等水保措施；25°是退耕还林还草的界限；沟坡地的地面坡度大部分在 35°以上，该类土地应以种草造林为主要利用方式，以保护边坡的稳定性，防止崩塌、错落等重力侵蚀发生；45°是植树造林的上限。本书中坡度分成平坡(0°~5°)、缓坡(5°~15°)、斜坡(15°~25°)、陡坡(25°~35°)和急坡(>35°)5 个坡度级。

表 5.16 和表 5.17 分别显示了水源区在 1985~1996 年和 1996~2000 年耕地、林地和草地在不同坡度上的分布状况及变化面积。在 0°~5°坡度上，耕地在不同年份均占绝对优势，草地次之，林地最少。在 5°~15°，耕地比例开始下降，林地和草地占的比例开始增加，且草地已占最大比例。在 15°~25°，耕地、林地和草地均达到最大面积。之后在 25°~35°，三者面积又逐步下降。到 35°以上，耕地面积锐减。在 5°~35°坡度上，草地始终占最大比例。从表中可以看出，耕地、林地和草地的变化都主要发生在 5°~35°的坡地上，最大变化也都出现在 15°~25°，而在小于 5°和大于 35°的坡地上，变化幅度都较小。从以上两表还可以看出，不同坡度草地的减少和耕地、林地的增加具有很高的一致性，反之亦然。

表 5.16　1985 年和 1996 年水源区(陕西片)耕地、林地和草地在不同坡度上的分布面积

坡度/(°)	耕地面积/km²			林地面积/km²			草地面积/km²		
	1985 年	1996 年	变化量	1985 年	1996 年	变化量	1985 年	1996 年	变化量
0~5	2562.11	2571.87	9.76	402.66	399.65	-3.01	1071.33	1082.19	10.86
5~15	5249.35	5229.50	-19.85	3441.61	3411.18	-30.43	6291.51	6345.75	54.24
15~25	5885.96	5825.51	-60.45	7316.21	7255.21	-61.00	10446.97	10569.89	122.92
25~35	3299.92	3248.73	-51.19	7276.95	7229.81	-47.14	8167.43	8266.76	99.33
>35	930.60	917.47	-13.13	3585.50	3564.29	-21.21	3306.62	3341.79	35.17

表 5.17　1996 年和 2000 年水源区(陕西片)耕地、林地和草地在不同坡度上的分布面积

坡度/(°)	耕地面积/km²			林地面积/km²			草地面积/km²		
	1996 年	2000 年	变化量	1996 年	2000 年	变化量	1996 年	2000 年	变化量
0~5	2571.87	2554.00	−17.87	399.65	401.41	1.76	1082.19	1068.52	−13.67
5~15	5229.50	5272.87	43.37	3411.18	3434.29	23.11	6345.75	6273.93	−71.82
15~25	5825.51	5930.54	105.03	7255.21	7300.97	45.76	10569.89	10417.57	−152.32
25~35	3248.73	3334.20	85.47	7229.81	7264.32	34.51	8266.76	8145.77	−120.99
>35	917.47	941.91	24.45	3564.29	3581.16	16.87	3341.79	3299.58	−42.21

3. 安康市土地利用转移分析

1) 1985~1996 年土地利用转移分析

从表 5.18 中可以看出,1985~1996 年,安康市各种土地利用类型的面积都有所变化,表明各土地利用类型之间都存在着转化关系,但是其转化的来源各有不同。

表 5.18　1985~1996 年安康市土地利用转移矩阵　　　　　(单位：km²)

类目		1996 年					
		耕地	林地	草地	水域	建设用地	未利用地
1985 年	耕地	5892.17	28.59	125.91	0.30	0.41	0.00
	林地	15.42	6989.65	29.72	0.00	0.89	0.00
	草地	39.89	23.66	10101.97	0.12	0.00	0.00
	水域	1.62	0.09	0.22	87.86	0.01	0.00
	建设用地	1.73	0.01	0.02	0.00	57.72	0.00
	未利用地	0.00	0.00	0.00	0.00	0.00	2.33

其中,耕地主要转变为林地和草地,转变为林地 28.59km²,转变为草地 125.91km²;在这期间,其他土地利用类型转变为耕地的面积与比例较少,贡献率较低。

林地主要转化为耕地和草地,转化为耕地 15.42km²,转化为草地 29.72km²;在这期间,耕地转化为林地 28.59km²,草地转化为林地 23.66km²。

草地主要转变为耕地和林地,其中,转变为耕地 39.89km²,转变为林地 23.66km²,值得一提的是,还有一部分草地转变为了水域,转变面积为 0.12km²,可能与当地的治理措施有关。在此期间耕地转化为草地 125.91km²,林地转化为草地 29.72km²,水域转化为草地 0.22km²,这可能是退耕还林还草的结果。

水域主要转变为耕地和草地,转变为耕地 1.62km²,转变为草地 0.22km²,还有

一小部分转变为了林地和建设用地，在这期间，耕地转化为水域 0.30km²，草地转化为水域 0.12km²。

建设用地主要转变为耕地，转变了 1.73km²，还有一小部分转变为了林地和草地。在这期间，耕地转变为建设用地 0.41km²，林地转变为建设用地 0.89km²。

未利用土地未发生变化。以上各种土地利用类型的转化关系如图 5.6(a)所示。

2) 1996～2000 年土地利用转移分析

通过对表 5.19 的分析，耕地、林地、草地这三种土地利用类型依然是变化的主体。耕地主要转变为林地、草地和建设用地，转变为林地 11.31km²，转变为草地 23.72km²，转变为建设用地 2.94km²。在这期间，其他土地利用类型转变为耕地的面积比较大，其中，林地转变为耕地 33.71km²，草地转变为耕地 138.36km²，水域转变为耕地 0.61km²，建设用地转变为耕地 0.32km²。

林地的变化也很活跃，林地主要转变为耕地和草地，转变为耕地 33.71km²，转变为草地 31.72km²。在这期间，耕地转变为林地 11.31km²，草地转变为林地 27.56km²。

草地的变化也很明显，草地主要转变为耕地和林地，转变为耕地 138.36km²，转变为林地 27.56km²，在这期间，耕地转变为草地 23.72km²，林地转变为草地 31.72km²，水域转变为草地 0.1km²。

表 5.19　1996～2000 年安康市土地利用转移矩阵　　　　（单位：km²）

类目		2000 年					
		耕地	林地	草地	水域	建设用地	未利用地
1996 年	耕地	5912.43	11.31	23.72	0.43	2.94	0.00
	林地	33.71	6976.36	31.72	0.09	0.11	0.00
	草地	138.36	27.56	10091.79	0.10	0.02	0.00
	水域	0.61	0.00	0.10	87.59	0.00	0.00
	建设用地	0.32	0.14	0.00	0.01	58.56	0.00
	未利用地	0.00	0.00	0.00	0.00	0.00	2.33

水域主要转变为耕地和草地，其中，转变为耕地 0.61km²，转变为草地 0.10km²，在这期间耕地转变为水域 0.43km²，林地转变为水域 0.09km²，草地转变为水域 0.10km²，建设用地转变为水域 0.01km²。

建设用地主要转变为耕地和林地，转变为耕地 0.32km²，转变为林地 0.14km²。在这期间，耕地转变为建设用地 2.94km²，林地转变为建设用地 0.11km²。

未利用土地没有发生明显变化。这一期间耕地面积呈持续增加趋势，这与当地农民的开垦有关。以上各种土地利用类型的转化关系如图 5.6(b)所示。

3) 1985~2000 年土地利用转移分析

通过对表 5.20 的分析可知，安康市 1985~2000 年，变化的主要土地利用类型为耕地、林地、草地和建设用地，草地转变为耕地的面积比较大，而其他土地利用类型对草地的贡献较小。转化关系如图 5.6(c)所示。这说明在这期间，耕地中的大部分由草地转变而来。耕地主要转变为林地、建设用地和草地，转变的面积都很小，而耕地的面积却一直在增加。林地面积总体呈先减少后增加的趋势，这可能与植树造林有关。

表 5.20　1985~2000 年安康市土地利用转移矩阵　　　　　　　　(单位：km²)

类目		2000 年					
		耕地	林地	草地	水域	建设用地	未利用地
1985 年	耕地	6040.92	1.43	3.73	0.00	1.30	0.00
	林地	10.53	7013.92	10.37	0.00	0.86	0.00
	草地	32.47	0.02	10133.15	0.00	0.00	0.00
	水域	1.51	0.00	0.07	88.22	0.00	0.00
	建设用地	0.00	0.00	0.00	0.00	59.47	0.00
	未利用地	0.00	0.00	0.00	0.00	0.00	2.33

(a) 1985~1996 年安康市土地利用/覆被变化特征

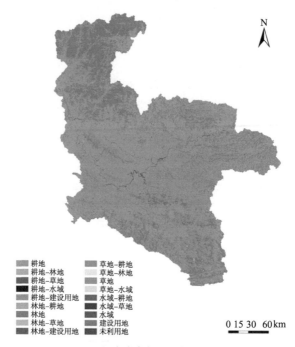

耕地
耕地–林地
耕地–草地
耕地–水域
耕地–建设用地
林地–耕地
林地
林地–草地
林地–建设用地

草地–耕地
草地–林地
草地
草地–水域
水域–耕地
水域–草地
水域
建设用地
未利用地

0 15 30 60km

(b) 1996～2000 年安康市土地利用/覆被变化特征

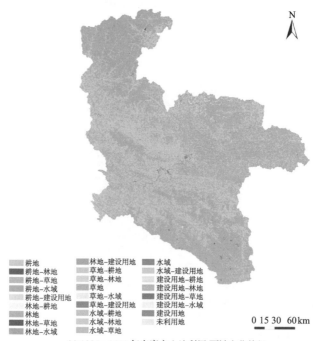

耕地
耕地–林地
耕地–草地
耕地–水域
耕地–建设用地
林地–耕地
林地
林地–草地
林地–水域

林地–建设用地
草地–耕地
草地–林地
草地
草地–水域
水域–耕地
水域–林地
水域–草地

水域
水域–建设用地
建设用地–耕地
建设用地–林地
建设用地–草地
建设用地–水域
建设用地
未利用地

0 15 30 60km

(c) 1985～2000 年安康市土地利用/覆被变化特征

图 5.6   安康市土地利用/覆被变化特征

4. 汉中市土地利用转移分析

1) 1985～1996 年土地利用转移分析

表 5.21 为 1985～1996 年动态转移矩阵。可以看出，1985～1996 年耕地主要转变为草地、建设用地、林地和水域，其转化面积分别为 84.16km²、12.00km²、6.04km² 和 3.56km²。

表 5.21　1985～1996 年汉中市土地利用转移矩阵　　　　　　（单位：km²）

类目		1996 年					
		耕地	林地	草地	水域	建设用地	未利用地
1985 年	耕地	7335.73	6.04	84.16	3.56	12.00	0.00
	林地	6.86	7905.43	223.14	0.00	1.11	0.00
	草地	45.61	48.09	11087.66	0.93	0.40	0.00
	水域	11.28	0.05	1.06	153.92	0.00	0.00
	建设用地	27.99	0.56	1.28	0.02	180.04	0.00
	未利用地	0.00	0.00	0.00	0.00	0.00	1.01

林地主要转变为草地、耕地和建设用地，其转化面积分别为 223.14km²、6.86km² 和 1.11km²。

草地主要转变为林地、耕地、水域和建设用地，其转化面积为 48.09km²、45.61km²、0.93km² 和 0.40km²。

水域主要转变为耕地、草地和林地，其转化面积分别为 11.28km²、1.06km² 和 0.05km²。

建设用地主要转变为耕地、草地、林地和水域，其转化面积分别为 27.99km²、1.28km²、0.56km² 和 0.02km²。

未利用地没有特别转变。以上各种土地利用类型的转化关系如图 5.7(a)所示。

2) 1996～2000 年土地利用转移分析

从 1996～2000 年的动态转移矩阵(表 5.22)中可以看出，1996～2000 年各种土地利用类型的面积都有所变化，表明各土地利用类型之间都存在着转化关系，但是其转化的来源各有不同。图 5.7(b)为各土地利用类型的转化关系。

其中，耕地减少的面积，主要是由于耕地转化为草地、建设用地，其转化面积分别为 37.48km² 和 30.43km²；耕地增加的面积，主要是草地、林地、建设用地和水域转化为耕地，其转化面积分别为 77.62km²、5.32km²、4.95km² 和 2.15km²。

林地减少的面积，主要是由于林地转化为草地和耕地，其转化面积分别为 46.73 km² 和 5.32km²；林地增加的面积，主要是草地和耕地转化为林地，其转化面积分别为 222.61km² 和 5.72km²。

表 5.22　1996～2000 年汉中市土地利用转移矩阵　　　　（单位：km²）

类目		2000 年					
		耕地	林地	草地	水域	建设用地	未利用地
1996 年	耕地	7343.58	5.72	37.48	10.26	30.43	0.00
	林地	5.32	7907.42	46.73	0.05	0.65	0.00
	草地	77.62	222.61	11094.66	0.98	1.42	0.00
	水域	2.15	0.00	0.93	155.33	0.02	0.00
	建设用地	4.95	0.92	0.40	0.00	187.28	0.00
	未利用地	0.00	0.00	0.00	0.00	0.00	1.01

草地减少的面积，主要是由于草地转化为林地和耕地，其转化面积分别为 222.61km² 和 77.62km²；草地增加的面积，主要是耕地、林地转化为草地，其转化面积分别为 37.48km² 和 46.73km²。

建设用地减少的面积，主要是由于建设用地转化为耕地和林地，其转化面积分别为 4.95km²、0.92km²；建设用地增加的面积，主要是耕地、草地转化为建设用地，其转化面积为 30.43km²、1.42km²，有少量的林地和水域转化为建设用地。

3) 1985～2000 年土地利用转移分析

根据表 5.23 和前面的分析可知，汉中市在 1985～2000 年，土地利用类型的转化主要表现为耕地和林地面积减少，草地面积增加；就土地利用类型变化的速度而言，整个汉中市建设用地的增加速度是最快的。其中，各种类型土地的转化关系如图 5.7(c) 所示，随着汉中市城市化水平的提高和外来人口的迁入，将会导致建设用地的增加，从而使大量林地和耕地进一步转移为建设用地(田光进等，2001)。为此，必须节约土地资源，实行集约式开发，提高土地效益。

表 5.23　1985～2000 年汉中市土地利用转移矩阵　　　　（单位：km²）

类目		2000 年					
		耕地	林地	草地	水域	建设用地	未利用地
1985 年	耕地	7420.19	1.01	9.02	1.53	9.73	0.00
	林地	1.58	8134.30	0.47	0.00	0.19	0.00
	草地	10.62	1.36	11170.71	0.00	0.00	0.00
	水域	1.23	0.00	0.00	165.09	0.00	0.00
	建设用地	0.00	0.00	0.00	0.00	209.88	0.00
	未利用地	0.00	0.00	0.00	0.00	0.00	1.01

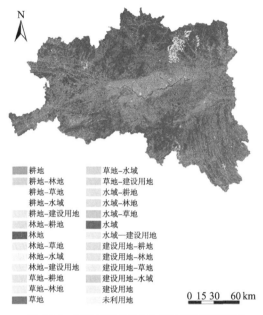

■ 耕地	▨ 草地–水域
▨ 耕地–林地	▨ 草地–建设用地
▨ 耕地–草地	▨ 水域–耕地
▨ 耕地–水域	▨ 水域–林地
▨ 耕地–建设用地	▨ 水域–草地
▨ 林地–耕地	■ 水域
■ 林地	▨ 水域—建设用地
▨ 林地–草地	▨ 建设用地–耕地
▨ 林地–水域	▨ 建设用地–林地
▨ 林地–建设用地	▨ 建设用地–草地
▨ 草地–耕地	▨ 建设用地–水域
▨ 草地–林地	▨ 建设用地
■ 草地	▨ 未利用地

0 15 30 60 km

(a) 1985～1996 年汉中市土地利用/覆被变化特征

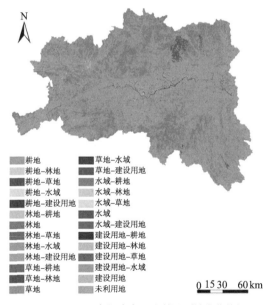

■ 耕地	■ 草地–水域
▨ 耕地–林地	■ 草地–建设用地
■ 耕地–草地	▨ 水域–耕地
▨ 耕地–水域	▨ 水域–林地
■ 耕地–建设用地	▨ 水域–草地
▨ 林地–耕地	■ 水域
■ 林地	▨ 水域–建设用地
▨ 林地–草地	■ 建设用地–耕地
▨ 林地–水域	▨ 建设用地–林地
▨ 林地–建设用地	▨ 建设用地–草地
▨ 草地–耕地	▨ 建设用地–水域
■ 草地–林地	▨ 建设用地
■ 草地	▨ 未利用地

0 15 30 60 km

(b) 1996～2000 年汉中市土地利用/覆被变化特征

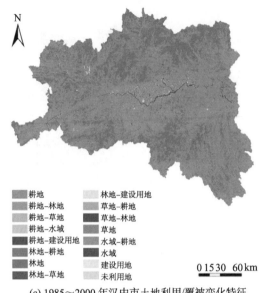

图例
耕地	林地–建设用地
耕地–林地	草地–耕地
耕地–草地	草地–林地
耕地–水域	草地
耕地–建设用地	水域–耕地
林地–耕地	水域
林地	建设用地
林地–草地	未利用地

0 15 30   60km

(c) 1985～2000 年汉中市土地利用/覆被变化特征

图 5.7　汉中市土地利用/覆被变化特征

5. 商洛市土地利用转移分析

1) 1985～1996 年土地利用转移分析

从表 5.24 中可以看出，商洛市在 1985～1996 年各种土地利用类型的面积都有所变化，表明各土地利用类型之间都依然存在着转化关系，但是它们的转化来源各有不同。其中，耕地减少的面积，主要是由于耕地转化为草地、林地、建设用地和水域，其转化面积分别为 30.97km^2、18.39km^2、1.71km^2 和 0.29km^2；耕地增加的面积，主要是草地、林地和建设用地转化为耕地，其转化面积分别为 16.46km^2、8.65km^2 和 0.97km^2。

林地减少的面积，主要是由林地转化为耕地、草地、建设用地和未利用地，其转化面积分别为 8.65km^2、4.77km^2、0.08km^2 和 0.37km^2；林地增加的面积，主要是耕地、草地和建设用地转化为林地，其转化面积分别为 18.39km^2、3.69km^2 和 0.08km^2。

草地减少的面积，主要是由于草地转化为耕地和林地，其转化面积分别为 16.46km^2、3.69km^2；草地增加的面积，主要是耕地、林地和建设用地转化为草地，其转化面积分别为 30.97km^2、4.77km^2、0.19km^2。

各种土地利用类型的转化关系具体如图 5.8(a)所示。

表 5.24   1985～1996 年商洛市土地利用转移矩阵   (单位：km²)

类目		1996 年					
		耕地	林地	草地	水域	建设用地	未利用地
1985 年	耕地	4404.81	18.39	30.97	0.29	1.71	0.00
	林地	8.65	7003.77	4.77	0.02	0.08	0.37
	草地	16.46	3.69	8053.43	0.04	0.05	0.00
	水域	0.00	0.01	0.06	42.43	0.00	0.00
	建设用地	0.97	0.08	0.19	0.00	87.15	0.00
	未利用地	0.00	0.00	0.00	0.00	0.00	3.18

2) 1996～2000 年土地利用转移分析

从表 5.25 中可以看出，商洛市在 1996～2000 年，耕地、林地、草地这三种土地利用类型依然是变化的主体。其中，耕地减少的面积，主要是由于耕地转化为草地、林地、建设用地，其转化面积分别为 10.62km²、6.26km² 和 2.66km²；耕地增加的面积，主要是草地、林地和建设用地转化为耕地，其转化面积分别为 82.25km²、36.44km² 和 0.73km²。

表 5.25   1996～2000 年商洛市土地利用转移矩阵   (单位：km²)

类目		2000 年					
		耕地	林地	草地	水域	建设用地	未利用地
1996 年	耕地	4411.36	6.26	10.62	0.00	2.66	0.00
	林地	36.44	6986.04	3.36	0.01	0.08	0.00
	草地	82.25	4.15	8002.77	0.06	0.19	0.00
	水域	0.29	0.02	0.04	42.43	0.00	0.00
	建设用地	0.73	0.00	0.05	0.00	88.22	0.00
	未利用地	0.00	0.37	0.00	0.00	0.00	3.18

林地减少的面积，主要是由林地转化为耕地、草地和建设用地，其转化面积分别为 36.44km²、3.36km² 和 0.08km²；林地增加的面积，主要是耕地、草地转化为林地，其转化面积分别为 6.26km²、4.15km²。

草地减少的面积，主要是由草地转化为耕地和林地，其转化面积分别为 82.25km²、4.15km²；草地增加的面积，主要是耕地、林地转化为草地，其转化面积分别为 10.62km²、3.36km²。草地与其他类型土地转化关系如图 5.8(b)所示。水域减少的面积，主要是由水域转化为耕地和草地，其转化面积分别为 0.29km²、0.04km²；

水域增加的面积，主要是草地和林地转化为水域，其转化面积分别为 0.06km²、0.01km²。各种土地利用类型的转化关系具体如图 5.8(b)所示。

3) 1985～2000 年土地利用转移分析

根据表 5.26 和前面的分析可知，商洛市在 1985～2000 年变化的主要土地利用类型有耕地、林地和草地，草地转变为耕地的面积比较大，而其他土地利用类型对草地的贡献较小。各种土地类型的转化关系如图 5.8(c)所示。林地、建设用地和草地，转化的面积都很小，而耕地的面积却一直在增加。林地面积总体呈先减少后增加趋势，这可能与植树造林有关。

表 5.26　1985～2000 年商洛市土地利用转移矩阵　　　　（单位：km²）

类目		2000 年					
		耕地	林地	草地	水域	建设用地	未利用地
1985 年	耕地	4452.03	0.13	1.33	0.00	2.68	0.00
	林地	20.31	6996.70	0.58	0.00	0.08	0.00
	草地	58.73	0.01	8014.94	0.00	0.00	0.00
	水域	0.00	0.00	0.00	42.50	0.00	0.00
	建设用地	0.00	0.00	0.00	0.00	88.39	0.00
	未利用地	0.00	0.00	0.00	0.00	0.00	3.18

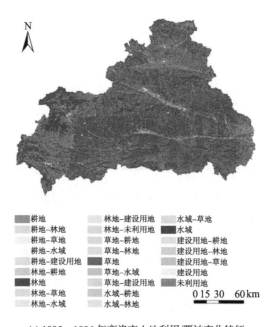

N

■ 耕地	林地–建设用地	水域–草地
耕地–林地	林地–未利用地	■ 水域
耕地–草地	草地–耕地	建设用地–耕地
耕地–水域	草地–林地	建设用地–林地
耕地–建设用地	■ 草地	建设用地–草地
林地–耕地	草地–水域	建设用地
■ 林地	草地–建设用地	■ 未利用地
林地–草地	水域–耕地	
林地–水域	水域–林地	0 15 30　60km

(a) 1985～1996 年商洛市土地利用/覆被变化特征

(b) 1996~2000 年商洛市土地利用/覆被变化特征

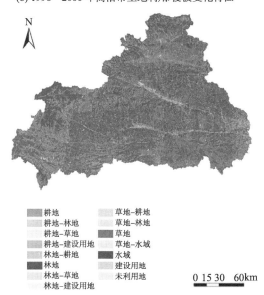

(c) 1985~2000 年商洛市土地利用/覆被变化特征

图 5.8 商洛市土地利用/覆被变化特征

5.1.3 土地利用/覆被变化驱动力分析

土地利用/覆被变化驱动力是指导致土地利用方式和目的发生变化的主要生物

物理和社会经济因素。主要分为自然驱动力和社会驱动力。自然驱动力是指自然系统中的气候、土壤、水文、植被等类型的驱动力。社会驱动力是指人为活动产生的影响因素，通常分为 6 类，即人口变化、贫富状况、技术进步、经济增长、政治结构和价值观念等。土地利用/覆被变化是多种驱动力综合作用的结果。自然因素的驱动力是被动的驱动力，人类活动是引起土地利用/覆被变化的主动因素，是土地利用/覆被变化最活跃、最主要的驱动力，人类通过改变土地利用/覆被的类型与结构，增强对土地这个自然综合体的干预程度，从而满足人类对生存环境的需求(王秀兰，1999)。

1. 政策法规的影响

任何一种自然资源开发活动都是在一定的文化背景和制度条件下进行的，土地资源自然也不例外，文化和制度的外在约束性作用对包括土地资源在内的自然资源开发利用形式产生重要的影响。由于人们在土地资源利用过程中所表现的各种非持续利用行为无法通过其他形式得到有效解决，因此一个包括诸如土地有偿使用制度、产权制度和价格制度等的政策制度体系的建立具有很大的作用。

区域土地利用类型都是在特定的经济系统和政策水平下形成的，政策因素中与土地利用相关的政策对土地利用方式有很重要的影响。政策因素有农业政策、环保政策等，是土地利用的直接决策因素，其中，造成研究区土地利用变化的政策因素主要是环保政策和经济政策(李政等，2009)。

农业政策：农民减负的税收政策，提高了农民的生产积极性，耕地得到保护的同时扩大了经济林的种植面积。研究区的土地利用率不高，加之生态环境的限制性，未利用地作为耕地的后备资源严重不足，由于基本农田保护政策，要提高土地利用率，只有将其未利用地转换为林地、草地，以实现生态和经济效益(夏文江，2007)。

环保政策：退耕还林、还草等政策，给予了农民一定的经济补贴及优惠配套措施，退耕还林政策普遍得到了农民的支持，研究区很多农户实现了全部退耕，还主动选择种植经济作物，提高了土地利用率，裸岩面积大幅度减少。

政府的其他政策：科技扶贫和对土地资金投入的增加，间接作用于土地，促使其土地利用类型发生变化。

2. 社会经济的影响

1) 人口增长

在土地利用这样一个开放的系统之中，人口既是土地利用系统结构的组织者和参与者，也是系统输出产品的消费者。换言之，人能够通过生产技术、活动方式来调节、组织土地利用；同时，作为参与者，也以占有一定的土地作为其生产、生活的场所；最后，人还作为消费者，消耗土地利用过程中生产的产品，增加对土地生态系统生产力的压力。因此，人口增长必然导致居住地的增加和土地利用系统输出产品需求量的增加。而输出产品需求量的增加只有两条途径：一是调整、优化系统结构，提高土地利用系统的能量转化为生产能力；二是扩大土地利用面积，开发未利用的土地资源，提高土地利用率。这两条途径都影响土地利用格局的变化，如果这种变化是合理的土地利用方式，则能达到土地资源的可持续利用，进而达到人与自然的和谐共生，否则，会造成土地污染和退化、土地生产力下降(李政等，2009)。

陕南三市人口总量以及城镇化人口总量呈增加的趋势。人口总数的增加对粮食生产产生新的压力，而城镇化人口数量的增加在一定程度上可以减少对土地的压力和对生态环境的破坏程度，但是城镇化的提高对粮食生产提出了更高的保障要求。同时城镇化水平的提高对城市周围土地利用结构变化产生影响，居民用地的增加，增加了城镇周围土地压力。与此同时，随着三市社会经济发展，高速公路、铁路、矿产资源开发和其他开发建设项目的大规模实施，在增加当地国民生产总值的同时，也增加了对当地土地利用结构中林地、草地以及未利用土地的破坏，对当地生态环境产生了极大的压力。

2) 粮食生产

对商洛市的分析结果表明，在过去 15 年的时间中，陕南三市的人口都呈现明显的增加趋势，而三市的粮食生产则呈现波动微增的趋势。这说明在陕南地区，由于基本以坡地农业为主，粮食生产更多地与当年的土壤植被及气候条件相关，也从另外一个角度说明了在现有条件下，当地的粮食生产缺乏稳定的保障条件。因此，必须要加大基本农田等农业生产条件的改善，为当地的粮食供应提供可靠保障。

3. 自然环境的影响

1) 自然环境特征与变化

陕南北依秦岭，与陕西省宝鸡市、西安市、渭南地区相邻；南邻大巴山，与四川省接壤；西与甘肃省相连；东与河南省、湖北省毗连。包括安康、汉中、商洛 3 个地区 28 个县(市)。陕南的汉中、安康在自然条件方面具有明显的南方地区特征，该地区的人主食是大米，主要栽种水稻，盛产橘子、茶叶。

安康市位于陕西省以及西北地区最南端，属亚热带大陆性季风气候，具有典型的南方气候特征，一年四季分明，雨量充沛，无霜期长，山川秀丽，资源丰富，历史悠久(贾长安和李丹霞，2012)。安康市总面积为 23391km^2，人口 301 万(2004 年统计结果)。安康是北亚热带季风地区的一部分，也是陕西省乃至整个西北地区(行政规划上而言)水资源最为丰富的地区。

汉中市地处北暖温带和亚热带气候的过渡带，北依秦岭，南屏巴山，汉水横贯全境，形成汉中盆地。盆地内夏无酷暑，冬无严寒，雨量充沛，气体湿润，年降水量为 800～1000mm，年均气温为 14℃，生态环境良好，生物资源极为丰富，兼我国南北方之共有。总面积为 2.7 万 km²，人口 372 万。

商洛市位于陕西省东南部，主要河流为丹江，为汉水流域的一部分，该地区具有南北过渡的气候条件。四季气候分明，冬无严寒，夏无酷暑。面积有 2.7 万 km²，人口有 360 多万。行政区划有现辖 10 县 1 区。

陕南汉江谷地近年来气候呈现干旱化趋势，其气候变干表现在 3 个方面：①年降水量减少，且趋势强；②降水年内分配很不均匀，夏增秋减趋势很明显，而最大 3 个月降水量也呈减少趋势；③地表产流量减少，减少趋势明显。陕南汉江谷地生态环境在干旱化的气候背景下继续恶化，各种环境地质灾害频繁发生，水土流失呈发展趋势。

2) 水土流失现状

(1) 水土流失现状。据水利部长江水利委员会提供的遥感调查资料，该水源区水土流失面积为 26267.55km²，占土地总面积 62730km² 的 41.87%，占丹江口水库总流失面积 51653.75km² 的 50.85%。区内轻度侵蚀面积为 5305.93km²，中度侵蚀面积为 14063.11km²，强度侵蚀面积为 4142.79km²，极强度侵蚀面积为 2030.58km²，剧烈侵蚀面积为 725.14km²，分别占全流域水土流失面积的 20.2%、53.54%、15.77%、7.73% 和 2.76%。区内平均侵蚀模数为 4035t/(km²·a)，年均土壤侵蚀量为 1.06 亿 t。水土流失主要分布在 800m 以下的低山丘陵区(主要是汉江、丹江干流两岸和汉中盆地周边地区)，土壤侵蚀模数在 5000 t/(km²·a)左右，局部地区高达 8000t/(km²·a)。流域内水土流失形态以水力侵蚀为主，崩塌、滑坡、泥石流等重力侵蚀也很普遍，是全国山地灾害的高发区(孙虎和王继夏，2009)。

(2) 水土流失的时间分布特征。同时受季风的影响，年降水量的 70%左右集中于夏秋两季，且大雨、暴雨频繁，强度大。大雨、暴雨对地表土层的强烈冲击，严重地破坏了土层结构，使土层抗蚀能力大大减弱，侵蚀强度剧增，尤其以 7～9 月汛期，水力和重力侵蚀最为活跃，是陕南山区水土流失主要的时期，流失量占年总量的 84%以上。水文资料综合分析表明：陕南丹汉江流域，水土流失年内季节变化十分明显，各季节的流失量占年总流失量分别是：春季 7.37%，夏季 65.43%，秋季 27.13%，冬季 0.07%；侵蚀强度夏季最强，秋季次之，春季、冬季最弱。水土流失不仅有季节性变化，而且流失量高度集中，尤以 7 月量最大，占年总侵蚀量的 40%。

土壤侵蚀在年际之间也有变化，侵蚀量随枯水与丰水年变化显著。例如，1976 年丹汉江流域恰逢枯水年，汉江干流安康站输沙量仅 $7.15×10^6t$，丹江干流荆紫关站输沙量仅为 $1.28×10^6t$，分别占多年平均输沙量的 28.83%和 29.16%；1979～1980 年丹汉江流域为丰水年，汉江干流安康站输沙量猛增，为多年平均输沙量的 1.55 倍，丹江干流荆紫关站输沙量为多年平均输沙量的 1.27 倍。

(3) 水土流失空间分布规律。土壤侵蚀具有明显的垂向变化规律。由于人类活动是影响山地景观生态格局的主要因素，因此随着人类活动对山地生态环境的影响，从低山丘陵向高山逐渐减弱，侵蚀强度一般随着山地高度增加，呈现出有规律的垂向变化。例如，汉江与丹江干流沿岸的低山丘陵区，森林植被基本被破坏殆尽，坡耕地与荒山秃岭面积大，侵蚀模数达 5000～8000t/(km²·a)；低中山区(海拔 1200～1800m)，植被覆盖度达 40%～50%，侵蚀模数为 2500～5000t/(km²·a)；中山区(海拔 1800～2500m)，人类活动影响较小，植被覆盖率达 60%以上，侵蚀强度降为 500～2500t/(km²·a)；高中山和高山区(海拔＞2500m)，即秦岭和巴山主脊地带，侵蚀强度均低于 500 t/(km²·a)。

流域内沿丹汉江干流及主要支流分布着 3 个相当明显的侵蚀地带：一是沿丹汉江及主要支流两岸的川道平坝区，侵蚀模数小于 1000t/(km²·a)；二是丹汉江及主要支流的低山丘陵沟壑区，这一地带水土流失严重，是江河泥沙的主要来源区，侵蚀模数在 2500～5000t/(km²·a)，局部地区高达 8000t/(km²·a)；三是丹汉江及主要支流的中高山区，这一地带土壤侵蚀轻微，侵蚀模数小于 500t/(km²·a) (杨碧波等，2010)。

3) 水资源特征——以商洛市为例

(1) 水资源总量少，地区分布不均匀。商洛市多年平均降水量为 786.7mm，降水总量为 150.7 亿 m^3，多年平均地表水资源量为 50.1 亿 m^3，有 33.3%的降水量转化为地表水量。全市水资源总量为 50.1 亿 m^3，人均占有量 2072m^3/人，相当于全国人均占有水量的 94.2%，按耕地面积平均，全市亩均占有量为 2586m^3/亩，相当于全国亩均的 130.6%，略高于全国水平。

由于受地理位置、气候特征和下垫面条件的影响，商洛市水资源分布不均匀，既有南北差别，又有东西差距。东南部商南县深山区、丹江河谷区是降水高值区，地表水资源量大，西部镇安县西部、柞水县北部都是降水量和水资源量大的地区，商州区、洛南县及柞水县北部沿秦岭主脊也是降水径流的高值区；而丹江河谷、金钱河河谷、洛河下游段则是降水径流的低值区，水资源量相对较少。全市人均水资源量为 2072 m^3/人，最高的柞水县 4748 m^3/人，最低的商州区 1112 m^3/人，详见表 5.27。

表 5.27   商洛市各行政区人均、亩均占有水资源总量情况表

县区	面积 /km²	降水量 /万 m³	水资源总量 /万 m³	人口 /万人	耕地 /万亩	人均水量 /(m³/人)	亩均水量 /(m³/亩)	产水模数 /(万 m³/km²)	产水系数
商州区	2672	201335.2	61468	55.29	34.6	1112	1777	23.00	0.31
洛南县	2562	189639.2	59231	45.10	47.0	1313	1260	23.12	0.31
丹凤县	2438	182752.5	52311	30.20	18.6	1732	2812	21.46	0.29
商南县	2307	195172.2	52659	23.48	19.6	2243	2689	22.83	0.27
山阳县	3514	271105.1	89029	43.93	35.3	2027	2523	25.34	0.33
镇安县	3477	290781.5	113192	28.50	26.9	3972	4208	32.55	0.39
柞水县	2322	176030.8	7354 5	15.49	11.9	4748	6163	31.67	0.39
全市	19292	1506816.5	427890	241.99	193.9	2450	3062	25.71	0.33

(2) 地表水资源年内分配不均、年际差别大。商洛市多年平均降水量为786.7mm，5～10月汛期降水量占全年降水量的78.2%～83.0%，汛期产流量占全年流量的73.5%～82.6%。商洛市地处局地暴雨洪水多发区，降水量多集中于汛期几场大暴雨，大部分径流亦为暴雨所形成，造成局地的雨涝和洪灾。在农作物生长3～5月的关键季节，干旱少雨，对农业生产不利。

商洛市降水、径流年际变化较大，全市最大最小年降水量的极值比为2.3～3.3，径流的年际变化更大，全市最大最小极值比在6.8～22.0，这就形成商洛市往往在丰水年降水径流过多，造成洪涝，而在枯水年降水径流又太少，造成干旱缺水，形成洪涝干旱交替出现的特点。

(3) 河流沙量虽有减少趋势，但又有新的问题产生。商洛市河流多发源于秦岭主峰，流域内山岭、丘陵、沟壑纵横，河流纵比降极大，所以形成了洪水期泥沙量大，且推移质占比例较大，平水期水清澈见底，输沙量很小的特点。随着水土保持工作成效的显现，退耕还林，植树造林等措施发挥作用，河流的含沙量和输沙量都有减少的趋势。从泥沙年际变化看，丹江、洛河、金钱河的含沙量、输沙量都有所减小；乾祐河、旬河含沙量、输沙量不减反增。其原因是西康铁路、西武高速公路等工程的施工，造成山体松动，另外，工程中有大量沙石、废弃物沿河倾倒，再遇到特大暴雨等综合因素。商洛市河流大都较窄较浅，容沙能力较小。近年来，大量的基建工程用沙，使部分河道沙石大量流失，河床下切，河堤呈悬空状，这是相当危险的，必须引起高度重视。

(4) 水质污染严重，且有不断加剧的趋势。商洛市地表水已受到相当程度的污染，全市9条评价河流中(评价河长747km)，受污染的河流5条，占评价河流的55.5%，

受污染河流段的水质大都在Ⅳ类以下，个别河段达到劣Ⅴ类，受污染的河段主要在城镇附近，波及下游地区，影响较大。

近年城市生活污水和工业废水、废渣、固体废物的大量超标排放和农业化肥、农药的大量使用，不但污染了河流，而且使地下水污染日趋严重。

洛南县县河、镇安县县河水质劣Ⅴ类，乾祐河镇安城区段水质Ⅳ类，丹江商州城区段水质为劣Ⅴ类，山阳县县河水质为Ⅲ类。

综上所述，商洛市水质污染问题已日趋严重，必须加强水资源管理，依法治水、管水，加大水污染防治力度。

(5) 近期自产产流量、入境水量衰减剧烈。20 世纪 90 年代以来，商洛市大部分河流产流量减少剧烈。全市 15 年平均自产水量仅为 38.9 亿 m³，比多年平均值减少 11.2 亿 m³，减少了 22.4%。其中，丹江减少了 4.16 亿 m³，占多年平均产流量的 25.9%；洛河减少了 1.84 亿 m³，占多年平均产流量的 28.2%；金钱河减少了 2.94 亿 m³，占多年平均产流量的 22.3%；乾祐河减少了 1.24 亿 m³，占多年平均产流量的 18.9%；旬河减少了 1.60 亿 m³，占多年平均产流量的 14.9%。

地表水资源量减少的幅度明显大于降水量的减少幅度，这就使得较为干旱的年份，水量更加不足，制约经济的发展，值得关注。

(6) 旱涝灾害频繁，干旱缺水突出。由于商洛市降水时空分布极不均匀，水旱灾害发生频繁，特别是干旱灾害范围广、频次多、损失大。根据实际资料分析，从 1965 年至今，商洛市发生的全市范围内的大旱灾就有四次，分别是 1981 年、1986 年、1995 年和 1997 年，平均每 10 年一次，这还不算个别县小范围的旱灾。

商洛市洪涝灾害也较频繁，特别是洪灾，洪水把房屋、土地、道路等冲毁，给人民生命财产造成巨大的损失，有较大影响的洪灾年份有：1975 年、1983 年、1988 年、1998 年、2002 年、2003 年。

综上所述，旱涝灾害极为频繁，给人民生命财产及国民经济造成的损失巨大，是制约商洛市经济发展的主要因素。

4. 生态建设活动的影响

陕南地区是南水北调中线工程水源区，一直是国家水土流失治理和生态环境建设的重点区域。因人为的开荒种地、砍伐林木，致使大面积的天然植被造成严重的破坏。加之近年来基础设施建设，植被严重被毁，生态环境被破坏，已造成严重的水土流失，容易引发各种山地灾害，因此水土保持治理对于当地土地利用/覆被变化的作用不容忽视。图 5.9～图 5.17 分别为 1985～2000 年安康市、汉中市和商洛市各典型县的水土保持林、梯田和封山育林的面积变化。可以看出，各项水土保持治理措施都表现出了明显增加趋势。水土保持治理对于改善当地的生态环境，提高环境质量，保障社会经济发展起到了巨大作用。

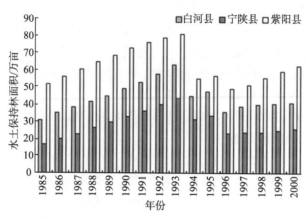

图 5.9　安康市典型县水土保持林面积变化

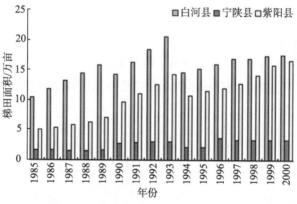

图 5.10　安康市典型县梯田面积变化

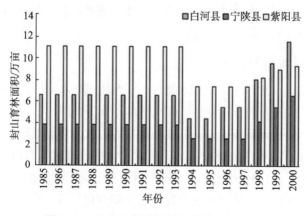

图 5.11　安康市典型县封山育林面积变化

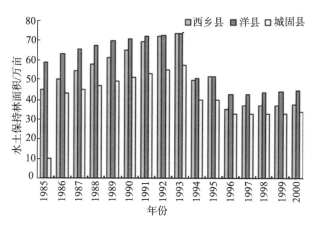

图 5.12 汉中市典型县水土保持林面积变化

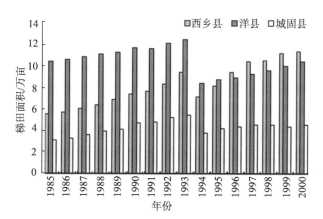

图 5.13 汉中市典型县梯田面积变化图

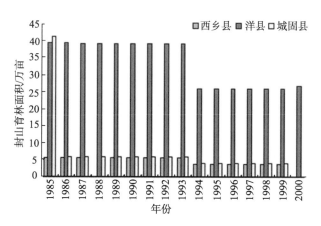

图 5.14 汉中市典型县封山育林面积变化

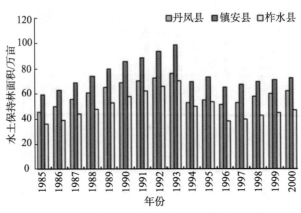

图 5.15　商洛市典型县水土保持林面积变化

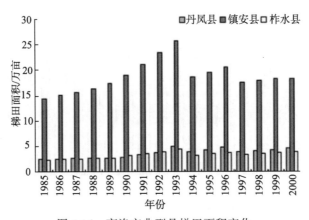

图 5.16　商洛市典型县梯田面积变化

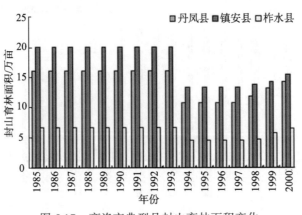

图 5.17　商洛市典型县封山育林面积变化

5.2　丹汉江流域景观格局演变

土地利用变化不仅表现为土地资源质量和数量的变化,还包括各种土地利用类型的空间位置转换和数量的变化(张永民等,2003)。土地利用的空间格局的变化必然引起地表景观格局的变化,大小不一,形状各异的各种土地利用类型斑块在空间上的组合,构成不同的土地利用空间格局。因此,借助景观生态学的一些参数和指标来描述和研究土地利用空间格局的变化。

景观是指从微观到宏观不同尺度上的,具有异质性或缀块性的空间单元。即由不同生态系统组成的镶嵌体。在宏观尺度上,空间异质性及空间格局为主要的研究内容,通过对景观空间异质性和空间格局的分析,可以科学地揭示区域生态环境现状,而目前对景观格局或空间异质性度量的方法通常有两种:景观格局指数方法或地理统计学方法。景观指数是能够高度浓缩景观格局信息,反映其结构组成和空间配置某些方面特征的简单定量指标,应用更为广泛,目前发展出的景观指数有几百种之多,并出现了一些以景观指数计算为主要功能的景观格局分析程序。

利用数理统计方法和景观生态学的数量方法,运用地理信息系统的空间分析技术,可以实现对土地利用空间格局及其变化的定量描述和分析。本书在 ArcGIS 软件环境支持下,利用 FRAGSTATS 软件统计的斑块基本特征值,计算表征土地利用空间格局变化景观参数值,并利用主要的景观要素特征指数分析土地利用空间格局的变化程度。

5.2.1　评价区景观类型与指数

1. 评价区景观类型

1) 耕地

在南部黄土高原丘陵沟壑区,该景观占绝对优势,为模地景观,具有较高的连通性和大块聚集分布的特征。该景观的空间形状复杂,表现出人为活动强烈影响特征。农田与疏松的黄土及大雨、暴雨及大风驱动因素特征结合,使得农田,尤其是坡耕地,成为黄土丘陵沟壑区水土流失最为严重的部位,也使其通过各种联系而加大了区域景观的脆弱性。

在北部风沙区,未利用土地(即沙地)处于模地地位,耕地和草地镶嵌于沙地之中,耕地的小斑块状结构及其彼此的分离,反映出农业集约化水平较低的特征。随着耕地面积的扩大及草地承载量的增大，流动山地及半流动沙地有明显的向东南方向移动，使景观生态系统呈现局部退化的趋势。

2）草地

草地沿沟坡分布特征明显，斑块数量多、面积小，但具有一定的连通性。由于过牧和沙地侵入，草地景观有一定的退化现象，近年来的退耕还林(草)政策的实施，草地系统有所恢复。

3）未利用土地(沙地)

沙地主要分布于评价区北部。由于该区域降水稀少，气候干旱，形成了以半流动沙地、流动沙地为主体的空间构架，这种区域上景观整体空间构架的形成，是由毛乌素沙地和黄土高原共同作用的结果。沙地景观的脆弱及其在北部地区的模地地位，是评价区景观生态脆弱性的直接表现。

4）林地

评价区林地景观比例较低，且多为灌木林地，主要分布于可达性差的涧台地和河谷。斑块数量少、面积小、连通性差是林地景观的主要特点。林地作为稳定区域生态系统的景观功能单元，对区域生态系统的稳定性具有很大的作用，但评价区面积比例极低的林地景观，也从另一个方面反映了区域生态系统的脆弱性。

5）水域与建设用地

水是生态环境的稳定剂，水分条件较好的生态系统，一般具有较强的稳定性，而水分条件较差的生态系统，往往表现出较强的脆弱性。评价区地处干旱地区，降水稀少，蒸发强烈，水体比例低下，是该区生态环境脆弱的最大制约因素。

建设用地散见于评价区各个区域，比例较小，对区域景观构成有一定的分割作用。

2. 指数的选择

从景观的"斑块、廊道、基质"的基本结构出发，可将景观指数分为描述景观要素的指数和描述景观总体特征的指数两个层次；而各景观指数之间存在着很大的相关性，本次评价从景观水平上和类型水平上，尽可能地选择相互独立的景观指数，且能较全面地描述景观格局的各个方面。具体指标如下。

1）斑块类型级别

(1) 斑块个数(NP)。斑块个数在类型级别上等于景观中某一斑块类型的版块总个数，通常被用来描述空间异质性，其值大小与景观的破碎度也有较好的正相关性，一般是 NP 越大，破碎度越高；NP 越小，破碎度越低。

(2) 斑块密度(PD)。斑块密度反映景观空间结构的复杂性，是描述景观破碎度的重要指数。在类型水平上：

$$PD = \frac{N}{A} \tag{5.2}$$

式中，N 为某景观组成单元的所有斑块总个数；A 为景观组成单元的总面积。

在景观水平上，景观斑块密度是景观中全部异质景观要素斑块的单位面积斑块数。景观斑块密度=景观斑块总数/景观总面积，公式为

$$PD = \frac{1}{A}\sum_{j=1}^{M} N_i \tag{5.3}$$

式中，i 为某一景观要素类型的斑块数；j 为景观类型数；PD 为景观总体斑块密度；M 为研究范围内某空间分辨率上景观要素类型总数；A 为研究范围内景观总面积。

斑块密度也称为破碎度指数，它反映了景观被分割的破碎化程度；同时也反映了景观空间异质性程度，在一定程度上反映人为对景观的干扰程度。PD 越大，破碎化程度越高，空间异质性程度也越大。

(3) 最大斑块指数(LPI)。最大斑块指数以土地利用等级景观中最大斑块的面积除以该等级的景观总面积，再乘以 100(转换成百分比)。该指标有助于确定景观的模地或优势类型等，其值的大小决定着景观中优势种、内部种的丰度等生态特征，其值的变化可以改变干扰的强度和频度率，反映人类活动的方向和强弱。

(4) 斑块形状指数(LSI)。斑块形状指数是以正方形为标准的形状指数，通过计算某一斑块与相同面积的正方形之间的偏离程度来测量其形状的复杂程度。

$$LSI = \frac{E}{\sqrt{A}} \tag{5.4}$$

式中，E 为斑块周长；A 是斑块面积。斑块的形状越复杂，LSI 的值就越大。

(5) 周长面积分维数(PAFRAC)。如果斑块类型的形状较为复杂，则周长面积分维数的值就越大，斑块的破碎程度也就较大。

2) 景观类型级别

(1) 景观边缘密度(ED)。景观边缘密度是指研究景观范围内单位面积上异质景观要素斑块间的边缘长度，公式为

$$ED = \frac{1}{A}\sum_{j=1}^{M} E_i \tag{5.5}$$

式中，I 为景观要素类型；j 为景观要素类型数；M 为景观要素类型总数；A 为研究范围景观总面积，$A = \sum_{j=1}^{M} A_i$，A_i 为第 i 类景观要素的总面积；E_i 为第 i 类景观要素的边界长度。

单位面积上的边缘长度值大，景观被边界割裂的程度高；反之，则景观保存完好，连通性高。因此，该指标揭示了景观或类型被边界的分割程度，可用于分析景观的边缘效应。

(2) 多样性指数(SHDI)。多样性指数的大小反映景观类型的多少和各景观类型所占比例的变化。根据信息熵理论，当景观由单一类型构成时，景观是均质的，不存在多样性，其指数为 0；当景观由两种以上的类型构成，且各景观类型所占的比例相等时，景观的多样性指数最高；当各景观类型所占的比例差异增大时，类型多样性指数下降。景观多样性指数常用的是 Shannon-Wiener 指数。表达式为

$$H = -\sum_{i=1}^{m}(P_i \ln P_i) \tag{5.6}$$

式中，H 为 Shannon-Wiener 指数；P_i 为景观类型 i 所占面积的比例；m 为景观类型的数目。H 越大，表示景观的多样性越大。

(3) 香农均度指数(SHEI)：

$$\text{SHEI} = \frac{-\sum_{i=1}^{m}(P_i \ln P_i)}{\ln m} \tag{5.7}$$

SHEI 为香农多样性指数除以给定景观丰度下的最大可能多样性，可以反映出景观由一种或少数几种优势斑块类型所支配。SHEI 趋近 1 时优势度低，说明景观中没有明显的优势类型，且各斑块类型在景观中均匀分布。

5.2.2　丹江流域景观格局演变

1. 景观斑块主要指标变化规律

首先计算每个土地利用类型占整个丹江流域土地面积的百分比。在丹江流域，耕地、林地和草地是优势土地利用类型，不同历史时期，三者合计面积占全部土地利用面积的比例超过99%，可以看做是区域景观的基质或者背景，所占比例分别为耕地22.46%(2000 年)、林地35.58%(2000 年)、草地41.15%(2000 年)。城乡工矿用地所占的面积比例为68%(2000 年)，水域所占的面积比例为0.14%(2000 年)。

以 1985 年、1996 年、2000 年土地利用类型矢量图为基本资料，将其栅格化，栅格大小设置为 100m，利用景观分析软件 FRAGSTATS 计算斑块级别上的各个景观指数值，计算结果见表 5.28~表 5.30。为了进一步分析各个景观类型级别景观指数的变化，对各种斑块的主要景观指标的动态变化过程进行分析。

表 5.28 1985 年丹江流域斑块类型级别景观指数计算结果表

土地利用类型	斑块个数(NP)	斑块密度(PD)	最大斑块指数(LPI)	斑块形状指数(LSI)	周长面积分维数(PAFRAC)
林地	1458	0.20	0.70	94.83	1.46
耕地	659	0.09	13.65	121.64	1.58
草地	1313	0.18	3.23	97.63	1.47
水域	18	0.003	0.05	13.95	1.87
建设用地	389	0.05	0.06	24.43	1.33
未利用土地	1	0.0001	0.001	2.89	N/A

表 5.29 1996 年丹江流域斑块类型级别景观指数计算结果表

土地利用类型	斑块个数(NP)	斑块密度(PD)	最大斑块指数(LPI)	斑块形状指数(LSI)	周长面积分维数(PAFRAC)
林地	1459	0.21	0.70	94.64	1.46
耕地	588	0.08	13.62	120.97	1.57
草地	1310	0.18	3.23	97.28	1.47
水域	18	0.003	0.05	13.99	1.87
建设用地	381	0.05	0.06	24.20	1.33
未利用土地	1	0.0001	0.001	2.89	N/A

表 5.30 2000 年丹江流域斑块类型级别景观指数计算结果表

土地利用类型	斑块个数(NP)	斑块密度(PD)	最大斑块指数(LPI)	斑块形状指数(LSI)	周长面积分维数(PAFRAC)
林地	1461	0.21	0.70	95.01	1.46
耕地	761	0.11	13.77	122.32	1.59
草地	1321	0.19	3.22	98.26	1.47
水域	18	0.003	0.05	13.95	1.87
建设用地	389	0.06	0.06	24.42	1.33
未利用土地	1	0.0001	0.001	2.89	N/A

通过对 1985 年、1996 年和 2000 年主要景观指数数据进行分析，可以看出，在 1985 年、1996 年和 2000 年，主要土地利用类型的景观指数在年际间没有发生多大变化，各个主要土地利用类型的景观指数保持原有变化趋势，没有发生明显变化。其中，斑块数、斑块密度等指标值最大依次是林地、草地和耕地，根据定义可以说明这几种土地利用类型的破碎程度高，空间异质性程度也大；最大斑块指数最大的是耕地，其次就是草地和林地，而且耕地的最大斑块数远大于草地和林地的最大斑

块数，说明耕地这种土地利用类型是研究区域内的优势景观，而且丰度最高，而且从 1996～2000 年基本无变化，说明人为干扰强度不是很大。斑块形状指数最大的依次是耕地、草地和林地，且这三种土地利用类型的值差别较小，说明了这三种土地利用类型的斑块形状较其他土地利用类型要复杂；而周长面积分维数这一指标的结果表明，所涉及的土地利用类型这一指标值都比较大，特别是水域类型这一指标稍加明显，说明该地区水域的分布也是比较破碎的。

根据上述指标的变化特征可以看出，在 1985～2000 年，整个丹江流域的主要土地利用类型分布并没有发生根本性的变化，依然维持以耕地和草地为主要特征的土地利用特征。主要景观指标的分析结果表明，主要土地利用类型的破碎程度比较高，土地利用类型之间的边界复杂，受人为活动影响程度高。需要进一步加强生态治理，以提高区域生态系统抵御外界干扰的能力。

2. 景观斑块主要指标变化规律

从表 5.31～表 5.33 中可以看出，从 1985～2000 年，斑块个数(NP)、斑块密度(PD)、最大斑块指数(LPI)、周长面积分维数(PAFRAC)、斑块形状指数(LSI)等指标表现出了先减少后增加，但最终呈现增加趋势。虽然增加不是很明显，但也能说明在这 15 年的土地利用变化过程中，区域土地利用进一步加剧，破碎程度有所增加。

边缘密度(ED)指标值也表现出了先减少后增加的趋势，说明景观被边界割裂的程度提高；区域景观的多样性指数(SHDI)变化趋势亦同，表明各景观类型所占的比例差异增大，在研究区域中主要表现为耕地、草地等面积增加，水域、未利用土地利用等类型的面积降低。香农均度指数(SHEI)也是先减后增加但最终增加，表明区域景观更多地由耕地和草地等少数几种优势斑块类型所支配，优势斑块对区域生态环境的主导作用增强，进一步增大了区域生态环境调整的难度和压力。

表 5.31　1985 年丹江流域景观级别上的景观指数计算结果表

景观指数	斑块个数(NP)	斑块密度(PD)	最大斑块指数(LPI)	周长面积分维数(PAFRAC)	边缘密度(ED)	斑块形状指数(LSI)	多样性指数(SHDI)	香农均度指数(SHEI)
计算结果	3838	0.54	13.65	1.48	41.99	90.61	1.11	0.62

表 5.32　1996 年丹江流域景观级别上的景观指数计算结果表

景观指数	斑块个数(NP)	斑块密度(PD)	最大斑块指数(LPI)	周长面积分维数(PAFRAC)	边缘密度(ED)	斑块形状指数(LSI)	多样性指数(SHDI)	香农均度指数(SHEI)
计算结果	3757	0.5278	13.6211	1.4768	41.8074	90.2268	1.1074	0.6181

表 5.33　2000 年丹江流域景观级别上的景观指数计算结果表

景观指数	斑块个数(NP)	斑块密度(PD)	最大斑块指数(LPI)	周长面积分维数(PAFRAC)	边缘密度(ED)	斑块形状指数(LSI)	多样性指数(SHDI)	香农均度指数(SHEI)
计算结果	3951	0.5550	13.7696	1.4796	42.2425	91.1444	1.1115	0.6203

5.2.3　主要站点控制流域景观格局演变

1. 胡村站控制流域

1) 景观斑块主要指标变化规律

从表 5.34~表 5.36 中可以看出，胡村站控制流域的优势土地利用类型是耕地、草地和林地。不同历史时期，耕地、草地及林地面积占全部土地利用面积的比例超过 90%，可以看做是区域景观的基质或者背景，所占比例分别为：耕地 26.82%(2000年)、草地 24.35%(2000 年)和林地 48.83%(2000 年)，其中，城乡工矿居民用地面积较小，主要以零星状态镶嵌分布。在 1985~2000 年，各种土地利用类型基本上没有发生大的变化，土地利用保持稳定。

表 5.34　1985 年胡村站控制流域斑块类型级别景观指数计算结果表

土地利用类型	斑块个数(NP)	斑块密度(PD)	最大斑块指数(LPI)	斑块形状指数(LSI)	周长面积分维数(PAFRAC)
林地	11	0.2503	31.3723	9.3935	1.4005
草地	17	0.3868	5.4714	8.0091	1.2977
耕地	6	0.1365	26.1569	13.0262	N/A

表 5.35　1996 年胡村站控制流域斑块类型级别景观指数计算结果表

土地利用类型	斑块个数(NP)	斑块密度(PD)	最大斑块指数(LPI)	斑块形状指数(LSI)	周长面积分维数(PAFRAC)
林地	11	0.2503	30.9444	9.4545	1.4021
草地	17	0.3868	5.4714	8.0091	1.2977
耕地	6	0.1365	26.5849	12.9134	N/A

表 5.36　2000 年胡村站控制流域斑块类型级别景观指数计算结果表

土地利用类型	斑块个数(NP)	斑块密度(PD)	最大斑块指数(LPI)	斑块形状指数(LSI)	周长面积分维数(PAFRAC)
林地	11	0.2503	31.3723	9.3935	1.4005
草地	17	0.3868	5.4714	8.0091	1.2977
耕地	6	0.1365	26.1569	13.0262	N/A

为了进一步分析各个景观类型级别景观指数的变化,对各种斑块的主要景观指标的动态变化过程进行分析。

通过分析主要景观指数,可以看出,在 1985 年、1996 年和 2000 年,主要土地利用类型景观指数在年际间基本没有发生变化,各个主要土地利用类型的景观指数保持原有变化趋势,没有发生明显变化。其中,斑块数、斑块密度等指标值最大依次是草地、林地和耕地,根据定义,说明这几种土地利用类型的破碎程度高,空间异质性程度也越大;最大斑块指数和斑块形状指数指标值最大的分别为林地和耕地,说明这两种土地利用类型是研究区域内的优势景观,同时也说明了这两种土地利用类型的斑块形状越复杂;而周长面积分维数这一指标的结果表明,所涉及的土地利用类型的这一指标值都比较大,特别是林地类型的这一指标明显增高,说明该地区林地的分布也是比较破碎的。

根据上述指标的变化特征可以看出,在 1985～2000 年,胡村站控制流域的主要土地利用类型分布并没有发生根本性的变化,依然维持以耕地、林地和草地为主要特征的土地利用特征。主要景观指标的分析结果表明,主要土地利用类型的破碎程度比较高,土地利用类型之间的边界复杂,受人为活动影响程度高。需要进一步加强生态治理,以提高区域生态系统抵御外界干扰的能力。

2) 景观指数主要指标变化规律

从表 5.37～表 5.39 中可以看出,从 1985～2000 年,斑块个数(NP)、斑块密度(PD)、最大斑块指数(LPI)、周长面积分维数(PAFRAC)、斑块形状指数(LSI)等指标这几年变化不大,基本维持在一个水平上。这说明在这 15 年的土地利用变化过程中,区域土地利用水平基本维持在一个水平上,破碎程度基本一致。

表 5.37　1985 年胡村站控制流域景观级别上的景观指数计算结果表

景观指数	斑块个数(NP)	斑块密度(PD)	最大斑块指数(LPI)	边缘密度(ED)	斑块形状指数(LSI)	周长面积分维数(PAFRAC)	多样性指数(SHDI)	香农均度指数(SHEI)
计算结果	34	0.7736	31.3723	47.6766	9.4038	1.3693	1.0462	0.9522

表 5.38　1996 年胡村站控制流域景观级别上的景观指数计算结果表

景观指数	斑块个数(NP)	斑块密度(PD)	最大斑块指数(LPI)	边缘密度(ED)	斑块形状指数(LSI)	周长面积分维数(PAFRAC)	多样性指数(SHDI)	香农均度指数(SHEI)
计算结果	34	0.7736	30.9444	47.6766	9.4038	1.3691	1.0487	0.9546

表 5.39　2000 年胡村站控制流域景观级别上的景观指数计算结果表

景观指数	斑块个数(NP)	斑块密度(PD)	最大斑块指数(LPI)	边缘密度(ED)	斑块形状指数(LSI)	周长面积分维数(PAFRAC)	多样性指数(SHDI)	香农均度指数(SHEI)
计算结果	34	0.7736	31.3723	47.6766	9.4038	1.3693	1.0462	0.9522

边缘密度(ED)指标值基本无变化,说明景观被边界割裂的程度变化不大;而区域景观的多样性指数(SHDI)先增加后减小,总体没有变化。表明各景观类型所占的比例差异 15 年基本没变。香农均度指数(SHEI)也是先增加后减小,表明区域景观更多地受到耕地和草地等少数几种优势斑块类型所支配,优势斑块对区域生态环境的主导作用增强,区域生态环境调整的难度和压力基本变化不大。

2. 麻街站控制流域

1) 景观斑块主要指标变化规律

基于遥感、GIS 技术和景观生态学方法,研究麻街站控制流域在 1985 年、1996 年和 2000 年的土地利用图,并分析土地利用与景观格局演变结果:15 年间,麻街站景观结构与景观异质性没有发生多大的变化。从景观尺度上看斑块密度、多样性指数和均匀度指数呈降低趋势,边界密度、优势度指数、景观形状指数无多大变化;从斑块尺度上看各景观组分的异质性指数也没有多大差异。麻街站土地利用变化产生了景观碎化、边缘效应、生境退化等景观生态效应,可通过调整景观尺度上的土地利用方式使麻街生态建设及水土资源实现可持续发展。

以麻街站控制流域 1985 年、1996 年、2000 年土地利用类型矢量图为基本资料,将其栅格化,栅格大小设置为 100m,利用景观分析软件 FRAGSTATS 计算斑块和景观级别上的各个指数值。

从表 5.40～表 5.42 中可以看出,在 1985 年、1996 年和 2000 年,主要土地利用类型的景观指数在年际间没有发生变化,各个主要土地利用类型的景观指数保持

表 5.40　1985 年麻街站控制流域斑块类型级别景观指数计算结果表

土地利用类型	斑块个数(NP)	斑块密度 (PD)	最大斑块指数 (LPI)	斑块形状指数 (LSI)	周长面积分维数 (PAFRAC)
林地	118	0.3606	6.4699	28.2944	1.5325
耕地	35	0.107	22.1	31.0395	1.4554
草地	129	0.3942	4.7904	24.2601	1.3326
建设用地	2	0.0061	0.0165	1.4375	N/A
水域	2	0.0061	0.3452	5	N/A

表 5.41　1996 年麻街站控制流域斑块类型级别景观指数计算结果表

土地利用 类型	斑块个数 (NP)	斑块密度 (PD)	最大斑块指数 (LPI)	斑块形状指数 (LSI)	周长面积分维数 (PAFRAC)
林地	118	0.3606	6.413	28.2812	1.5319
耕地	36	0.11	22.1569	31.0165	1.4546
草地	128	0.3912	4.7904	24.264	1.3328
建设用地	2	0.0061	0.0165	1.4375	N/A
水域	2	0.0061	0.3452	5	N/A

原有变化趋势，没有发生明显变化，说明区域景观的主要特征没有发生根本变化。

表 5.42　2000 年麻街站控制流域斑块类型级别景观指数计算结果表

土地利用类型	斑块个数(NP)	斑块密度 (PD)	最大斑块指数 (LPI)	斑块形状指数 (LSI)	周长面积分维数 (PAFRAC)
林地	118	0.3606	6.4699	28.2944	1.5325
耕地	37	0.1131	22.2265	30.9607	1.4517
草地	128	0.3912	4.7904	24.237	1.3329
建设用地	2	0.0061	0.0165	1.4375	N/A
水域	2	0.0061	0.3452	5	N/A

其中，斑块数、斑块密度等指标值最大依次是草地、林地和耕地，根据景观参数的定义可知，这几种土地利用类型的破碎程度高，空间异质性程度大，尤其是草地，统计 1985~2000 年土地利用转移矩阵分析，草地变化最为活跃；最大斑块指数值最大的是耕地，斑块形状指数指标值最大也是耕地，因此，耕地+草地+林地是麻街站的优势景观，同时也说明了这三种土地利用类型的斑块形状越复杂；而周长面积分维数这一指标的结果表明，所涉及的土地利用类型这一指标值都比较大，特别是林地最大，说明该地区林地的分布也是比较破碎的。

根据上述指标的变化特征可以看出，在 1985~2000 年，整个麻街站制流域的主要土地利用类型分布并没有发生根本性的变化，依然维持以耕地、林地和草地为主要特征的土地利用特征。主要景观指标的分析结果表明，主要土地利用类型的破碎程度比较高，土地利用类型之间的边界复杂，受人为活动影响程度高。需要进一步加强生态治理，以提高区域生态系统抵御外界干扰的能力。

2) 景观指数主要指标变化规律

从表 5.43~表 5.45 中可以看出，从 1985~2000 年，斑块个数(NP)、斑块密度(PD)、最大斑块指数(LPI)指标表现出了增加的趋势。说明在这 15 年的土地利用变化过程

表 5.43　1985 年麻街站控制流域景观级别上的景观指数计算结果表

景观指数	斑块个数(NP)	斑块密度(PD)	最大斑块指数(LPI)	边缘密度(ED)	斑块形状指数(LSI)	周长面积分维数(PAFRAC)	多样性指数(SHDI)	香农均度指数(SHEI)
计算结果	286	0.8741	22.1	51.2019	24.9109	1.3885	1.1067	0.6876

表 5.44　1996 年麻街站控制流域景观级别上的景观指数计算结果表

景观指数	斑块个数(NP)	斑块密度(PD)	最大斑块指数(LPI)	边缘密度(ED)	斑块形状指数(LSI)	周长面积分维数(PAFRAC)	多样性指数(SHDI)	香农均度指数(SHEI)
计算结果	286	0.8741	22.1569	51.1762	24.8993	1.3881	1.1065	0.6875

表 5.45　2000 年麻街站控制流域景观级别上的景观指数计算结果表

景观指数	斑块个数(NP)	斑块密度(PD)	最大斑块指数(LPI)	边缘密度(ED)	斑块形状指数(LSI)	周长面积分维数(PAFRAC)	多样性指数(SHDI)	香农均度指数(SHEI)
计算结果	287	0.8771	22.2265	51.1551	24.8897	1.3881	1.1073	0.688

中，区域土地利用进一步加剧，破碎程度有所增加。

边缘密度(ED)指标值呈现减小趋势，说明景观被边界割裂的程度变化逐渐减少；区域景观的多样性指数(SHDI)变化呈现增加趋势，表明各景观类型所占的比例差异增大。香农均度指数(SHEI)也是先减后增加但最终增加，表明区域景观更多地由耕地、林地、草地等少数几种优势斑块类型所支配，优势斑块对区域生态环境的主导作用增强，进一步增大了区域生态环境调整的难度和压力。

3. 南秦化站控制流域

1) 景观斑块主要指标变化规律

首先计算每个土地利用类型占整个南秦化控制流域的土地面积的百分比。从表 5.46～表 5.48 中可以看出，在南秦化，耕地、林地和草地是优势土地利用类型，不同历史时期，三者合计面积占全部土地利用面积的比例超过95%，可以看做是区域景观的基质或者背景，所占比例分别为耕地 28.47.46%(2000 年)、林地 34.71%(2000 年)、草地 36.14%(2000 年)。城乡工矿用地所占的面积比例是 0.60(2000 年)，水域所占的面积比例为 0.08%(2000 年)。

为了进一步分析各个景观类型级别景观指数的变化，对各种斑块的主要景观指标的动态变化过程进行分析。从表 5.46～表 5.48 中可以看出，在 1985 年、1996 年和 2000 年，主要土地利用类型的景观指数在年际间没有发生多大变化，各个主要土地利用类型的景观指数保持原有变化趋势，没有发生明显变化，说明区域景观的主要特征没有发生根本变化。其中，斑块数、斑块密度等指标值较大的有草地、林地、耕地和建设用地，其大小比较为草地>林地>耕地>建设用地，根据景观参数的定义可知，说明这几种土地利用类型的破碎程度高，空间异质性程度大，其中，最为明显的是草地；最大斑块指数值最大的是耕地，且耕地明显大于林地和草地，说明耕地为南秦化最为优势景观，其丰度最大，其次是林地和草地，故而耕地+林地+草地为南秦化的主要优势景观；斑块形状指数指标值最大的是耕地，其次是草地和林地，且指标值相差不是很大，而且建设用地和水域该指标也较大，说明了这几种土地利用类型的斑块形状相对比较复杂，其中，最复杂的还是耕地；而周长面积分维数这一指标的结果表明，所涉及的土地利用类型的这一指标值都比较大，特别是建设用地类型的这一指标明显增高，说明该地区建设用地的分布也是比较破碎的。

根据上述指标的变化特征可以看出，在 1985～2000 年，整个南秦化地区的主要土地利用类型分布并没有发生根本性的变化，依然维持以耕地、林地和草地为主要特征的土地利用特征。主要景观指标的分析结果表明，主要土地利用类型的破碎程度比较高，土地利用类型之间的边界复杂。较其他控制流域，该流域建设用地也较大，破碎度较高，因此，该区人为影响较大，需要进一步加强生态治理，以提高区域生态系统抵御外界干扰的能力。

表 5.46 1985 年南秦化站控制流域斑块类型级别景观指数计算结果表

土地利用类型	斑块个数(NP)	斑块密度(PD)	最大斑块指数(LPI)	斑块形状指数(LSI)	周长面积分维数(PAFRAC)
草地	179	0.3619	3.1962	31.8874	1.3846
林地	176	0.3558	5.5616	31.4971	1.368
耕地	76	0.1537	19.6035	38.0906	1.474
建设用地	32	0.0647	0.0595	6.8276	1.2
水域	1	0.002	0.0784	2.7857	N/A

表 5.47 1996 年南秦化站控制流域斑块类型级别景观指数计算结果表

土地利用类型	斑块个数(NP)	斑块密度(PD)	最大斑块指数(LPI)	斑块形状指数(LSI)	周长面积分维数(PAFRAC)
草地	178	0.3599	3.19	31.8795	1.3842
林地	176	0.3558	5.5616	31.4766	1.3675
耕地	76	0.1537	19.6034	38.0764	1.4739
建设用地	32	0.0647	0.0595	6.8276	1.2
水域	1	0.002	0.0784	2.7857	N/A

表 5.48 2000 年南秦化站控制流域斑块类型级别景观指数计算结果表

土地利用类型	斑块个数(NP)	斑块密度(PD)	最大斑块指数(LPI)	斑块形状指数(LSI)	周长面积分维数(PAFRAC)
草地	180	0.3639	3.1374	31.9215	1.3859
林地	176	0.3558	5.5616	31.5069	1.3683
耕地	80	0.1617	19.9616	38.0202	1.4739
建设用地	32	0.0647	0.0595	6.8276	1.2
水域	1	0.002	0.0784	2.7857	N/A

2) 景观指数主要指标变化规律

从表 5.49～表 5.51 中可以看出，从 1985～2000 年，斑块个数(NP)、斑块密度

(PD)、最大斑块指数(LPI)、周长面积分维数(PAFRAC)、斑块形状指数(LSI)等指标
都表现出了增加的趋势，这说明在这 15 年的土地利用变化过程中，区域土地利用
进一步加剧，破碎程度增加。

　　边缘密度(ED)指标值也表现出了波动增加的趋势，说明景观被边界割裂的程度
提高；而区域景观的多样性指数(SHDI)有所增加，表明各景观类型所占的比例差异
减小，在研究区域中各种土地利用类型在 15 年期间略有变化，基本上保持不变。
香农均度指数(SHEI)也有波动增加的趋势，表明区域景观中的优势景观类型，包括
耕地、林地和草地等少数几种优势斑块类型的支配程度略有下降，优势斑块对区域
生态环境的主导作用略有减弱，有利于区域生态环境的调整和恢复。

表 5.49　1985 年南秦化站控制流域景观级别上的景观指数计算结果表

景观指数	斑块个数(NP)	斑块密度(PD)	最大斑块指数(LPI)	边缘密度(ED)	斑块形状指数(LSI)	周长面积分维数(PAFRAC)	多样性指数(SHDI)	香农均度指数(SHEI)
结果	464	0.9381	19.6035	51.1383	30.1955	1.4014	1.1279	0.7008

表 5.50　1996 年南秦化站控制流域景观级别上的景观指数计算结果表

景观指数	斑块个数(NP)	斑块密度(PD)	最大斑块指数(LPI)	边缘密度(ED)	斑块形状指数(LSI)	周长面积分维数(PAFRAC)	多样性指数(SHDI)	香农均度指数(SHEI)
结果	463	0.9361	19.6034	51.12	30.1854	1.4011	1.1281	0.701

表 5.51　2000 年南秦化站控制流域景观级别上的景观指数计算结果表

景观指数	斑块个数(NP)	斑块密度(PD)	最大斑块指数(LPI)	边缘密度(ED)	斑块形状指数(LSI)	周长面积分维数(PAFRAC)	多样性指数(SHDI)	香农均度指数(SHEI)
结果	469	0.9482	19.9616	51.1971	30.2283	1.4026	1.1292	0.7016

4. 南秦贺站控制流域

1) 景观斑块主要指标变化规律

　　南秦贺控制流域的耕地、草地及林地是优势土地利用类型，不同历史时期，三
者合计面积占全部土地利用面积的比例超过 95%，可以看做是区域景观的基质或者
背景，所占比例分别为耕地 23.79%(2000 年)、草地 41.99%(2000 年)和草地 32.93%(2000
年)，从卫片图上可以看出耕地和林地主要分布在南秦贺西北方位，相对较集中，
草地占据腹地的主要位置，边缘有零星分布。

　　从表 5.52～表 5.54 中可以看出，在 1985 年、1996 年和 2000 年，主要土地利
用类型的景观指数在年际间没有发生多大变化，各个主要土地利用类型的景观指数
保持原有变化趋势，没有发生明显变化，说明区域景观的主要特征没有发生根本变
化。其中，斑块数、斑块密度等指标值较大的有林地、草地、耕地和建设用地，其

大小比较为林地>草地>耕地>建设用地，根据景观参数的定义可知，说明这几种土地利用类型的破碎程度高，空间异质性程度大，其中，最为明显的是林地；最大斑块指数值最大的是草地，说明草地为南秦贺最为优势景观，其丰度最大；斑块形状指数指标值最大的是耕地，其次是草地和林地，且指标值相差不是很大，而且建设用地和水域，该指标也较大，说明了这几种土地利用类型的斑块形状相对比较复杂，其中最复杂的还是耕地；而周长面积分维数这一指标的结果表明，所涉及的土地利用类型的这一指标值都比较大，特别是建设用地类型的这一指标明显增高，说明该地区建设用地的分布也是比较破碎的。

表 5.52　1985 年南秦贺站控制流域斑块类型级别景观指数计算结果表

土地利用类型	斑块个数 (NP)	斑块密度 (PD)	最大斑块指数 (LPI)	斑块形状指数 (LSI)	周长面积分维数 (PAFRAC)
林地	261	0.2632	2.941	42.3773	1.5073
耕地	145	0.1462	7.2926	51.4307	1.5138
草地	217	0.2188	20.8116	39.3179	1.3576
水域	8	0.0081	0.3215	10.4743	N/A
建设用地	80	0.0807	0.0577	11.1161	1.2259
未利用土地	1	0.001	0.0073	2.9444	N/A

表 5.53　1996 年南秦贺站控制流域斑块类型级别景观指数计算结果表

土地利用类型	斑块个数 (NP)	斑块密度 (PD)	最大斑块指数 (LPI)	斑块形状指数 (LSI)	周长面积分维数 (PAFRAC)
林地	261	0.2632	2.9266	42.4091	1.5071
耕地	145	0.1462	7.3102	51.393	1.5122
草地	216	0.2178	20.818	39.3272	1.3585
水域	8	0.0081	0.3215	10.5345	N/A
建设用地	80	0.0807	0.058	11.1161	1.2257
未利用土地	1	0.001	0.0073	2.9444	N/A

表 5.54　2000 年南秦贺站控制流域斑块类型级别景观指数计算结果表

土地利用类型	斑块个数(NP)	斑块密度(PD)	最大斑块指数 (LPI)	斑块形状指数 (LSI)	周长面积分维数(PAFRAC)
林地	261	0.2632	2.9352	42.4083	1.5075
耕地	151	0.1522	7.3347	51.5307	1.5067
草地	215	0.2168	20.7862	39.3071	1.3623
水域	8	0.0081	0.3215	10.4743	N/A
建设用地	80	0.0807	0.124	11.1288	1.2586
未利用土地	1	0.001	0.0073	2.9444	N/A

根据上述指标的变化特征可以看出，在 1985～2000 年，整个南秦贺地区的主要土地利用类型分布并没有发生根本性的变化，依然维持以耕地、林地和草地为主要特征的土地利用特征。主要景观指标的分析结果表明，主要土地利用类型的破碎程度比较高，土地利用类型之间的边界复杂。较其他控制流域，该流域建设用地也较大，破碎度较高，因此，该区人为影响较大，需要进一步加强生态治理，以提高区域生态系统抵御外界干扰的能力。

2) 景观指数主要指标变化规律

从表 5.55～表 5.57 中可以看出，在 1985～2000 年，斑块个数(NP)、斑块密度(PD)、边缘密度(ED)、多样性指数(SHDI)、香农均度指数(SHEI)等指标都表现出了增加的趋势，这说明在这 15 年的土地利用变化过程中，区域土地利用进一步加剧，破碎程度增加。边缘密度(ED)指标值也表现出了波动增加的趋势，说明景观被边界割裂的程度提高；而区域景观的多样性指数(SHDI)有所增加，表明各景观类型所占的比例差异减小，在研究区域中各种土地利用类型在 15 年期间略有变化，基本上保持不变。香农均度指数(SHEI)也有波动增加的趋势，表明区域景观中的优势景观类型，包括耕地、林地和草地等少数几种优势斑块类型的支配程度略有下降，优势斑块对区域生态环境的主导作用略有减弱，有利于区域生态环境的调整和恢复。

表 5.55　1985 年南秦贺站控制流域景观级别上的景观指数计算结果表

景观指数	斑块个数(NP)	斑块密度(PD)	最大斑块指数(LPI)	边缘密度(ED)	斑块形状指数(LSI)	周长面积分维数(PAFRAC)	多样性指数(SHDI)	香农均度指数(SHEI)
结果	712	0.7179	20.8116	47.467	39.2705	1.4438	1.1348	0.6333

表 5.56　1996 年南秦贺站控制流域景观级别上的景观指数计算结果表

景观指数	斑块个数(NP)	斑块密度(PD)	最大斑块指数(LPI)	边缘密度(ED)	斑块形状指数(LSI)	周长面积分维数(PAFRAC)	多样性指数(SHDI)	香农均度指数(SHEI)
结果	711	0.7169	20.818	47.4542	39.2605	1.4435	1.1344	0.6331

表 5.57　2000 年南秦贺站控制流域景观级别上的景观指数计算结果表

景观指数	斑块个数(NP)	斑块密度(PD)	最大斑块指数(LPI)	边缘密度(ED)	斑块形状指数(LSI)	周长面积分维数(PAFRAC)	多样性指数(SHDI)	香农均度指数(SHEI)
结果	716	0.7219	20.7862	47.5233	39.3148	1.4417	1.1374	0.6348

5. 商镇站控制流域

1）景观斑块主要指标变化规律

商镇控制流域的优势土地利用类型是耕地、草地和林地。不同历史时期，耕地、草地及林地面积占全部土地利用面积的比例超过95%，可以看做是区域景观的基质或者背景，所占比例分别为耕地25.28%(2000年)、草地41.73%(2000年)和林地31.49%(2000年)，其中，城乡工矿居民用地面积较小，占1.19%，主要以零星状态镶嵌分布。在1985～2000年，各种土地利用类型基本上没有发生大的变化，土地利用保持稳定。

由表5.58～表5.60可以看出，在1985年、1996年和2000年，主要土地利用类型景观指数在年际间基本没有发生变化，各个主要土地利用类型的景观指数保持原有变化趋势，没有发生明显变化。其中，斑块个数指标值最大依次是林地、草地、耕地和建设用地，根据定义，说明这几种土地利用类型的破碎程度高，空间异质性程度也大；斑块密度指数最大依次是草地、耕地和林地；最大斑块指数和斑块形状指数指标值最大的分别为草地和耕地，说明这两种土地利用类型是研究区域内的优势景观，同时也说明了这两种土地利用类型的斑块形状复杂；而周长面积分维数这一指标的结果表明，所涉及的土地利用类型的这一指标值都比较大。

表5.58　1985年商镇站控制流域斑块类型级别景观指数计算结果表

土地利用类型	斑块个数(NP)	斑块密度(PD)	最大斑块指数(LPI)	斑块形状指数(LSI)	周长面积分维数(PAFRAC)
林地	547	0.237	1.2626	60.4291	1.4921
耕地	237	0.1027	8.7418	74.6679	1.5343
草地	484	0.2097	8.9679	59.0092	1.4166
水域	9	0.0039	0.1382	10.8	N/A
建设用地	218	0.0944	0.1701	17.8	1.2861
未利用土地	1	0.0004	0.0029	2.8889	N/A

表5.59　1996年商镇站控制流域斑块类型级别景观指数计算结果表

土地利用类型	斑块个数(NP)	斑块密度(PD)	最大斑块指数(LPI)	斑块形状指数(LSI)	周长面积分维数(PAFRAC)
林地	547	0.237	1.2567	60.3719	1.4914
耕地	234	0.1014	8.7355	74.5969	1.534
草地	483	0.2092	8.9708	58.9779	1.4164
水域	9	0.0039	0.1382	10.8056	N/A
建设用地	218	0.0944	0.1701	17.8064	1.2865
未利用土地	1	0.0004	0.0029	2.8889	N/A

表 5.60　2000 年商镇站控制流域斑块类型级别景观指数计算结果表

土地利用类型	斑块个数(NP)	斑块密度(PD)	最大斑块指数(LPI)	斑块形状指数(LSI)	周长面积分维数(PAFRAC)
林地	548	0.2374	1.26	60.4149	1.4926
耕地	254	0.11	8.766	74.8343	1.5364
草地	486	0.2105	8.9567	59.2135	1.4181
水域	9	0.0039	0.1382	10.8	N/A
建设用地	218	0.0944	0.1989	17.84	1.2891
未利用土地	1	0.0004	0.0029	2.8889	N/A

　　根据上述指标的变化特征可以看出，在 1985～2000 年，商镇站控制流域的主要土地利用类型分布并没有发生根本性的变化，依然维持以耕地、林地和草地为主要特征的土地利用特征。主要景观指标的分析结果表明，主要土地利用类型的破碎程度比较高，土地利用类型之间的边界复杂，受人为活动影响程度高。需要进一步加强生态治理，以提高区域生态系统抵御外界干扰的能力。

　　2) 景观指数主要指标变化规律

　　从表 5.61～表 5.63 中可以看出，在 1985～2000 年，斑块个数(NP)、斑块密度(PD)、最大斑块指数(LPI)、周长面积分维数(PAFRAC)、斑块形状指数(LSI)等指标这几年变化不大，基本维持在一个水平上。这说明在这 15 年的土地利用变化过程中，区域土地利用水平基本维持在一个水平上，破碎程度基本一致。

　　边缘密度(ED)指标值也表现出了波动增加的趋势，说明景观被边界割裂的程度提高；区域景观的多样性指数(SHDI)有所增加，表明各景观类型所占的比例差异增大，在研究区域中主要表现为耕地、草地等面积增加，水域、未利用土地利用等类型的面积增加。香农均度指数(SHEI)也有波动增加的趋势，表明区域景观更多地受到耕地和草地等少数几种优势斑块类型所支配，优势斑块对区域生态环境的主导作用增强，进一步增大了区域生态环境调整的难度和压力。

表 5.61　1985 年商镇站控制流域景观级别上的景观指数计算结果表

景观指数	斑块个数(NP)	斑块密度(PD)	最大斑块指数(LPI)	边缘密度(ED)	斑块形状指数(LSI)	周长面积分维数(PAFRAC)	多样性指数(SHDI)	香农均度指数(SHEI)
结果	1496	0.6481	8.9679	45.8686	56.9791	1.4814	1.1447	0.6389

表 5.62　1996 年商镇站控制流域景观级别上的景观指数计算结果表

景观指数	斑块个数(NP)	斑块密度(PD)	最大斑块指数(LPI)	边缘密度(ED)	斑块形状指数(LSI)	周长面积分维数(PAFRAC)	多样性指数(SHDI)	香农均度指数(SHEI)
结果	1492	0.6464	8.9708	45.823	56.9243	1.481	1.1447	0.6389

表 5.63　　2000 年商镇站控制流域景观级别上的景观指数计算结果表

景观指数	斑块个数/(NP)	斑块密度(PD)	最大斑块指数(LPI)	边缘密度(ED)	斑块形状指数(LSI)	周长面积分维数(PAFRAC)	多样性指数(SHDI)	香农均度指数(SHEI)
结果	1516	0.6568	8.9567	46.002	57.1392	1.4816	1.1472	0.6403

参 考 文 献

陈百明, 刘新卫, 杨红, 2003. LUCC 研究的最新进展评述[J]. 地理科学进展, 22(1): 22-29.

贾长安, 李丹霞, 2012. 陕南秦巴山区扶贫开发的区域战略定位研究[J]. 江西农业学报, 24(9):182-184.

李政, 冯永军, 于开芹, 2009. 基于 GIS 的土地利用变化研究-以山东省泰山区为例[J]. 国土资源科技管理, 26(2): 64-68.

任宗萍, 杨勤科, 胡志瑞, 等, 2009. 基于项目驱动的藉河流域土地利用时空变化动态分析[J]. 干旱地区农业研究, 27(3): 239-244.

孙虎, 王继夏, 2009. 丹汉江流域水土流失类型区划分及分布规律[J].西北大学学报(自然科学版), 39(5): 879-882.

田光进, 张增祥, 王长有, 等, 2001. 基于遥感与 GIS 的海口市土地利用结构动态变化研究[J]. 自然资源学报, 16(6):543-546.

王秀兰, 2000. 土地利用/土地覆盖变化中的人口因素分析[J]. 资源科学, 22(3): 39-42.

王秀兰, 包玉海, 1999. 土地利用动态变化研究方法探讨[J]. 地理科学进展, 18(1): 83-89.

夏文江, 2007. 基于 RS 与 GIS 的土地利用覆盖变化研究[D]. 西安:长安大学硕士学位论文.

徐国策, 李占斌, 李鹏, 等, 2012.丹江中游典型小流域土壤总氮的空间分布[J]. 地理学报, 67(11): 1547-1555.

杨碧波, 张继辉,2010. 商洛市水资源状况浅析及可持续发展建议[J]. 陕西水利, 1: 66-67.

张永民, 赵士洞, VERBURG P H, 2003. CLUE-S 模型及其在奈曼旗土地利用时空动态变化模拟中的应用[J]. 自然资源学报, 18(3): 310-318.

第6章　丹汉江水源区非点源污染源分布与负荷

6.1　水源区的污染物种类及危害

非点源污染在丹汉江水源区的污染中占较大比例,点源污染也不容忽视。非点源污染是指溶解的和固体的污染物从非特定的地点,在降水(或融雪)冲刷作用下,通过径流过程而汇入受纳水体(包括河流、湖泊、水库和海湾等),并引起水体的富营养化或其他形式的污染。点源污染主要包括工业废水和城市生活污水污染,通常有固定的排污口集中排放(申艳萍,2009)。现在普遍认同非点源污染物是指溶解的污染物或固体污染物(地面的各种污染物质,如城市垃圾、农村家畜粪便、农田中的化肥、农药、重金属等)。

丹汉江水源区的主要污染物为农业固体废弃物、农村生活垃圾、畜禽养殖业废弃物和农田土壤氮、磷的流失。

6.1.1　非点源污染发生的特征

非点源污染发生具有分散性特征,其涉及多个污染物,分布面积广,范围大。时断时续,绝大多数与气象条件的发生有关。一般由降水到达地面以后,形成地表径流携带污染物进入河流,少数情况例外。对于控制污染物最有效、最经济的方法是在农村地区采取土地管理和水土保持措施。

农业非点源污染的程度至少有一部分是与不可控制的气象条件,以及地理、地质条件有关。因地点和时间的不同,污染程度可能相差很大。

总之,根据上述特征,可知农业非点源污染的主要类型有以下几种:

(1) 水土流失。因耕作农业土地或砍伐森林扰动土壤造成水土流失是农业非点源污染的最主要类型。

(2) 农田排水。农田排水一直是近年来人们关注的环境课程。农业排灌系统建立起来后,排水渠、汇水的河流和湖泊便形成了一个互相影响的生态系统。

(3) 畜牧养殖业排水。农村最大的环境特点是生产与生活两项活动在同一区域、同一时间交互进行。

(4) 干、湿沉降。来自于大气中的干沉(微粒和气体)、湿降(雨和雪)会携带一部分污染物,当它们到达地面时,仍会污染地表水。美国和西欧的实践证明,大气中干沉湿降的 PCB 和环境中稳定的有机氯化物,是相当多河流、湖泊非点源污染的主要来源。我国的情况也很严重。

(5) 乡镇企业的污染。我国农村乡镇企业发展快,地域分布不均匀,产品种类多、产量小,污染治理措施少,污染物排放多。尽管从局部上看,乡镇企业属点源污染,但从宏观上论,仍然可以将它视为非点源污染。

(6) 其他农事活动造成的污染。农田灌溉渠道的渗漏,农村水域的沤麻污染,农田地膜的残留等都给农业环境带来了一定的影响,都具有农业非点源污染的特征。

6.1.2 非点源污染的危害

1. 对南水北调工程的威胁

水污染防治一直是国家重点关注的领域。尽管如此,当前水污染的整体形势未扭转,依然十分严峻,部分地区水质出现继续恶化的状况,且出现了新形势和新特点。由于缺乏权威数据,网络流传的"癌症村"的数量并不统一,但绝大多数报道均将癌症等疾病高发的矛头指向饮用水受到污染。署名为"徐超–环保研究员"的微博用户表示,我国数十个"癌症村"中,有 64 个由水污染导致,排名第一。"癌症村"分布图和水质图惊人相似。陕西省商洛市商州区贺嘴头村位于南秦河与丹江交汇的三角地带。目前村里的供水情况是,每天定时供水,有时断水。村民自家打的井约 6m 深,但水质浑浊。据村支书贺智华介绍,"最严重的时候,贺嘴头村田地里的庄稼都成活不了,自家井里打出来的水,连牲口都不愿意喝。当时种菜什么的都种不成,都死了,根烂了。市疾控中心、区环保局都来取过水样,但不知道结果是啥情况。"在农村地区,由于生活饮用水安全问题比突出,村民普遍担心身体健康受到影响。

目前,污染正从城市向农村地区扩散。不少农户超量使用农药或禁止的剧毒农药,导致水体被农药污染。部分高污染企业将工厂由大城市迁往农村地区,而农村地区污水处理能力薄弱,大量废水不经处理就排放。这些废水通过农业灌溉使得污染物再次进入食物链,造成二次污染。从污染空间看,水污染从地表水扩散到地下水,地下水污染形势十分严峻。国土资源部原总工程师张洪涛说,近些年,随着我国城市化、工业化进程加快,部分地区地下水超采严重,水位持续下降;一些地区城市污水、生活垃圾和工业废弃污液以及化肥农药等渗漏渗透,造成地下水环境质量恶化、污染问题日益突出。国土资源部公布的《2012 年中国国土资源公报》显示,中国 198 个地市级行政区 4949 个监测点显示,近六成地下水为"差",其中,16.8%监测点水质呈极差级。中国地质科学院水文环境地质环境研究所历经五年完成的

《华北平原地下水污染调查评价》显示，华北平原浅层地下水综合质量整体较差，且污染较为严重，未受污染的地下水仅占采样点的 55.87%，遭受不同程度污染的地下水高达 44.13%。从污染物角度看，以砷、铅、镉、铬、汞为主的重金属和多氯联苯、二噁英等持久性化合物已经成为水污染物的重要组成部分。相较于氨氮等传统污染物，这类污染物不易处理，难以降解，对自然环境和人体的危害大。此外，还有一些新兴污染物目前尚未被人们全面了解。北京大学水资源研究中心教授郑春苗说，大量药物通过人畜代谢后进入自然环境，也会造成污染。这种药物污染在全世界范围内也处于初期研究阶段，如美国，已经在本国的地下水中检测到了镇静剂的成分。我国是人畜药品使用量最大的国家，药物污染的规模可想而知，但目前这一方面的调查与影响基本上处于空白状态。

2. 对陕南社会经济发展的威胁

非点源污染直接影响到人类生存的环境质量，污染饮用水源，引起水体的富营养化，破坏水生生物的生存环境，造成土壤生产潜力和水质下降。水土流失造成大量沉积物堆积引起环境污染，同时农业区域地表径流迁移化学物质造成水源污染。表 6.1 列出了农业非点源污染的主要来源及危害。水体受污染后，能使水体产生物理性、化学性和生物性的危害。物理性危害是指恶化人体感官，减弱浮游植物的光合作用，以及热污染、放射性污染带来的一系列不良影响；化学性危害是指水中的化学物质降低水体自净能力，毒害动植物，破坏生态系统平衡，引起某些疾病和遗传变异，腐蚀工程设施等(陈龙，2009)；生物性危害，主要指病原微生物随水传播，造成疾病蔓延；或水体富营养化，使藻类猛长，水体缺氧，鱼类大量死亡。

表 6.1　农业非点源污染的主要来源及危害

污染物	来源	主要危害
氮	化肥、动物排泄 N 物、污水灌溉、豆科植物的分解	水质恶化、湖泊海域富营养化、湿地生态系统的破坏、地下水硝酸盐污染
磷	化肥、动物排泄物、污水灌溉	湖泊富营养化、湿地生态系统的破坏
沉积物	农事活动加剧了土体的流失，灌溉过程盐分增加降低了土壤的结合力	降低湖泊水库的容积、加剧了河床的冲刷，水体浊度升高
盐分	土壤的风化过程、灌溉、蒸发	增高水体的盐度，影响水生生物的生态环境(特别是对淡水生态环境的影响)，地下水总溶解固体和硬度的升高
农药	杀虫剂、去莠剂等	污染地下、地表水导致水生生物死亡、致畸、致突变，进入食物链

耗氧有机物在微生物作用下氧化分解，不断消耗水中的溶解氧，当消耗溶解氧

过多时，将造成水体缺氧，致使鱼类等水生生物窒息而死亡。有机物分解释放出来的植物营养素 N、P 等，会引起湖泊、水库、河口等流速缓慢的水体富营养化，使藻类、水草等猛长，并形成泡沫、浮垢，覆盖水面，阻止水体富氧，引起水体浑浊、恶臭等。大量藻类、水草死亡后沉入水底，久而久之，将导致湖泊淤塞和沼泽化，破坏生态平衡。

受酸性物质污染的水，如酸雨，可直接损害各种植物的叶面蜡质层，使广大范围的植物逐渐枯萎死亡；可使土壤酸化，导致钙、镁、磷、钾等营养元素淋失，陆生生态遭到破坏；使湖泊、水库酸化，当 pH 低于 4.5 时，将危及鱼类生存，腐蚀金属器具、文物和建筑物等。工厂排出的酸性废水，使水体酸化，影响游泳、划船等娱乐性活动，使水体失去灌溉、养殖价值。

水中悬浮固体主要来自垦荒、农田、采矿、建筑引起的水土流失，以及工厂排放废水和生活污水等，它不仅淤塞河道，妨碍航运，促成洪水泛滥，而且妨碍水资源利用，污染水环境。悬浮物能够截断光线，妨碍水生植物的光合作用，并能伤害鱼鳃，浓度大时可使鱼类死亡。悬浮物沉积到水底，会将鱼的产卵场覆盖，妨碍鱼类繁衍。

3. 对群众生活的危害

农业非点源污染中具有较长的半衰期的化学物质和沉积物经常会影响到离污染源头很远的地方，致使水体富营养化，造成水的透明度降低，使得阳光难以穿透水层，从而影响水中植物的光合作用，可能造成溶解氧的过饱和状态。溶解氧的过饱和以及水中溶解氧的减少，改变与破坏生态系统与生物种群结构，同时因为水体富营养化，水体表面蓝藻、绿藻疯长，形成"绿色浮渣"，降低水体的商业使用价值，增加饮用水和河道清理的处理成本，而且直接影响工业供水和人畜饮水安全，给人类健康、水产养殖和旅游产业带来威胁。

过量施用氮肥和磷肥，钾肥施用不足与区域间分配不平衡，易使土壤板结，土壤质地、土壤结构和孔隙度发生变化，影响土壤的通透性、排水、蓄水能力、根部穿透的难易、植物养分的保存力等，从而导致耕作质量差，肥料利用率低，土壤和肥料养分易流失。我国每年使用的农药有 80%直接进入土壤，导致现有耕地受到不同程度的污染，农药过量使用的农田约有 $133 \times 10^4 hm^2$，可见农药已成为土壤主要的污染源之一(林伟仲，2010)。

酚污染的水有令人厌恶的药味，对神经系统危害大，高浓度酚可引起急性中毒，以至昏迷死亡；慢性中毒引起头昏、头痛等。酚可在鱼体富集，产生不良气味，并抑制鱼卵胚胎发育。苯胺是重要化工原料，受苯胺污染的水和空气，对神经系统有刺激作用，长期接触可影响肝功能，并易患膀胱、前列腺和尿道等疾病。甲醛污染的水和空气对黏膜有强烈的刺激作用，它还是一种可疑的致癌物质。

碳酸盐类、硝酸盐类、磷酸盐类等可溶性物质，存在于大部分的工业废水和天然水中，它能使水变硬，在输水管道内结成水垢，降低输水能力；尤其容易产生锅垢，降低热效率，甚至造成锅炉爆炸。硬水会影响纺织品的染色，影响啤酒酿造和食品罐头产品质量。

重金属在人体内能和蛋白质及各种酶发生强烈的相互作用，使它们失去活性，也可能在人体的某些器官中富集，如果超过人体所能耐受的限度，会造成人体急性中毒、亚急性中毒、慢性中毒等，对人体造成很大的危害，例如，日本发生的水俣病(汞污染)和骨痛病(镉污染)等公害病，都是由重金属污染引起的(高喆，2011)。

农药是面源污染中最常遇到的一类有毒化学品。为防治农业病虫害，有些地方大量使用农药，许多化学性能比较稳定，不易分解消失，可长期残留在土壤和作物上，或受雨水冲刷进入水体，危害水生生物的生长和生存，并以食物链的方式危害人类。由于灌溉过程中盐分的增加降低了土壤的结合力，农业活动加剧了土体流失，致使降低了水体的纳水量，而且其携带的有害物质会进一步危害水体生物，破坏水生生物的生存环境，造成局部水生生态系统失衡，生物多样性减少，系统简单化，通过食物链甚至影响人类的身体健康。在农业生态环境中，由于食物链的关系，流失到农业生态系统的一些物质，如金属元素或有机物质，可在不同的生物体内经吸收后逐级传递，不断地集聚浓缩，或者某些物质在环境中的起始浓度不高，通过食物链的逐级传递，使浓度逐步提高，最后形成生物富集或生物放大作用(林伟仲，2010)。

4. 潜在危害

来自肥料和农药的氮、磷、钾及其化合物，以及各种重金属元素，由于溶解度低，活动性差，因而在土壤和非饱和带中逐渐积累，成为地下水的潜在威胁。而大量的土壤中氮的淋失和下渗，使地下水中的硝氮含量严重超标。医学研究已经证实，饮用水中过量的硝酸盐会导致铁血蛋白症，罹患此病的婴儿死亡率可达 8%～52%，而且还有致癌危险。农田施氮也是大气中氮化合物的来源之一。氧化亚氮既是温室气体，又对破坏臭氧层负有责任，由于人为活动的影响，大气圈中氧化亚氮的浓度以 0.2%～0.3% 的年增长速率递增，这种发展趋势十分令人担忧(林伟仲，2010)。

6.2　水源区各市(县)污染物分布

6.2.1　污染源的总体分布情况

陕南各县污染总排放量在 562.28～22073.20t/a (表 6.2)。其中，岚皋县、留坝县、汉阴县面积在陕南 28 个县中分别排名 22 名、21 名和 26 名，但其污染总排放量排名分别为 1 名、3 名及 6 名。说明三县污染相对严重，应作为重点治理县域加强污染防治。平利县面积在陕南 28 个县中排名中等，但其污染总排放量仅为 562.28t/a，说明其防治污染效果显著，但仍有待改善。

表 6.2　陕南污染分布情况总表

地区	面积/km²	总排放量/t	COD/t	氨氮/t	总氮/t	总磷/t	农村生产/t	农村生活/t	工业生产/t
白河县	1431.92	5513.04	4307.14	267.51	812.16	126.22	2128.92	3151.70	232.42
汉滨区	3611.19	22073.20	17499.15	1190.80	2950.77	432.48	9226.12	11429.22	1417.86
汉阴县	1337.43	7045.50	5508.39	385.06	994.02	158.03	2298.21	4485.10	262.19
岚皋县	1961.68	5341.81	4189.21	267.98	769.94	114.69	2564.71	2424.38	352.72
宁陕县	3642.99	1597.66	1199.39	72.72	277.31	48.24	377.37	1059.80	160.49
平利县	2643.40	7568.24	5566.61	409.67	1405.07	186.90	3978.96	3336.28	253.00
石泉县	1495.91	5179.98	3844.08	310.33	898.06	127.52	2409.16	2647.77	123.05
旬阳县	3555.28	15157.99	12013.43	803.88	2053.34	287.34	7339.68	6850.61	967.70
镇坪县	1500.00	3671.94	2766.67	223.54	602.34	79.40	2782.77	839.87	49.30
紫阳县	2219.40	8877.25	6789.77	458.45	1404.15	224.88	3476.99	5229.74	170.52
城固县	2192.93	14268.33	10885.61	1090.85	2003.05	288.82	5524.95	6648.58	2094.80
佛坪县	1269.02	562.28	457.59	22.94	69.49	12.26	81.12	476.22	4.94
汉台区	557.47	7792.38	6079.67	444.02	1095.21	173.49	3107.03	4365.90	319.45
留坝县	1990.04	797.05	635.30	36.91	106.09	18.75	144.32	640.73	12.00
略阳县	2814.79	3374.60	2768.34	144.87	382.21	79.18	528.36	2491.92	354.32
勉县	2373.42	13938.10	10858.42	875.88	1939.78	264.03	7476.56	5821.81	639.73
南郑县	2871.38	12975.70	9858.07	662.22	2169.54	285.87	4974.91	7861.95	138.84
宁强县	3286.12	7174.44	5777.60	326.00	910.42	160.42	1633.32	5506.81	34.31
西乡县	3241.85	20890.31	14844.25	1825.98	3670.03	550.05	13720.57	6164.85	1004.89
洋县	3213.93	15996.35	12189.22	1147.99	2337.82	321.32	7960.49	6403.83	1632.03
镇巴县	3390.25	5750.01	4100.70	249.55	1224.21	175.55	1445.67	4156.08	148.26
丹凤县	2406.84	12905.93	10410.39	774.76	1454.90	265.87	7275.25	4559.57	1071.11
洛南县	2846.95	21255.45	16707.31	1100.46	3069.83	377.85	13829.54	6838.49	587.42
山阳县	3528.14	13860.54	11389.39	838.66	1401.38	231.11	4679.04	6971.83	2209.67
商南县	2307.60	13656.82	10493.54	1107.66	1823.50	232.11	9446.88	3510.16	699.78
商州区	2662.04	12499.76	10186.05	579.67	1485.37	248.67	4098.60	7868.85	532.31
镇安县	3522.20	4851.67	3665.70	244.06	819.98	121.93	2098.00	2360.31	393.36
柞水县	2339.46	7309.70	6056.96	344.09	770.11	138.54	2560.61	4324.06	425.03

1. 不同类型污染物的排放情况

陕南各县 COD、氨氮、总氮和总磷排放见表 6.2。其中,COD 排放量为 457.79(佛坪县)～17499.15t/a(汉滨区),氨氮排放量范围为 22.94(佛坪县)～1825.98t/a(西乡县),总氮排放量为 69.49(佛坪)～3670.03t/a (西乡县),总磷排放量为 12.26(佛坪县)～550.05t/a(西乡县),各县排放差异较大,但除宁陕县以外基本符合面积越大,污染物排放量越大的特点。宁陕县面积为 3642.99km²,在陕南 28 个县中面积最大,但其污染物排名为 26,说明其污染物治理效果良好。另外,汉台区和汉阴县面积较小,但其污染物排放量属 28 县中等水平,说明两地污染相对严重,应加强污染防治措施的布设和管理。表 6.3 以各县不同类型污染物为统计数据,做聚类分析得出西乡县各类型污染物排放量均较大,因此,自成一类为 5;汉滨区与洛南县次之,聚类为 2;白河、汉阴、岚皋、平利、石泉、镇坪、紫阳、汉台区、略阳、宁强、镇巴及镇安各污染物排放量均属中下等水平,聚类为 1 类分区;宁陕、佛坪及留坝县不同类型污染物排放量均较小,聚类为 3;其余县各污染物排放量属中上等水平,聚类为 4。

表 6.3　陕南各类型污染物聚类分析表

地区	白河	汉阴	岚皋	平利	石泉	镇坪	紫阳	汉台区	略阳	宁强	镇巴	镇安	柞水	汉滨区
聚类排名	1	1	1	1	1	1	1	1	1	1	1	1	1	2
地区	洛南	宁陕	佛坪	留坝	旬阳	城固	勉县	南郑	洋县	丹凤	山阳	商南	商州区	西乡
聚类排名	2	3	3	3	4	4	4	4	4	4	4	4	4	5

2. 不同污染物来源分布情况

以农村生产为来源的污染物为 81.12(佛坪县)～13829.54t/a(洛南县),以农村生活来源的污染物为 476.22(佛坪县)～11429.22t/a(汉滨区),以工业生产为来源的污染物 4.94(佛坪县)～2209.67t/a(山阳县)(表 6.2)。其中,山阳县、城固县及洋县以工业生产污染源居多,洛南县、西乡县及商南县以农业生产污染源居多,而汉滨区、商州区及南郑县以农业生活污染源居多,说明由于各县市经济侧重不同,导致其污染物来源差异较大。因此,在陕南污染防治治理过程中,应在全面防治的基础上有的放矢,抓住污染来源,有效、快捷地采取措施。

宁强、西乡及洛南县主要以农业生产为污染源,被聚类为 5;汉滨区及商南县的工业及农业生产所导致的污染排放比例较大,自成一类(级别 2);宁陕、佛坪及留坝县不同类型来源所产生的污染物均较小,因而在聚类分析中被归为一类(级别 3);旬阳、城固、勉县、南郑、洋县、丹凤、山阳及商州区各类型来源的污染物排放量均属中上等水平，因而被聚类为级别 4；其余县不同来源的污染物排放量属中下等水平，归为级别 1(表 6.4)。

表 6.4　陕南各类型污染源总聚类分析表

地区	白河	汉阴	岚皋	平利	石泉	镇坪	紫阳	汉台	略阳	镇巴	镇安	柞水	汉滨	商南
聚类排名	1	1	1	1	1	1	1	1	1	1	1	1	2	2
地区	宁陕	佛坪	留坝	旬阳	城固	勉县	南郑	洋县	丹凤	山阳	商州	宁强	西乡	洛南
聚类排名	3	3	3	4	4	4	4	4	4	4	4	5	5	5

6.2.2　污染物类型与来源的县域分布特征

1. 工业生产及种植业污染源分布情况

陕南各县工业生产及种植业污染物排放情况见表 6.5，可以看出，陕南三市中工业氨氮排放量最多的是商洛市商南县，其氨氮排放量为 496.19t；排放量最少的是佛坪县，为 0.04t。排放量大于 100t 的有 9 个地区，分别是安康市、城固县、汉中市、勉县、西乡县、洋县、丹凤县、山阳县和商南县。工业 COD 排放量最多的是商洛市山阳县，其 COD 排放量为 1885.76t；排放量最少的是佛坪县，为 4.90t。排放量小于 500t 的有 19 个地区，排放量大于 1000t 的有安康市、城固县、洋县和山阳县 4 个地区。

表 6.5　陕南工业生产及种植业污染物排放情况表

地区	工业生产污染物排放量/t		种植业污染物排放量/t		
	COD	氨氮	氨氮	总氮	总磷
白河县	230.08	2.34	39.09	342.07	39.23
安康市	1300.23	117.63	126.26	933.81	81.74
汉阴县	235.79	26.40	80.64	436.51	38.81
岚皋县	346.68	6.04	24.42	257.07	31.59
宁陕县	155.70	4.79	25.11	197.60	26.94
平利县	234.88	18.12	64.82	688.25	75.75
石泉县	113.75	9.30	59.25	410.96	41.61
旬阳县	942.72	24.98	84.49	528.81	47.60
镇坪县	46.30	3.00	8.48	58.78	11.32
紫阳县	167.83	2.69	83.41	649.79	82.93
城固县	1733.23	361.57	104.44	784.28	68.32
佛坪县	4.90	0.04	3.54	35.66	2.88

续表

地区	工业生产污染物排放量/t		种植业污染物排放量/t		
	COD	氨氮	氨氮	总氮	总磷
汉中市	416.16	154.94	44.78	374.85	23.11
留坝县	10.00	2.00	6.27	56.65	5.29
略阳县	347.02	7.30	35.58	194.77	28.04
勉县	462.82	176.91	62.19	470.70	36.88
南郑县	134.77	4.07	65.36	548.53	36.61
宁强县	31.95	2.36	55.66	405.55	37.97
西乡县	783.88	221.01	66.22	589.50	53.32
洋县	1381.83	250.20	106.20	615.33	45.41
镇巴县	141.07	7.19	61.06	903.44	87.00
丹凤县	779.83	291.28	49.22	282.70	22.09
洛南县	516.50	70.92	60.69	684.27	56.52
山阳县	1885.76	323.91	72.04	413.29	34.87
商南县	203.59	496.19	65.67	338.83	24.91
商州市	507.76	24.55	104.56	534.03	37.21
镇安县	381.02	12.34	70.08	478.75	46.30
柞水县	409.81	15.22	52.51	213.61	17.13

陕南三市中种植业氨氮排放量最多的是安康市，其排放量为 126.26t；排放量最少的是佛坪县，为 3.54t。排放量大于 100t 的有 5 个区县，分别是安康市、城固县、洋县和商州市；排放量小于 10t 的仅有镇平县、佛坪县和留坝县三个县区。种植业 TN 排放量最多的是安康市，其排放量为 933.81t；排放量最少的是佛坪县，为 35.66t。排放量大于 500t 的有 11 个区县；排放量小于 100t 的仅有镇平县、佛坪县、留坝县三个县区。种植业 TP 排放量最多的是汉中市镇巴县，其排放量为 87.00t；排放量最少的是佛坪县，为 2.88t。排放量大于 50t 的有 7 个区县；排放量小于 10t 的仅有佛坪县、留坝县两个县区。

2. 水产养殖业污染源分布情况

水产养殖造成的污染也是非点源污染的重要来源之一。近年来，随着丹汉江流域水产养殖规模化的发展，水产养殖的污染问题随之产生，给环境带来了严重影响，制约了水产养殖业的可持续发展。陕南各县区水产养殖产生的 COD、氨氮、总氮和总磷排放见表 6.6。其中，COD 的排放量最大为 349.96(汉阴县)，氨氮排放量最大为 65.36(南郑县)，总氮排放量最大为 548.53(南郑县)，总磷排放量最大为 36.61(南郑县),各县排放差异较大。除南郑县的 COD 含量为 0.00 外,其他污染物含量均最大,说明其污染相对严重,其次为汉阴县。宁陕县、平利县、留坝县、略阳县、宁强县和镇巴县各污染物量的值均为 0.00,基本无污染。

表 6.6 陕南水产养殖产生的污染物量

地区	水产养殖业污染物量/t			
	COD	氨氮	总氮	总磷
白河县	0.23	0.01	0.02	0.00
汉滨区	15.88	4.17	13.12	2.52
汉阴县	349.96	23.35	68.69	7.11
岚皋县	31.87	1.39	3.78	0.67
宁陕县	0.00	0.00	0.00	0.00
平利县	0.06	0.00	0.00	0.00
石泉县	0.02	0.00	0.00	0.00
旬阳县	3.56	0.64	2.04	0.39
镇坪县	0.00	8.48	58.78	11.32
紫阳县	0.31	0.02	0.05	0.01
城固县	28.59	0.61	1.72	0.47
佛坪县	0.00	0.00	0.00	0.00
汉台区	83.27	3.90	12.50	2.48
留坝县	0.00	0.00	0.00	0.00
略阳县	0.00	0.00	0.00	0.00
勉县	3.21	0.16	0.51	0.10
南郑县	0.00	65.36	548.53	36.61
宁强县	0.00	0.00	0.00	0.00
西乡县	42.62	2.12	6.80	1.33
洋县	7.43	0.29	0.90	0.18
镇巴县	0.00	0.00	0.00	0.00
丹凤县	0.39	0.02	0.07	0.01
洛南县	5.36	0.40	1.24	0.26
山阳县	1.03	0.04	0.12	0.02
商南县	1.73	0.08	0.22	0.04
商州区	3.74	0.05	0.16	0.06
镇安县	0.53	0.02	0.04	0.01
柞水县	0.06	0.00	0.02	0.00

3. 畜禽养殖业污染源分布情况

畜禽养殖造成的污染也是农村居民点非点源污染的重要来源之一。近年来，随着丹汉江流域畜禽养殖规模化的发展，畜禽养殖的污染问题随之产生，给环境带来严重影响，制约了畜禽业的可持续发展(刘腊美，2009)。养猪产生的粪尿等排泄物和冲洗圈舍的污水一般都处于直排或半直排状态，而固态排放物则长期堆积，造成了很大的环境污染。畜禽养殖污染已经严重危害到农村生态环境。农村资源利用不合理，畜禽养殖区域划分不明确，控制管理不到位，畜禽养殖方式与养殖结构不健全，流域主要是畜禽散养行为，畜禽养殖废物综合利用程度差，畜禽养殖业可持续发展与循环产业经济理念差(吴磊，2008)。总之畜禽粪便的任意堆积，污水不经处理的直接排放，不仅影响了农业与农村生态经济的循环可持续发展，大量的有机污染物和氮、磷等元素排入汉江河网，恶化水体水质，输入丹江口库区后对库区水环境安全造成威胁。根据陕西省统计年鉴资料，采用 1 头猪=30 只蛋鸡=60 只肉鸡=1/10头奶牛=1/5 头肉牛=3 只羊的畜禽折算系数，将其他畜禽数量统一折算为猪的数量，将陕南各县畜禽养殖污染物排放量折算为以猪粪当量，见表 6.7。由表可知，陕南地区畜禽养殖业猪粪当量的总氮、总磷、COD 年排放量分别为 9649.80t、5560.90t 和85049.02t，其中，猪粪当量的总氮、总磷、COD 年排放量最大的县均为旬阳县，排放量最小的县均为佛坪县。

表 6.7　陕南畜禽养殖业污染物排放表

地区	猪粪当量TN/t	猪粪当量TP/t	猪粪当量COD/t	地区	猪粪当量TN/t	猪粪当量TP/t	猪粪当量COD/t
商州区	240.88	138.81	2123.03	镇坪县	150.53	86.75	1326.71
洛南县	492.21	283.64	4338.09	旬阳县	912.36	525.77	8041.13
丹凤县	233.87	134.77	2061.25	白河县	200.65	115.63	1768.47
商南县	203.77	117.42	1795.90	汉台区	166.21	95.80	1464.87
山阳县	200.56	115.58	1767.64	南郑县	463.51	267.11	4085.17
镇安县	191.00	110.07	1683.42	城固县	488.31	281.40	4303.71
柞水县	94.72	54.59	834.87	洋县	779.20	449.03	6867.54
汉滨区	760.78	438.41	6705.15	西乡县	581.52	335.11	5125.29
汉阴县	418.19	240.99	3685.74	勉县	491.47	283.22	4331.61
石泉县	344.98	198.80	3040.52	宁强县	503.36	290.07	4436.41
宁陕县	67.37	38.82	593.77	略阳县	234.25	134.99	2064.56
紫阳县	342.90	197.60	3022.14	镇巴县	505.30	291.19	4453.47
岚皋县	226.53	130.54	1996.5	留坝县	54.66	31.50	481.73
平利县	282.14	162.59	2486.67	佛坪县	18.57	10.70	163.66

4. 农村生活污染源分布情况

陕南地区农村生活与非点源污染物产生量有着密切的关系，生活污水排放、垃圾堆放、畜禽养殖、水产养殖等都是造成农村生活污染的主要来源。农村生产中过量施用化肥以及农家肥，而且陕南地区属于土石山区，降雨后都会产生大量的氮、磷等非点源污染物。具体情况见表6.8和表6.9。由表可知，陕南各县畜禽养殖专业户和畜禽养殖业COD、氨氮、总氮和总磷年排放量最大的县均为洛南县；COD、氨氮、总氮和总磷年排放量最小的县均为佛坪县。

表 6.8 陕南畜禽养殖专业户与畜禽养殖业的污染物总量

地区	畜禽养殖专业户合计/t				畜禽养殖业合计/t			
	COD	氨氮	总氮	总磷	COD	氨氮	总氮	总磷
白河县	614.42	53.22	134.50	12.61	660.90	61.81	154.55	16.26
汉滨区	2828.12	233.44	604.19	57.84	3195.60	306.62	743.19	79.62
汉阴县	349.96	23.35	68.69	7.11	585.92	73.30	162.52	22.29
岚皋县	785.52	66.78	169.69	16.41	870.13	83.93	200.15	21.31
宁陕县	50.82	2.74	9.42	0.88	50.82	2.74	9.42	0.88
平利县	1168.82	100.06	254.99	23.63	1201.80	106.80	268.34	25.64
石泉县	561.41	48.39	123.17	11.36	815.32	100.10	211.85	25.72
旬阳县	2365.36	199.36	511.34	48.05	2612.35	253.05	617.67	64.97
镇坪县	969.39	83.68	212.23	19.68	1004.42	90.31	224.31	21.59
紫阳县	921.51	79.95	201.79	18.77	1051.46	108.12	252.14	26.73
城固县	1328.96	111.29	286.63	27.12	1925.85	257.81	531.73	67.13
佛坪县	14.69	1.29	3.24	0.30	14.69	1.29	3.24	0.30
汉台区	654.47	34.80	109.99	14.59	1211.78	149.73	336.06	50.72
留坝县	21.20	1.61	4.20	0.45	34.56	4.46	8.44	1.19
略阳县	84.30	4.08	15.29	1.39	121.98	10.11	29.02	3.80
勉县	2440.64	183.45	500.54	49.47	2784.72	244.00	630.38	69.61
南郑县	1184.14	92.60	246.94	23.97	1561.45	152.37	369.57	42.87
宁强县	379.26	28.25	76.34	7.73	471.44	45.71	112.24	13.17
西乡县	1636.95	125.92	342.67	31.54	6900.92	1193.51	2376.97	350.18
洋县	1916.28	161.69	414.78	38.61	3191.38	403.99	938.99	119.03
镇巴县	80.53	6.87	17.45	1.69	184.80	28.00	64.61	10.22
丹凤县	2491.35	123.58	405.50	68.44	3085.87	150.02	504.74	91.25
洛南县	4744.93	343.23	957.44	91.49	5361.86	384.28	1034.10	103.47
山阳县	1565.46	93.19	280.58	31.33	1739.95	103.85	306.95	36.32
商南县	3275.11	193.28	597.04	62.63	3892.97	228.77	685.80	79.80
商州区	1009.31	69.09	194.57	21.20	1670.70	104.18	304.65	45.09
镇安县	220.37	13.89	42.14	4.07	965.73	64.57	163.48	28.02
柞水县	652.62	44.95	123.01	15.35	1150.86	79.06	185.11	26.32

表 6.9　陕南农村生活污水量与农村生活垃圾量

地区	农村生活污水污染物排放量/t				农村生活垃圾污染物排放量/t			
	COD	氨氮	总氮	总磷	COD	氨氮	总氮	总磷
白河县	1090.18	79.62	101.92	29.12	1711.33	31.42	79.10	29.00
汉滨区	3953.40	288.72	369.60	105.60	6205.92	113.96	286.86	105.16
汉阴县	1551.41	113.30	145.04	41.44	2435.35	44.72	112.57	41.27
岚皋县	838.60	61.24	78.40	22.40	1316.41	24.17	60.85	22.31
宁陕县	366.59	26.77	34.27	9.79	575.46	10.57	26.60	9.75
平利县	1198.00	87.49	112.00	32.00	1763.05	32.37	81.49	29.88
石泉县	915.87	66.89	85.62	24.46	1437.71	26.40	66.46	24.36
旬阳县	2369.64	173.06	221.54	63.30	3719.79	68.30	171.94	63.03
镇坪县	290.52	21.22	27.16	7.76	456.04	8.37	21.08	7.73
紫阳县	1808.98	132.11	169.12	48.32	2839.68	52.14	131.26	48.12
城固县	2695.50	196.86	252.00	72.00	3173.48	58.27	146.69	53.78
佛坪县	164.73	12.03	15.40	4.40	258.58	4.75	11.95	4.38
汉台区	1770.05	129.27	165.48	47.28	2083.92	38.27	96.33	35.31
留坝县	221.63	16.19	20.72	5.92	347.91	6.39	16.08	5.90
略阳县	861.96	62.95	80.58	23.02	1353.08	24.85	62.54	22.93
勉县	2090.51	152.67	195.44	55.84	3076.52	56.49	142.21	52.13
南郑县	2823.09	206.18	263.93	75.41	4154.62	76.29	192.04	70.40
宁强县	1904.82	139.11	178.08	50.88	2990.13	54.91	138.21	50.67
西乡县	2132.44	155.74	199.36	56.96	3347.44	61.47	154.73	56.72
洋县	2215.10	161.77	207.09	59.17	3477.20	63.85	160.73	58.92
镇巴县	1437.60	104.99	134.40	38.40	2256.70	41.44	104.31	38.24
丹凤县	1577.17	115.18	147.45	42.13	2475.79	45.46	114.44	41.95
洛南县	2365.45	172.75	221.14	63.18	3713.21	68.18	171.64	62.92
山阳县	2411.57	176.12	225.46	64.42	3785.61	69.51	174.98	64.15
商南县	1214.17	88.67	113.51	32.43	1905.97	35.00	88.10	32.30
商州区	2721.86	198.78	254.46	72.70	4272.68	78.46	197.50	72.40
镇安县	816.44	59.63	76.33	21.81	1281.62	23.53	59.24	21.72
柞水县	1495.70	109.23	139.83	39.95	2347.91	43.11	108.53	39.79

6.3 非点源污染负荷与农村生产的关系

6.3.1 非点源污染与种植业的关系

化肥施用量采用实际调查的折纯量。化肥流失量计算公式为:

$$氨氮=(氮肥+复合肥\times0.3+磷肥\times0.185)\times20\%\times10\% \tag{6.1}$$
$$总氮=(氮肥+复合肥\times0.3+磷肥\times0.185)\times20\% \tag{6.2}$$
$$总磷=(磷肥+复合肥\times0.3)\times15\% \tag{6.3}$$

一般入河量占流失量的 60%。2006 年三市的氮肥、磷肥、复合肥等农用化肥使用量(折纯量)分别为 128878t、28041t 和 3673t。2010 年三市的氮肥、磷肥、复合肥等农用化肥使用量(折纯量)分别为 129631t、26586t 和 83439t。

6.3.2 非点源污染与畜禽养殖的关系

畜禽养殖污染物排放调查根据《畜禽养殖业污染物排放标准(GB 18596—2001)》以排污系数法进行计算,详见表 6.10~表 6.12。2006 年三市大牲畜(牛、马、驴、骡)、猪、羊、兔、家禽的存栏量分别为 75.99 万头(只)、511.78 万头(只)、151.64 万头(只)、9.94 万头(只)、2114.69 万头(只)。2010 年三市大牲畜(牛、马、驴、骡)、猪、羊、兔、家禽的存栏量分别为 63.35 万头(只)、607.21 万头(只)、147.50 万头(只)、26.33 万头(只)、2299.34 万头(只)(陕西省统计局, 2011)。生长周期按 365 d 计算。水产养殖的非点源污染排放系数参照精养鱼塘;COD$_{cr}$、总氮、总磷的年排放系数分别为 74.5kg/(hm^2·a)、101.0kg/(hm^2·a)、11.0kg/(hm^2·a)。2006 年,三市水产养殖面积合计为 7401hm^2。2010 年三市水产养殖面积合计为 15945hm^2。

表 6.10 畜禽粪便排泄标准

种类	大牲畜(牛、马、驴、骡)	猪	羊	兔	家禽
排泄量/(kg/d)	25	3.5	2	0.1	0.1

表 6.11 畜禽粪便的非点源污染含量

项目	大牲畜(牛、马、驴、骡)	猪	羊	兔	家禽
COD$_{cr}$/%	3.1	5.2	0.46	4.5	4.5
氨氮/%	0.17	0.31	0.08	0.28	0.28
总氮/%	0.44	0.59	0.75	0.99	0.99
总磷/%	0.12	0.34	0.26	0.58	0.58

表 6.12 畜禽粪便污染物进入水体流失率

项目	大牲畜(牛、马、驴、骡)	猪	羊	兔	家禽
COD_{cr}/%	6.16	5.58	5.50	8.59	8.59
氨氮/%	2.22	3.04	4.10	4.15	4.15
总氮/%	5.68	5.25	5.30	8.47	8.47
总磷/%	5.50	5.25	5.20	8.42	8.42

6.4 非点源污染与农村生活的关系

6.4.1 生活污水量及人粪尿排放

农村生活污染主要包括生活污水和人粪尿,人均排放量见表 6.13。村居民的生活污水和人粪尿按 10%进入水体计算,城市和乡镇居民的生活污水和人粪尿按 90%进入水体计算(钱秀红和徐建民,2002)。

2006 年三市的农村人口、城市和乡镇人口分别为 160.82 万和 757.24 万。2010 年三市的农村人口、城市和乡镇人口分别为 175.35 万和 775.36 万。

表 6.13 生活污水及人粪尿排放标准 [单位:kg/(a·人)]

污染源	COD_{cr}	总氮	总磷
农村生活污水	5.84	0.584	0.146
城市和乡镇生活污水	7.30	0.730	0.183
人粪尿	1.98	0.306	0.0524

6.4.2 固体废弃物量

固体废弃物主要由生活垃圾和作物秸秆组成,产生的污染物主要有氨氮、总氮、总磷,排放系数分别为 0.021%、0.21%和 0.22%,入河量按 7%估算。农村生活垃圾按人均 0.7 kg/d。

2006 年三市农村人口为 160.82 万,生活垃圾量为 4.109×10^5 t,农作物秸秆折算比例和三市农产品的产量详见表 6.14。经计算,每年秸秆产量为 2.198×10^6 t,生活垃圾量和秸秆产量合计 2.61×10^6 t。

2010 年三市农村人口为 175.35 万,生活垃圾量为 4.480×10^5 t,农作物秸秆折算比例和三市农产品的产量详见表 6.14。经计算,每年秸秆产量为 2.822×10^6 t,生活垃圾量和秸秆产量合计 3.27×10^6 t。

表 6.14 农作物籽粒产量和秸秆产量

	项目	小麦	水稻	玉米	高粱	大豆	油菜籽	花生	烤烟
	籽粒、秸秆重量比	1:1.1	1:0.9	1:1.2	1:1.3	1:1.6	1:1.5	1:0.8	1:1.0
2006 年	籽粒总产量/万 t	88.83	78.91	87.19	0.02	10.04	19.92	2.43	3.12
	秸秆数量/万 t	97.71	71.02	104.6.3	0.026	16.06	29.88	1.94	3.12
2010 年	籽粒总产量/万 t	48.91	78.6	84.27	0.03	8.93	23.62	3.53	3.95
	秸秆数量/万 t	53.80	70.74	101.12	0.04	14.29	35.43	2.82	3.95

注：烤烟为叶片与秸秆比例。

6.4.3 化肥施用及流失

化肥施用量采用实际调查的折纯量。化肥流失量计算公式见式(6.1)~式(6.3)。

一般入河量占流失量的 60%，根据陕西省统计年 2008 年三市的氮肥、磷肥、复合肥等农用化肥使用量(折纯量)分别为 136659t、13215t 和 3262t。

6.4.4 农村生活对区域非点源污染的贡献

以 2008 年的统计资料为基础，各种面源污染物的年入河量估算结果见表 6.15。COD_{cr} 入河量为 103053 t，以农村生活污水及人粪尿的来源最多，其次为城镇地表径流和生活污水及人粪尿。氨氮、总氮、总磷的入河量分别为 19851t、213453t 和 39838t，都是以水土流失的来源最多，且占绝大部分，其次有少部分来源于生活污水及人粪尿、农用化肥和分散式畜禽养殖，而固体废弃物和城镇地表径流的入河量极少。

表 6.15 研究区面源污染物入河量比较

项目	COD_{cr}/t	比例/%	氨氮/t	比例/%	总氮/t	比例/%	总磷/t	比例/%
农村生活污水及人粪尿	40682	39.48	—	—	19106	8.95	2653	6.66
固体废弃物	—	—	43	0.22	426	0.20	447	1.12
农用化肥	—	—	1681	8.47	16810	7.87	1277	3.21
分散式畜禽养殖和水产养殖	29347	28.48	842	4.24	4262	2.00	1848	4.63
水土流失	—	—	17172	86.50	171717	80.45	33415	83.88
城镇地表径流	33024	32.04	113	0.57	1132	0.53	198	0.50
合计	103053	100	19851	100	213453	100	39 838	100

水土流失产生的氨氮、总氮和总磷的污染物入河量比例最大，在 80.45%～86.5%，占绝大部分。由于陕西省丹汉江流域水土流失极为严重，现有水土流失面积 $3.40×10^4$ km²，占流域总土地面积的 54.1%，土壤中的养分随泥沙进入河道，不仅造成丹江口水库的淤积，而且导致水质的富营养化。农用化肥的流失虽然是氮、磷污染的主要来源，但由于陕南地区农业生产水平不发达，2008 年汉中、安康、商洛三市的农作物播种面积为 11853.1km²，平均化肥使用折纯量仅为 235.35kg/hm²，化肥使用量少，再加上山大沟深、地形破碎，化肥流失的入河量十分有限。

由于陕南地区主要为山区，农民居住分散，大多居民沿河道而居，生活污水和人粪尿随意流淌入河，甚至许多厕所直接修建在沟道旁边。畜禽基本为分散养殖，粪便随地表径流进入河道。陕南地区是陕西省经济较为落后的地区，城市化水平低，污水的收集和处理能力十分有限。因而，生活污水、人粪尿、城镇地表径流、分散式畜禽养殖和水产养殖对 COD_{cr} 的贡献率较大，COD_{cr} 污染的来源不仅量大，而且难以治理。

城镇地表径流和固体废弃物虽然总量大，但由于其中氮、磷的含量低，产生的面源污染量十分有限。所以，城镇地表径流和固体废弃物对氮、磷污染的贡献率较低。但是随着近年来陕南城镇化水平的提高和交通的建设，城镇地表和路域(公路沿线)的面源污染应引起重视。生活垃圾中虽然氮、磷的含量低，但随意堆放也会产生视觉污染。

6.4.5　陕南地区县域水土流失非点源分布与负荷特征

根据各县非点源的分布特征，对其等级进行划分，结合对其污染源的分析，确定了各县域非点源污染的防治重点，详细见污染源等级分布表 6.16。

表 6.16　丹汉江流域污染源等级分布表

土地利用一级编号	土地利用类型	土地利用二级编号	名称	主要污染源	污染强度等级
1	耕地	11	水田	化肥	高
		12	旱地	化肥	高
2	林地	21	有林地	养分、有机物	低
		22	灌木林	养分、固体悬浮物	低
		23	疏林地	养分、有机物	低
		24	其他林地(果园、茶园等)	养分、有机质、固体悬浮物	高

续表

土地利用一级编号	土地利用类型	土地利用二级编号	名称	主要污染源	污染强度等级
3	草地	31	高覆盖度草地	养分、有机质、固体悬浮物	低
		32	中覆盖度草地	养分、有机质、固体悬浮物	低
		33	低覆盖度草地	养分、有机质、固体悬浮物	低
4	水域	41	河渠	支沟汇集点氮、磷	中等
		42	湖泊	磷	中等
		43	水库坑塘	汇集点氮、磷	低
5	居民用地	51	城镇用地	地表径流携带氮、磷悬浮物	高
		52	农村居民点	生活污水中氮、磷	高
		53	其他建设用地	泥沙携带的氮、磷	低
	养殖	54	猪	氮、磷、COD	高
		55	牛	氮、磷、COD	高
		56	鸡(鸭、鹅)	氮、磷、COD	低
	人口	57	常住人口	生活污水磷、氮	中等
		58	外来打工人口	生活污水磷、氮	中等

以 2008 年的统计资料为基础，COD_{cr} 入河量为 103053t，以农村生活污水及人粪尿的来源最多，其次为城镇地表径流和生活污水及人粪尿。氨氮、总氮、总磷的入河量分别为 19851t、213453t 和 39838t，都是以水土流失的来源最多，且占绝大部分，其次有少部分来源于生活污水及人粪尿、农用化肥和分散式畜禽养殖，而固体废弃物和城镇地表径流的入河量极少。

参 考 文 献

陈龙, 2009. 神经网络和遗传算法在河流二次污染预测中的应用研究[D]. 广州: 广东工业大学博士学位论文.

高喆, 2011. 锑(Ⅲ)离子印迹聚合物的制备、表征及性能研究[D]. 沈阳: 东北大学博士学位论文.

林伟仲, 2010. 沟渠-塘-人工湿地复合系统处理农业非点源污染的研究[D]. 广州: 华南农业大学博士学位论文.

刘腊美, 2009. 嘉陵江流域非点源氮磷污染及其对重庆主城段水环境影响研究[D]. 重庆: 重庆大学博士学位论文.

钱秀红, 徐建民, 施加春, 等, 2002. 杭嘉湖水网平原农业非点源污染的综合调查和评价[J]. 浙江大学学报(农业与生命科学版), 28(2): 147-150.

申艳萍, 2009. 小流域非点源污染负荷估算及控制对策研究[D]. 郑州: 河南农业大学博士学位论文.

汪红梅, 2014. 基于 GWR 模型的浅层地下水水质与地表要素耦合分析[D]. 济南: 山东科技大学博士学位论文.

王星, 2013. 陕西省丹汉江流域水土保持环境效应与生态安全评价[D]. 西安: 西安理工大学博士学位论文.

吴磊, 2008. 三峡库区小江流域非点源污染负荷模拟研究[D]. 重庆: 重庆大学博士学位论文.

杨菁荟, 2010. 基于 SWAT 模型的沂河流域水环境分布式模拟研究[D]. 南京: 南京大学博士学位论文.

第7章 丹江鹦鹉沟流域坡面氮磷流失迁移规律

7.1 鹦鹉沟流域天然降雨条件下坡面氮磷流失特征

7.1.1 坡面氮素流失特征

按照我国气象部门降雨强度分级标准，24h内的降雨量称为日降雨量，凡是日降雨量在10mm以下的称为小雨，10.0~24.9mm为中雨，25.0~49.9mm为大雨，50.0~99.9mm为暴雨，100.0~250.0mm为大暴雨，超过250.0mm的称为特大暴雨。2010年7月2日到3日、2011年8月4日到5日和2012年7月4日鹦鹉沟流域的降雨量分别为51.8 mm、25.2 mm和44.8 mm，涵盖了降雨强度的主要类型。

鹦鹉沟流域径流小区的氮素变化特征见表7.1。由于玉米和花生径流小区的氮素变化不大，如总氮浓度基本在2mg/L左右，故主要列举了3次降雨下的典型氮素变化特征。由表7.1可以看出，不论是农地径流小区，还是林草地径流小区，水质中硝氮含量均大于氨氮含量，这是由于土壤表层存在强烈的硝化作用，硝氮含量较高且带负电，不易被土粒所吸附，导致径流小区硝氮含量较高。当径流小区坡度大于25°时，玉米和花生径流小区的氨氮和硝氮含量均呈明显增加，这是因为坡度增加，径流流速明显增大，使径流与土壤的作用强度增大，从而影响到坡地表层土壤颗粒启动、侵蚀方式和径流的挟沙能力，进而增大养分的流失量(孔刚等，2007；傅涛等，2003)。花生径流小区和玉米径流小区的氨氮和硝氮含量差异不大，但玉米地的总氮含量往往较花生地大。另外，随坡度的增大，花生径流小区硝氮含量呈增大趋势。林地和草地径流小区总氮含量也较高，处在2mg/L左右，甚至大于一些农地径流小区的总氮含量。

根据《地表水环境质量标准》(GB 3838—2002)中氮素项目标准限值(表7.2)，花生径流小区和玉米径流小区氨氮含量在陡坡以下均小于0.5mg/L，属于Ⅱ类水；硝氮含量均小于标准限值10mg/L；总氮含量均大于1.5mg/L，水质属于Ⅲ类水或更差水平，尤其在陡坡，总氮含量远大于Ⅴ类水标准限值2.0mg/L。林地和草地径流小区的总氮含量也多大于Ⅴ类水标准限值2.0mg/L。说明径流小区水质中主要是总氮含量超标。

表 7.1　鹦鹉沟流域径流小区氮素变化特征

日期	小区	长/m	宽/m	面积/m²	坡度/(°)	地类	氨氮含量/(mg/L)	硝氮含量/(mg/L)	总氮含量/(mg/L)
2010 年 7 月 3 日	3	7.9	2	15.8	24	花生	0.34	1.10	1.70
	4	7.8	2	15.6	22	花生	0.32	1.05	1.51
	12	20.4	2	40.8	12	玉米	0.24	1.70	2.30
	16	10.3	2	20.6	10	玉米	0.37	1.30	2.10
	19	21.2	5	106.0	15	草地	0.54	1.20	2.43
	20	20.7	5	103.5	15	林地	0.23	1.14	1.95
	22	10.0	4	40.0	20	林地	0.31	1.40	2.20
2011 年 8 月 5 日	6	10.8	2	21.6	18	花生	0.16	1.02	1.92
	9	5.7	2	11.4	30	花生	1.01	3.01	6.15
	12	20.4	2	40.8	12	玉米	0.11	1.26	2.34
	16	10.3	2	20.6	10	玉米	0.36	1.01	2.15
	19	21.2	5	106.0	15	草地	0.37	1.40	2.41
	20	20.7	5	103.5	15	林地	0.24	1.35	2.32
	22	10.0	4	40.0	20	林地	0.36	1.63	2.50
2012 年 7 月 4 日	9	5.7	2	11.4	30	玉米	1.35	1.70	5.19
	12	20.4	2	40.8	12	花生	0.43	0.92	2.39
	16	10.3	2	20.6	10	花生	0.41	0.84	2.06
	17	10.3	2	20.6	12	花生	0.70	0.91	2.55
	19	21.2	5	106.0	15	草地	0.31	1.27	2.19
	20	20.7	5	103.5	15	林地	0.30	1.15	2.00
	22	10.0	4	40.0	20	林地	0.31	1.30	2.16

表 7.2　《地表水环境质量标准》中氮素项目标准限值　　　　　　　（单位：mg/L）

项目	Ⅰ类	Ⅱ类	Ⅲ类	Ⅳ类	Ⅴ类
总氮含量	0.2	0.5	1.0	1.5	2.0
氨氮含量	0.15	0.5	1.0	1.5	2.0
硝氮含量			10		

7.1.2　坡面磷素流失特征

在土壤系统的水分分配和土壤侵蚀过程中，土地利用类型和坡度因子有显著的调节作用，因为生态系统的养分流失也会发生变化。在不同的土地利用类型/坡度下，生态系统的养分流失包括径流(含泥沙)、农作物的吸收利用和气体挥发。本书仅考虑径流，并选择生物和环境的必要元素 N、P 作为研究对象，选择鹦鹉沟流域两场典型降雨(7 月 1 日和 7 月 18 日降雨)进行比较，其全磷流失特征见图 7.1。

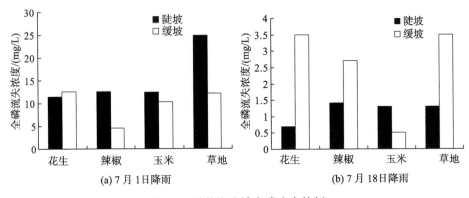

图 7.1   鹦鹉沟流域全磷流失特征

由图 7.1 可知，7 月 1 日降雨全磷流失浓度明显高于 7 月 18 日，说明短时阵性暴雨易造成全磷的流失[图 7.1(a)]，历时长、雨强小的降雨对全磷流失作用相对较小，相对于雨量，雨强对全磷的流失影响更大。同时，暴雨下多数陡坡小区的全磷流失浓度高于缓坡小区[除了花生小区缓坡小区浓度(12.6mg/L)稍高于陡坡小区(11.5mg/L)]，说明暴雨下陡坡全磷流失浓度较高，缓坡全磷流失受影响相对较小；而对于 7 月 18 日的次降雨[图 7.1(b)]，缓坡的全磷流失浓度反而高于陡坡(除了玉米小区情况相反)，7 月 18 日的陡缓坡全磷流失差异(均值为 180.91%)高于 7 月 1 日的次降雨(76.97%)，说明缓坡全磷流失浓度受小雨强降雨的影响高于陡坡受阵型强暴雨对全磷流失浓度的影响。另外，草地全磷流失浓度均高于其他小区，说明草地对全磷流失贡献较大。

鹦鹉沟流域速效磷流失特征见图 7.2。同全磷一样，与 7 月 18 日长时间、小雨强的次降雨相比，短时阵性暴雨更易于速效磷的流失[图 7.2(a)]，并且陡、缓坡差异明显。除草地小区外，短时阵性暴雨下陡坡更容易流失速效磷。18 日次降雨历时较长，使得缓坡小区的速效磷有很充分的时间溶于径流，因此其浓度基本高于陡坡，辣椒和草地小区表现最明显[图 7.2(b)]。此外，对于阵性降雨，陡坡花生小区速效磷流失浓度最高(4.38mg/L)，其次为辣椒和玉米小区；对于长时小雨，则为缓坡辣椒小区的速效磷流失浓度最高，其次为草地和花生小区。因此，单以速效磷为考虑指标，研究区陡坡(10°~20°)宜种草，缓坡宜种植玉米。

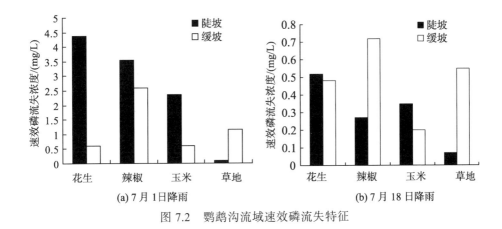

图 7.2　鹦鹉沟流域速效磷流失特征

7.1.3　不同土地利用条件下养分流失特征

根据鹦鹉沟流域 2010～2012 年的小区监测数据，对不同土地利用类型主要降雨场次的水质氮素监测指标进行分析，计算林地、草地和农地的氮素含量平均值，在此基础上，根据各自的年均产流量，计算得出随径流流失的不同土地利用类型的氮素流失特征，见表 7.3。由表 7.3 可以看出，径流中农地、草地和林地的氨氮含量相差不大，但硝氮和总氮的含量有一定差异，表现为农地>草地>林地，这是因为林草地产流量较小，但其土壤全氮含量较高，致使径流总氮浓度也较高，且超出了 V 类水水质标准。另外，氨氮、硝氮和总氮的年均流失模数均表现为农地>草地>林地，农地、草地和林地的总氮年均径流流失模数分别为 $0.36t/(km^2 \cdot a)$、$0.22t/(km^2 \cdot a)$ 和 $0.09t/(km^2 \cdot a)$。

表 7.3　不同土地利用类型的氮素流失特征

项目		林地	草地	农地
平均浓度/(mg/L)	氨氮	0.29	0.26	0.34
	硝氮	1.61	1.85	2.41
	总氮	2.66	3.10	3.41
年流失量/t	氨氮	0.005	0.003	0.04
	硝氮	0.03	0.02	0.28
	总氮	0.04	0.04	0.40
流失模数/[t/(km²·a)]	氨氮	0.01	0.02	0.04
	硝氮	0.05	0.13	0.25
	总氮	0.09	0.22	0.36
场次		10	16	23

根据鹦鹉沟流域 2010~2012 年天然降雨监测数据、2012 年野外模拟降雨数据，结合其他学者的研究结果，利用平均浓度法和输出系数法，对不同土地利用类型径流总磷流失特征进行分析，结果见表 7.4。

表 7.4 不同土地利用类型径流总磷流失特征

土地利用类型	产流系数	总磷流失浓度/(mg/L)
>25°农地	0.18	0.18
<25°农地	0.10	0.21
梯田	0.09	0.13
草地	0.09	0.10
林地	0.04	0.09
城镇居民用点	0.15	0.16
未利用土地	0.08	0.15

小流域年平均降水量为 803.2mm，结合流域各土地利用面积、产流系数及径流中总磷流失浓度计算可得，鹦鹉沟流域径流总磷年流失量为 0.026t/a。

7.2 模拟降雨条件下鹦鹉沟流域坡面氮磷流失特征

7.2.1 模拟降雨试验设计

2011 年 7 月在鹦鹉沟流域开展人工模拟降雨实验。模拟降雨采用下喷式降雨器。模拟降雨设计雨强为 2.0mm/min、1.5mm/min、1.0 mm/min，降雨时间为 60 min。模拟降雨小区长 10m、宽 2m、坡度 10°、土层厚度约 60cm。首先在玉米地径流小区上分别以上述 3 个雨强进行降雨试验，之后将小区处理为裸地，再以相同的 3 个雨强进行降雨试验。另外，选择坡度为 10°的玉米和大豆套种小区，同样进行上述 3 个雨强的降雨试验，小区规格仍为 10m×2m，每场降雨时间间隔为 24h。模拟降雨前需对雨强进行率定，直至测定雨强与设计雨强之间的差值满足要求为止，然后撤去试验小区坡面上的塑料布后，正式开始模拟降雨试验。试验小区模拟降雨强度见表 7.5，其降雨均匀度均大于 93%。

表 7.5 试验小区模拟降雨强度

小区	雨强/(mm/min)		
玉米	2.00	1.57	1.07
裸地	1.96	1.64	1.03
玉米 + 大豆(套种)	1.90	1.51	1.12

试验中记录小区地表径流和壤中流的起始和结束时间。用径流桶和比重瓶按设计时段收集小区出口的径流，用置换法测定时段径流含沙量，同时将径流泥沙风干带回实验室进行养分含量测定。小区四周修建水泥墙，总高度为 60cm，露出地表10cm，以准确界定壤中流范围。同时在小区出口处布设百叶窗，按照 20cm、40cm及 60cm 分层，用长铁板插入各土层中，固定并确保壤中流的收集范围，然后在分层的百叶窗上安装略倾斜的 PVC 管，最后用塑料管引流收集壤中流，详见图 7.3，从而实现壤中流的分层取样。由于壤中流采集设备只有一套，故玉米和大豆套种小区只进行地表径流的采集分析。

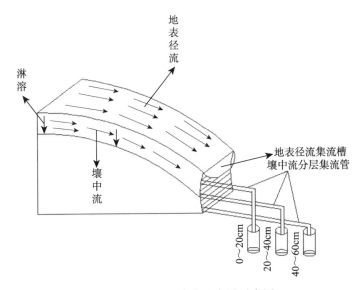

图 7.3　径流小区壤中流布设示意图

7.2.2　径流过程

不同雨强下玉米小区和套种小区的径流过程见图 7.4。可以看出，降雨初期产流量都较小，随着降雨时间的增加，产流量逐渐增大，玉米小区在不同雨强下的径流过程波动较大，而不同雨强下套种小区的径流过程较玉米小区波动小。不同雨强下的产流量总体表现为大雨强>中雨强>小雨强，套种小区的表现趋势较玉米小区更为明显。玉米小区在大、中、小 3 个雨强下的产流总量分别为 1.45m³、1.13m³ 和0.78m³；套种小区在大、中、小 3 个雨强下的产流总量分别为 1.54m³、1.09m³ 和0.50m³，说明大雨强下套种小区较玉米小区的产流量大，而中雨强和小雨强下玉米小区的产流量较套种小区大。

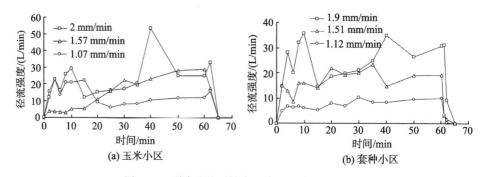

图 7.4   不同雨强下的农地小区地表径流过程

综合以上分析，玉米和大豆套种可以平缓地表径流过程，降低径流峰值。玉米小区在大雨强时，径流强度的波动程度较小雨强时有不同程度的增加，且在大雨强时，径流强度并未一直比小雨强时大；套种小区的径流过程总体相对平稳，先增大至极点，然后波动起伏，且大雨强时的径流强度基本均比小雨强时大。径流过程的波动程度在大雨强时均比小雨强时有不同程度的增大，套种小区尤为明显，可见植被条件和降雨强度均是影响产流的主要因素，套种小区在中小雨强时能减少地表产流量，且调节降雨径流的能力高于玉米小区。

7.2.3   模拟降雨条件下氮素迁移过程

1. 地表径流氮素流失过程

由图 7.5 可知，不同土地利用类型下的氮素流失浓度变化不一致。试验结果表明，径流小区降雨地表径流过程总氮浓度平均值超过 10 mg/L，随着降雨历时增加，农田和裸地的总氮流失浓度大体呈现较平稳的状态，产流初期浓度上升，中期比较平稳，后期浓度略有下降，但总体变化幅度不大。但在裸坡小区中雨强条件下，产流中期出现突变，总氮流失浓度有很明显的降低。这是因为降雨初期侵蚀作用起主导作用，随着降雨的持续，稀释作用逐渐起到主导作用(Johnson et al., 1997；许其功等，2007)。

在不同的雨强下，氨氮与总氮相比，流失过程比较复杂。在大雨强条件下，农田径流小区坡面氨氮流失量随着产流呈现出波动上升的趋势。裸坡径流小区坡面氨氮流失量随着降雨历时的增加变化较平稳。在中雨强条件下，氨氮输出浓度相比较低，变化幅度大。径流前期的输出浓度不高，随着降雨持续，浓度变化剧烈，后期有所提高。在小雨强条件下，氨氮的变化规律与大雨强条件下相似，这种随雨强变化的规律与研究的规律基本一致(刘泉等，2011)。

　　硝氮和总氮一样，整个降雨过程中浓度输出均较高，平均流失浓度在 10 mg/L 左右变化，浓度输出变化过程和总氮变化表现出良好的相关性，是氮素流失的主要形态。

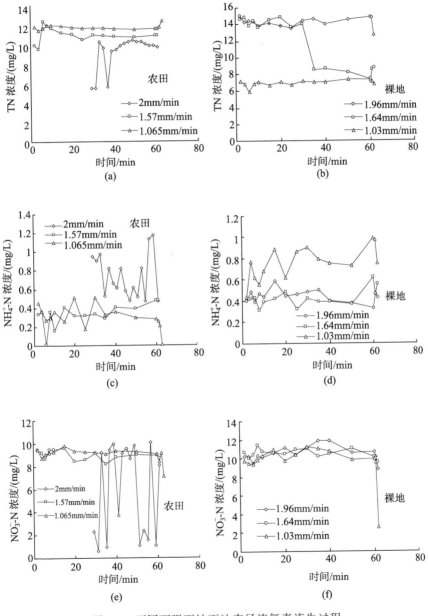

图 7.5   不同雨强下坡面地表径流氮素流失过程

2. 壤中流氮素流失特征

由表 7.6 可知，不同雨强条件下，农田和裸地壤中流中氮素的流失特征不尽相同。农田小区壤中流总氮流失浓度随着雨强的减小先升高，然后平稳减小；裸地小区壤中流总氮流失浓度随着雨强的减小呈现下降的趋势。表明开垦活动会增加氮的流失浓度。

农田和裸地小区壤中流硝氮流失浓度均随着雨强的减小而增大。而氨氮在不同的土地利用类型下则呈现出完全相反的规律，不同雨强条件下，农田小区氨氮的流失浓度与雨强成正比，裸地小区则成反比。在大雨强条件下，农田小区壤中流氮素流失浓度均小于裸坡，其中，农田总氮的流失量是裸地的 1/2。在其他两种雨强条件下，农田小区壤中流除了总氮以外，流失浓度均小于裸坡。

通过上述分析可知，在有植被覆盖的径流小区上，氮素的流失浓度均要小于裸地小区。主要因为良好的植被覆盖能有效地抑制养分流失。因为植被冠层对降雨具有截留作用，植被覆盖会在地表形成枯枝落叶层，保护表层土壤，免遭雨滴的打击，降低侵蚀发生的概率，同时也降低了土壤的入渗速率。同时，在处理无植被覆盖的裸地时，土壤质地较之前更为疏松，因此，出现了农田氨氮的流失浓度最小只是裸地的 1/10(李婧等，2010；张长保，2008)。

表 7.6　不同雨强条件下坡面壤中流氮素流失特征

土地利用类型	雨强/(mm/min)	NH_4^+-N 浓度/(mg/L)	NO_3^--N 浓度/(mg/L)	TN 浓度/(mg/L)
农田	2.00	0.46	9.09	6.40
	1.57	0.34	9.67	18.47
	1.07	0.18	9.75	15.79
裸地	1.96	0.52	11.08	13.41
	1.64	0.61	11.14	12.22
	1.03	1.05	11.42	8.85

3. 坡面总养分流失特征分析

由表 7.7 可知，不同土地利用类型下氮素流失量所占的比例不同，在中小雨强下，壤中流总氮所占比例超过 50%，且农田小区壤中流总氮流失所占比例要大于裸地小区。在农田小区随着雨强的减小，壤中流中全氮所占比例先增加后缓慢减小；地表径流中总氮所占比例则先减少后增加。在裸地小区壤中流中，总氮所占比例与雨强成反比；地表径流中刚好相反。氨氮的比例变化与雨强关系不明显，但都在中雨强条件下出现突变。硝氮的变化比较平稳，随着雨强的增大，有缓慢的上升趋势。

通过上述分析可知，壤中流中的氮素养分流失量占径流中的比例较大，其中 NO_3^--N 表现最为明显，壤中流中 NO_3^--N 含量为 9.09～11.42mg/L，最大比例为 61.40%。在坡面径流养分流失的两种途径中，由于商南地区的特殊产流方式及土壤的淋溶作用，壤中流携带的养分流失浓度与地表径流相比基本上相同，甚至超出很多。对于氮素而言，壤中流中 TN 占坡面 TN 总流失量的 50%左右。

表 7.7　不同土地利用类型下氮素流失量占总流失量的比例

土地利用类型	雨强/(mm/min)	壤中流所占比例/%			地表径流所占比例/%		
		NH_4^+-N	NO_3^--N	TN	NH_4^+-N	NO_3^--N	TN
农田	2.00	38.26	61.40	41.24	61.74	38.60	58.76
	1.57	50.69	51.88	62.89	49.31	48.12	37.11
	1.07	36.88	51.91	57.43	63.12	48.09	42.57
裸地	1.96	53.83	51.37	48.54	46.17	48.63	51.46
	1.64	58.88	51.45	50.70	41.12	48.55	49.30
	1.03	58.18	54.24	56.05	41.82	45.76	43.95

7.2.4　模拟降雨条件下坡面磷素迁移特征

1. 不同雨强下的坡面径流磷素流失特征

不同土地利用类型在不同雨强下的总磷和速效磷径流流失过程见图 7.6。由图 7.6 可知，玉米小区径流总磷浓度在不同雨强下均呈较大的波动起伏，小雨强时的总磷浓度平均值为 0.06mg/L，均大于大雨强和中雨强时的总磷浓度；套种小区的径流总磷浓度在不同雨强下也呈较大的波动起伏，但在小雨强下，总磷浓度在产流中后期比较平稳，浓度也有所下降；裸地小区在大雨强和中雨强下，总磷浓度波动很小，除产流初期总磷浓度较大外，总体变化平缓，但在小雨强下，径流总磷浓度起伏较大，尤其在径流中期，总磷浓度最大值达到 0.49mg/L，远大于 0.17mg/L 的平均值，在径流过程中，其总磷浓度总体上也均大于大中雨强下的总磷浓度。

玉米小区的径流速效磷浓度在不同雨强下也呈现出不同程度的波动，与总磷浓度在径流过程中的波动相似，其在 3 个雨强下的速效磷浓度均值均为 0.03mg/L；套种小区的径流速效磷浓度在不同雨强下的起伏也较大，尤其在大雨强下，波动极为明显，最大和最小速效磷浓度分别为 0.05mg/L 和 0.002mg/L，中雨强下径流过程中的速效磷浓度几乎均大于小雨强下的速效磷浓度，大雨强下的径流速效磷浓度均值也大于小雨强下的速效磷浓度均值；裸地小区的径流速效磷浓度在不同雨强下的波动相对较小，小雨强下的径流速效磷浓度波动最大，其浓度均值为

0.03mg/L，均大于大雨强和中雨强下的速效磷浓度均值，大中雨强下的径流速效磷浓度均值差异不大。

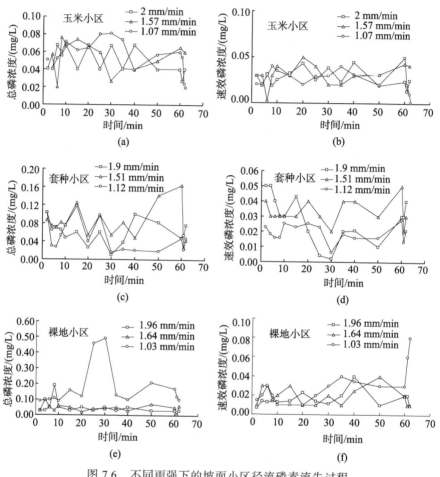

图 7.6　不同雨强下的坡面小区径流磷素流失过程

　　通过上述分析可知，套种小区对小雨强下的径流总磷和速效磷浓度有一定调节作用，能够降低小雨强下的径流总磷和速效磷浓度，但不能明显调节大中雨强下的磷素浓度和波动趋势。裸地在小雨强下的径流总磷和速效磷浓度均较高，这主要是因为裸地在小雨强下的产流量相对大中雨强时小，且没有农作物的遮挡，雨滴能够与表层土壤进行充分接触，致使其磷素浓度相对较大。另外，裸地的径流磷素浓度变化起伏较玉米小区和套种小区小，这是因为裸地的产流过程相对稳定，同时与地表土壤充分接触，使径流磷素浓度变化不大，这与其他一些研究成果基本一致(彭圆圆等，2012；李婧等，2010)。

2. 不同雨强下的坡面壤中流磷素流失特征

不同雨强下玉米小区和裸地小区的壤中流磷素流失均值见表 7.8。由表 7.8 可以看出，大中雨强下，玉米小区壤中流总磷的平均浓度相同，均为 0.03mg/L，但在小雨强下，壤中流总磷浓度的均值远大于大中雨强下的总磷浓度均值；裸地小区的壤中流总磷浓度在大中雨强下差异不大，分别为 0.07mg/L 和 0.05mg/L，但在小雨强下，裸地小区表现出与玉米小区相同的特点，总磷浓度均值大于大中雨强下的总磷浓度均值。玉米小区和裸地小区的壤中流速效磷浓度均值在不同雨强下表现出相似的特点，均为小雨强下的速效磷浓度均值大于大中雨强下的速效磷浓度均值，而大中雨强下的速效磷浓度均值差异不大，这一特点与壤中流总磷浓度均值的表现相同。

表 7.8　不同雨强下的壤中流磷素流失特征

小区	雨强/(mm/min)	总磷浓度/(mg/L)	速效磷浓度/(mg/L)
玉米	2.00	0.03	0.02
	1.57	0.03	0.01
	1.07	0.09	0.03
裸地	1.96	0.07	0.02
	1.64	0.05	0.03
	1.03	0.10	0.08

通过上述分析可知，小雨强下的壤中流磷素浓度均值比大中雨强下的磷素浓度均值大，这可能是因为一方面土石山区土层较薄，属于蓄满产流，在大中雨强下壤中流产流较快，与土壤磷素接触不充分；另一方面在大中雨强下，壤中流产流量大，对磷素浓度有一定稀释作用。此外，玉米小区的磷素浓度均值均小于相应雨强下的裸地小区磷素浓度均值，说明农地小区相对裸地小区能降低壤中流磷素浓度，这一方面与研究区施用磷肥较少有关，另一方面是农作物生长过程中要对磷素进行吸收。根据《地表水环境质量标准》(GB 3838—2002)，壤中流总磷浓度均值均未大于 0.1 mg/L，属于 Ⅱ 类水质，这同样与农地施用磷肥较少有很大关系。

3. 不同雨强下的坡面总径流磷素流失特征

不同雨强下地表径流和壤中流的总磷及速效磷流失比例见表 7.9。由表 7.9 可以看出，不同雨强下，地表径流中磷素的流失量远大于壤中流磷素的流失量。玉米小区的壤中流总磷流失量随降雨强度的减小而升高，而壤中流速效磷流失量在不同雨强下差异不大。裸地小区的壤中流总磷流失量随降雨强度的减小而减小，尤其在

表 7.9　不同雨强下地表径流和壤中流的磷素流失比例

小区	雨强/(mm/min)	地表径流所占比例/%		壤中流所占比例/%		磷素流失总量/mg	
		总磷	速效磷	总磷	速效磷	总磷	速效磷
玉米	2.00	95.8	95.9	4.2	4.1	74.8	42.7
	1.57	94.6	95.5	5.4	4.5	62.2	39.8
	1.07	92.9	95.8	7.1	4.2	50.2	25.2
裸地	1.96	70.7	79.3	29.3	20.7	74.9	33.1
	1.64	95.7	94.1	4.3	5.9	55.0	26.4
	1.03	98.1	96.3	1.9	3.7	39.3	14.4

大雨强下,壤中流总磷流失量高达 29.3%,远大于中小雨强下的壤中流总磷流失量;裸地小区的壤中流速效磷流失量的特点与总磷流失量的特点相似。此外,玉米小区和裸地小区的磷素流失总量均随降雨强度的减小而降低,在相同雨强下,玉米小区的磷素流失总量总体大于裸地小区的磷素流失总量。

由上述分析可知,坡面磷素主要是以地表径流的方式流失,玉米地磷素随地表径流的流失量高达 90%以上。这是由于壤中流磷素浓度均值与地表径流磷素浓度均值差异不大,但壤中流的产流量远小于地表径流产流量,致使壤中流磷素的流失量相对较小。当壤中流产流较大时,壤中流磷素流失比例明显上升,这也从裸地小区在大雨强下的较高壤中流磷素流失比例得以证实,其壤中流产流量高达 0.31m^3。

7.3　野外模拟降雨条件下水土流失与非点源污染过程

7.3.1　模拟降雨条件下水土流失过程

商南县山高坡陡,地表破碎,沟谷纵横,坡面和沟谷、坡度比降较大。据商南县国土资源局统计,其农耕地面积占耕地总面积的 81.6%(李阳兵和谢德体,2001;段心堂,2009)。农耕地土层瘠薄,土壤空隙大,入渗能力强,壤中流发育。因此,本书在研究该地区农耕地的水土流失过程时,把壤中流作为重点。

壤中流是坡地径流的重要组成部分,对流域径流产生有重要的影响(Anderson and Mcdonnell,2005)。壤中流的产生受种植类型、地表植被等多种因素影响。近年来,国内外学者对壤中流的影响因素、产生及发育的机制等进行了大量的研究(Kienzler and Naef,2008;王峰等,2007;李金中等,1999;Hewlett and Hibbert,1965)。彭娜等(2006)研究了降雨的入渗、产流及对土壤水分分布的影响,结果表明:农作区和荒草区的径流系数随着年限的延长而降低并达到稳定,且农作区显著高于荒草区。付智勇等(2011)定量研究了降雨强度和表土结皮程度对薄层坡面土壤水分和壤中流的影响,结果表明:土壤水分及壤中流的优先流特征明显,降雨强度有利于优先流的发生和发展,表土结皮阻碍优先流的发生和发展。丁文峰等(2008)对紫色土坡面产流形式及侵蚀产沙关系进行了模拟试验研究,结果表明:壤中流在土壤侵蚀,尤其是重力侵蚀中起到了促发作用,甚至由其促发的侵蚀量要远远高于片蚀、沟蚀等坡面侵蚀形式。

1. 模拟降雨条件下裸坡坡面产流产沙特征

由图 7.7 可以得知,模拟降雨条件下的产流量有很明显的波动变化的趋势。根据这一变化趋势,可以将产流过程划分为产流初期(产流缓慢增加期)、产流中期(产流稳定期)和退水期(降雨结束期)。其中,在产流初期(0~20min),产流强度($i=Q/t$)逐渐增大;当地表产流量达到 25L 左右即是在产流中期(20~40min),产流强度基本上趋于稳定,在 1~2L/min 变化;退水期(40~60min)出现产流强度逐渐下降的现象,模拟降雨结束后,坡面在 2min 左右后停止产流。

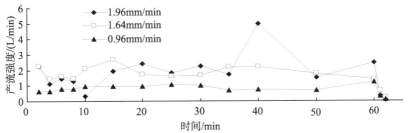

(a) 不同雨强条件下S17-2(裸地)径流小区地表产流过程

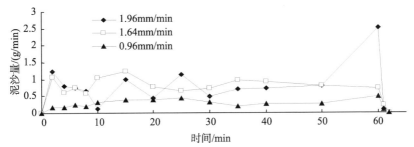

(b) 不同雨强条件下S17-2(裸地)径流小区地表产沙过程

图 7.7　不同雨强条件下 S17-2(裸地)产流、产沙过程

雨强大小对产流强度具有显著影响。随着降雨强度由 2mm/min(大雨强)变为

1mm/min(小雨强)，产流强度也有明显的差异，其变化幅度的大小依次为大雨强>中雨强>小雨强，即随着雨强的减小，变化幅度也变小，同时峰值点都出现在产流后期(40~60min)。在大雨强条件下，地表径流的产流强度变化最为剧烈，最大值与最小值之间相差 17 倍，说明商南地区土质疏松，降雨初期水分极易下渗到土壤中形成壤中流。而随着降雨的进行，土壤趋于饱和，在垂直入渗的同时，土壤中有更大的强度向水平方向发展继续形成壤中流，这种现象在大雨强条件下更易出现。在中雨强条件下，产流强度在产流初期(0~20min)出现极值，且极大值与极小值之间相差不大。小雨强条件下，产流强度变化最为平稳，基本维持在 1L/min 左右。同时根据试验结果分析可得，大、中、小雨强下的总产流量分别为 409L、157L、62L；以小雨强下的总产流量为基准值，大、中雨强的总产流量分别为其 6.6 倍及2.5 倍。

产沙过程总体变化趋势与产流过程类似，但波动趋势明显降低。不同雨强下的产沙过程与其相对应的产流过程有较好的相关性。根据这一变化趋势，可以将产沙过程划分为产沙初期(产沙缓慢增加期)、产沙中期(产沙稳定期)和产沙后期(产沙减小期)。但在稳定期(20~40min)的变化较之产流更为平缓，在 0.3g/min~1g/min 波动；产沙后期(40~60min)大雨强的产沙量极值点较其他两种雨强最为突出。分析原因可知，降雨径流对于坡面侵蚀的发生发展有至关重要的作用(杨明义和田均良，2000；郭耀文，1997；蔡国强和陈浩，1986)，是降雨能量对地面做功的表现，在坡面性质一定时，大雨强会加速破坏土壤表层的结构，使得坡面侵蚀产生的速率加快。大雨强条件下，降雨强度超过入渗强度，此时薄层水流及微小股流带走了表层的细小颗粒，在坡面形成纹沟及鳞片状的侵蚀，之后发展成为细沟状侵蚀形态，进一步成为浅沟侵蚀，最后随着侵蚀动力的增加，坡面出现边坡崩塌现象，影响坡面形态，使大雨强下的产沙过程出现异于其他两种雨强下的极值现象。

2. 模拟降雨条件下农耕地坡面产流产沙特征

大雨强下，不同种植类型农耕地径流小区产流产沙过程如图 7.8 所示，可以看出，种植不同作物的农耕地的产流过程变化趋势相似。可以划分为产流初期(产流迅速增加期)、产流中期(产流剧烈变化期)、产流中后期(产流稳定期)和产流结束期(产流减少期)。产流初期，坡面产流强度缓慢增加，上升趋势明显；产流中期，产流强度波动变化加剧；产流中后期，产流强度变化平稳，波动幅度减小；产流后期，地表产流强度持续减小；模拟降雨结束后，地表径流略滞后停止产流。从农耕地坡面产沙过程可以得知，产沙过程与产流过程有较好的相关性，且产沙极值点的出现略滞后于产流强度极值点。

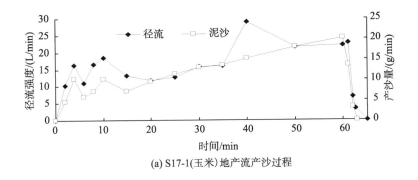

(a) S17-1(玉米)地产流产沙过程

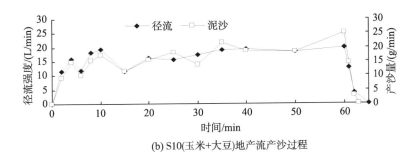

(b) S10(玉米+大豆)地产流产沙过程

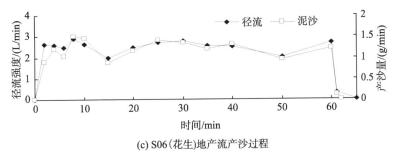

(c) S06(花生)地产流产沙过程

图 7.8　不同种植类型农耕地径流小区产流、产沙过程

在 S17-1(玉米)地径流小区，坡面产流及产沙过程的变化存在差异。地表产流强度变化可以划分为波动增加期、平稳变化期及快速减小期。在波动增加期，产流强度由 10L/min 增加到 18L/min，变化率为 80%；在平稳变化期，产流强度的增加率减小为 33%，且在产流进行到第 40min 时，产流强度达到最大；在降雨结束后，产流强度迅速由 20L/min 减小为 3L/min，变化率达到 85%。产沙过程在降雨过程中持续增加，但明显在 0~20min 时波动变化较大，在 20~60min 时平稳上升，降雨结束后，迅速结束产沙。

在 S10(玉米+大豆)地径流小区,产流过程与 S17-1(玉米)地坡面产流过程相似,各时期变化率大小依次为快速减小期>波动增加期>平稳变化期,平均变化率仅为 47%,小于覆盖度最低的 S17-1(玉米)地径流小区。产沙过程相对于产流过程波动变化增强,波动范围在 3~25g/min。

在覆盖度最高的 S06(花生)地径流小区,产流量减小趋势明显,但其波动变化趋势增强,平均变化率最小,仅为 33%。产流强度随着降雨的进行变化不大,变化范围为 2.0~2.9L/min。产沙过程与产流过程类似,其波动变化范围为 0.8~1.5g/min。

对比 S17-1(玉米)地径流小区、S10(玉米+大豆)地径流小区及 S06(花生)地径流小区可以发现,S10(玉米+大豆)地径流小区产流量最大,S17-1(玉米)地次之,S06(花生)地产流量最小。在模拟降雨过程中,S17-1(玉米)地径流小区产流强度波动性最大,波动范围为 3~29L/min。S06(花生)地径流小区产流量基本稳定,同时其时段产流量始终最低。S10(玉米+大豆)地径流小区的产流量从降雨开始处于稳定的上升状态,当试验进行到降雨中期时,时段产流量出现极值,降雨结束后,时段产流量快速减小,最终减小为零。

根据试验结果分析可知,S17-1(玉米)地径流小区、S10(玉米+大豆)地径流小区、S06(花生)地径流小区在模拟降雨过程中的平均产流量分别为 243L、230L、33L。以 S06(花生)地坡面平均产流量为基准,S17-1(玉米)地坡面平均产流量是 S06(花生)的 7.4 倍,S10(玉米+大豆)地是 S06(花生)的 6.9 倍。说明当雨强逐渐增大时,不同植被覆盖对产流量的拦截作用不同,基本是随着覆盖度的增加,拦截作用逐渐增强。

总体来看,不同植被条件下径流小区的泥沙流失过程与径流流失过程密切相关,可以划分为产沙初期(产沙迅速增加期)、产沙中期(产沙剧烈变化期)、产沙中后期(产沙稳定期)和产沙结束期(产沙减少期)。不同雨强条件下,三种植被覆盖的径流小区的时段产沙量大小顺序依次为 S10(玉米+大豆)>S17-1(玉米)>S06(花生)。S10(玉米+大豆)径流小区的时段产沙量在 0.06~49g/min 之间变化,其波动幅度最大,而 S06(花生)地径流小区的时段产沙量要小得多,说明植被覆盖对于控制土壤侵蚀是最有效的。研究结果表明,侵蚀量与覆盖度之间呈倒数关系(蔡庆和唐克丽,1992),植被覆盖每增加 10%,土壤侵蚀量减少 11.1%(罗伟祥等,1990)。同时根据试验结果分析可知,以 S06(花生)地径流小区的平均产沙量为基准,S10(玉米+大豆)径流小区为 S06(花生)地的 16.5 倍,S17-1(玉米)地小区为 S06(花生)地的 13.3 倍。

3. 不同雨强条件下壤中流产流特征分析

众多研究表明,陕南土石山区壤中流极为发育,是坡面产流计算中不可或缺的影响因素。但是由于野外条件有限,天然降雨条件下的壤中流很难准确监测,这对于研究降雨径流过程中坡面产流特征有很大的限制。本试验采用人工模拟降雨方法,通过改进实验装置,可以测定地表径流及壤中流的产生范围及产流量等,为研究陕南地区坡面产流,尤其是壤中流的形成与发育提供参考。由于壤中流产流过程观测难度较大,故先对其产流总量进行分析。

对比图 7.7 及图 7.8 可以得知,S17-2(裸地)及农耕地条件下坡面产流特征差异显著,S17-2(裸地)径流小区不同雨强条件下的平均产流量为 0.55m³,而农耕地的平均产流量为 7.15 m³,是 S17-2(裸地)径流小区的 13 倍,这主要是因为 S17-2(裸地)条件下土壤疏松,空隙较大,降雨入渗能力较强,大部分径流变成壤中流;从产流强度来看,S17-2(裸地)径流小区条件下,大、中、小雨强下的平均产流强度分别为 1.73mm/L、1.66mm/L、0.78mm/L;农耕地径流小区条件下,大、中、小雨强下的平均产流强度分别为 15.44mm/L、12.1mm/L、5.64mm/L,总体表现出大雨强 > 中雨强 > 小雨强,且中雨强和大雨强下的产流强度相差不大,小雨强的产流强度仅约为其他雨强下的 1/2。

从图 7.9 中可以得知,两种土地利用条件下的壤中流产流特征也不相同。首先从不同雨强下的产流总量来看,壤中流产流量在 S17-2(裸地)径流小区不同雨强条件下分别为 334L、20L、9L;农耕地条件下分别为 116L、131L、37L,大体上随着雨强的减小而减少,S17-2(裸地)径流小区下的差异最为明显,小雨强下与大雨强下

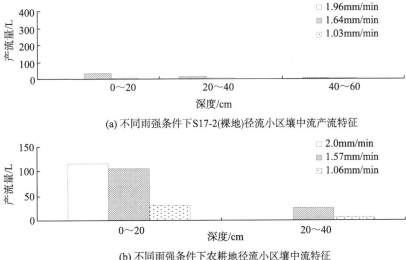

(a) 不同雨强条件下S17-2(裸地)径流小区壤中流产流特征

(b) 不同雨强条件下农耕地径流小区壤中流特征

图 7.9　不同雨强条件下 S17-2(裸地)及农耕地壤中流产流特征

相差 37 倍。其次从单位雨强产流量来看，S17-2(裸地)及农耕地径流小区的平均单位雨强产流量分别为 63L/min 及 61L/min，相差不明显，结合壤中流的产流总量分析来看，说明降雨强度对于壤中流的影响比种植类型更为显著。再次从产流深度上来看，农田小区只有 0～20cm 及 20～40cm 的深度下有壤中流产生。而裸坡小区除小雨强之外，各层均有壤中流产生。最后从壤中流占各自产流总量的比例上来看，S17-2(裸地)条件下所占壤中流比例为 58%，而农耕地条件下的比例仅为 9.5%，说明土地开垦增加了壤中流的产流量，大雨强条件下，壤中流比例增加。因此，合理的土地管理措施可以改善产流过程，降低壤中流的比例。

4. 模拟降雨条件下坡面累计地表产流产沙特征

在分析模拟降雨条件下 S17-2(裸地)及农耕地坡面产流、产沙过程的基础上，进一步分析了各径流小区坡面的累计产流量与累计产沙量的变化规律。

1) 模拟降雨条件下 S17-2(裸地)坡面累计地表产流产沙特征分析

图 7.10 是不同雨强下 S17-2(裸地)径流小区累计产流量和累计产沙量随降雨历时的变化趋势。可以看出 S17-2(裸地)小区的坡面累计产流量及产沙量都随着降雨历时增加而增大，但关系曲线的斜率不同。从斜率的变化来看，S17-2(裸地)径流小区下，不同雨强下的产流量关系曲线斜率大小依次为中雨强>大雨强>小雨强，说明累计产流量在大中雨强条件下的递增速率近似相等，但都大于小雨强下的递增速率，也说明在模拟降雨过程中雨强下的单位产流时间内的产流量最大，其次是大雨强，小雨强下为最小。

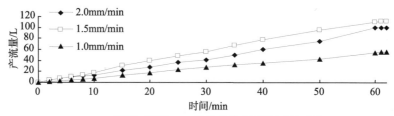

(a) 不同雨强下S17-2(裸地)径流小区累计产流过程

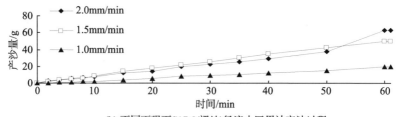

(b) 不同雨强下S17-2(裸地)径流小区累计产沙过程

图 7.10　不同雨强下 S17-2(裸地)径流小区累计产流及产沙过程

不同雨强下的累计径流曲线没有完全按照直线规律增加,在降雨前期(0~10min)的递增速率最为缓慢,降雨中后期速率加快,但仍有波动现象出现。从累计产流量的影响因素分析可以得知,不同的降雨强度的影响比较明显,大雨强(1.96mm/min)与中雨强(1.64mm/min)条件下的曲线较之小雨强(0.96mm/min)更为陡直。在降雨中后期,不同雨强条件下的产流量差异最为明显,大小雨强下的产流量相差2~3倍。

S17-2(裸地)小区的坡面累计产沙曲线斜率大小变化为大雨强>中雨强>小雨强,但大中雨强下的累计产沙变化方程的斜率较为相近,这说明其递增速率比较接近,而小雨强下的斜率只是大中雨强的一半左右。大雨强条件下的曲线较为陡直,其产沙量的变化幅度是小雨强下的2~3倍。

同时,比较累计产沙方程及对应的累计径流方程,由表7.10可以得知,累计径流的递增速率要大于累计产沙,即S17-2(裸地)坡面径流的增长速度要快于泥沙的增长速度。为了更好地说明S17-2(裸地)径流小区的水沙关系,以坡面产流量建立其与累计产沙量之间的关系,可以得知两者之间关系密切,平均相关系数达到0.99,且随着降雨强度的减小,累计产沙量的递增速率明显减小,最小值仅为最大值的一半。

表7.10　不同雨强条件下累计产流、产沙量随时间变化线性方程

雨强 /(mm/min)	累计产流量(Y)		累计产沙量(y)		累计产沙量(y)	
	R^2	随时间(X)变化 线性方程	R^2	随时间(X)变化 线性方程	R^2	随累计产流量(Y)变化 线性方程
1.96	0.93	$Y=10.6441X-71.332$	0.80	$y=5.7817X-39.81$	0.98	$y=0.6003Y-1.3722$
1.64	0.98	$Y=11.11X-54.97$	0.97	$y=4.7953X-24.7$	1.00	$y=0.448Y+0.0233$
1.03	0.96	$Y=5.7246X-34.139$	0.95	$y=2.0498X-12.441$	1.00	$y=0.3593Y-0.3092$

注：表中 R 代表相关系数。

2) 模拟降雨条件下农耕地坡面累计产流产沙特征

从不同雨强下农耕地径流小区累计产流、产沙过程图7.11可以得知,农耕地小区的坡面累计产流量及产沙量都随着降雨历时的增加而增大,且与降雨历时呈现出二次多项式相关关系,但关系曲线的分段斜率不同。从斜率的变化来看,农耕地径流小区下,不同雨强下的产流量关系曲线斜率在降雨初期基本相同,在降雨中后期大小依次为0.1、0.04、0.02,即大雨强>中雨强>小雨强,说明累计产流量在降雨初期大中小雨强条件下递增速率近似相等,在降雨中后期,大中雨强都大于小雨强下的递增速率,也说明在模拟降雨中后期大雨强下的单位产流时间内的产流量最大,其次是中雨强,小雨强下为最小。不同雨强下的累计径流曲线没有完全按照直线规律增加,在降雨前期(0~10min)的递增速率最为缓慢,降雨中后期速率加快,但仍有波动现象出现。

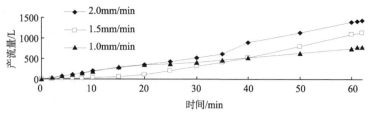

(a) 不同雨强下S17-1(玉米)地累计产流过程

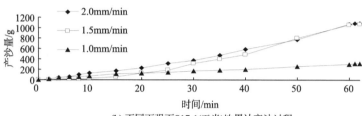

(b) 不同雨强下S17-1(玉米)地累计产沙过程

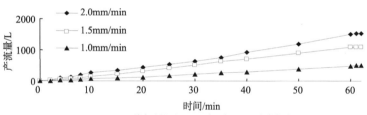

(c) 不同雨强下S10(玉米+大豆)地累计产流过程

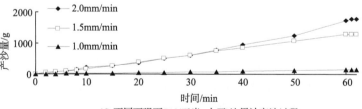

(d) 不同雨强下S10(玉米+大豆)地累计产沙过程

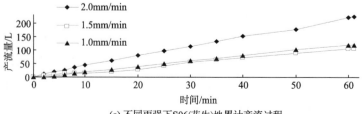

(e) 不同雨强下S06(花生)地累计产流过程

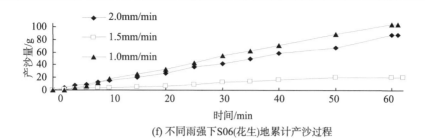

(f) 不同雨强下S06(花生)地累计产沙过程

图 7.11　不同雨强下农耕地径流小区累计产流、产沙过程

对比不同的径流小区的累计产流过程，可以看出在降雨强度为 2.0mm/min 时，S10(玉米+大豆)地的径流小区的曲线更为陡直，斜率更大，说明在大雨强条件下，S10(玉米+大豆)地的径流增长速率最快，其次为 S17-1(玉米)地，S06(花生)地径流小区的径流增长速率最小。在模拟降雨进行到 40min 左右时，累计产流量出现了拐点，曲线斜率明显变大，说明此时的单位产流时间内的产流量最大。商南地区处于降雨量较充沛的地区，地下潜水位较高，在模拟降雨初期过程中，由于降雨强度超过入渗强度，此时的产流模式为超渗产流，而随着降雨的持续增加，降雨满足截留、入渗、填洼等损失后，不再随降雨延续而显著增加，土壤基本饱和，此时产流模式转化为蓄满产流，因此在 40min 时累计产流量出现拐点。

农耕地小区的坡面累计产沙曲线斜率大小变化不相同，除 S06(花生)地径流小区外，大中雨强下的累计产沙变化方程的斜率较为相近，这说明其递增速率比较接近，而小雨强下的斜率只是大中雨强的三分之一左右。大雨强条件下的曲线较为陡直，其产沙量的变化幅度是小雨强下的 4 倍左右。

对比不同的径流小区的累计产沙过程，可以得知其变化规律与累计产流过程极为相似，说明二者之间具有良好的相关性，在 S06(花生)地径流小区，不同雨强下的累计产沙量曲线斜率与其他小区相比差异较大，曲线斜率的大小依次为小雨强>中雨强>大雨强，说明累计产流量在小雨强条件下递增速率最大，在降雨中后期，大中雨强都小于小雨强下的递增速率，也说明在模拟降雨中后期小雨强下的单位产流时间内的产流量最大。

3) 模拟降雨条件下农耕地产流产沙的作用

分别以不同雨强下 S17-1(玉米)地径流小区流失量为基准，计算不同雨强下农耕地坡面径流、泥沙流失量(表 7.11)。在大中小雨强条件下，S06(花生)地作为覆盖度较大的径流小区，坡面径流、泥沙流失量大多小于其他两种径流小区。随着覆盖度及种植作物的不同，对径流流失及泥沙流失的控制作用也有所变化。在农耕地径流小区，当覆盖度由 50%增加到 90%，种植作物由 S17-1(玉米)地变为 S06(花生)地时，径流流失量平均减小了55%，泥沙量平均减小了74%。说明农耕地对于径流泥沙流失有较好的控制作用，控制作用的大小取决于种植作物种类及其覆盖度。在商南地区，对比S17-1(玉米)地、S10(玉米+大豆)、S06(花生)地，则以S06(花生)地的调控作用最明显。

表 7.11　不同雨强下农耕地坡面径流和泥沙流失量

种植类型	雨强 /(mm/min)	产流量/L	比率/%	泥沙量/g	比率/%
S17-1(玉米)		1417	100	1092	100
S10(玉米+大豆)	2.0mm/min	1127	80	1074	98
S06(花生)		782	55	311	28
S17-1(玉米)		1545	100	362	100
S10(玉米+大豆)	1.5mm/min	1095	71	226	62
S06(花生)		503	33	103	28
S17-1(玉米)		223	100	104	100
S10(玉米+大豆)	1.0mm/min	119	53	88	85
S06(花生)		106	48	20	19

5. 模拟降雨条件下径流小区坡面入渗及土壤水分变化规律

1) 模拟降雨条件下径流小区坡面入渗规律

从图 7.12 中可以得知，S17-2(裸地)径流小区坡面入渗率变化平稳，从降雨开始到结束，入渗率维持在0.91～1.81mm/min，这是由于该径流小区的前期含水量达到50%，相对较高造成的。农耕地径流小区坡面入渗率随着降雨时间的增加而降低，波动趋势明显。因此，将入渗过程进行阶段划分，分为急剧变化阶段、平稳降低阶段、稳定阶段。

S17-1(玉米)地径流小区的入渗率在急剧变化阶段变化剧烈，入渗率在0.55～1.88mm/min波动变化；之后随着降雨的进行，进入平稳降低阶段，入渗率由0.93mm/min减小为0.54mm/min；最后入渗率逐渐稳定，基本保持在0.5mm/min左右。S10(玉米+大豆)地径流小区在急剧变化阶段的波动变化最为明显，由最高入渗率1.13mm/min减小为0.11mm/min，变化率达到90.3%；平稳降低阶段入渗率在0.3～0.7mm/min变化；最后入渗率平稳在0.5mm/min。S06(花生)地径流小区在急剧变化阶段的平均入渗率为1.5mm/min，且其变化率仅为40%；平稳降低阶段的入渗率在0.3～0.9mm/min变化，降低趋势最为明显；最后入渗率稳定在0.6mm/min。

对比 S17-2(裸地)及农耕地径流小区的入渗过程曲线可以得知，S17-2(裸地)径流小区的入渗率变化最平稳，平均入渗率为 1.4mm/min；在农耕地径流小区，S10(玉米+大豆)地径流小区的入渗率变化波动趋势最明显，稳定入渗率出现的时间有滞后的现象，而 S17-1(玉米)地径流小区在 0～15min 时变化较为剧烈，其余阶段的变化较为平稳，S06(花生)地径流小区入渗率的变化最为平稳，稳定入渗率在降雨进行到40min 左右出现。

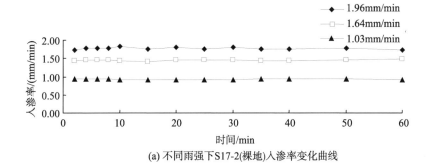

(a) 不同雨强下S17-2(裸地)入渗率变化曲线

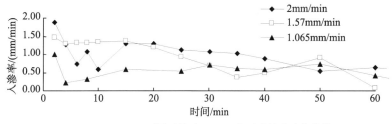

(b) 不同雨强下S17-1(玉米)地入渗率变化曲线

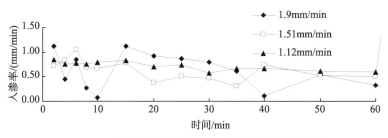

(c) 不同雨强下S10(玉米+大豆)地入渗率变化曲线

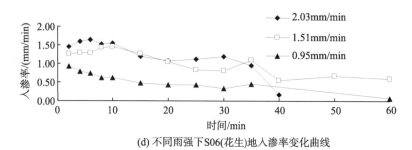

(d) 不同雨强下S06(花生)地入渗率变化曲线

图 7.12　不同雨强下裸地及农耕地径流小区入渗率变化曲线

由表 7.12 可以得知, 不同雨强下各径流小区坡面的平均入渗率大小依次为 S17-2(裸地)>S06(花生)地>S17-1(玉米)地>S10(玉米+大豆)地; 其中, 农耕地径流小区中 S17-1(玉米)地、S10(玉米+大豆)地径流小区入渗率的波动变化最强烈, 而 S06(花生)地径流小区变化较平稳。说明在农耕地径流小区中, S06(花生)地的种植结构能够更加有效地改善入渗特征。

表 7.12　不同雨强下 S17-2(裸地)及农耕地径流小区平均入渗率

种植类型	雨强 /(mm/min)	平均入渗率 /(mm/min)	种植类型	平均入渗率 /(mm/min)
	2.0	1.77		0.65
S17-2(裸地)	1.5	1.36	S10(玉米+大豆)	0.72
	1.0	0.93		0.75
种植类型	雨强 /(mm/min)	平均入渗率 /(mm/min)	种植类型	平均入渗率 /(mm/min)
	2.0	1.00		1.22
S17-1(玉米)	1.5	0.98	S06(花生)	1.07
	1.0	0.55		0.57

在雨强为 1.0mm/min 时, S17-2(裸地)径流小区的累计入渗量仍为最大, 农耕地径流小区的平均累计入渗量为 8.24mm, 仅为 S17-2(裸地)小区的五分之三。说明不同的耕作措施对于坡面入渗率影响较大, S17-2(裸地)小区是由 S17-1(玉米)地小区处理得到的, 坡面土壤结构变得疏松, 有利于降雨入渗。而其他农耕地小区坡面土壤植被根系对于土壤的固定作用降低了平均入渗率; 同时良好的植被覆盖也可以起到保护土壤的作用, 进一步减少了土壤的累计入渗量。

如图 7.13 所示, 由模拟降雨条件下径流小区坡面累计入渗量, 可以得知, 坡面累计入渗量随着雨强的减小而减小。在雨强为 2.0mm/min 时, S17-2(裸地)径流小区的累计入渗量最大, 约为 26.62mm, 是 S17-1(玉米)地的 1.9 倍、S10(玉米+大豆)

地的 2.7 倍、S06(花生)地的 1.7 倍。在雨强为 1.5mm/min 时，各径流小区累计入渗量的变化与雨强为 2.0mm/min 时类似，大小依次为 S17-2(裸地)>S06(花生)地>S17-1(玉米)地>S10(玉米+大豆)地。

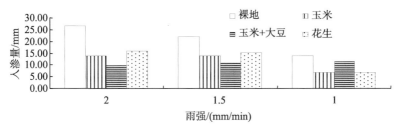

图 7.13　模拟降雨条件下径流小区坡面累计入渗量

2) 模拟降雨条件下径流小区坡面土壤可蚀性

土壤可蚀性反映了土壤对雨滴击溅作用和径流冲刷作用等的抵抗能力，是影响土壤流失量的重要因素之一，通常用土壤可蚀性 K 值来表示(卜兆宏和李全英，1995)。土壤可蚀性可以评价土壤性质及土壤侵蚀之间的关系，一般用土壤性质推算。求取 K 值的方法有公式法、查诺谟图法、查图表法、自然降雨实验实测法和模拟降雨实测法(Novotny and Chesters，1981)。本书采用的是公式法，首先在径流小区按照大中小雨强的顺序进行模拟降雨试验，每次降雨试验结束后，用环刀在土壤表层(0~20cm)收集土壤及前文交代的模拟降雨试验获取的泥沙进行实验，得到有机质及土壤砂粒、粉砂、黏粒的含量，然后计算得到泥沙的可蚀性 K 值。

(1) S17-2(裸地)径流小区。在径流小区按照大中小雨强的顺序进行模拟降雨试验，每次降雨试验结束后，用环刀在土壤表层(0~20cm)收集土壤进行颗粒及有机质的分析。

从不同雨强条件下不同坡位处 S17-2(裸地)径流小区 K 值变化特征(图 7.14)可以得知：总体来看，S17-2(裸地)径流小区的土壤可蚀性随着雨强的减小而减小，即雨强越小，对于坡面土壤表层的侵蚀力也就越小，从而减小了坡面的泥沙流失及携

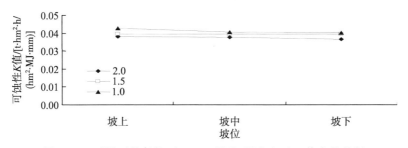

图 7.14　不同雨强条件下 S17-2(裸地)径流小区 K 值变化特征

带的养分。从不同坡位处的 K 值变化来看，土壤可蚀性 K 值变化在不同坡位处差异明显，坡上及坡下部分随雨强变化明显，而坡中部分变化较小，说明在降雨侵蚀过程中，坡上及坡下的土壤更易受到侵蚀，泥沙更容易流失。

由表 7.13 可知，不同雨强条件下，泥沙颗粒分级比例大小依次为粉粒>砂粒>黏粒，且泥沙粒径为 0.002～0.1mm，即粉粒时，所占比例超过一半。说明在商南地区降雨侵蚀过程中，流失的泥沙以中等粒径为主，对比不同泥沙分级比例的结果可以得知，砂粒及黏粒所占比例均随着雨强的减小而减小，粉粒的比例反而增大。说明雨强对位于分级两端的泥沙颗粒影响较大，而对于中等的泥沙粒径影响不明显，也即随着雨强的增加，粗颗粒含量增加，粉粒含量减小，流失泥沙有粗化的趋势。

表 7.13　不同雨强条件下 S17-2(裸地)径流小区流失泥沙颗粒分级比例

雨强/(mm/min)	砂粒所占比例/%	粉粒所占比例/%	黏粒所占比例/%
2.0	34	63	3
1.5	31	67	2
1.0	29	69	2

(2) 农耕地径流小区。由图 7.15 可知，农耕地径流小区土壤表层的可蚀性随雨强变化不明显，平均变化率仅为 5%。在 S17-1(玉米)地小区，相同雨强条件下，坡下位置的可蚀性 K 值最大，其次为坡上位置，坡中位置最小。同一坡位处的可蚀性 K 值均随着降雨强度的减小而减小，这种减小的趋势在坡上位置最明显，K 值的平均变化率为 3%。在 S10(玉米+大豆)地小区，同一坡位处的 K 值与降雨强度呈反比，即雨强越小，可蚀性 K 值反而越大，K 值的平均变化率为 11%。S06(花生)地径流小区可蚀性 K 值变化规律与 S10(玉米+大豆)地径流小区类似。K 值的平均变化率为 4%。这种异常的变化说明了土壤可蚀性 K 值除了与植被覆盖度及降雨强度有关，还受到作物种植种类的影响。

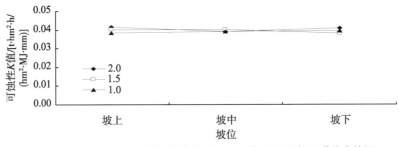

(a) 不同雨强条件下S17-1(玉米)地径流小区K值变化特征

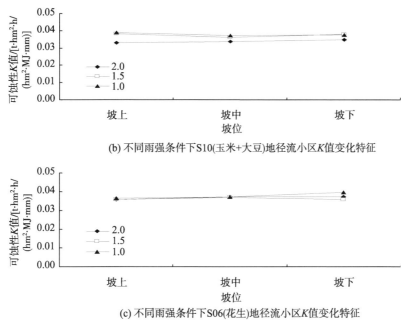

(b) 不同雨强条件下S10(玉米+大豆)地径流小区K值变化特征

(c) 不同雨强条件下S06(花生)地径流小区K值变化特征

图 7.15　不同雨强条件下农耕地径流小区表层土壤可蚀性 K 值变化特征

　　由不同雨强下农耕地径流小区泥沙颗粒分级比例(表 7.14)可以得知:总体来看,S17-1(玉米)地径流小区<0.002mm 的黏粒含量为最高,所占比例均值为 2.7%;S10(玉米+大豆)地径流小区 0.1～2mm 的砂粒含量较高, 均值为 43.7%;S06(花生)地径流小区 0.002～0.1mm 的粉粒含量最高, 为 62.0%。从降雨强度对泥沙颗粒分级影响来看, 在 S17-1(玉米)地及 S10(玉米+大豆)地径流小区, 随着雨强的减小, 砂粒所占比例上升, 粉粒所占比例下降, 黏粒比例变化不明显; 在 S06(花生)地径流小区的变化刚好相反, 即随着雨强的减小, 砂粒含量所占比例减小, 粉粒含量所占比例增大。即在 S17-1(玉米)地及 S10(玉米+大豆)和 S06(花生)地径流小区流失的泥沙颗粒均以粉粒为主, 而黏粒的含量不论在哪种径流小区含量都很低。说明商南地区土壤颗粒偏粗大, 粒径小于 0.002mm 的黏粒含量极低, 进一步说明了土质较差, 不适宜农耕种植的事实。

　　3) 模拟降雨条件下径流小区降雨产流、产沙的关系

　　坡面累计地表产流量与产沙量之间的关系可以定量地反映模拟降雨条件下径流小区降雨产流与产沙之间的变化关系。根据表 7.15 所示,两者之间呈极显著线性相关关系,相关系数达到 0.96 以上。拟合方程的相关系数随着雨强的减小而增加。在农耕地径流小区,拟合方程的系数越小,说明其拦截径流和泥沙的能力越强,径

流小区拦截能力大小依次为 S06(花生)地>S17-1(玉米)地>S10(玉米+大豆)地。

表 7.14　不同雨强条件下农耕地径流小区流失泥沙颗粒分级比例

种植类型	雨强/(mm/min)	砂粒所占比例/%	粉粒所占比例/%	黏粒所占比例/%
S17-1(玉米)	2.0	33	64	3
	1.5	42	55	3
	1.0	37	61	2
S10(玉米+大豆)	2.0	42	55	3
	1.5	47	50	2
	1.0	42	56	2
S06(花生)	2.0	37	60	3
	1.5	33	64	2

表 7.15　模拟降雨条件下径流小区坡面累计地表产流量与累计产沙量关系

种植类型		雨强/(mm/min)	R^2	拟合方程
S17-2(裸地)		1.96	0.9765	$M = 0.675W - 13.249$
		1.64	0.9994	$M = 0.4547W - 0.8666$
		1.03	0.9994	$M = 0.3699W - 0.8145$
农耕地	S17-1(玉米)	2.00	0.9924	$M = 0.8237W - 121.45$
		1.57	0.9994	$M = 0.9889W + 5.5559$
		1.065	0.9996	$M = 0.4004W + 1.8562$
	S10(玉米+大豆)	1.90	0.9955	$M = 1.2523W - 308.21$
		1.51	0.9999	$M = 1.1883W + 25.931$
		1.12	0.9999	$M = 0.3056W + 4.4862$
	S06(花生)	2.03	0.9969	$M = 0.3699W - 3.1542$
		1.51	0.9662	$M = 0.1623W + 5.5743$
		0.95	0.9979	$M = 0.8002W + 4.6654$

注：表中 R^2 为相关系数，M 为累计产沙量(g)，W 为累计地表产流量(L)。

7.3.2　模拟降雨条件下养分流失过程

模拟降雨条件下，坡面土壤在降雨—径流冲刷作用下，产生了大量的径流和泥沙，这些径流和泥沙溶解携带氮、磷等养分，通过区域径流过程进入相邻收纳水体，并且在水体大量富积导致水体污染(Novotny and Chesters，1981)。有研究表明，氮素、磷素等是水体发生富营养化的主要养分因子(Novotny，1999；Parry，1998)，其中，氮素包括硝氮、氨氮、总氮等，主要以溶解态为主；磷素主要由溶解性磷酸盐和总磷组成(Heathwaite and Sharply，1999；Thornton et al.，1998)。商南地区由于耕作土壤土层薄弱，有机质等植物必需的营养元素含量低，这使得农民为了增加产量，大量施用化肥、农药，因此，造成大量氮、磷等营养元素、农药残留物及有机质等随降雨及泥沙一起被带入水环境。因此，近年来，针对养分流失的影响因素做了大量的研究。傅涛等(2003)研究了降雨强度和坡度对养分流失的影响，结果表明径流养分含量与雨强及坡度无关，泥沙中养分含量与雨强无关，但随坡度增加而降低；李宪文等(2002)研究了地表径流作用下的坡面侵蚀产沙、养分随地表径流和泥沙迁移转化规律，即土壤氮素主要随径流流失，磷主要随泥沙流失，且泥沙中的养分有明显的富集现象；林超文等(2010)研究了耕作和覆盖方式对养分流失的影响。结果表明秸秆和地膜覆盖均能显著控制土壤养分损失，与顺坡垄作相比，横坡垄作更能减少径流、土壤流失量(Hamsen and Djurhus，1996)。

　　土壤中的养分流失除了随地表径流水相和沉积物相的横向迁移，还有一部分随水分下渗形成的纵向迁移，即养分的淋失(林超文等，2010)。国内外对养分淋失的研究近年来已成为热点。国外学者大多采用同位素示踪等技术研究养分淋失(Cookson et al.，2000；Torstensson and Aronsson，2000；Bergstrom and Kirchmann，1999；Hamsen and Djurhus，1996；Havis and Alberts，1993)，但同时考虑淋失和地表径流流失的研究较少。在我国，关于土壤淋失的研究较多，王玉霞等(2011)通过二次降雨对土壤养分淋失进行了较全面的研究，结果表明土壤中氮、磷的流失量均与雨强成正比。朱波等(2008)研究了土壤剖面硝酸盐累计的动态规律，即硝酸盐淋失具有季节和年际间的差异，淋失负荷主要受壤中流流量影响。这些研究从总体来说还不够深入，没有同时考虑地表径流及泥沙对养分流失的影响，使得全面评估坡面养分流失受到限制。因此，本书在模拟降雨的条件下，针对裸地及农耕地径流小区坡面径流、泥沙及壤中流养分流失进行分析。

　　1. 坡面尺度上径流养分流失过程分析

　　1) 氮流失过程

　　通过图 7.16 与表 7.16，可以看出，总氮、氨氮、硝氮随着降雨的进行变化趋势有所差别，其流失量的大小依次为总氮>硝氮>氨氮。当雨强为 2.0mm/min 时，氮素的流失变化比较平稳，平均变异系数仅为 0.8，尤其是氨氮，维持在 0.4~0.6mg/L，变异系数为 0.08。硝氮和总氮的变化表现出较好的一致性，随着降雨量的增加，有明显的增加趋势；当雨强为 1.5mm/min 时，氮素的平均变异系数为 0.16，其中，氨氮的流失趋势保持不变，但总氮及硝氮的变化比较明显，在降雨进行到 30min 时，流失量出现了明显减小的趋势，由于本次试验并没有做人工施肥，因此，流失的氮素仅是土壤中本身蕴含的养分,出现上述情况的出现可能与土壤中氮素分布不均匀有关。在雨强为 1.0mm/min 时,氮素的平均变异系数为 0.16,其中,总氮的流失量出现了先小幅度增加后减小,再增加再变小的现象,而硝氮除降雨前 10min 出现波动外,其余流失阶段变化平稳。而从氮素的变异系数来看,随着降雨强度的减小,平均变异系数由 0.8 变化为 0.16,有明显的降低趋势,说明氮素流失浓度的波动趋势与降雨强度是呈正比的。除上述分析之外,从氮素的流失总量来看,均随着降雨强度的减小而减小,小雨强下的流失总量仅为大雨强下的三分之一。

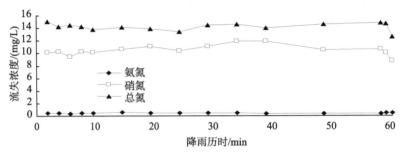

(a) 雨强为2.0mm/min时S17-2(裸地)氮素流失过程

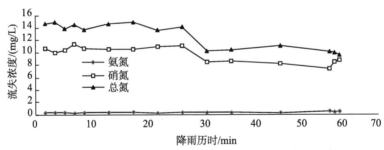

(b) 雨强为1.5mm/min时S17-2(裸地)氮素流失过程

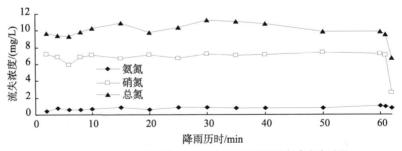

(c) 雨强为1.0mm/min时S17-2(裸地)氮素流失过程

图 7.16　模拟降雨条件下坡面径流氮素流失特征

表 7.16　S17-2(裸地)径流小区氮素流失总量

雨强/(mm/min)	氨氮/mg	硝氮/mg	总氮/mg
2.0	12	271	368
1.5	11	243	316
1.0	9	78	116

2) 磷流失过程

由图 7.17 和表 7.17 可以得知,不同雨强条件下总磷、速效磷的流失变化趋势有所差别,其流失量的大小依次为总磷>速效磷。当雨强为 2.0mm/min 时,总磷流失浓度的波动趋势明显,但其浓度变化范围不大,除在第 8min 出现 0.19mg/L 的极值外,其浓度均在 0.3～0.5mg/L 变化。速效磷的波动变化在降雨后期最为明显,其浓度的变化范围为 0.01～0.04mg/L。当雨强为 1.5mm/min 时,总磷的极值点出现在第 4min,随着降雨的进行,流失浓度的波动变化剧烈。速效磷的浓度变化与总磷一致,变化范围为 0.01～0.04mg/L。当雨强为 1.0mm/min 时,总磷在 20～40min 的变化最为剧烈,从 0.1mg/L 增大到 0.5mg/L。速效磷的流失浓度稳定,平均流失浓度在 0.03mg/L 左右。而从磷素的变异系数来看,随着降雨强度的减小,平均变异系数由 0.1 变化为 0.19,有明显的增加趋势,说明磷素流失浓度的波动趋势与降雨强度是呈反比的。除上述分析之外,从磷素的流失总量来看,速效磷的流失量随着降雨强度的减小而减小,但流失量相差不大,总磷的流失量与雨强关系不明显。这种变化说明磷素的流失除了受到降雨强度的影响外,还受到其他外界因素的影响,迁移转化过程复杂。

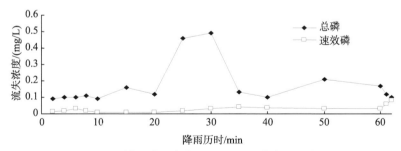

图 7.17　模拟降雨条件下坡面径流磷素流失特征

表 7.17　S17-2(裸地)径流小区磷素流失总量

雨强/(mm/min)	总磷/mg	速效磷/mg
2.0	1.21	0.44
1.5	1.15	0.48
1.0	2.00	0.34

2. 坡面尺度上农耕地径流小区坡面径流养分流失过程

1) 不同种植条件下氮素流失过程

模拟降雨条件下农耕地小区氮素流失的分析结果如图 7.18 所示。可知，农耕地径流小区硝氮的流失浓度基本上随着降雨强度的增大而减少，流失浓度所占氮素的比例由 90%减少到 60%；氨氮的流失浓度基本上随着降雨强度的减少而减小，流失浓度所占氮素比例由 7%减小到 1.7%。这说明在降雨过程中，氮素的主要流失组成为硝氮，且随着降雨强度的减少，硝氮所占比例也增加。

(1) S17-1(玉米)地。在 S17-1(玉米)地径流小区，不同雨强条件下的氮素流失浓度变化趋势基本一致。相对较高的峰值都出现在 0~10min，其他时间流失浓度的波动性较小，基本上呈现出平稳的变化趋势，降雨结束后，流失浓度有降低的趋势。说明地表径流中氮素的流失浓度变化与降雨强度及降雨持续时间有关。而从氮素的变异系数来看，随着降雨强度的减小，平均变异系数由 0.8 变化为 0.16，有明显的减小趋势，说明氮素流失浓度的波动趋势与降雨强度是呈正比的，即降雨强度的减小不仅减少了氮素的流失浓度，同时也降低了变化幅度。氨氮、硝氮、总氮的平均变异系数分别为 0.29、0.06、0.04，说明在 S17-1(玉米)地径流小区，总氮的流失浓度的变化最为平稳，即 S17-1(玉米)的种植结构对于总氮的调节作用最明显。

(2) S10(玉米+大豆)地。在 S10(玉米+大豆)地径流小区，地表径流中的总氮流失浓度随着降雨强度的减小，波动性反而增加，尤其是在降雨后期；硝氮的变化趋势与总氮相一致，相对较高的峰值出现在降雨中期，说明地表植被覆盖对坡面养分流失有调节作用。而从氮素的变异系数来看，氨氮、硝氮、总氮的平均变异系数分别为 0.56、0.18、0.25，变化最小的硝氮仅为变化最大的氨氮的三分之一，说明在套种的种植结构中，对于硝氮的流失浓度有很好的调节作用。氮素的平均系数变化与 S17-1(玉米)地径流小区类似。

(3) S06(花生)地。在 S06(花生)地径流小区，不同雨强条件下的氮素流失浓度变化最为剧烈，相对较高的峰值多次出现，降雨结束后，流失浓度急剧下降，说明不同的种植作物的茎叶及根系等均对养分流失有调节作用。而从氮素的变异系数来看，氨氮、硝氮、总氮的平均变异系数分别为 0.67、0.22、0.19，变化最小的总氮仅为变化最大的氨氮的四分之一，说明在 S06(花生)地的种植结构中，对于总氮的流失浓度有很好的调节作用。氮素的平均系数变化与 S17-1(玉米)地径流小区类似。

综合上述分析可以得知，在上述三种农耕地径流小区中，S10(玉米+大豆)地的套种结构对于硝氮的调节作用最明显，而其他的 S17-1(玉米)地及 S06(花生)地径流小区的种植结构对于流失养分的调节作用则表现在总氮上。

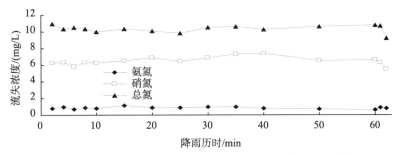

(a) 雨强为2.0mm/min时S17-1(玉米)地氮素流失过程

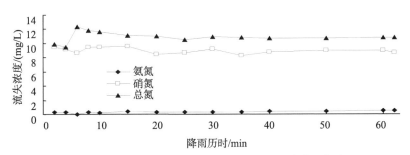

(b) 雨强为1.5mm/min时S17-1(玉米)地氮素流失过程

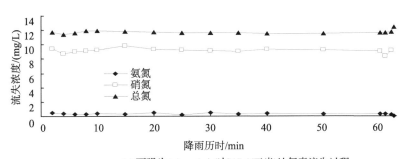

(c) 雨强为1.0mm/min时S17-1(玉米)地氮素流失过程

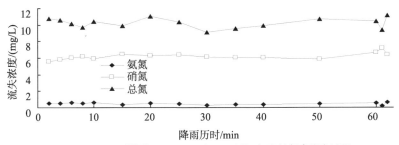

(d) 雨强为2.0mm/min时S10(玉米+大豆)地氮素流失过程

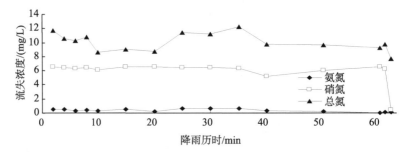

(e) 雨强为1.5mm/min时S10(玉米+大豆)地氮素流失过程

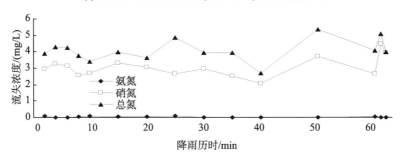

(f) 雨强为1.0mm/min时S10(玉米+大豆)地氮素流失过程

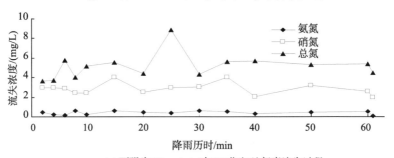

(g) 雨强为2.0mm/min时S06(花生)地氮素流失过程

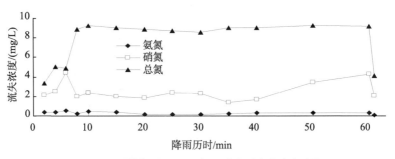

(h) 雨强为1.5mm/min时S06(花生)地氮素流失过程

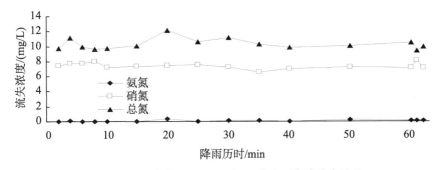

(i) 雨强为1.0mm/min时S06(花生)地氮素流失过程

图 7.18　不同雨强条件下农耕地径流小区氮素流失过程

2) 不同种植条件下磷素流失过程

模拟降雨条件下农耕地小区磷素流失的分析结果如图 7.19 所示。可知，相对于 S17-2(裸地)而言，农耕地地表径流磷素流失的波动性更大，尤其是总磷的变化最为明显。随着降雨强度的增大，农耕地总磷的流失总量也在增加，说明占总磷比例较大的磷酸磷随降雨强度的增加而增加，同时，随着降雨强度的增大，土壤侵蚀越来越严重，使得吸附在土壤颗粒表面的颗粒态磷流失量增大，所以总磷的浓度显著增加(张志剑等，2000)。

(1) S17-1(玉米)地。在 S17-1(玉米)地径流小区，流失浓度的峰值出现的时间各不相同，雨强为 2.0mm/min 时，总磷的流失浓度在降雨进行到第 10min 左右时出现峰值，其余时间段流失浓度波动变化；雨强为 1.5mm/min 时，总磷流失浓度峰值在降雨后期出现，降雨前期变化较平稳，维持在 0.04~0.07mg/L，速效磷变化范围为 0.02~0.06mg/L，变化不明显；雨强为 1.0mm/min 时，总磷流失浓度峰值出现在降雨中期，降雨前期变化平稳，降雨后期波动性明显；而从磷素的变异系数来看，随着降雨强度的减小，平均变异系数由 0.44 变化为 0.74，有明显的增加趋势，说明磷素流失浓度的波动趋势与降雨强度是呈反比的，即降雨强度的减小虽然减少了磷素的流失浓度，但却增加了变化幅度。速效磷、总磷的平均变异系数分别为 0.57、0.96，说明在 S17-1(玉米)地径流小区，速效磷的流失浓度的变化最为平稳，即种植 S17-1(玉米)的种植结构对于速效磷的调节作用最明显。

(2) S10(玉米+大豆)地。在 S10(玉米+大豆)地径流小区，总磷与速效磷的变化趋势相一致，总体看来，随着降雨量的增加，流失浓度先减小后增加，且后期的增加速率明显大于前期的减小速率。当雨强为 2.0mm/min 时，磷素流失的趋势呈现出先减小后增加的现象，流失浓度由 0.5mg/L 减小到 0.2mg/L 再增加到 0.4mg/L；当雨强为 1.5mm/min 时，明显总磷的变化更为剧烈，变化范围为 0.02~0.16mg/L，变化率为 88%；当雨强为 1.0mm/min 时，0~30min 内总磷的流失浓度变化剧烈，之后随着降雨的进行，流失浓度趋于平缓。而从磷素的变异系数来看，随着降雨强度的减小，平均变异系数由 0.36 变化为 0.48，与 S17-1(玉米)地相比增加趋势减慢，说明 S10(玉米+大豆)地径流小区内磷素的变化幅度减小。速效磷、总磷的平均变异系数分别为 0.36、0.53，说明在 S17-1(玉米)地径流小区，速效磷的流失浓度的变化较为平稳。

(3) S06(花生)地。在 S06(花生)地径流小区，总磷和速效磷流失浓度的变化一致性最好，均随着降雨的进行波动式变化。在雨强为 2.0mm/min 时，磷素的流失浓度呈现出降雨前后增加、中期减小的变化趋势，且后期的增加速率大于前期；在雨强为 1.5mm/min 时，磷素的流失浓度变化明显变小。基本上随着降雨时间的增加而减小，但在降雨结束后略有增加；在雨强为 1.0mm/min 时，磷素的流失浓度随降雨进行而减小的趋势越发明显。说明降雨历时及降雨强度对于磷素的流失浓度都有直接的影响。而从磷素的变异系数来看，随着降雨强度的减小，平均变异系数由 0.93 变化为 0.51，有明显的减小趋势，说明 S06(花生)地径流小区的磷素流失浓度变化幅度减小。速效磷、总磷的平均变异系数分别为 0.49、0.61，说明在 S06(花生)地径流小区，速效磷的流失浓度的变化较为平稳。

综合上述分析可以得知，在上述三种农耕地径流小区中，对于速效磷的调节作用最明显，同时随着覆盖度由 50%增加到 90%，对于磷素的调节作用也在逐渐增强。随着雨强的减小，在 S06(花生)地径流小区出现磷素变化幅度减小的现象。说明覆盖度是调节磷素流失的主要因子。

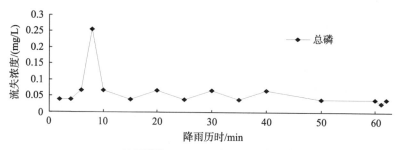

(a) 雨强为2.0mm/min时S17-1(玉米)地磷素流失过程

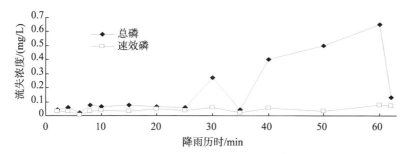

(b) 雨强为1.5mm/min时S17-1(玉米)地磷素流失过程

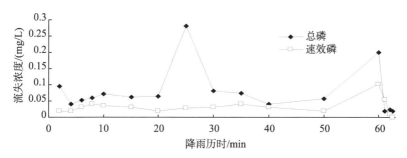

(c) 雨强为1.0mm/min时S17-1(玉米)地磷素流失过程

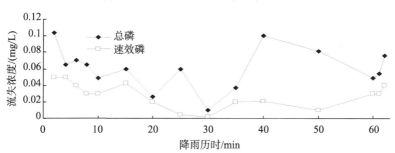

(d) 雨强为2.0mm/min时S10(玉米+大豆)地磷素流失过程

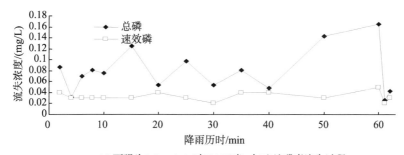

(e) 雨强为1.5mm/min时S10(玉米+大豆)地磷素流失过程

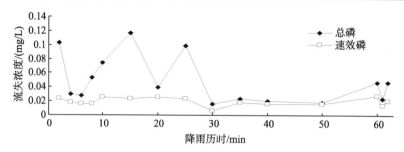

(f) 雨强为1.0mm/min时S10(玉米+大豆)地磷素流失过程

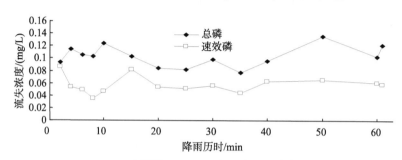

(g) 雨强为2.0mm/min时S06(花生)地磷素流失过程

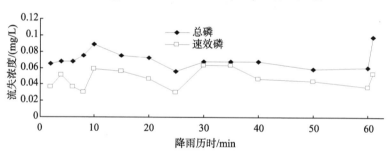

(h) 雨强为1.5mm/min时S06(花生)地磷素流失过程

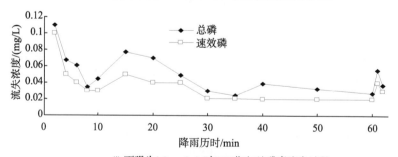

(i) 雨强为1.0mm/min时S06(花生)地磷素流失过程

图 7.19　不同雨强条件下农耕地径流小区磷素流失过程

3. 坡面尺度上径流小区壤中流养分流失特征分析

1) 氮流失过程

本次试验的 S17-2(裸地)径流小区是由农耕地径流小区开垦得到的，同时在试验过程中，由于试验条件的限制，部分数据缺测。

在监测径流小区坡面径流所携带的养分流失的同时，对土壤的淋失作用也进行了研究，三种不同雨强条件下 S17-2(裸地)及农耕地径流小区壤中流氮素流失特征如表 7.18 所示，S17-2(裸地)径流小区和农耕地径流小区不同深度下壤中流氮素浓度变化有显著差异。在 0～20cm 深度下，三种雨强下的硝氮流失浓度变化范围为 10.16～10.39mg/L；20～40cm 深度下，硝氮浓度的变化范围为 11.08～11.42mg/ L；40～60cm 深度下，硝氮浓度的变化范围为 10.57～10.87mg/L。说明壤中流硝氮的流失与深度有关，其中，表层的流失浓度最小，从而进一步说明土壤的淋失作用是不容忽视的。

表 7.18　不同雨强条件下 S17-2(裸地)及农耕地径流小区壤中流氮素流失特征

| 雨强 /(mm/min) | S17-2 (裸地) | | | | 农耕地 | | | |
	土层深度 /cm	NH_4^+-N /(mg/L)	NO_3^--N /(mg/L)	TN /(mg/L)	土层深度 /cm	NH_4^+-N /(mg/L)	NO_3^--N /(mg/L)	TN /(mg/L)
	0～20	0.52	10.16	12.5	0～20	0.46	9.09	6.4
2.0	20～40	0.44	11.08	13.08	20～40	—	—	—
	40～60	0.49	10.57	13.41	40～60	—	—	—
	0～20	0.52	10.39	11.58	0～20	0.34	8.39	15.9
1.5	20～40	0.61	11.14	11.86	20～40	0.22	9.67	18.47
	40～60	0.58	10.87	12.22	40～60	—	—	—
	0～20	0.56	10.36	7.66	0～20	0.13	7.77	12.13
1.0	20～40	0.82	11.42	8.85	20～40	0.18	9.75	15.79
	40～60	—	—	—	40～60	—	—	—

比较不同雨强下同一深度壤中流硝氮流失浓度，可以发现：随着雨强的减小，壤中流硝氮的流失浓度增大。说明壤中流中硝氮的浓度受降雨的影响更为强烈。氨氮的变化规律与硝氮类似，但在壤中流中的流失浓度明显低于硝氮，说明在降雨过程中，土壤中的氨氮会发生强烈的硝化作用迅速转化为硝氮，且随着壤中流发生迁移流失。总氮在不同深度下的壤中流中的变化较为平稳，雨强对其流失浓度影响明显，其流失浓度均随着雨强的减小而降低，其中，小雨强条件下，0～20cm 深度处的变化最为明显。从总氮流失的浓度值可以得知，在商南地区，壤中流中总氮的迁移浓度也很大，平均迁移浓度为 11.40mg/L，远远超出了我国地表水 V 类水质指标。

从而进一步说明在商南地区壤中流的重要性。

对比 S17-2(裸地)径流小区及农耕地径流小区,可以得知 S17-2(裸地)小区的壤中流产流深度要大于农耕地径流小区,说明 S17-2(裸地)小区壤中流携带的养分流失量及流失深度要远远大于农耕地小区。在 0~20cm 深度下,农耕地壤中流中氮素流失浓度随雨强减小的降低幅度比 S17-2(裸地)小区要明显得多,说明植被对于壤中流中的养分流失具有调节作用。在更深的层次中,这种调节作用表现得不明显。

2) 磷流失过程

从模拟不同降雨条件下 S17-2(裸地)及农耕地小区壤中流磷素流失特征(表 7.19)可以看出,不同深度下的总磷流失浓度有很大差异。在 0~20cm 深度下,总磷的浓度变化范围为 0.07~0.18mg/L;20~40cm 深度下,其变化范围为 0.05~0.09mg/L;40~60cm 深度下的变化范围为 0.09~0.1mg/L,说明总磷的流失浓度随着壤中流深度的增加而减小。

表 7.19　不同雨强条件下 S17-2(裸地)及农耕地小区壤中流磷素流失特征

雨强 /(mm/min)	S17-2 (裸地)			农耕地		
	土层深度 /cm	TP /(mg/L)	PO_4^{3-} /(mg/L)	土层深度 /cm	TP /(mg/L)	PO_4^{3-} /(mg/L)
2.0	0~20	0.07	0.02	0~20	0.03	—
	20~40	0.18	0.06	20~40	—	—
	40~60	0.10	0.05	40~60	—	—
1.5	0~20	0.04	0.05	0~20	0.14	0.25
	20~40	0.08	0.05	20~40	0.12	0.28
	40~60	0.09	0.04	40~60	—	—
1.0	0~20	0.08	0.08	0~20	0.04	0.01
	20~40	0.15	0.04	20~40	3.36	0.07
	40~60	—	—	40~60	—	—

分析其原因,一方面是本次试验 S17-2(裸地)小区是由农耕地小区处理得到的,而农耕地小区由于长期的农业耕作施用磷肥使得土壤表层中的磷的含量较高,另一方面跟磷素自身的性质有关。

径流小区壤中流中的磷素流失除了全量元素外,还有溶解态的磷酸盐。在 0~20cm 深度下的变化与总磷类似,在其他深度下的变化则与总磷相反,说明速效磷变化剧烈,迁移转化过程复杂。

对比 S17-2(裸地)径流小区及农耕地径流小区,可以得知磷素的流失量在农耕地径流小区的变化更剧烈,在不同的雨强条件下,总磷的变化范围为 0.02~3mg/L,

速效磷的变化范围为 0.05~0.3mg/L。说明植被对于营养元素的吸收利用加速了土壤中磷素的析出，使得磷素的流失量随着雨强的变化而剧烈变化。

4. 坡面尺度上径流小区泥沙养分流失过程

降雨侵蚀引起的氮、磷流失是土壤养分流失的主要形式，坡地土壤养分流失除了溶解在径流中并随着径流流失，还有一部分是吸附和结合与泥沙颗粒表面以无机态和有机质形式流失的养分(洪林和李瑞鸿，2011)。因此，本书对于泥沙所携带的养分流失也进行了分析。

1) 模拟降雨条件下裸地径流小区泥沙养分流失特征

(1) 氮流失过程。本次试验中收集的泥沙量较少，因此，在进行养分分析的试验中，对样品进行了合并，因此下文的分析大多采用养分流失量。

不同雨强条件下 S17-2(裸地)径流小区泥沙氮素流失特征见表 7.20。由表 7.20可以得知，在同一径流小区内，不同降雨强度下的坡地泥沙全氮流失量具有明显差异，全氮的流失量随着雨强的增加而呈现出增加的趋势，以小雨强下泥沙全氮的流失量为基准，大雨强为其 6.6 倍，中雨强为其 2.6 倍。说明随着降雨量的增加，产生的坡面径流对于表层土壤的冲刷力加大，使得泥沙携带的全氮流失量变大。

表 7.20　不同雨强条件下 S17-2(裸地)径流小区泥沙氮素流失特征

雨强/(mm/min)	氨氮/g	硝氮/g	全氮/g
2.0	0.07	0.09	0.54
1.5	0.04	0.06	0.21
1.0	0.02	0.02	0.08

在泥沙携带的氮素流失过程中，明显硝氮的流失量要高于氨氮，说明土壤中的氮素更易富集在泥沙颗粒中产生剥离作用，增加泥沙携带的养分流失量，且氮素的流失形态以硝氮等溶解态为主。

通过对泥沙携带的氮素流失浓度(C_1)与降雨前不同坡位处的土壤表层氮素含量背景值(C_2)的比较可以发现，泥沙携带的氮素流失浓度大多高于土壤背景值，即氮素的富集比均为正值，只有大雨强条件下的氨氮在坡上部分的富集比为负值，如表7.21 所示。说明在 S17-2(裸地)径流小区降雨试验中，吸附作用在坡面泥沙养分流失中占主导作用，剥离作用仅为少数。

对比不同坡位的氮素流失富集比可以得知，从坡上到坡下，富集比逐渐增加，且在大雨强条件下的增加幅度最大，平均增加幅度达到 76%。说明随着降雨强度的增加，产生的坡面径流对于表层土壤的冲刷力加大，土壤中的氮素更易富集在泥沙颗粒中，增加泥沙携带的养分流失量，且氮素的流失形态以氨氮及硝氮等溶解态为主。对比不同类型的氮素流失富集比，可以得知在同一坡位处，硝氮的流失富集比要高于氨氮，且随着雨强的减小有降低的趋势。

表 7.21　不同雨强下 S17-2(裸地)径流小区泥沙氮素流失富集比

雨强/(mm/min)	坡位	氨氮/%	硝氮/%	全氮/%
2.0	坡上	−1.34	69.75	13.46
	坡中	241.86	169.33	19.92
	坡下	140.98	296.08	97.32
1.5	坡上	94.59	80.00	10.39
	坡中	157.14	59.68	8.63
	坡下	182.35	138.55	28.06
1.0	坡上	44.90	86.21	19.27
	坡中	11.81	95.18	8.15
	坡下	63.22	128.17	24.05

注：富集比=$(C_1-C_2)/C_1$。

(2) 磷流失过程。不同雨强条件下 S17-2(裸地)径流小区泥沙磷素流失过程见表7.22，可以得知，坡面泥沙磷素流失量随着降雨强度的减小而减小，而降雨强度的大小直接影响着坡面泥沙流失量，雨强越大，则泥沙流失量越大，即磷素的流失量与泥沙的流失量存在正相关关系。说明磷素的流失以沉积型循环为主(邵明安，2001)。随着雨强的减小，速效磷流失占全磷流失量的比例也在减小，平均比例仅为 0.035%，说明土壤中能被植物直接吸收利用的磷素含量很低，需要外界补充，同时也应注意施用的磷肥量，否则多余的、无法被作物吸收利用的磷素会通过坡面水土流失进入当地水体中，加剧非点源污染。

表 7.22　不同雨强条件下 S17-2(裸地)径流小区泥沙磷素流失特征

雨强/(mm/min)	全磷/g	速效磷/g	速效磷所占比例/%
2.0	2.3119	0.0009	0.040
1.5	1.8244	0.0006	0.033
1.0	0.7774	0.0003	0.033

通过对泥沙携带的磷素流失浓度与降雨前不同坡位处的土壤表层磷素含量背景值的比较，可以发现泥沙携带的全磷流失浓度大多高于土壤背景值，即全磷的富集比均为正值，只有中雨强条件下的坡上部分及小雨强下的坡下位置的富集比为负值，如表 7.23 所示。同时随着雨强的变化，全磷的平均富集比由 98% 减小到 62%，说明在泥沙养分流失过程中除了吸附作用外，降雨径流的搬运作用也不可忽视。对

比不同坡位的磷素流失富集比,可以得知在同一雨强下,从坡上到坡下,富集比变化趋势不明显。

表 7.23　不同雨强下 S17-2(裸地)径流小区泥沙磷素流失富集比

雨强/(mm/min)	坡位	全磷/%	速效磷/%
2.0	坡上	126.15	0.00
	坡中	83.75	0.00
	坡下	83.75	0.00
1.5	坡上	−37.39	100.00
	坡中	121.54	0.00
	坡下	30.91	0.00
1.0	坡上	35.24	0.00
	坡中	89.33	−50.00
	坡下	−29.00	−50.00

对比不同类型的磷素流失富集比可以得知,速效磷的流失浓度并不随着雨强及坡位发生较大的改变,流失浓度基本维持在 0.01~0.03mg/kg,进一步说明了商南地区土壤中速效磷含量偏低,土壤贫瘠,不利于作物生长的事实。

(3) 有机质流失过程。不同雨强条件下 S17-2(裸地)径流小区有机质流失特征如图 7.20 所示。从图中可以看出,降雨强度对土壤有机质的流失量有明显的影响,总体表现为随着雨强的减小,流失量逐渐减少,以小雨强下的流失量为基准,大雨强下为其 3 倍,中雨强下为其 2.3 倍。

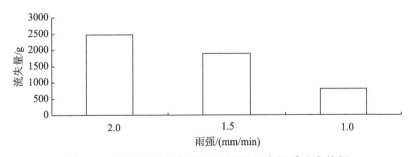

图 7.20　不同雨强条件下 S17-2(裸地)有机质流失特征

土壤有机质是表征土壤肥力的一个重要指标,它由 N、P、S 等营养元素组成,其含量和动态变化对于磷素和氮素的流失量也有直接的影响。经相关关系分析得知(表 7.24),有机质对全磷的流失量影响最大,两者之间为显著线性相关关系。说明土壤表土中 70%~76%的磷以有机态形式存在,有机质含量越高,土壤中磷养分的含量也越高(李博，1999)。

表 7.24　有机质与氮素、磷素相关关系分析

养分	相关方程	R^2
有机质与全氮	$y=0.0003x-0.1598$	0.8242
有机质与氨氮	$y=3E-05x-0.0062$	0.9766
有机质与硝氮	$y=4E-05x-0.0147$	0.9858
有机质与速效磷	$y=4E-07x-7E-05$	0.9807
有机质与总磷	$y=0.00009x+0.0467$	0.9985

　　通过对泥沙携带的有机质流失浓度与降雨前不同坡位处的土壤表层有机质含量背景值的比较，可以发现有机质的流失富集比随着雨强的减小而变小，大中小雨强条件下的有机质平均流失富集比分别为 26%、11%、10%。不同坡位的有机质流失富集比对比见表 7.25，可以得知，在同一雨强下，富集比从坡上到坡下逐渐增加，说明有机质的流失随着泥沙和径流大多沉积在坡下部位，从而使得坡下部位的土壤肥力要高于其他部位。

表 7.25　不同雨强下 S17-2(裸地)径流小区泥沙有机质流失富集比

雨强/(mm/min)	坡位	有机质/%
2.0	坡上	8.54
	坡中	32.05
	坡下	37.47
1.5	坡上	10.78
	坡中	44.92
	坡下	−23.97
1.0	坡上	−48.10
	坡中	−31.82
	坡下	114.08

　　2) 模拟降雨条件下农耕地径流小区泥沙养分流失过程

　　(1) 氮流失过程。不同雨强条件下农耕地径流小区氮素流失过程、不同雨强条件下 S06(花生)地氮素流失特征和 1.0mm/min 雨强条件下 S17-1(玉米)地及 S10(玉米+大豆)地氮素流失特征分别如图 7.21、表 7.26 和表 7.27 所示。可以得知，大中雨强条件下，泥沙样中的全氮含量在降雨过程中呈现出先增加后减少的趋势，说明随着降雨量的增加，产生的坡面径流对于表层土壤的冲刷力加大，使得全氮在水体中溶解的比例上升，泥沙携带的全氮流失量变小。由此将全氮流失过程分为平稳期、

缓慢增加期、急剧上升期、急剧减小期。在 S17-1(玉米)地及 S10(玉米+大豆)地径流小区，明显中雨强条件下的平稳期更短、增加期提前出现、减小期延后。说明降雨强度对于全氮的流失量有调节作用。在泥沙携带的氮素流失过程中，硝氮的流失量与氨氮相差不大，随着降雨量的增加，流失过程与全氮的流失过程相一致。说明土壤中的氮素更易富集在泥沙颗粒中产生剥离作用，增加泥沙携带的养分流失量，且氮素的流失形态以氨氮及硝氮等溶解态为主。

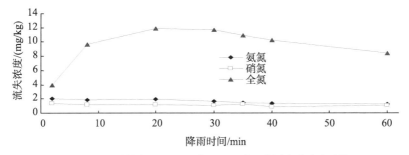

(a) 雨强为2.0mm/min时S17-1(玉米)地泥沙氮素流失过程

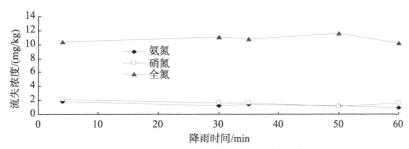

(b) 雨强为1.5mm/min时S17-1(玉米)地泥沙氮素流失过程

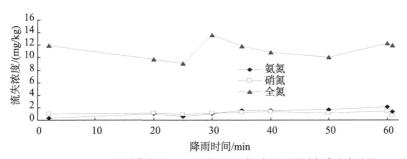

(c) 雨强为2.0mm/min时S10(玉米+大豆)地泥沙氮素流失过程

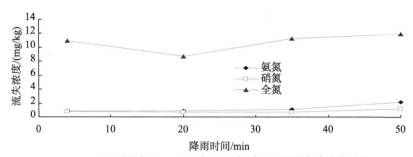

(d) 雨强为1.5mm/min时S10(玉米+大豆)地泥沙氮素流失过程

图 7.21　不同雨强条件下农耕地径流小区氮素流失过程

表 7.26　不同雨强条件下 S06(花生)地氮素流失特征

雨强/(mm/min)	氨氮/(mg/kg)	硝氮/(mg/kg)	全氮/(mg/kg)
2.0	1.65	1.53	1.84
1.5	0.68	1.62	1.75
1.0	—	—	—

表 7.27　1.0mm/min 雨强条件下 S17-1(玉米)地及 S10(玉米+大豆)地氮素流失特征

种植类型	雨强/(mm/min)	氨氮/(mg/kg)	硝氮/(mg/kg)	全氮/(mg/kg)
S17-1(玉米)	1.0	0.02	0.01	0.12
S10(玉米+大豆)		0.01	0.01	0.13

　　对比同一雨强下的 S17-1(玉米)地与 S10(玉米+大豆)地径流小区氮素流失过程可以得知，当雨强为 2.0mm/min 时，明显 S17-1(玉米)地径流小区的变化较为剧烈，氮素流失的变化范围为 0.002～2.5g；当雨强为 1.5mm/min 时，S10(玉米+大豆)地氮素流失过程出现多峰值的特征，而 S17-1(玉米)地径流小区的氮素流失量持续增加，说明植被对于氮素流失有良好的调节作用。在雨强为 1.0mm/min 时，S17-1(玉米)地的氮素流失量高于 S10(玉米+大豆)地，尤其是氨氮，S17-1(玉米)地的流失量为S10(玉米+大豆)地的两倍。

　　在覆盖度最高的 S06(花生)地径流小区，小雨强下的泥沙量较低，因此，本书忽略了其携带的养分。随着雨强的增加，全氮的流失量呈现出增加的趋势，大雨强下泥沙全氮的流失量为中雨强的 1.05 倍。氨氮和硝氮的变化与全氮类似，但其占全氮流失量的比例随着雨强的变化而有所不同。在大雨强条件下，氨氮和硝氮所占比例分别为 89.7% 和 83.2%；在中雨强条件下，氨氮及硝氮所占比例分别为 38.9% 和92.6%。说明雨强较大的情况下，土壤养分以泥沙形式随径流迁移，雨强较小时，随径流迁移的可溶态养分流失量占流失泥沙养分量的比例较高(傅涛等，2003；马琨等，2002)。

不同雨强条件下农耕地径流小区氮素流失富集比见表 7.28，可以发现，随着雨强的减小，氨氮和硝氮的流失富集比在逐渐减小，而全氮的流失富集比却有增大的趋势。这是因为氨氮可被土壤胶体吸附，在降雨强度减小的时候，径流对坡面土壤的冲刷作用减弱，降低了泥沙流失量，从而减慢氨氮的富集。

表 7.28　不同雨强条件下农耕地径流小区氮素流失富集比

种植类型	雨强/(mm/min)	氨氮/%	硝氮/%	全氮/%
S17-1(玉米)	2.0	100.51	53.52	−29.45
	1.5	28.34	117.32	0.18
	1.0	108.99	15.13	20.34
S10(玉米+大豆)	2.0	50.64	72.02	10.68
	1.5	114.39	33.90	−5.63
	1.0	−9.99	69.00	31.05
S06(花生)	2.0	62.50	49.78	88.31
	1.5	−30.17	28.08	128.95
	1.0	—	—	—

对比同一雨强下的农耕地径流小区氮素流失富集比可以发现，在大雨强条件下，氨氮的富集比随着覆盖度的增加而降低，以覆盖度最低的 S17-1(玉米)地为基准，S10(玉米+大豆)地的富集比仅为其二分之一；硝氮的富集比变化不大，这是因为硝氮移动性大，在土壤通气不良时容易发生硝化损失，在土壤中主要以游离态存在，更能直接被植物根系吸收，因此，富集程度跟植被覆盖度没有直接关系。全氮的富集比与氨氮相反，即随着覆盖度的增加反而增加。说明坡面养分流失除了与降雨强度、覆盖度等因素有关外，还受到作物种类的影响。中、小雨强条件下的氮素流失富集比变化与大雨强下相似。

(2) 磷流失过程。不同雨强条件下农耕地径流小区磷素流失过程、不同雨强条件下 S06(花生)地径流小区磷素流失特征和 1.0mm/min 雨强条件下 S17-1(玉米)地及 S10(玉米+大豆)地磷素流失特征分别如图 7.22、表 7.29 和表 7.30 所示，可以看出，全磷的流失过程出现多峰值特征，且随着雨强及覆盖度的增加，峰值出现时间逐渐延后。说明雨强及覆盖度对土壤中全磷流失量具有调节作用。速效磷流失量的变化与全磷相一致，但其多峰值特征更加明显，尤其在降雨初期及中期，峰值交替出现，流失量波动变化明显。这是因为土壤对于磷素有强大的固定作用，而降雨过程中的径流侵蚀力是随着降雨时间而发生变化的，使得土壤固定的磷素随泥沙流失的含量也发生变化。

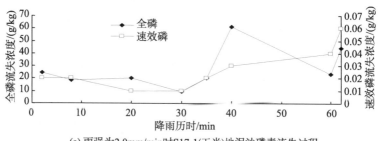

(a) 雨强为2.0mm/min时S17-1(玉米)地泥沙磷素流失过程

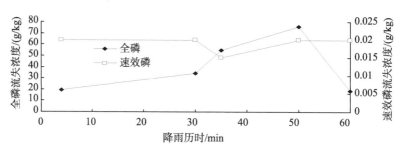

(b) 雨强为1.5mm/min时S17-1(玉米)地泥沙磷素流失过程

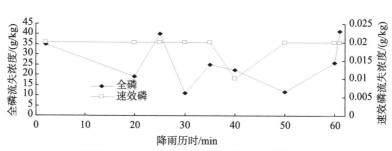

(c) 雨强为2.0mm/min时S10(玉米+大豆)地泥沙磷素流失过程

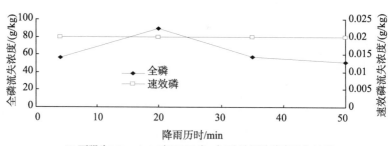

(d) 雨强为1.5mm/min时S10(玉米+大豆)地泥沙磷素流失过程

图 7.22　不同雨强条件下农耕地径流小区磷素流失过程

表 7.29　不同雨强条件下 S06(花生)地径流小区磷素流失特征

雨强/(mm/min)	全磷/(mg/kg)	速效磷/(mg/kg)
2.0	5.25	0.01
1.5	5.05	0.02
1.0	—	—

对比同一雨强条件下 S17-1(玉米)地及 S10(玉米+大豆)地径流小区磷素流失过程，可以得知：在雨强为 2.0mm/min 时，全磷的流失量在 S10(玉米+大豆)地径流小区的波动性较大，尤其是在降雨中期波动趋势最为明显，流失量的变化范围为 0.48～2.0g。速效磷的变化趋势与全磷类似，但其变化范围仅为 0.01～0.02g。在雨强为 1.5mm/min 时，波动趋势较大的时期提前到降雨初期，且随着降雨的进行，除 S17-1(玉米)地速效磷波动趋势增大外，磷素流失量趋于平稳。说明除了土壤的固定作用外，商南地区土壤含磷量低也是磷素流失量减少的原因。在雨强为 1.0mm/min 时，S17-1(玉米)地的磷素流失量要远远大于 S10(玉米+大豆)地，其中，S17-1(玉米)地全磷的流失量是 S10(玉米+大豆)地的将近 3 倍。

表 7.30　1.0mm/min 雨强条件下 S17-1(玉米)地及 S10(玉米+大豆)地径流小区磷素流失特征

种植类型	雨强/(mm/min)	全磷/(mg/kg)	速效磷/(mg/kg)
S17-1(玉米)	1.0	8.05	0.02
S10(玉米+大豆)		3.15	0.02

在覆盖度最高的 S06(花生)地径流小区，小雨强下的泥沙量较低，因此，本书忽略了其携带的养分。随着雨强的减小，全磷的流失量从 5.25g 减小到 5.05g。速效磷的变化与全磷类似，但其占全磷流失量的比例随着雨强的变化而有所不同。在大雨强条件下，所占全磷流失量的比例为 0.2%；在中雨强条件下，所占比例为 0.4%。以 S06(花生)地的磷素流失为基准，S17-1(玉米)地的磷素流失量为其 7 倍，S10(玉米+大豆)地的磷素流失量为其 1.5 倍。说明植被覆盖度及作物种类对于泥沙磷素流失量的影响不容忽视。

通过对泥沙携带的磷素流失浓度与降雨前不同坡位处的土壤表层磷素含量背景值的比较，可以发现泥沙携带的全磷流失浓度都高于土壤背景值，即全磷的富集比均为正值，如表 7.31 所示。说明泥沙对于全磷的吸附作用较强。同时随着雨强的变化，全磷的平均富集比由 24.02% 增加到 725%，说明磷素的富集流失现象在泥沙中更为明显。

表 7.31　不同雨强条件下农耕地径流小区磷素流失富集比

种植类型	雨强/(mm/min)	全磷/ %	速效磷/%
S17-1(玉米)	2.0	52.37	118.75
	1.5	134.25	20.00
	1.0	725.60	−97.70
S10(玉米+大豆)	2.0	36.99	−35.43
	1.5	305.00	0.00
	1.0	80.26	0.00
S06(花生)	2.0	61.95	−33.33
	1.5	24.02	0.00
	1.0	—	—

对比不同农耕地径流小区的磷素流失富集比可以得知，不同雨强条件下，全磷的流失富集比随覆盖度增大均表现出逐渐降低的趋势，其主要原因与植被的覆盖作用有关，即植被覆盖度越大，对泥沙的拦截作用就越强，从而减少其携带的全磷的流失量。而速效磷的富集比变化并不明显，其流失浓度维持在 0.01~0.02mg/kg。

(3) 有机质流失过程

由图 7.23 和表 7.32 可知：泥沙有机质流失过程可概括为平稳变化阶段、波动增长阶段和快速减小阶段 3 个阶段，比较 3 个阶段的持续时间特征可以发现，大雨强条件下的平稳阶段时间较短，流失量峰值出现在降雨中期；而中雨强条件下缓慢增长阶段较长，而流失量峰值出现时间提前。说明在模拟降雨过程中，降雨强度对于有机质流失有很显著的调节能力。

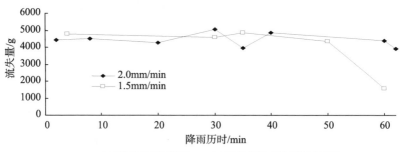

(a) 不同雨强条件下S17-1(玉米)地泥沙有机质流失过程

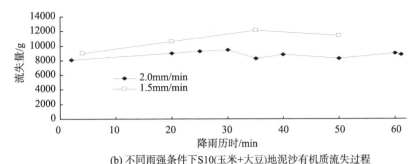

(b) 不同雨强条件下S10(玉米+大豆)地泥沙有机质流失过程

图 7.23　不同雨强条件下农耕地径流小区有机质流失特征

表 7.32　不同雨强条件下农耕地径流小区有机质流失平均浓度

种植类型	雨强/(mm/min)	有机质/(g/kg)
S17-1(玉米)	2.0	21.0
	1.5	23.0
	1.0	0.7
S10(玉米+大豆)	2.0	99.0
	1.5	41.0
	1.0	12.0
S06(花生)	2.0	3.3
	1.5	1.4
	1.0	—

比较同一雨强条件下 S17-1(玉米)地径流小区及 S10(玉米+大豆)地径流小区有机质流失量可以得知：当雨强为 2.0mm/min 时，S10(玉米+大豆)地径流小区有机质流失的波动性更大，其流失量在 0.2～43.5g 变化，S17-1(玉米)地及 S10(玉米+大豆)地径流小区的有机质平均流失量分别为 2.6g 与 11g，明显 S10(玉米+大豆)地径流小区的流失量更大；当雨强为 1.5mm/min 时，有机质流失量的变化与大雨强下相似，此时 S10(玉米+大豆)地径流小区的有机质平均流失量是 S17-1(玉米)地径流小区的 6.5 倍；当雨强为 1.0mm/min 时，有机质流失量的差距缩小，此时 S10(玉米+大豆)地径流小区的流失量仅为 S17-1(玉米)地的 1.15 倍。说明有机质随泥沙流失量与植被覆盖度关系不大，但与植被类型、降雨强度等影响因素关系密切。

对比覆盖度最高的 S06(花生)地径流小区泥沙有机质流失量可以得知，雨强对于流失量的影响更为显著，大雨强下的流失量是中雨强下的 3.8 倍，从而进一步说明了降雨强度对于有机质流失的影响。

通过表 7.33 不同雨强条件下农耕地径流小区有机质富集比可以得知：除坡上部位外，泥沙携带的有机质流失浓度都高于土壤背景值，即有机质的富集比均为正值。说明在有机质流失过程中泥沙吸附作用起主导地位。同时随着农耕地种植作物的变化，有机质的平均富集比从 26%减小到 4.7%，说明作物的类型及覆盖度对于有机质的富集有很明显的影响。植被的类型决定进入土壤的植物残体量，其根系为土壤微生物提供了良好的生存环境，并保持了土壤水分和通气性，同时这些因素又影响着土壤有机质的分布状况(黄焱宁，2009；田超等，2008)。

表 7.33　不同雨强条件下农耕地径流小区有机质流失富集比

种植类型	雨强/(mm/min)	有机质/%
S17-1(玉米)	2.0	−0.11
	1.5	1.31
	1.0	76.60
S10(玉米+大豆)	2.0	−15.29
	1.5	8.04
	1.0	66.21
S06(花生)	2.0	−10.95
	1.5	20.49
	1.0	—

3) 模拟降雨条件下不同径流小区养分流失的量化

从以上分析可以得知，模拟降雨条件下，S17-2(裸地)及农耕地径流小区养分流失量与土壤的养分背景值关系不大，反而受到流失载体径流和泥沙的控制，即水土流失影响着养分流失。同时除了分析雨强等影响因素对于养分流失的影响，更进一步分析了不同土地覆盖度及种植作物下的养分流失量的变化。

如表 7.34 所示，在农耕地径流小区，以覆盖度最低的 S17-1(玉米)地径流小区养分流失量为基准，S10(玉米+大豆)地及 S06(花生)地径流小区的流失量均小于S17-1(玉米)地径流小区，其中，以 S06(花生)地径流小区的氨氮的流失量所占比例最小。氮素的流失量所占比例减小较为明显，当覆盖度由 50%增加到 90%时，氮素的流失量减小了 92%；磷素的流失量随着覆盖度及作物的变化而变化，其变化规律与氮素相类似，其中，磷素的流失量减小了 89%。

表 7.34　不同土地覆盖度及作物条件氮磷流失比例

种植类型	覆盖度/%	氮素			磷素	
		全氮比例/%	硝氮比例/%	氨氮比例/%	全磷比例/%	速效磷比例/%
S17-1(玉米)	50	100	100	100	100	100
S10(玉米+大豆)	56	53	87	49	48	80
S06(花生)	90	8	8	7	8	20

将上述养分流失量按照径流和泥沙携带的比例进行分类得到表 7.35,从表中可以得知:径流携带的氮素流失量所占比例较大,当覆盖度由 0 增加到 90%时,径流流失量所占比例基本维持在 99%。氮素流失量主要以径流携带方式为主,且地表植被拦截径流的效果不明显。与氮素相比,泥沙携带全磷在裸地以泥沙为主导,农耕地则以径流为主导,平均流失比例达到 26%,速效磷流失比例变化波动性较大,但仍以径流携带为主。当覆盖度增加时,磷素所占泥沙比例逐渐减小,说明植被覆盖可以有效地拦截泥沙流失。

表 7.35 径流、泥沙携带养分流失比例统计表

种植类型	全氮		硝氮		氨氮		全磷		速效磷	
	径流流失比例/%	泥沙流失比例/%	径流流失比例/%	泥沙流失比例/%	径流流失比例/%	泥沙流失比例/%	径流流失比例/%	泥沙流失比例/%	径流流失比例/%	泥沙流失比例/%
裸地	99.547	0.453	99.927	0.073	86.868	13.132	44.745	55.255	88.105	11.895
玉米	99.478	0.522	98.079	1.921	99.109	0.891	85.600	14.400	93.843	6.157
玉米+大豆	99.781	0.219	99.997	0.003	99.915	0.085	76.370	23.630	96.057	3.943
花生	99.882	0.118	99.986	0.014	99.851	0.149	87.709	12.291	99.306	0.694

在 S17-2(裸地)及 S17-1(玉米)地径流小区监测了壤中流,对于径流中地表径流及壤中流携带的养分流失比例进行统计分析,见表 7.36。可以得知:壤中流携带的养分流失所占比例较小,基本上养分流失仍以地表径流为主。壤中流携带的磷素流失比例在 S17-1(玉米)地径流小区有所增加,平均流失比例达到 6%,说明磷素在土壤中的淋失作用更为明显。

表 7.36 地表径流、壤中流携带养分流失比例统计表

种植类型	全氮		硝氮		氨氮		全磷		速效磷	
	地表径流流失比例/%	壤中流流失比例/%	地表径流流失比例/%	壤中流流失比例/%	地表径流流失比例/%	壤中流流失比例/%	地表径流流失比例/%	壤中流流失比例/%	地表径流流失比例/%	壤中流流失比例/%
裸地	99.985	0.015	100.000	0.0004	99.994	0.006	98.594	1.406	99.912	0.088
农耕地	99.922	0.078	99.998	0.002	99.959	0.041	90.367	9.633	99.468	0.532

参 考 文 献

卜兆宏, 李全英, 1995. 土壤可蚀性(K)值图编制方法的初步研究[J]. 农村生态环境, 11(1): 5-9.

蔡强国, 陈浩, 1986. 降雨特性对溅蚀影响的初步实验研究[J]. 中国水土保持, 6: 30-35.

蔡庆, 唐克丽, 1992. 植被对土壤侵蚀影响的动态分析[J].水土保持学报,6(2):47-51.

丁文峰, 张平仓, 王一峰, 2008. 紫色土坡面壤中流形成与坡面侵蚀产沙关系试验研究[J]. 长江科学院院报, 25(3): 14-17.

段心堂, 2009. 商南县土石山区农耕地改造与利用探讨[J]. 陕西水利, 1(10): 110-112.

付智勇, 李朝霞, 蔡崇法, 等, 2011. 不同起始条件下坡面薄层紫色土水分和壤中流响应[J]. 水利学报, 42(8): 899-907.

傅涛, 倪九派, 魏朝富, 等, 2003. 不同雨强和坡度条件下紫色土养分流失规律研究[J]. 植物营养与肥料学报, 9(1): 71-74.

郭耀文, 1997. 雨滴侵蚀特征分析[J]. 中国水土保持, (4): 12-15.

洪林, 李瑞鸿, 2011.南方典型灌区农田地表径流氮磷流失特性[J]. 地理研究, 30(1): 116-123.

黄焱宁, 2009. 黄甘肃省土壤有机质含量空间分布及与土地利用的关系[D]. 兰州: 甘肃农业大学硕士学位论文.

孔刚, 王全九, 樊军, 2007.坡度对黄土坡面养分流失的影响实验研究 [J]. 水土保持学报, 3(21): 14-18.

李博, 1999.生态学[M]. 北京: 高等教育出版社.

李金中, 佩铁, 牛丽华,等, 1999. 森林流域坡地壤中流模型与模拟研究[J]. 林业科学, 35(4): 2-8.

李婧, 李占斌, 李鹏, 等, 2010.模拟降雨条件下植被格局对径流总磷流失特征的影响分析[J].水土保持学报, 4(24): 27-30.

李宪文, 史学正, Coen Ritsema, 2002. 四川紫色土区土壤养分径流和泥沙流失特征研究[J]. 资源科学, 24(6): 22-29.

李阳兵, 谢德体, 2001.不同土地利用方式对岩溶山地土壤团粒结构的影响[J]. 水土保持学报, 15(4): 122-125.

林超文, 罗春燕, 庞良玉, 等, 2010.不同耕作和覆盖方式对紫色丘陵区坡耕地水土及养分流失的影响[J]. 生态学报, 30(22):6091-6101.

刘泉, 李占斌, 李鹏, 等, 2011. 模拟降雨条件下坡地氮素流失特征试验分析[J]. 水土保持学报, 2(25):6-10.

罗伟祥, 白立强, 宋西德, 等, 1990. 不同覆盖度林地和草地的产流量与冲刷量[J]. 水土保持学报, 4(1):30-34.

马琨, 王兆骞, 陈欣, 等, 2002. 不同雨强条件下红壤坡地养分流失特征研究[J]. 水土保持学报, 16(3): 16-19.

彭娜, 谢小立, 王开峰, 等, 2006. 红壤坡地降雨入渗、产流及土壤水分分配规律研究[J]. 水土保持学报, 20(3): 17-21.

彭圆圆, 李占斌, 李鹏, 2012.模拟降雨条件下丹江鹦鹉沟小流域坡面径流氮素流失特征[J].水土保持学报, 2(26): 1-5.

邵明安, 2001. 坡面土壤养分与降雨、径流的相互作用机理及模型[J]. 世界科技研究与发展, 23(2): 7-12.

田超, 王米道, 王加嘉, 2008. 土壤有机质与水土流失相关性研究[J]. 安徽农学通报, (19): 54-55.

王峰, 沈阿林, 陈洪松, 等, 2007. 红壤丘陵区坡地降雨壤中流产流过程试验研究[J]. 水土保持学报, 21(5): 15-17.

王玉霞, 龙天渝, 卢齐齐, 2011.二次降雨条件下紫色土壤中流的氮磷流失特征研究[J]. 中国水土保持, 5:

33-35.

吴永, 何思明, 李新坡, 2008.降雨作用下坡面侵蚀的水动力机理[J]. 生态环境学报, 17(6): 2440-2444.

许其功, 刘鸿亮, 沈珍瑶, 等, 2007.三峡库区典型小流域氮磷流失特征[J]. 环境科学学报, 27(2): 326-331.

杨明义, 田均良, 2000.坡面侵蚀过程定量研究进展[J]. 地球科学进展, 15(6): 649-653.

张长保, 2008. 降雨条件下黄土坡面土壤养分迁移特征试验研究[D]. 杨凌: 西北农林科技大学硕士学位论文.

张志剑, 王珂, 朱荫湄, 等, 2000.水稻田表水磷素的动态特征及其潜在环境效应的研究[J]. 中国水稻科学, 14(1): 55-57.

朱波, 汪涛, 况福虹, 等, 2008. 紫色土坡耕地硝酸盐淋失特征[J]. 环境科学学报, 28(3): 525-533.

ANDERSON M G, MCDONNELL J J, 2005.Encyclopedia of Hydrological Sciences[M]. Chichester: John Wiley and Sons.

BERGSTROM L F, KIRCHMANN H, 1999. Leaching of total nitrogen from nitrogen-15-labeled poultry manure and inorganic nitrogen fertilizer[J]. Journal of Environment Quality, 28(4): 1283-1290.

COOKSON W R, ROWARTH J S, CAMERON K C, 2000. The effect of autumn applied 15N-labelled fertilizer on nitrate leaching in a cultivated soil during winter[J]. Nutrient Cycling in Agroecosystems, 56(2):99-107.

HAMSEN E M, DJURHUS J, 1996. Nitrate leaching as affected by long-term N fertilization on a coarse sand[J]. Soil Use and Management, 12(4): 199-204.

HAVIS R N, ALBERTS E E, 1993. Nutrient leaching from field-decomposed corn and soybean residue under simulated rainfall[J]. Soil Science Society of America Journal, 57(1):211-218.

HEATHWAITE L, SHARPLY A, 1999. Evaluating measures to control the impact of agricultural phosphorus on water quality[J]. Wat. Sci. Tech., 39(12): 149-155.

HEWLETT J D, HIBBERT A R, 1965. Forest Hydrology[M]. New York: Pergam on.

JOHNSON L B, CARL R, Geoege E H, et al, 1997. Landscape influences on water chemistry in Midwestern stream ecosystems[J]. Freshwater Biology, 37(1): 193-208.

KIENZLER P M, NAEF F, 2008. Temporal variability of subsurface storm flow formation[J]. Hydrological Earth System Science, 12(1): 257-265.

NOVOTNY V, CHESTERS G, 1981. Handbook of Nonpoint Pollution: Sources and Management [M].New York: Van Nostrand Reinhold Company.

NOVOTNY V, 1999. Diffuse pollution from agriculture-a worldwide outlook[J]. Water Science & Technology, 39(3):1-13.

PARRY R, 1998. Agricultural phosphorus and water quality: A U.S. Environmental Protection Agency perspective[J]. Journal of Environmental Quality,27(2):258-261.

THORNTON J A,RAST W, HOLLAND M M, et al., 1998. Assessment and Control of Non-point Source Pollution of Aquatic Ecosystems[M]. New York: The Parthenon Publishing Group.

TORSTENSSON G, ARONSSON H, 2000. Nitrogen leaching and crop availability in manured catch crop system in Sweden[J]. Nutrient Cycling in Agroecosystems, 56(2): 139-152.

第8章 汉江后沟小流域坡面水土-养分流失过程

8.1 坡面径流过程与模拟研究

8.1.1 坡面地表径流变化过程

1. 不同坡度对坡面径流影响

选取坡度为 9°、14°、18°、20°、22°和 25°共 6 种坡耕地的径流小区观测水沙流失过程。为了确保试验小区土壤质地一致(表 8.1),径流小区大体位于同一个坡面,两者之间相距 6～10m,径流小区土壤基本理化性质采用常规的土壤分析方法测定,根据当地种植习惯,汛期小区内布置玉米、青菜、核桃等,汛期径流小区平均覆盖率为 70%左右。

表 8.1 试验小区土壤理化特征

0～2μm /(g/kg)	2～100μm /(g/kg)	100～2000μm /(g/kg)	容重 /(g/cm³)	pH (KCl)	TN /(g/kg)	NH_4^+-N /(mg/kg)	NO_3^--N /(mg/kg)
53.0±6.5	426.4±31.1	524.5±35.4	1.45±0.11	6.6±0.1	1.31±0.38	6.02±1.54	50.27±30.9

将 2011～2012 年不同坡度小区 13 场监测降雨的坡面产流量与同期降雨量回归分析,得出降雨量与小区产生产流量呈极显著关系,其中,9°坡耕地降雨量与小区产生产流量呈极显著的线性关系,14°、18°、20°、22°和 25°坡耕地降雨产生的产流量与降雨量之间存在极显著的二次曲线函数关系($p<0.01$,表 8.2)。

表 8.2 降雨量与坡面产流量回归分析

坡度/(°)	回归方程	r	p	临界降雨量/mm
9	$Q=1.5953R-45.714$	0.878**	0.000	28.66
14	$Q=0.0049R^2+1.2542R-16.604$	0.767**	0.002	12.62
18	$Q=-0.0077R^2+2.7619R-45.335$	0.894**	0.000	17.24
20	$Q=-0.0047R^2+3.168R-61.663$	0.812**	0.001	20.06
22	$Q=-0.0051R^2+3.848R-35.684$	0.849**	0.000	9.39
25	$Q=0.0008R^2+2.6344R-29.71$	0.743**	0.004	11.24

注:表中 Q,R 分别代表产流量(L)和降雨量(mm),下同。

**表示 pearson 相关性在 0.01 水平下显著,此类余同。

对 6 种坡度降雨量与坡面产流量回归方程进行计算，得出不同产流临界雨量 (表 8.2)。6 种坡度耕地产流的临界降雨量分别为 28.66mm、12.62 mm、17.24 mm、20.06 mm、9.39 mm 和 11.24 mm，根据产流临界降雨量可以判断，随着坡度的增加，产流临界降雨量呈下降的趋势，说明坡度越大，更容易形成地表径流(杨占彪等，2010)。

2. 不同植被覆盖度对坡面径流影响

2012 年汛期监测期间，根据不同的植物生长阶段，选取不同植被覆盖度(20%、50%、60%、90%)小区地表产流量进行观测，结果表明(表 8.3)，由于不同的降雨量和植被覆盖度，试验期间不同降雨场次的地表径流总量差异较为明显，但是每个阶段径流系数总体上呈现逐渐下降趋势，不同植被覆盖度导致地表产流量差异的原因是植被截留了部分降雨量，削减了降雨动能，减少了对土壤表面的溅蚀，改善了土壤性状，提高了土壤入渗特性，增加了地下产流量(水建国等，2003)。

植被覆盖度除对地表径流总量产生影响外，还影响降雨与径流关系(张兴昌和邵明安，2000)。通过对降雨量、雨强、降雨历时 3 个降雨因子与地表径流相关性进行排序，得出在低植被覆盖度条件下(植被覆盖度 20%)，地表产流量与降雨历时相关性不显著。

从表 8.3 中可以得出，在不同植被覆盖度条件下，降雨量与坡面产流量均呈极显著相关，且随着人类干扰活动(耕作生产)的减少，降雨量与坡面产流量相关性水平逐渐提高。从不同植被覆盖度下降雨历时和雨强与地表径流影响可知(表 8.4)，在植被覆盖度较小(植被覆盖度 20%)时，雨强与地表径流相关性更高，而植被覆盖度较大(植被覆盖度为 90%)时，降雨历时与地表产流量相关性更高。可见，植被覆盖度较小时，地表对降雨变化过程的调节能力较弱，而植被覆盖度较大对降雨变化过程的调节能力较强(朱冰冰等，2010；徐宪立等，2006)。由于植被的截留和缓冲作用，当植被覆盖度较高时，因降雨量、雨强的变化所导致的地表产流量变化较为平缓。

表 8.3　不同植被覆盖度对小区地表径流的影响

小区编号	植被类型	耕作措施	植被覆盖度/%	地表径流/m³	径流系数/%
2	玉米	横坡种植	20	0.072	7.04
			50	0.036	6.31
			90	0.032	3.45
3	玉米+荒草	顺坡种植	20	0.056	10.80
			50	0.026	10.12
			90	0.042	7.94

续表

小区编号	植被类型	耕作措施	植被覆盖度/%	地表径流/m³	径流系数/%
4	退耕地	常规	20	0.069	6.53
			60	0.045	10.65
			90	0.058	5.38
8	核桃+荒草	常规	20	0.023	2.84
			60	0.009	2.83
			90	0.016	1.97

表 8.4　不同植被覆盖度下降雨历时、雨强对地表径流影响

影响因子	植被覆盖度/%	回归方程	r	p
降雨历时	20	$Q=4.3613R^{0.7692}$	0.481	0.114
	50～60	$Q=5.6002R^{0.8305}$	0.670*	0.017
	90	$Q=0.0713R^{1.778}$	0.708**	0.002
雨强	20	$Q=59.235\exp(-0.0572R)$	0.072	0.823
	50～60	$Q=196.51\exp(-0.3457R)$	−0.470	0.189
	90	$Q=196.51\exp(-0.3457R)$	−0.695**	0.003

3. 不同耕作方式对坡面径流影响

表 8.5 表明，通过 2012 年汛期分别对 2 号、3 号径流小区采取横坡耕作、顺坡耕作两种耕作管理方式，在同期降雨条件下坡面地表产流量差异较为明显，2012 年汛期监测降雨场次中两个小区的径流总量分别为 0.234m³ 和 0.332m³，径流系数分别为 6.12%和 9.48%。

表 8.5　不同措施对小区地表径流影响

措施类型	小区	径流总量/m³	径流系数/%
耕作方式	横坡耕作	0.234[a]	6.12[a]
	顺坡耕作	0.332[a]	9.48[b]
地表覆盖	裸地小区 0%	0.167	9.1
	秸秆覆盖 100%，厚度 10cm	0.174	6.09

注：同一列不同小写字母表示处理间差异达 5%。

两种耕作方式的地表粗糙度相似，植被覆盖度变化基本同步，对降雨截留和缓冲作用相近，对水分蒸发也没有差异，区别在于对地表径流流速的缓冲作用。横坡耕作降低地表径流流速，从而增加降雨入渗量。耕作方式对降雨径流关系也产生影响，顺坡耕作的径流系数大于横坡耕作，原因可能是不同措施降低地表产流量的机理不同，植被覆盖度导致地表产流量的变化在于植被可以降低雨滴动能和减缓地表径流流速，而不同耕作措施条件下，雨滴动能相同，横坡耕作可降低径流流速，从而减少地表径流(林超文等，2010)。

4. 秸秆覆盖对地表径流的影响

对裸地小区和覆盖秸秆小区的地表产流量进行对比分析，以研究秸秆覆盖对地表径流的影响。由于裸地小区和秸秆覆盖小区均为 4 号小区，裸地监测时段和完全覆盖秸秆时段降雨量分别为 91mm 和 126.6mm，两个时段该小区的地表径流总量分别为 0.167 m^3 和 0.174m^3，径流系数均值分别为 9.10%和 6.09%，结果表明秸秆具有减少地表产流量的作用。

秸秆对地表径流的影响关系与植被覆盖度所产生的影响相似(唐涛等，2008)，秸秆覆盖试验小区的降雨能够较好地入渗或被覆盖物吸收，说明秸秆具有较强的保水功能。即秸秆覆盖在降低地表径流总量的同时，也降低了降雨强度与地表径流的相关性。

秸秆降低地表径流的过程包含两个阶段(尹忠东等，2008)：一是缓冲降雨动能，减少对地表的溅蚀；二是减缓地表径流流速，利于水分的下渗。秸秆与地表植被的区别是，植被具有蒸腾作用，而秸秆则限制了水分蒸散，从而导致土壤水分含量差异，能够有效保护土壤水分的蒸发，秸秆腐烂能够显著增加土壤的有机质含量，提高土壤的肥力(杨青森等，2011；王静等，2010)。

8.1.2　坡面壤中流变化过程与特征

根据当地的农业耕作习惯和汛期情况，2011 年 6～10 月在石泉后沟农业小流域开展水土–养分流失观测工作，观测期分为作物前期生长阶段(6 月)，作物中后期生长阶段(7～8 月)，作物收获阶段和土地闲置阶段(9～10 月)3 个阶段进行实地监测，并在每个阶段各选取一场自然降雨过程，对两个径流小区开展壤中流流失过程监测。

如前文所述，根据雨峰在整个降雨事件中出现的相对时间和分布特征，把小流域三场典型的产流降雨事件划分为中大型、间歇型和峰在前型三类，分别定义为雨峰在中间(如 20110616 降雨)、雨峰不连续、具有明显的分段现象(如 20110728 降雨)或雨峰在前(如 20110916 降雨)。

其中，2011 年 6 月 16 日降雨事件(20110616)降雨量 32.0mm，降雨历时 22.5h，平均雨强为 1.33mm/h，最大雨强 6.00 mm/h；2011 年 7 月 28 日降雨事件(20110728)降雨量 134.6mm，降雨历时 88.3h，平均雨强为 1.52mm/h，最大雨强 33.60 mm/h；2011 年 9 月 16 日降雨事件(20110916)降雨量 101.4mm，降雨历时 94.0 h，平均雨强 1.08mm/h，最大雨强 28.80 mm/h(图 8.1)。

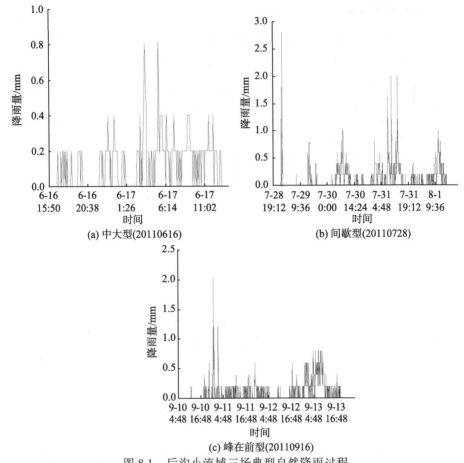

图 8.1　后沟小流域三场典型自然降雨过程

　　三场典型降雨过程中不同程度地呈现出多雨峰现象，降雨过程持续时间较长，平均最大雨强在 1.08～1.52 mm/h。根据 20110616 降雨事件，该场降雨仅产生壤中流而没有产生径流，说明该地区坡地产流多表现为蓄满产流，壤中流是坡地的优先流。

　　通过两个径流小区 2011 年 3 场降雨过程的产流数据可知，在 20110616 降雨过程中，1 号小区(玉米)没有地表径流，仅有壤中流出现，2 号小区(辣椒)地表径流为58.60L，占总产流量的比例仅为 18.26%；虽然该场降雨过程的平均雨强较大(1.33mm/h)，但前期无产流降雨，土壤较为干燥，所以，该场降雨过程地表径流较小，甚至无地表径流。

　　而对于 20110728 降雨过程，由于降雨历时较长，平均雨强较小，另外，植被覆盖度增大，可以减缓降雨击溅动能，阻碍地表径流的发展，所以该场降雨过程中，两个径流小区的地表径流所占总产流量的比例为 10% 左右。

在 20110916 降雨过程中，由于 1 号小区处于闲置阶段，缺乏植被覆盖的阻挡，地表径流发展较快，该场降雨中 1 号小区地表径流所占总产流量的比例为 28.23%，而 2 号小区处于收获阶段，植被覆盖度略微减小，加上该场降雨平均雨强较小 (1.08mm/h)，地表径流产生不如 1 号小区产流顺利，地表径流所占总产流量的比例为 25.68%。根据两个径流小区的地表径流产流，进一步验证了研究区坡地产流多表现为蓄满产流模式，壤中流是该地区的优先流。

自然降雨条件下 2 个径流小区壤中流产流过程如图 8.2 所示。壤中流产流过程对自然降雨过程的响应较为缓慢。根据每场降雨平均雨强和土壤水分情况，当土壤水分较低时，壤中流的出现要滞后降雨发生约 10h，一旦土壤水分获得前期补充，壤中流的产生仅滞后时间将会明显缩短，而对于 20110916 降雨过程，降雨前期阶段以间歇降雨为主，而且雨强较小，影响土壤水分的补充，所以壤中流产生滞后降雨开始大约 20h，当产流开始后，壤中流流量快速增大，并很快达到峰值，随后壤中流流量维持在峰值状态。

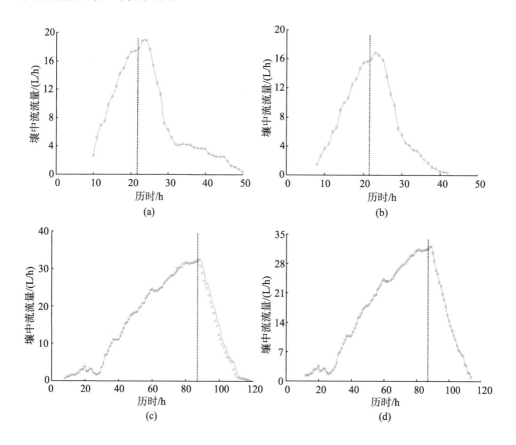

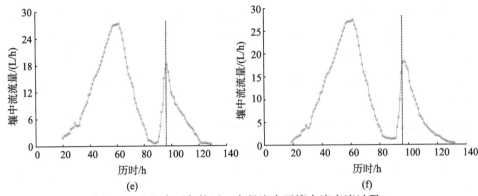

图 8.2　自然降雨条件下 2 个径流小区壤中流产流过程

(a)(c)(e)分别为 1 号小区 20110616、20110728 和 20110916 降雨过程壤中流流失过程；(b)(d)(f)分别为 2 号小区 20110616、20110728 和 20110916 降雨过程壤中流流失过程。垂直虚线代表降雨停止点

　　降雨结束后，流量迅速下降，当产流停止前的数个小时内，壤中流以较低的流量缓慢减少。在 20110728 和 20110916 降雨过程中，1 号径流小区壤中流流量均达到峰值，平均流量分别为 32.5L/h 和 27.1L/h，但 20110616 降雨过程降雨结束时，1 号和 2 号径流小区壤中流的峰值均没有达到峰值，分别为 18.88L/h 和 15.82L/h。

　　根据小流域内自然降雨条件下径流小区的壤中流产流特征分析，3 场自然降雨条件下，2 个径流小区均出现了壤中流。在 20110616 降雨过程中，1 号小区(玉米)仅有壤中流出现，另外，两场降雨过程地表径流和壤中流均有出现，壤中流平均流量为 7.83～14.91L/h，壤中流占总产流量的比例为 71.77%～90.87%，2 号小区(辣椒)地表径流和壤中流均有出现，其中，壤中流平均流量为 7.29～16.16L/h，壤中流占总产流量的比例为 74.32%～89.76%。

　　从作物生长阶段来看，作物生长前期和生长中后期阶段壤中流占总产流量的比例大于 81.59%，而在作物收获和土地空置阶段，壤中流流量占总产流量的比例为 71.77%～74.29%(表 8.6)。

表 8.6　径流小区地表径流与壤中流占径流总量比例关系

项目	1 号小区(22°)			2 号小区(20°)		
	20110616	20110728	20110916	20110616	20110728	20110916
SR/L	0.00	168.75	427.50	58.60	190.00	380.00
SSR/L	321.05	1679.71	1086.68	262.40	1664.93	1099.78
T/L	321.05	1848.46	1514.18	321.00	1854.93	1479.78
SR/T/%	0.00	9.13	28.23	18.26	10.24	25.68
SSR/T/%	100.00	90.87	71.77	81.74	89.76	74.32

注：SSR，SR，T 分别为壤中流、地表径流、径流总量。

　　根据壤中流变化过程分析,出现这种水文现象的原因主要与土壤物理性质和不同雨强、不同土地利用条件下的土壤入渗模式有关,由于 20110616 降雨是 2011 年后沟小流域汛期首场产流降雨,此时,土壤水分含量比较低,降雨主要补充土壤水分含量,而且土壤质地疏松,孔隙度大,入渗速率相对较大,土壤底部的母岩层形成天然隔水层,入渗水分被土壤吸收形成壤中流(徐勤学等,2010;贾海燕等,2006)。而且 1 号小区为玉米地,植被覆盖度较大,可以有效减缓雨滴侵蚀,增加水分下渗,壤中流总量也相应增大(张亚丽等,2004);2 号小区顺坡种植辣椒,前期降雨入渗水量主要是补充土壤水分,当雨强增大超过土壤入渗能力时,降雨除了以入渗形式渗入土体中以外,大部分降雨来不及入渗,在坡面垄沟内形成超渗产流。另外,两场降雨事件发生在土壤水分基本饱和的情况下,两个小区既有地表径流,又有壤中流。20110916 降雨过程中,壤中流流量顺序为:玉米地 < 辣椒地,说明 9 月中旬1 号小区内玉米收获后植被覆盖度降低,减少坡面植被阻力,增加地表径流流量,导致壤中流流量减少(王士永等,2011)。因此,地形地貌条件相近的情况下,植被覆盖度、耕作方式和雨强将影响壤中流的产出量和水文特征。

8.1.3　径流曲线数法(SCS 法)估算小区产流量

1. 径流曲线数法基本原理

　　SCS 模型是美国农业部(USDA)研制的用于小流域及城市水文、防洪工程计算的水文模型(李常斌等,2008)。SCS 模型在建模思想上考虑了土地利用条件、土壤类型、植被覆盖度、坡度条件和前期水文条件(ahead moisture content,AMC)等下垫面因素对流域产流的作用,能够很好地反映地表特征对径流生成的影响,适应了当前流域管理工作关于水文信息的需求;另外,SCS 模型将环境因子的影响归结为一个空间参量:径流曲线数(curve number,CN),根据降雨量和产流量,CN 的率定比较容易实现。

　　由于 SCS 模型是由小流域实验观测数据统计得出的,因此,模型机制的引用在后沟小流域没有问题,影响输出精度的关键在于参量 CN 值是否准确反映研究区的地域地形地貌特征。美国农业部水保局提供了基于土地利用条件、土壤类型和AMC 分异的 CN 值查找表,但由于 SCS 模型的查找表与其他研究区也存在与研究区下垫面数据资料不一致的情况,使输出结果精度降低。

　　针对这一问题,李常斌等(2008)提出由 SCS 模型产流机制推导得出 CN 值计算式,根据研究区径流场观测降雨-径流资料进行 CN 值率定,然后根据率定参数结果在研究区范围进行多场降雨条件下验证,为 SCS 模型应用于我国农业小流域降雨-径流模拟提供一种新的模式。

在 SCS 模型中,对研究区内降雨–产流过程进行一个假设,即实际入渗量 F 与实际产流量 Q 之比等于当时潜在滞蓄量 S 与潜在产流量 Q_m 之比,见式(8.1):

$$\frac{F}{Q} = \frac{S}{Q_m} \tag{8.1}$$

为了描述潜在径流发生的过程机制,SCS 模型采用"初损"(I_a)描述为降雨发生后土壤剖面中及地表产流前在植被截留、初渗和填洼过程中消耗的水量。因此,潜在产流量为降雨量和初损之差值,见式(8.2):

$$Q_m = P - I_a \tag{8.2}$$

与 I_a 相对应,F 称为"后损",是降雨过程中"初损"满足后未能贡献于地表产流的"后损"的水量,即土壤的土壤实际入渗量。S 是"潜在下渗量",也就是土壤实际入渗量 F 的最大值。

式(8.1)反映了实际下渗和产流与潜在下渗和产流的比例关系(William and Lasear,1976)。若忽略降雨过程中的水分蒸发量,根据水量平衡原理,实际入渗量 F 表示为降雨量 P(mm)减去初损 I_a 和实际产流量 Q,见式(8.3):

$$F = P - I_a - Q \tag{8.3}$$

因此,由式(8.1)~式(8.3)得出地表径流的计算式:

$$\frac{P - I_a - Q}{Q} = \frac{S}{P - I_a} \tag{8.4}$$

推导式(8.4),有

$$Q = \frac{\left(P - I_a\right)^2}{S + P - I_a} \tag{8.5}$$

由于初损 I_a 与土壤最大可能入渗量 S 呈一定的正比例关系,但 I_a 受土地利用、耕作方式、灌溉条件、枝叶截留等因素的影响,因此,通过分析大量长期的实验结果,美国农业部土壤保持局提出 I_a 与 S 最合适的比例系数 0.2(贺宝根等,2001),即

$$I_a = 0.2S \tag{8.6}$$

由式(8.5)和式(8.6)得到 SCS 的常用方程(8.7):

$$Q = \begin{cases} \dfrac{(P - 0.2S)^2}{P + 0.8S} & P > 0.2S \\ 0 & P \leqslant 0.2S \end{cases} \tag{8.7}$$

为了估计流域土壤的最大可能入渗量 S,SCS 法提出了径流曲线数(CN)指标作为反映降雨前流域特征的一个综合参数,则有

$$S = \frac{25400}{CN} - 254 \tag{8.8}$$

通过式(8.8)分析：CN 值越大，S 值越小，越容易产生径流；反之，则相反。决定 CN 的主要因素是土壤前期湿度、土壤类型、植被覆盖类型、坡度、管理状况和水文条件。

CN 值的影响因素及确定方法：根据式(8.8)可知，理论上 CN 的取值范围在 0～100，但在实际条件下，CN 值的范围在 30～100 变化(房孝铎等，2007；高扬等，2006)。

根据土壤特性不同，可将土壤划分为 A，B，C，D 四大类型，并依据土壤的特性确定其 CN 值。其中，A 类主要是一些具有良好透水性能的砂土或砾石土，渗透性很强，潜在产流量很低，土壤在水分完全饱和的情况下仍然具有很高入渗速率和导水率。B 类主要是砂壤土，或者在土壤剖面的一定深度具有弱不透水层，渗透性较强，当土壤在水分完全饱和的情况下，仍然具有较高的入渗速率。C 类主要为壤土，或者虽为砂性土，但在土壤剖面一定部位存在不透水层，中等透水性土壤。D 类主要为黏土等，弱透水性土壤。

土壤水分 SCS 考虑前期降水对径流的影响，引入了前期降水指数 API，其计算公式为

$$\text{API} = \sum_{i=1}^{5} p_i \tag{8.9}$$

式中，p_i 为最近 5d 来的降水量(mm)。

根据前期降水指数 API，将降水前期土壤湿润程度划分为 Ⅰ(干燥)、Ⅱ(中等)、Ⅲ(湿润)三种类型(表 8.7)。Ⅰ：土壤干旱，但未到达植物萎蔫点，有良好的耕作及耕种条件。Ⅱ：发生洪泛时的平均情况，即许多流域洪水出现前夕的土壤水分平均状况。Ⅲ：暴雨前的 5d 内有大雨或小雨和低温出现，土壤水分几乎呈饱和状况。综合研究流域土地利用方式、水文土壤组成特征和前期湿度条件，在由美国农业部土壤保持局提出的 CN 表中查找并确定适用于所研究流域的 CN 值。若Ⅱ的 CN 已知，条件Ⅰ和Ⅲ相应的曲线数可以根据式(8.10)和式(8.11)计算而得。

$$\text{CN}(\text{I}) = \frac{4.2\text{CN}(\text{II})}{10 - 0.058\text{CN}(\text{II})} \tag{8.10}$$

$$\text{CN}(\text{III}) = \frac{23\text{CN}(\text{II})}{10 - 0.13\text{CN}(\text{II})} \tag{8.11}$$

表 8.7　降水前期土壤湿润程度等级划分

土壤水分类型	前 5d 降雨量/mm	
	生长期	休止期
Ⅰ	< 13	< 36
Ⅱ	13～28	36～53
Ⅲ	> 28	> 53

2. 石泉后沟小流域径流小区应用

径流小区种植的作物类型符合当地的耕作习惯，但小区的覆盖度各不相同。径流小区编号为 Q01～Q08，本书收集了 2011 年四场降雨事件和 2012 年的两场降雨资料，分别是：2011 年 7 月 28 日、2011 年 8 月 3 日、2011 年 9 月 5 日、2011 年 9 月 16 日、2012 年 6 月 25 日、2012 年 8 月 31 日，共 6 场雨，其降雨量分别为 133.6mm、66mm、67mm、101.2mm、48mm、77.6mm。

(1) 前期损失量的修正。在降雨径流损失部分涉及地面不平整产生的填洼、下渗、壤中流和植被的截留是主要损失量。由于美国 SCS 模型试验区的降水年内分布比较均匀，而陕南地区的降水主要集中在每年汛期的 6～9 月，尤其是 7、8 月，多有大暴雨，由于该期间土壤水分基本达到饱和，下渗雨量相对较少，所以在应用模型的过程中，I_a 取值范围扩大为 0.1～0.4S，分别取 0.1、0.15、0.2、0.35 进行修正。

(2) CN 值的修正。根据后沟小流域土壤资料，试验小区土壤水文组近似为 C 组类型，另由试验小区的覆盖情况，根据模型提供的 CN 表，按照石泉后沟小流域设定的 8 个小区前 5d 是否有降水、降雨量、雨强和土地利用措施，最后确定 6 场降雨土壤前期湿润程度为 CN(Ⅱ)。根据 SCS 表查得Ⅱ时的 CN 值，选取 6 场降雨随着 I_a 的变化进行 CN 修正，最后确定 CN 值为 58。

利用 SCS 模型对试验小区产流量的模拟值见表 8.8，对 6 场降雨产流量的模拟值与实测值做对比图(图 8.3)，可以看出，在 8 个小区中，SCS 的 6 次模拟效果均较好，产流量模拟值的变化趋势与实测值基本一致，对所选择的 6 场典型降雨的产流量的模拟值与实测值进行相关分析，最终计算得到两者间的相关性均达到极显著相关（$p<0.01$）。

表 8.8　典型降雨过程径流测量值与模拟值统计表

降雨事件	回归方程	r	p	实测值/L	模拟值/L	相对误差/%
110728	$P=1.1543M+22.324$	0.915**	0.001	1919.9	2394.7	19.8
110803	$P=0.9547M+27.884$	0.918**	0.001	1063.6	1238.5	14.1
110905	$P=0.8132M+15.577$	0.900**	0.002	927.9	879.2	−5.5
110916	$P=1.0645M-2.3852$	0.901**	0.002	2003.7	2113.9	5.2
120625	$P=0.2214M+42.443$	0.909**	0.002	537.6	518.7	−3.6
120831	$P=0.8562M+13.657$	0.965**	0.000	967.2	937.4	−3.2
合计				7419.9	8082.4	8.2

对 6 场降雨过程的产流量测量值与模拟值进行相对误差计算(表 8.8)，发现最大相对误差出现在 2011 年 7 月 28 日和 2011 年 8 月 3 日的降雨过程，相对误差分别达到 19.8%和 14.1%，最小误差出现在 2012 年 8 月 31 日的降雨过程，相对误差为

−3.2%，6 场降雨过程中的径流测量值与模拟值分别为 7419.8L 和 8082.3L，相对误差为 8.2%。

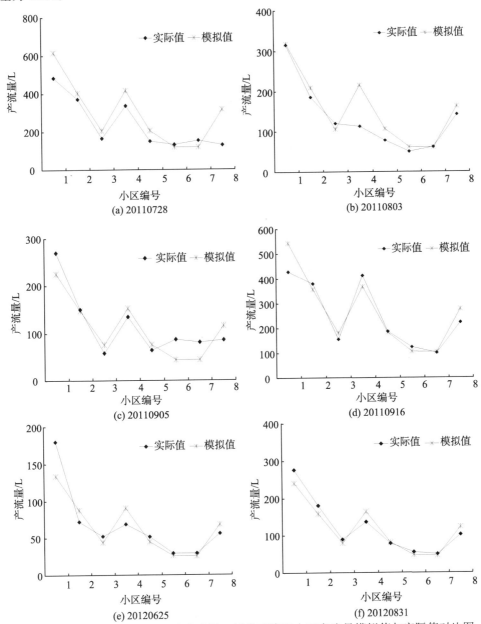

图 8.3　2011～2012 年汛期后沟小流域 6 场典型降雨小区产流量模拟值与实际值对比图

由图 8.3 可以看出，对 Q01、Q04、Q05、Q08 号径流小区降雨产流量模拟效果要差一些，对其余 4 个不同坡度和植被类型的径流小区的模拟效果最好，而且 2011 年降雨过程中径流实测值与模拟值的误差较大,主要由于 2011 年试验小区投入使用时间不长,小区土壤物理性状尚未达到原状土,而且在汛期的前半期,土壤水分较低,植被覆盖度不断变化,对降雨的入渗和截留差别较大,所以影响了实测值精确性,如果将小区放大到小流域或大流域,误差将可控制在 10%以内,应该属于较正常范围。

2011 年 7 月 28 日和 9 月 16 日两场降雨事件,雨量大、雨强大,径流小区容易产生坡面径流,此时径流小区内径流初损也相应增大,初损参数设置为 0.3 时,径流小区内的实测产流量和计算产流量相接近,此时,CN 值取 58 比较合适;2012 年 6 月 25 日降雨,雨量大、雨强小,初损参数设置为 0.1～0.2,如果初损参数设置为 0.2～0.4,计算的产流量会与实际产流量相差较大,综合考虑,石泉径流小区的 CN 值取 58,实测产流量与模拟产流量相差较小。

Q01、Q04、Q05、Q08 号不同坡度和植被类型径流小区降雨产流量模拟效果应根据 SCS 模型涉及坡度和植被覆盖度引起参数值变化情况进行细化,可以达到理想的模拟效果;其余 4 个小区随着坡长变长,调整初损参数为 0.1～0.2,CN 值调整为 58～60,取得了很好的效果。

8.2　流域侵蚀输沙过程研究

8.2.1　不同径流小区土壤侵蚀量变化

对 2011～2012 年汛期后沟小流域典型次降雨过程径流小区土壤流失量监测分析(图 8.4),四种土地利用类型土壤侵蚀量顺序为:蔬菜地＞坡耕地＞退耕地＞果园。由于蔬菜地受人为活动影响较为大,植被覆盖度较小,土壤疏松,径流小区坡度和受雨面积都导致了园地土壤侵蚀量过大。

根据图 8.4 显示,2012 年各种土地利用土壤流失总量都很小,这与当年降雨量较少有关。对 2011 年和 2012 年平均次土壤侵蚀量比较,后者的土壤侵蚀量较大些,原因在于 2012 年降雨次数较少、雨强较大。7 月中旬前的降雨径流对土壤冲刷较强,次土壤侵蚀量的较大值都出现在该阶段,后期土壤侵蚀量逐渐减小,园地和果园比坡耕地和退耕地减小得快。2011～2012 年汛期监测不同土地利用类型的土壤流失量表明,汛期土壤侵蚀表现为由弱到强然后减弱的过程,而且土壤侵蚀量的增加率较大,一般达到峰值时间在 7 月中旬,8 月后土壤侵蚀明显低于前期土壤侵蚀。

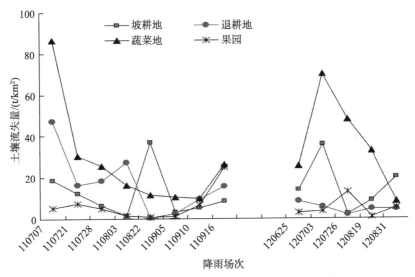

图 8.4　典型次降雨过程径流小区土壤流失量监测

　　在四种土地利用类型下，土壤流失量均在两年内 7 月初期、次较大降雨量下表现出较强的土壤侵蚀。2011 年 7 月 7 日和 2012 年 7 月 3 日两场降雨产生的土壤侵蚀量分别占坡耕地、退耕地、蔬菜地、果园全年监测土壤侵蚀量的 31.76%、32.78%、39.05%、11.44%，而且强暴雨条件下，单场降雨土壤侵蚀量较为突出，2011 年 9 月 16 日降雨过程导致果园次降雨条件下土壤侵蚀量为 24.96t/km^2。

　　同一降雨强度下不同坡度土地利用的土壤侵蚀量差异较大，坡度较大的退耕地和坡耕地远大于坡度较小的果园。原因是退耕地和坡耕地坡度较大，在同一降雨强度下会产生较大的地表径流，对地表土壤颗粒产生较大的冲刷作用，尤其坡耕地，农业耕作比较频繁，耕地表层土壤较为疏松，坡度影响受雨面积和坡面流速、径流大小和冲刷能力，进而影响坡面的侵蚀产沙过程(李春杰等，2009；张晓明，2007)。所以，坡耕地的径流中，泥沙含量始终较大。

　　而对于果园来说，2011~2012 年果园土壤侵蚀量较小，平均在 5.97t/km^2 左右，而且汛期的前半期(6~7 月)土壤侵蚀量较大，主要原因是林冠和林下枯枝落叶的拦截(李香云，2008)能有效地降低降雨落到地面的动能，能有效延长径流时间。汛期之初，正是当地对核桃进行前期管理的重要阶段，人为干扰较大，而且降雨场次较为频繁，上述因素均导致汛期初期果园土壤侵蚀量有增加趋势。同时，后期地面植被覆盖显著增加对于汛期后半阶段土壤侵蚀量减小有一定作用。因此，林地枯枝落叶和地面植被覆盖度对土壤侵蚀产生明显影响，充分体现出保护林下枯落物对于改善土壤结构状况、防治土壤侵蚀等具有重要作用(张保华和何毓蓉，2006)。

8.2.2　小流域出口径流-泥沙变化过程

1. 径流-泥沙变化特征

2011～2012 年汛期监测期内(6 月 16 日～9 月 30 日)，后沟小流域自然降雨事件共监测有效降雨场次 18 场。根据 18 场完整的自然降雨进行后沟小流域出口水沙过程分析。流域的水沙关系主要由洪峰与沙峰对应关系、产流量与含沙量过程的对应关系等反映。流域的出口断面含沙量的大小表明流域径流挟沙能力的强弱，流域输沙特性主要是由流域的产沙特性和汇沙特性决定的(李香云，2008)。流域产沙特性又是由降雨特性和下垫面的土质、植被条件决定的；而汇沙特性是由流域下垫面的流域面积、流域坡降或河道比降决定的，故从地表径流到河流泥沙必须经历侵蚀、沉积、归槽和运移等过程。

饶峰河后沟小流域把口站监测的水位最大值则滞后于有产流降雨最大值约 30min，在降雨当天跟踪水位变化进行泥沙含量监测时发现，流域侵蚀产沙量与水位变化基本同步，而且在降雨初期，这种现象更为明显，单位时间内泥沙流失的增加量比径流增加量要迅速，每场降雨过程中，泥沙达到峰值的时间比径流达到峰值的时间相应提前，随着降雨历时延长，该现象趋于减弱(图 8.5)。

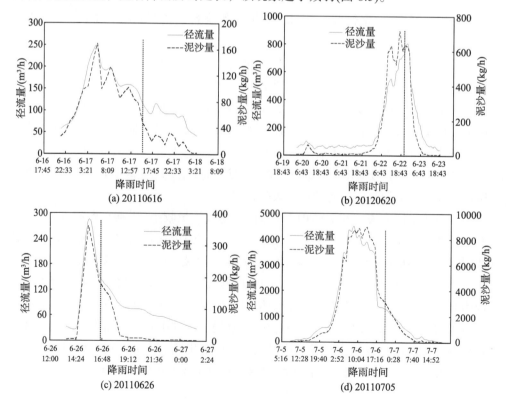

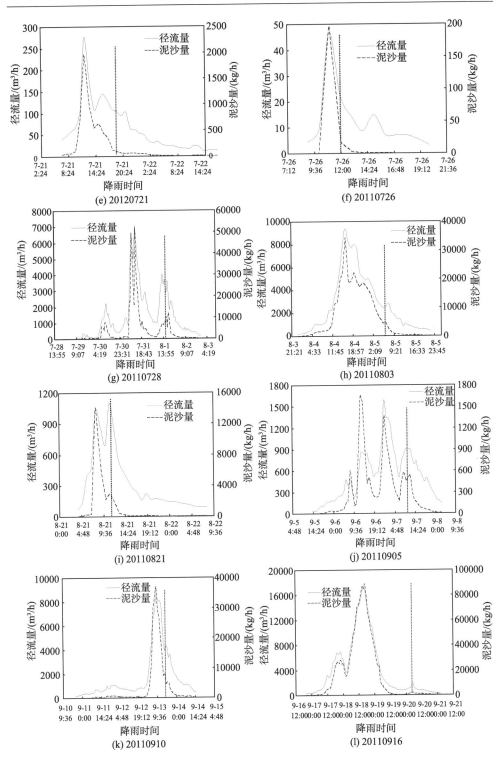

(e) 20120721

(f) 20110726

(g) 20110728

(h) 20110803

(i) 20110821

(j) 20110905

(k) 20110910

(l) 20110916

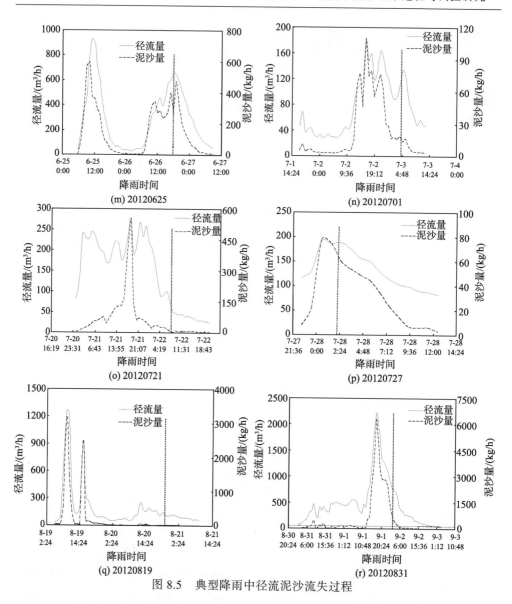

图 8.5　典型降雨中径流泥沙流失过程

　　由于产流量、地表阻力和能量的沿程变化，流域内的径流侵蚀是一个剥离与沉积不断转化的过程。径流对流域土壤不断侵蚀，径流中的泥沙含量不断变化，产沙速率也不断变化。径流是泥沙的载体，一般而言，含沙量是径流承载泥沙量的表现，含沙量亦随产流量的增加而增加。

　　后沟小流域出口(把口站)数据表明，前期降雨过程流速与流量呈现幂函数变化趋势，且增长率有增大趋势，后期降雨过程，流速与流量呈现线性变化趋势，且增长率减小趋势较平缓。降雨过程中产沙速率随径流动能增大呈现明显增大趋势，而且随着降雨过程的波动,产沙过程呈现多峰增长趋势,产沙量随着流量动能的增加呈现幂函数增大趋势,增长率却在逐渐减小,累计产沙量与累计产流量呈现极显著的线性关系(图 8.6)。

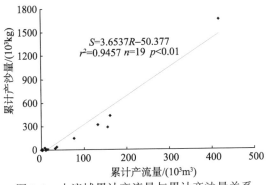

图 8.6 小流域累计产流量与累计产沙量关系

2. 泥沙量与产流量的关系

根据 2011～2012 年汛期 13 场产流降雨过程,研究 8 个典型径流小区 4 个不同土地利用类型下泥沙流失模数(S)与产流量(Q)的相关关系,其中,幂函数曲线方程(Power)、S 形曲线方程(S)、生长曲线方程(Growth)、三次曲线方程(Cubic)拟合不同土地利用类型次降雨条件下的泥沙流失模数与产流量之间的关系较显著,坡耕地、退耕地、蔬菜地、果园各类型回归模型表达式见表 8.9。

表 8.9 列出的曲线模型均达到显著水平($p < 0.05$),四种土地利用类型下,果园的相关系数最大,其三次曲线方程和二次曲线方程(Quadratic)的 R^2 值分别为 0.763 和 0.720,主要原因在于果园人为影响较小,汛期植被覆盖度变化较小,能够比较直观地反映两者之间的关系。而且在果园回归公式拟合过程中,$R^2=0.475$,$p=0.009 < 0.01$,进一步说明上述分析的合理性。

表 8.9 不同土地利用类型泥沙流失模数与产流量关系

土地利用类型	关系表达式	R^2	F 值	显著水平 p
坡耕地	$S=\exp(2.270-1.334/Q)$	0.700	46.560	0.000
	$S=0.249Q^{0.740}$	0.490	19.205	0.000
退耕地	$S=0.122Q^{0.968}$	0.624	24.856	0.000
	$S=\exp(2.392-17.932/Q)$	0.559	19.005	0.001
	$S=\exp(0.523+0.016Q)$	0.416	10.701	0.005
蔬菜地	$S=\exp(3.038-24.398/Q)$	0.143	8.022	0.007
	$S=3.195+0.446Q-0.001Q^2$	0.134	3.626	0.034
果园	$S=0.923+0.134Q-0.002Q^2+7.200E-6Q^3$	0.763	9.652	0.004
	$S=5.275-0.092Q+0.001Q^2$	0.720	12.858	0.002
	$S=-0.449+0.075Q$	0.475	9.934	0.009

除此之外，坡耕地、退耕地、蔬菜地径流中泥沙含量与产流量关系显著，拟合方程采用 S 形曲线方程较为合适；在四种土地利用类型中，园地中泥沙含量与产流量关系较差，可能与人为活动干扰较大、园地面积太小、植被覆盖度变化范围过大有关。

3. 径流侵蚀能量–泥沙关系

降雨过程中，雨滴从高空自由落下，重力势能转化为动能，首先对坡面土壤产生击溅作用，消耗部分能量，破坏土壤结构；同时坡面产生径流，由于坡面具有一定的相对高差，径流也具有一定势能，势能因坡面下垫面植被根系和微地形的拦截，导致径流能量消耗，剩余的能量转化为坡面含水沙流的动能，对坡面土壤产生剥离、输移和搬运。径流流态为描述坡面径流物理状态的指标，坡面水力学特性变化与水土界面发生的剥离与搬运泥沙相关，是目前关于土壤侵蚀机理研究的热点问题之一(李鹏等，2005；张光辉，2001)。

关于坡面径流能量研究问题，Horton(1945)提出单位时间内克服摩阻力所做的功(W)等于水流质量和流速的乘积。周佩华等(1981)在雨滴动能方面做了大量的研究和统计工作。吴普特(1997)、夏卫生等(2004)通过放水冲刷试验方法研究了坡面流的能量消耗问题。

由于径流能耗理论主要通过冲刷试验或室内人工降雨试验研究不同土地利用、坡度、雨强等来对坡面水力学特性进行研究，在野外自然降雨条件下研究较少，且多以缓坡为主采用平均流速等指标计算，而坡面径流过程是个动态变化过程，坡面位置不同，差异显著，因此，开展坡面侵蚀过程中水动力学机制研究是土壤侵蚀产沙机理研究的基础(张光辉，2001)。

李鹏等(2010)在研究坡面流能量、坡面发生侵蚀的临界能量条件以及评价土壤抗冲性大小的能量指标时，提出了以下计算坡面能耗的关系式：

$$\sum E_c = \int_0^t \int_0^l \left[\rho qgl\sin\theta + \frac{1}{2}\rho qv_1^2 - \rho q'g(l-x)\sin\theta - \frac{1}{2}\rho q'gv_x^2 \right] \mathrm{d}l\mathrm{d}t \qquad (8.12)$$

式中，$\sum E_c$ 为坡面径流出口处在整个试验过程中消耗的总能量(J)；ρ 为水的密度(g/cm^3)；q 为坡面试验的放水流量(L/s)；g 为重力加速度(9.8m/s^2)；l 为试验土槽的坡长(m)；θ 为试验土槽坡面坡度(°)；v_1 为坡顶水流流速(m/s)；q' 为到坡顶距离为 x 的断面处的径流流量(L/s)；x 为坡面任一断面到坡顶的平均距离(m)；v_x 为到坡顶距离为 x 的断面处的滑沙水流平均流速(m/s)；t 为试验持续时间(s)。

根据国内外学者的研究结果(郑良勇等，2004；Guy et al.，1987)，在相同坡度下，坡面侵蚀量随出流量的增加而增加；相同出流量时，20°与30°坡面侵蚀量相差不大，

10°坡面的稳定侵蚀量只有 20°和 30°坡面稳定侵蚀量的 1/10。虽然国内外研究者在
室内坡面土壤上进行放水实验，但对于野外小流域尺度下能耗理论涉及的研究较
少，因此，本书采用野外自然降雨方法对径流的水力学特性进行深入研究，期望能
为径流能耗理论研究的发展提供一些实践支撑。

指定本书将能耗理论应用于后沟小流域出口处的水沙过程研究，探析该理论对流域
出口水沙过程的适用性。为了简化影响因素，着重研究后沟小流域自然降雨过程下
试验，观测径流能量对小流域出口处径流–泥沙的迁移过程的影响。由于后沟小流
域出口沟道呈平直状，因此，沟道入口和出口的坡度和高差忽略不计，式(8.12)可
以简化为

$$\sum E = \int_0^t \frac{1}{2}\rho q v^2 \mathrm{d}t \tag{8.13}$$

式中，$\sum E$ 为每个时段间隔内小流域出口处的径流总能量(J)；ρ 为水密度(g/cm^3)；
q 为时段内小流域出口断面的径流流量(L/s)；v 为小流域出口断面水流流速(m/s)；
t 为试验所持续的时间(s)。

根据选取的 2011 年和 2012 年汛期后沟小流域具有代表性的 18 次降雨事件可
知，不同自然降雨事件方式下，后沟小流域出口径流动能与泥沙流失量变化差异显
著。径流动能与泥沙流失量之间关系呈现幂函数和线性函数变化。在汛期初期，由
于林草等生物措施的覆盖度较小，水土保持作用不明显，而且初期降雨非常容易冲
掉土壤耕作层的浮土，导致 2011 年汛期之初(6～7 月)，径流动能与泥沙流失量呈
现线性关系，说明泥沙流失量随径流动能呈线性增加趋势，关系式为：$S=aE-b$，
而在 2012 年汛期初期两者之间的关系呈现 $S=aE^b$ 形式，式中，a 为径流动能系数，
b 为该场降雨泥沙最小流失量，a 和 b 决定泥沙流失的临界径流动能，且降雨强度
越大，径流动能系数 a 越大。说明汛期初期和末期两者之间的关系非常复杂，需要
更深入的研究。

对于汛期中期(8～9 月)，随着植被覆盖度逐渐增大和土壤耕作层浮土被冲刷，
该阶段小流域出口处径流动能与泥沙流失量呈现幂函数关系，泥沙流失率随径流动
能呈逐渐增加的趋势，关系式为：$S=aE^b$，说明由于汛期初期降雨导致出口处基流
的持续存在，同时携带泥沙流出小流域，另外，植被覆盖度达到全年的最大值，也
会导致降雨径流对泥沙携带困难，因此，植被覆盖对水土保持的作用得到了更好体
现。汛期是末期作物收获的季节，流域植被覆盖减小，人为活动因素增加，而且沟
道中基流的泥沙量远远小于降雨过程中产生的泥沙量，造成径流动能与泥沙流失
量呈现幂函数关系，具体原因同汛期中期相似。2012 年 1～5 月后沟小流域修筑梯
田、沟道护堤和谷坊等工程措施，所以径流动能与泥沙流失量关系呈现与 2011 年

汛期不同的变化过程。2012 年汛期监测后沟小流域出口处不同自然降雨事件下泥沙流失量结果显示，汛期土壤侵蚀表现为由弱到强然后减弱的过程，汛期前期和中期阶段，泥沙流失增强的过程很快，一般峰值时间在 7 月，这与研究区的降雨量及径流动能分布吻合，7 月 26 日后的土壤侵蚀明显低于前期土壤侵蚀，8 月即使有超过 7 月的降雨量，但土壤侵蚀量要小于 7 月的土壤侵蚀量。

　　8 月该区域植被覆盖度达到最大值，另外，工程措施的防护导致虽然 2012 年 8 月的降雨侵蚀力大于汛期前期阶段，但是泥沙流失量较小，所以径流动能与泥沙流失量的关系在汛期前期和中期阶段主要表现为幂函数关系；而在后期阶段由于植被覆盖度降低和沟道中谷坊淤塞而变得平滑，利于泥沙迁移和搬运，所以小流域出口径流动能与泥沙流失量呈现线性关系(表 8.10)。

表 8.10　小流域出口径流动能与泥沙流失量回归分析

降雨事件	样本数	回归方程	相关系数 r	显著水平 p
110616	31	$S=1.1996E^{1.2383}$	0.936**	0.000
110620	89	$S=1.1216E^{1.0212}$	0.928**	0.000
110626	13	$S=3.7937E-3.3096$	0.967**	0.000
110705	59	$S=15.08E^{0.788}$	0.978**	0.000
110721	37	$S=49.758E-7.3238$	0.940**	0.000
110726	12	$S=210.90E-13.304$	0.963**	0.000
110728	121	$S=2.3821E-700.63$	0.879**	0.002
110803	48	$S=0.0667E^{1.2848}$	0.896**	0.000
110821	29	$S=0.1965E^{1.3207}$	0.685**	0.000
110905	62	$S=0.2118E^{1.105}$	0.883**	0.000
110910	93	$S=0.0632E^{1.257}$	0.942**	0.000
110916	103	$S=0.0449E^{1.3559}$	0.988**	0.000
120625	52	$S=3.3638E^{0.7203}$	0.837**	0.000
120701	45	$S=2.818E^{0.9654}$	0.894**	0.000
120721	45	$S=3.8732E^{0.7411}$	0.621**	0.000
120727	15	$S=0.5413E^{1.5161}$	0.960**	0.000
120819	53	$S=2.7806E-25.325$	0.937**	0.000
120831	75	$S=3.4553E-304.27$	0.932**	0.000

8.2.3　通用土壤流失方程(USLE)估算土壤侵蚀量

　　综合后沟小流域 5 种不同土地利用类型的降雨、土壤、地形、植被、耕作方式和水土保持措施的参数值，利用通用土壤流失方程，计算不同土地利用类型多年平均土壤侵蚀量，可以得到每种土地利用类型土壤总流失量，结果如图 8.7 所示。

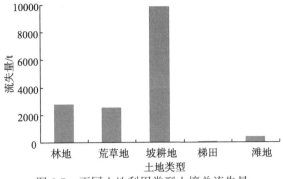

图 8.7　不同土地利用类型土壤总流失量

以单位面积土壤流失量大小排序,坡耕地 > 林地 > 荒草地 > 滩地 > 梯田,这与现场监测的 5 种土地利用类型侵蚀排序稍有不同,但与林地和坡耕地的估算值很接近。因此,控制水土流失的重点类型应考虑坡耕地和退耕地的治理,其每年的水土流失量分别为 4692.1t/km^2、1905.3t/km^2,坡耕地的水土流失量在研究区占比例较大,占了 5 种土地利用总流失量的 63.20%。后沟小流域年土壤侵蚀量为 15587.41t,年均土壤侵蚀模数为 2013.87 t/km^2,属中度土壤侵蚀强度,强度侵蚀等级以上的土地类型为坡耕地,侵蚀量为 9853.47t,占小流域年侵蚀总量的 63.20%,主要是坡耕地的坡度较大,是流域需要重点治理的区域。常用的减少土壤侵蚀的方法是坡改梯和退耕还林,坡改梯可减少侵蚀量的 75%,退耕还林可降低 C 值,从而显著减少土壤侵蚀量。

8.2.4　小流域土壤侵蚀输沙特征

根据后沟小流域观测期内的作物生长情况,将 2011 年观测期分为 3 个阶段:第一阶段(6 月 1 日～30 日)为作物前期生长阶段(SS);第二阶段(7 月 1 日～9 月 10 日)为中后期生长阶段(VS);第三阶段(9 月 11 日～31 日)为收获和土地闲置阶段(HS)(图 8.8)。

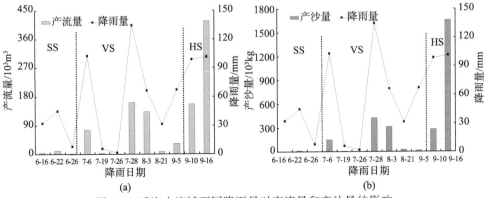

图 8.8　后沟小流域不同降雨量对产流量和产沙量的影响

2011 年 6 月 1 日至 9 月 30 日为后沟小流域水土、养分流失的观测期，本书主要采用观测期间采集的 12 场完整降雨过程进行分析，次降雨量与产流量和产沙量起伏较大。观测期内降雨分配不均，最小值在 7 月 26 日降雨过程，降雨量仅 1.57mm；最大值在 7 月 28 日~8 月 1 日降雨过程，降雨量达 134.6mm，但是极值产流量和产沙量与降雨极值并不同步出现，最小产流量和最小产沙量出现在 7 月 26 日降雨过程，分别为 149.61m³ 和 218.98kg，最大产流量和最大产沙量出现在 9 月 16 日~20 日降雨过程，分别为 $4.17×10^5 m^3$ 和 $1.66×10^6 kg$。

根据图 8.9 可知，第一阶段是作物前期生长阶段，土壤水分含量接近一年内的最低值(Huang et al.，2005)，加上之前作物种植过程中对土壤进行人为翻耕扰动，造成土壤耕作层疏松，土壤孔隙度较大，土壤水入渗速率增大，虽然雨强均值达到 2.91mm/h，但降雨量仅 84.60mm，降雨量占汛期降雨总量的 12.2%，降雨历时为 45h，首先降雨应满足土壤水下渗的需要，当产流开始后，径流动能无法携带大颗粒团聚体，仅能携带土壤表层易于侵蚀的浮土部分，产流量和产沙量呈现出极显著线性相关性(r=0.957，p<0.01)。

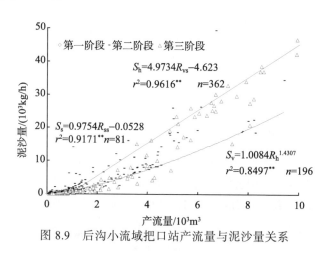

图 8.9   后沟小流域把口站产流量与泥沙量关系

另外，随着小流域内作物生长，枝叶拦截作用明显增加(Poudel et al.，2002)，小流域内产流量最小，其径流动能不能携带大量泥沙，仅能携带小部分表层泥沙，因此产沙量最低。因此，在整个汛期过程中第一阶段的产流量和产沙量最弱。

第二阶段为作物中后期生长阶段，随着后沟小流域作物的持续生长，植被覆盖度达到全年最大值，由于林冠层和地表枯枝落叶拦截及土壤水下渗的差异(Li et al.，2009)，该阶段产流量和产沙量的关系具有明显的多尺度复杂性特征，两者呈现极显著幂函数关系(r=0.922，p<0.01)，该阶段降雨量和降雨历时均为第一阶段的 5 倍，

但产流量和产沙量显著增加，分别为第一阶段产流量和产沙量的25倍和80倍。

随着降雨持续，降雨入渗量增加，土壤含水率逐渐增大，前期降雨量超过土壤水入渗量，地表植被和土壤入渗的差异明显减弱，一旦降雨开始，土壤表层出现薄层水流，流速增大，当超过临界侵蚀功率时，产生土壤侵蚀，径流首先选择搬运细颗粒；随着降雨时间延长，易被径流带走的细颗粒土壤减少；尤其2011年7月28日～8月1日的强降雨（I_{60}=1.53mm/h）过程结束，后沟小流域内不同植被和土壤类型的径流模数和侵蚀模数随着降雨量差异有减小的趋势。降雨后期雨滴动能首先是剥离分散土壤大团聚体，当雨滴动能还有剩余时，就会携带土壤颗粒进入沟道。

第三阶段是作物收获和土地闲置阶段。随着作物收获，大量土地闲置，植被覆盖度降低，裸露的土壤极易受到侵蚀，土壤侵蚀是以雨滴溅蚀为主，雨滴直接打击土壤表面，溅散的土壤颗粒堵塞土壤孔隙，严重阻止降雨的有效入渗，大部分降雨转化为地表径流，径流侵蚀功率超过临界状态，会有土壤侵蚀、输移和产沙发生。

虽然第三阶段降雨量仅为第二阶段降雨量的50%，产流量、产沙量分别是第二阶段的1.38倍、2.05倍，产流量和产沙量呈现极显著的线性相关（r=0.981，p<0.01）。主要原因是植被覆盖度降低，植被减缓雨滴动能作用减小，而且收获作物的过程中扰动土壤表层，径流非常容易携带进入沟道。

由于后沟小流域植被类型、地形地貌和土壤类型之间的差异，导致观测期3个阶段内产流量和产沙量相应关系呈现不同的情形。

第一阶段处于作物生长的前期，降雨量占汛期降雨总量的12.2%，首先降雨应满足土壤水下渗的需要，当产流开始后，径流动能无法携带大颗粒团聚体，仅能携带土壤表层易于侵蚀的浮土部分，产流量和产沙量呈现极显著线性相关性（r=0.957，p<0.01）。因此，在汛期过程中第一阶段产流量和产沙量最弱。

第二阶段，植被覆盖度达到全年最大值，由于林冠层和地表枯枝落叶的拦截和土壤水下渗的差异，该阶段内产流量和产沙量的关系具有明显的多尺度复杂性特征，两者呈现极显著幂函数关系（r=0.922，p<0.01），在该阶段中后期，地表植被和土壤入渗的差异明显减弱，尤其2011年7月28日的强降雨（I_{60}=1.53mm/h）过程结束，后沟小流域内不同植被和土壤类型的径流模数和侵蚀模数随着降雨量的差异有减小的趋势。

第三阶段，由于沟道农田和坡耕地作物的收获，土壤侵蚀以雨滴溅蚀为主，雨滴直接打击土壤表面，溅散的土壤颗粒堵塞土壤孔隙，严重阻止降雨的有效入渗，大部分降雨转化为地表径流，径流侵蚀功率超过临界状态，会有土壤侵蚀、输移和产沙发生。同时，作物耕作习惯为该阶段的产流产沙创造了条件，虽然该阶段降雨量占观测期降雨量的 28.85%，但产流量为 57.08%，产沙量高达 66.91%，产流量和产沙量呈极显著的线性相关(r=0.981，p<0.01)。

8.3　不同土地利用下小区氮磷流失变化过程

8.3.1　坡面径流中氮磷流失特征

选择坡耕地(Q01)、退耕地(Q05)、园地(Q06)和核桃果园地(Q08)共 4 个径流小区为监测对象，研究不同坡度下土地利用中降雨产生的径流和泥沙中氮磷流失状况与养分和泥沙之间的相关关系。降雨结束后在径流小区采集最终的水样和泥沙样，水样经过过滤和预处理后送实验室分析，泥沙样品风干后待测。监测指标为产流量、径流中泥沙含量和水沙样品中的 TN、TP、NH_4^+-N 和 NO_3^--N 含量。

2011～2012 年汛期监测期间，不同坡度土地利用地表径流中 TN、氨氮、硝氮和 TP 含量随不同时期降雨径流养分的变化过程见图 8.10。2011 年和 2012 年监测到各土地利用径流中的氮流失含量变化波动较大，每年 7 月降雨过程氮流失量最大，而 9 月径流中氮含量达到最低，总体来说，每年汛期氮流失浓度是按先增加后降低的过程变化，而且各种土地利用类型下氮含量超过《地表水环境质量标准》(GB 3838—2002)中地表水 II 水质标准；2012 年各土地利用径流中的氮含量变化较大，特别是玉米地径流氮含量变化最为剧烈，因此，小流域地表水养分流失情况严重。径流小区养分流失负荷是指监测期所有降雨所引起的养分流失的总和，包括地表径流和土壤侵蚀。本书中主要指 2011～2012 年汛期地表径流中养分流失量，计算公式为

$$L_{ij} = 0.001 \times \sum_{k=1}^{n} C_{ijk} R_{ik} \tag{8.14}$$

式中，L_{ij} 是指第 i 个径流场的第 j 个养分指标的年单位面积流失负荷(kg/hm^2)；C_{ijk} 是指第 i 个径流场的第 j 个养分指标在第 k 场降雨中的浓度(mg/L)；R_{ik} 是指第 i 个径流场在第 k 场降雨中的地表产流量(m^3/hm^2)；n 是指监测期的降雨次数。

不同土地利用类型的养分流失负荷为土地利用方式相同的各径流小区监测期养分流失负荷的均值。单次降雨产流量不够测定养分浓度的，以该径流小区监测期的平均浓度代替进行计算。

2011～2012 年汛期在坡面不同土地利用状况下监测降雨径流 8 次。由图 8.10 可知，4 种土地利用类型产生的地表径流中氮浓度含量差异明显，退耕地、园地和果园产生的径流中，随降雨量和降雨次数增加，氮浓度变化很小，而玉米地的氮浓

度变化较大；玉米地和核桃地中 TP 的浓度变化较小，退耕地和园地径流 TP 浓度变化较大；主要原因是玉米地施磷肥量较小，而核桃园地的植被覆盖较大，阻碍了径流和泥沙量的流失，能起到保土固肥的目的，核桃园地的氮磷流失浓度都小于其他三种土地利用类型。

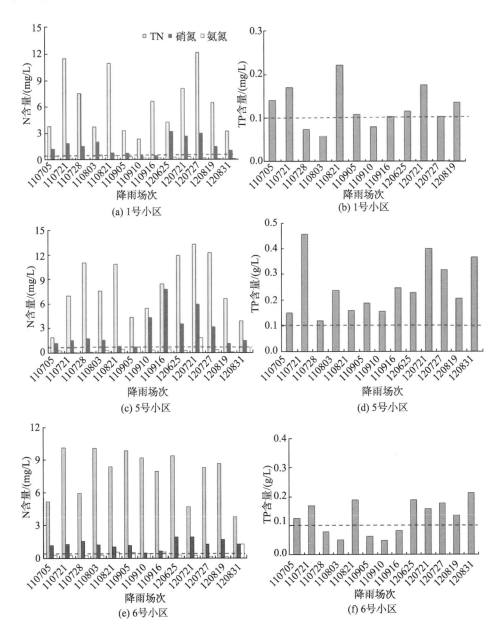

(a) 1号小区　　(b) 1号小区

(c) 5号小区　　(d) 5号小区

(e) 6号小区　　(f) 6号小区

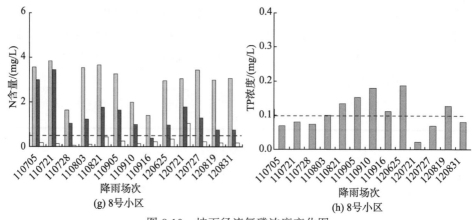

图 8.10　坡面径流氮磷浓度变化图

图中虚线代表地表水 Ⅱ 水质标准(GB 3838—2002)

不同坡度土地利用径流中氮磷的浓度变化不一致，特别是退耕地和蔬菜园地的径流中，TP 含量呈波动上升趋势，出现多次峰值，2012 年退耕地径流 TP 浓度一直维持在较高浓度，蔬菜园地的径流 TP 浓度的最大值出现在 2012 年 8 月 31 日的降雨事件中。其余两种土地类型径流 TP 浓度均表现缓慢波动变化趋势，但坡地径流 TP 含量超过《地表水环境质量标准》(GB 3838—2002)中地表水 Ⅱ 水质标准(0.1mg/L)始终保持在 80%左右。

氮磷的流失始终随径流大小而波动变化。4 种土地利用类型氮流失过程有明显不同，核桃园地每年汛期初期氮磷流失较大，并且 6～7 月出现了较大流失量，而后流失量趋于减小。而蔬菜园地的氮磷流失量相对较稳定，始终保持在较大的流失水平，TN、TP 流失浓度超过地表水 Ⅱ 水质标准分别为 15 倍和 1.25 倍。主要原因是蔬菜园地大量复合肥追施，引入大量 N、P，随之而来的降雨过程使得径流中流失量较为明显，另外，土壤深层在强降雨作用下，极大推动 N、P 流失。小区面积较小，迁移再分布的空间有限，大量 N、P 养分在径流和泥沙携带下流出小区，而且该区域是丘陵地区，坡度相对较大，一般水保方案效果不佳。

由于 NH_4^+-N 和 NO_3^--N 是溶解性氮的主要组成成分，因此，本书把两者之和作为溶解性氮进行分析。根据表 8.11 的计算结果，径流中溶解性氮占 TN 的比例是坡耕地 28.30%，退耕地 38.79%，蔬菜园地 21.48%，果园地 57.90%。径流中溶解性氮含量最高的是果园地，为 57.90%，其次是退耕地，为 38.79%，说明果园地和退耕地产生的氮流失随径流液相流失的比例较大，因此，果园地和退耕地在治理措施方面除了要考虑减少水土流失外，还要考虑拦截和净化径流中的溶解性氮；果园地虽然土壤侵蚀量较小，但其径流中的溶解性氮含量高，考虑增加土壤入渗和截留措施是关键。蔬菜园地径流中可溶性氮含量最小，为 21.48%。四种土地利用类型中径流溶解性氮含量变化幅度为 21.48%～57.90%，原因在于 NH_4^+ 的迁移过程中主要是以扩散为主(朱兆良，2008；尹澄清和毛战坡，2002)。

表 8.11　2011～2012 年汛期不同土地利用类型下的氮磷流失变化　(单位：kg/hm^2)

土地利用类型	TN	NH_4^+-N	NO_3^--N	TP
坡耕地(玉米)	4.92	0.20	1.19	0.09
退耕地	7.20	0.40	2.39	0.22
园地(蔬菜)	15.29	0.78	2.50	0.25
果园地(核桃)	1.37	0.12	0.68	0.05

2011～2012 年降雨产生径流中 TN 流失量由大到小依次排列为：蔬菜园地 > 退耕地 > 坡耕地 > 果园地，四种土地利用类型的年均 TN 流失量为坡耕地 4.92kg/hm^2、退耕地 7.20kg/hm^2、蔬菜园地 15.29kg/hm^2、果园地 1.37 kg/hm^2。溶解态氮含量流失量由大到小依次排列为：蔬菜园地 > 退耕地 > 坡耕地 > 果园地，呈现出与 TN 流失量相同的排列顺序。

2011～2012 年汛期降雨产生径流 TP 流失量大小顺序为：蔬菜园地 > 退耕地 > 坡耕地 > 果园地。四种土地利用类型 TP 平均流失量为坡耕地 0.09 kg/hm^2、退耕地 0.22kg/hm^2，蔬菜园地 0.25kg/hm^2，果园地 0.05kg/hm^2，径流中总 TP 流失量最大的是蔬菜园地，为 0.25kg/hm^2。造成 TP 流失现象的可能原因是，从磷施肥量上，该地区磷肥使用量较少，当地主要施用农家肥和氮肥(刘泉等，2012)。另一方面，磷迁移转化主要是通过吸附作用进行。汛期初期，由于降雨径流较大地汇入和土壤系统内的不稳定性使磷的转化作用不明显，出现浓度增加，并达到最大现象，但是水中颗粒物对磷的吸附量逐渐增加，使磷的转化作用迅速恢复，TP 浓度出现下降。

在氮素的流失中，NO_3^--N 所占比例最高，达到 16%～49%，其次为 NH_4^+-N，最高所占比例也仅为 8.58%，对氮素流失影响较小。不同土地利用类型流失的氮素形态有所差异，果园流失的 NO_3^--N 和 NH_4^+-N 占 TN 分别为 49.32%和 8.58%，为所有类型中最高。但园地径流 NO_3^--N 流失的比例为 16.38%，为所有土地类型中最低的。坡耕地和退耕地的 NO_3^--N 比例占到 24.23%和 33.28%，是氮素流失的主要形态。所有土地利用类型的径流氮素流失都以无机氮为主，比例接近或超过 50%。因此，氮素的流失主要以无机氮为主，特别是无机氮中的 NO_3^--N。可见在石泉后沟小流域，养分流失主要是氮素方面，这也可能是汉江中游小流域 TN 含量偏高的重要原因之一。

园地 TP 流失负荷显著高于其他土地利用类型，尽管汛期前半阶段果园地表径流中的 TP 浓度都非常高，但由于林地具有很好的水土保持功能，果园 TP 的年流失负荷是所有土地利用类型中最低的。说明园地 TP 流失负荷大，一方面是施肥造成的；另一方面坡面园地对水土保持和养分的固持能力较低，对园地 TP 流失的防治要以防治土壤侵蚀为主。

8.3.2 壤中流硝氮流失变化特征

农田氮素的流失是造成水体富营养化的重要原因之一，本书在前人研究成果基础上，以石泉县后沟小流域坡耕地为研究对象，在不同作物生长阶段下研究坡耕地地表径流和壤中流对 NO_3^--N 流失的差异，为确定 NO_3^--N 流失过程提供重要依据，进而探讨不同土地利用类型条件下地表径流和壤中流对 NO_3^--N 流失负荷，为农田养分管理和南水北调中线工程引水水质安全提出科学依据。

根据当地的农业耕作习惯和汛期情况，2011 年汛期在后沟农业小流域开展水土–养分流失的观测工作，本书把观测期分为作物前期生长(6 月)、作物中后期生长(7～8 月)、作物收获和土地闲置(9～10 月)3 个阶段进行实地监测，并在每个阶段选取一场自然降雨过程，对两个径流小区开展 NO_3^--N 流失过程的监测工作。

每场降雨径流小区流失载体(地表径流、壤中流或泥沙)中 NO_3^--N 流失负荷计算公式为

$$L_n = \sum_{i=1}^{n} C_i \times R_i \tag{8.15}$$

每场降雨径流小区流失载体(地表径流、壤中流或泥沙)中 NO_3^--N 总负荷计算公式为

$$L_N = \sum_{j=1}^{n} (L_n)_j \tag{8.16}$$

每场降雨中径流小区每种流失载体(地表径流、壤中流或泥沙)中的 NO_3^--N 流失负荷占总负荷比例计算公式为

$$P_i = L_n / L_N \tag{8.17}$$

式中，L_n 为每场降雨径流小区每种流失载体(地表径流、壤中流或泥沙)中 NO_3^--N 流失负荷；C_i 和 R_i 分别是流失载体(地表径流、壤中流和泥沙)第 i 时段 NO_3^--N 浓度和流量；n 为采集样品数量；j 为流失载体(地表径流、壤中流和泥沙)数量；L_N 为每场降雨径流小区流失载体(地表径流、壤中流和泥沙)中 NO_3^--N 总负荷；P_i 为每场降雨中径流小区每种流失载体(地表径流、壤中流和泥沙)中 NO_3^--N 流失负荷占总负荷的比例。

从图 8.11 中可以看出，2011 年 6 月 16 日降雨过程中，所有壤中流 NO_3^--N 含量均超出地表水源地标准限值(10mg/L)，而且在壤中流产流的开始阶段，壤中流

NO$_3^-$-N 含量急剧增加，浓度的峰值点出现在降雨结束后 3～5h，随后开始缓慢下降。说明在汛期首场产流降雨之前，两个径流小区土壤中积累了高浓度的 NO$_3^-$-N，降雨开始后，由于 NO$_3^-$-N 易随水分沿着土壤孔隙向下淋溶流失，当产流开始后，土壤内的 NO$_3^-$-N 随壤中流逐渐流失，而且随着时间推移，土壤底层 NO$_3^-$-N 与壤中流接触充分，壤中流 NO$_3^-$-N 浓度持续升高，并且在 5～6h 内接近浓度峰值，持续至降雨结束后 4～5h 壤中流 NO$_3^-$-N 浓度出现明显下降。

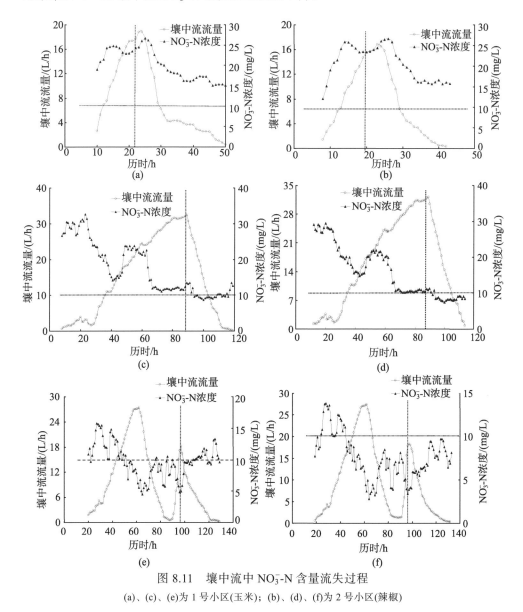

图 8.11   壤中流中 NO$_3^-$-N 含量流失过程

(a)、(c)、(e)为 1 号小区(玉米)；(b)、(d)、(f)为 2 号小区(辣椒)

　　首场产流降雨发生在 2 号小区辣椒施肥大约 7d，因此，前季作物施肥过程积累和当季作物施肥形成了耦合叠加效应(徐勤学等，2010)，导致壤中流 NO_3^--N 浓度出现严重超标。在该场降雨过程中，壤中流 NO_3^--N 浓度平均值为 22.79～23.40 mg/L，超出地表水源地标准限值(10mg/L)大约 2.3 倍。

　　2011 年 7 月 28 日降雨过程中，壤中流 NO_3^--N 浓度在产流初期阶段就位于峰值处波动，大约持续 12h，随着降雨历时延长，壤中流 NO_3^--N 浓度逐渐趋于下降，但降雨结束之前，两个径流小区壤中流 NO_3^--N 浓度仍然超出地表水源地标准限值(10mg/L)。

　　对于 1 号小区来说，壤中流 NO_3^--N 浓度下降比较缓慢，主要是 2011 年 7 月中旬前后，玉米追施 NH_4HCO_3 约 7.0kg，导致壤中流 NO_3^--N 浓度超标率在98%以上。对于 2 号小区来说，由于前期施肥经过辣椒生长吸收和淋溶流失的影响，土壤 NO_3^--N 含量随降雨不断发生显著下降，土壤中 NO_3^--N 含量显著降低，在壤中流产流过程中，水样 NO_3^--N 浓度持续降低，该场降雨过程中，2 号小区壤中流 NO_3^--N 浓度超标率在 80%以上。

　　20110916 与 20110728 降雨过程中壤中流 NO_3^--N 浓度变化规律相似。但由于20110916 降雨过程历时较长，在历时约 60h 后第一次降雨过程停止，随后壤中流浓度呈现上升趋势，大约 24h 后，第二次降雨开始，壤中流 NO_3^--N 浓度趋于下降；降雨停止时，壤中流 NO_3^--N 浓度达到该场降雨的最小值，随后浓度再次波动上升。

　　壤中流 NO_3^--N 流失浓度与第一次降雨过程基本相同，随着时间的延长，流失浓度趋于下降。主要原因是 20110916 降雨事件中，1 号小区玉米收获后覆盖度大大降低，缺乏有效的植被阻滞，降雨径流携带大量泥沙，导致土壤中 NO_3^--N 不能有效溶解在壤中流中，一旦雨强减小，降雨侵蚀力随之减小，壤中流 NO_3^--N 浓度逐渐增加。

　　对于 2 号小区来说，该场降雨发生在辣椒收获时段，土壤中养分含量较低，所以壤中流中 NO_3^--N 浓度出现短暂升高，随后波动下降，直至产流结束，NO_3^--N 浓度均没有超出 10mg/L 标准。所以在 20110728 降雨过程中，壤中流 NO_3^--N 浓度超标率显著降低，分别为 23.6%和 19.1%。

　　由表 8.12 可以看出，2 个径流小区壤中流 NO_3^--N 平均浓度为 6.80～23.40mg/L，是地表径流中 NO_3^--N 平均浓度的 2.47～9.94 倍，作物施肥后会增大壤中流 NO_3^--N 的流失，壤中流与地表径流中 NO_3^--N 浓度差异极大值均出现在作物施肥后的降雨过程中，玉米小区和辣椒小区作物施肥后壤中流 NO_3^--N 浓度分别是地表径流 NO_3^--N 浓度的 3.27 倍和 9.94 倍以上。

表 8.12   不同降雨条件下壤中流、地表径流和泥沙中硝氮浓度及流失量比较

| 降雨时间 | 雨强/(mm/h) | 小区 | SSR | | SR | | Sed./(kg/hm²) | T/(kg·hm⁻²) | SSR/T/% | SR/T/% | Sed./T/% |
			mg/L	kg·hm⁻²	mg/L	kg·hm⁻²					
20110616	1.56	1 号	22.79	2.25	0.00	0.00	0.00	2.25	100.00	0.00	0.00
		2 号	23.40	2.88	7.16	0.197	0.0005	3.08	93.59	6.39	0.02
20110728	1.53	1 号	15.11	7.81	1.52	0.079	0.0006	7.89	98.99	1.00	0.01
		2 号	13.58	10.61	5.49	0.490	0.0018	11.10	95.57	4.41	0.02
20110916	1.06	1 号	8.85	2.96	3.09	0.407	0.0040	3.37	87.81	12.08	0.12
		2 号	6.80	3.51	2.44	0.435	0.0070	3.95	88.82	11.01	0.18

注：SSR、SR、Sed.、T 分别为壤中流硝氮量、地表径流硝氮量、泥沙硝氮量、总硝氮量。

因此，壤中流携带而造成的 NO_3^--N 流失是最重要形式。由壤中流携带的流失量占径流小区 NO_3^--N 流失量的 87.81%～98.99%，并呈现出随植被覆盖度增大而增大的趋势；由地表径流和泥沙携带的流失量分别占径流小区 NO_3^--N 流失量的 1.00%～12.08% 和 0.01%～0.18%，这一结果与模拟降雨条件下 NO_3^--N 流失机理的研究相一致(陈磊等，2011；丁文峰和张平仓，2009)。

8.3.3   产流量与总氮流失关系

对于 2011～2012 年汛期 13 场典型降雨径流中氮磷含量与产流量的关系，本书主要探讨径流 TN 和 TP 含量与产流量(Q)的关系，研究发现，径流中 TP 含量与产流量不具备明显的函数关系。因此，本书仅列举坡耕地、退耕地、蔬菜园地、果园地四种土地利用类型径流中 TN 含量与产流量函数关系，见表 8.13。

表 8.13   不同土地利用类型径流 TN 含量与产流量函数关系

土地利用类型	关系表达式	R^2	F 值	显著水平 p
坡耕地	$TN=12.605-0.043Q-7.999E-5Q^2+3.579E-7Q^3$	0.757	9.354	0.004
	$TN=14.507-0.087Q+0.001Q^2$	0.740	14.264	0.001
	$TN=19.342-2.579\ln Q$	0.368	6.397	0.028
退耕地	$TN=13.151-0.154Q+0.0003Q^2+2.017E-6Q^3$	0.734	8.829	0.006
	$TN=13.716-0.196Q+0.001Q^2$	0.728	13.415	0.001
	$TN=5.920+(58.571/Q)$	0.371	6.487	0.027
蔬菜园地	$TN=5.513+0.133Q+0.001Q^2+2.617E-6Q^3$	0.796	11.737	0.002
	$TN=6.118+0.081Q-0.0005Q^2$	0.764	16.213	0.001
果园地	$TN=3.142+0.017Q-0.0003Q^2+8.792E-7Q^3$	0.822	13.876	0.001
	$TN=3.703Q^{0.995}$	0.808	46.185	0.000
	$TN=3.703EXP(-0.005Q)$	0.808	46.185	0.000

从表 8.13 可以看到,四种土地利用类型的地表径流与径流中的 TN 含量均可以利用三次函数进行拟合其关系,其决定系数 $R^2 > 0.734$,而且显著水平 $p < 0.05$,尤其果园地径流与其 TN 含量的拟合关系最好,而且非常稳定,利用三次函数、幂函数和指数函数方程模拟效果较好。

8.3.4　泥沙与总磷流失关系

对于 2011~2012 年汛期径流中泥沙含量与氮磷含量之间的关系,由于 TN 含量与泥沙含量存在较差的相关关系,而径流中 TP 含量与泥沙含量存在较为理想的函数关系。

从表 8.14 中可以看到,坡耕地、退耕地、果园泥沙含量(S)与 TP 含量均可以用三次函数曲线进行拟合变化关系,而且拟合效果都很理想($R^2 > 0.729$,$p < 0.01$),而蔬菜园地可以用 S 形曲线方程进行模拟,但是拟合效果相对较差。

表 8.14　不同土地利用类型径流 TP 含量与泥沙含量函数关系

土地利用类型	关系表达式	R^2	F 值	显著水平 p
坡耕地	$TP=0.068+0.035S-0.004S^2+0.0001S^3$	0.746	8.796	0.005
	$TP=0.077+0.023S-0.0008S^2$	0.734	13.768	0.001
	$TP=0.107+0.033\ln S$	0.718	28.015	0.000
退耕地	$TP=0.073+0.233S-0.022S^2-0.03S^3$	0.729	8.829	0.006
	$TP=0.052+0.28S-0.048S^2$	0.727	13.307	0.002
蔬菜园地	$TP=\exp(-1.726-0.460/S)$	0.729	29.640	0.000
	$TP=0.091S^{0.359}$	0.689	24.325	0.000
	$TP=0.104+0.038\ln S$	0.625	18.357	0.001
果园地	$TP=0.204-0.458S+0.533S^2-0.203S^3$	0.880	21.948	0.000
	$TP=0.058-0.043\ln S$	0.824	51.541	0.000
	$TP=0.176-0.213S+0.081S^2$	0.729	19.055	0.000

参 考 文 献

蔡崇法, 丁树文, 史志华, 等, 2000. 应用 USLE 模型与地理信息系统 IDRISI 预测小流域土壤侵蚀量的研究[J]. 水土保持学报, 2(14): 113-120.

陈磊, 李占斌, 李鹏, 等, 2011. 野外模拟降雨条件下水土流失与养分流失耦合研究[J]. 应用基础与工程科学学报, 19(增刊): 170-176.

丁文峰, 张平仓, 2009. 紫色土坡面壤中流养分输出特征[J]. 水土保持学报, 23(4): 15-19.

房孝铎, 王晓燕, 欧洋, 2007. 径流曲线数法(SCS 法)在降雨产流量计算中的应用[J]. 首都师范大学学报

(自然科学版), 28(1): 89-92.

高扬, 朱波, 缪驰远, 等, 2006. SCS 模型在紫色土坡地降雨产流量估算中的运用[J]. 中国农学通报, 22(11): 396-400.

贺宝根, 周乃晟, 高效江, 等, 2001. 农田非点源污染研究中的降雨径流关系-SCS 法的修正[J]. 环境科学研究, 14(3): 49-52.

贾海燕, 雷阿林, 雷俊山, 等, 2006. 紫色土地区水文特征对硝氮流失的影响研究[J]. 环境科学学报, 26(10): 1658-1664.

李常斌, 秦将为, 李金标, 2008. 计算 CN 值及其在黄土高原典型流域降雨–径流模拟中的应用[J]. 干旱区资源与环境, 22(8): 67-70.

李春杰, 任东兴, 王根绪, 等, 2009. 青藏高原两种草甸类型人工降雨截留特征分析[J]. 水科学进展, 20(6): 769-774.

李鹏, 李占斌, 郑良勇, 2005. 黄土陡坡径流侵蚀产沙特性室内试验研究[J]. 农业工程学报, 21(7): 42-45.

李鹏, 李占斌, 郑良勇, 2010. 黄土坡面水蚀动力与侵蚀产沙临界关系试验研究[J]. 应用基础与工程科学学报, 18(3): 435-441.

李香云, 2008. 缙云山林地坡面径流特征研究[D]. 北京: 北京林业大学博士学位论文.

林超文, 罗春燕, 庞良玉, 等, 2010. 不同耕作和覆盖方式对紫色丘陵区坡耕地水土及养分流失的影响[J]. 生态学报, 30(22): 6091-6101.

刘宝元, 谢云, 张科利, 2001. 土壤侵蚀预报模型[M]. 北京: 中国科学技术出版社.

刘泉, 李占斌, 李鹏, 等, 2012. 汉江水源区自然降雨过程下坡地壤中流对硝态氮流失的影响[J]. 水土保持学报, 26(5): 1-5.

水建国, 柳俊, 廖根清, 等, 2003. 不同自然植被管理措施对红壤丘陵果园水土流失的影响[J]. 农业工程学报, 19(6): 42-46.

唐涛, 郝明德, 单凤霞, 2008. 人工降雨条件下秸秆覆盖减少水土流失的效应研究[J]. 水土保持研究, 15(1): 9-11.

王静, 郭熙盛, 王允青, 2010. 自然降雨条件下秸秆还田对巢湖流域旱地氮磷流失的影响[J]. 中国生态农业学报, 18(3): 492-495.

王士永, 贾国栋, 段红祥, 等, 2011. 北京山区小流域不同植被覆盖对地表径流影响研究[J]. 湖南农业科学, (10): 51-56.

王万忠, 焦菊英, 1996. 中国的土壤侵蚀因子定量评价研究[J]. 水土保持通报, 16(5): 1-20.

吴普特, 1997. 动力水蚀实验研究[M]. 西安: 陕西科学技术出版社.

夏卫生, 雷廷武, 张晴雯, 2004. 冲刷条件下坡面水流速度与产沙关系研究[J]. 土壤学报, 41(6): 876-880.

徐勤学, 王天巍, 李朝霞, 等, 2010. 紫色土坡地壤中流特征[J]. 水科学进展, 21(2): 229-234.

徐宪立, 马克明, 傅伯杰, 等, 2006. 植被与水土流失关系研究进展[J]. 生态学报, 26(9): 3137-3143.

杨青森, 郑粉莉, 温磊磊, 等, 2011. 秸秆覆盖对东北黑土区土壤侵蚀及养分流失的影响[J]. 水土保持通报, 31(2): 1-5.

杨占彪, 朱波, 林立金, 等, 2010. 川中丘陵区紫色土坡耕地土壤侵蚀特征[J]. 四川农业大学学报, 28(4): 480-485.

杨子生, 1999. 滇东北山区坡耕地土壤侵蚀的地形因子[J]. 山地学报, 17(增刊): 16-18.

杨子生, 1999. 滇东北山区坡耕地土壤侵蚀的水土保持措施因子[J]. 山地学报, 17(增刊): 22-24.

杨子生, 1999. 滇东北山区坡耕地土壤侵蚀的作物经营因子[J]. 山地学报, 17(增刊): 19-21.

尹澄清, 毛战坡, 2002. 用生态工程技术控制农村非点源水污染[J]. 应用生态学报, 13(2): 229-232.

尹忠东, 丛晓红, 李永慈, 2008. 江西丘陵红壤区坡面径流及其与降雨关系的影响因素[J]. 水土保持通报, 28(4): 7-10.

张保华, 何毓蓉, 2006. 长江上游几种林地表层土壤侵蚀率及与相关土壤性质关系[J]. 水土保持研究, 13(4): 220-223.

张光辉, 2001. 坡面水蚀过程水动力学研究进展[J]. 水科学进展, 12(3): 395-400.

张晓明, 2007. 黄土高原典型流域土地利用/森林植被演变的水文生态响应与尺度转换研究[D]. 北京: 北京林业大学博士学位论文.

张兴昌, 邵明安, 2000. 坡地土壤氮素与降雨、径流的相互作用机理及模型[J]. 地理科学进展, 19(2): 128-133.

张亚丽, 张兴昌, 邵明安, 等, 2004. 秸秆覆盖对黄土坡面矿质氮素径流流失的影响[J]. 水土保持学报, 18(1): 85-88.

郑良勇, 李占斌, 李鹏, 2004. 黄土区陡坡径流水动力学特性试验研究[J]. 水利学报, (5): 46-51.

周佩华, 窦葆璋, 孙清芳, 1981. 降雨能量的研究初报[J]. 水土保持通报, 1(1): 51-60.

朱冰冰, 李占斌, 李鹏, 等, 2010. 草本植被覆盖对坡面降雨径流侵蚀影响的试验研究[J]. 土壤, 47(3): 401-407.

朱兆良, 2008. 中国土壤氮素研究[J]. 土壤学报, 45(5): 779-784.

GUY B T, DICKINSON W T, RUDRA R P, 1987. The roles of rainfall and runoff in the sediment transport capacity of interrill flow[J]. Transactions of the ASAE, 30(5): 1378-1387.

HORTON R E, 1945. Erosion development of streams and their drainage basins: Hydro physical approach to quantitative morphology[J]. Bull. Geol. Soc. Am, 56(3): 275-3701.

HUANG Y L, CHEN L D, FU B J, ZHANG L P, et al., 2005. Evapotranspiration and soil moisture balance for vegetative restoration in a gully catchment on the Loess Plateau, China [J]. Pedosphere, 15(4): 509-517.

LI Z B, LI P, HAN J G, et al., 2009. Sediment flow behavior in agro-watersheds of the purple soil region in China under different storm types and spatial scales[J]. Soil Till. Res., 105(2): 285-291.

LIU B Y, NEARING M A, RISSE L M, 1994. Slope gradient effects on soil loss for steep slopes[J]. Transactions of the ASAE, 37(6): 1835-1840.

MCCOOL D K, BROWN L G, FOSTER G R, et al., 1987. Revised slope steepness factor for the Universal Soil Loss Equation[J]. Transactions of the ASAE, 30(5): 1387-1396.

POUDEL D D, MIDMORE D J, WEST L T, 2002. Farmer participatory research to minimize soil erosion on steepland vegetable systems in the Philippines[J]. Agric. Ecosyst. Environ., 79(2-3): 113-127.

PUIGDEFABREGAS J, SOLE A, GUTIERREZ L, et al., 1999. Scales and processes of water and sediment redistribution in drylands: results from the Rambla Honda field site in Southeast Spain[J]. Earth Sci. Rev., 48(1-2): 39-40.

WILLIAM J R, LASEAR W V, 1976. Water yield model using SCS curve numbers[J]. Journal of Hydraulics Division, 102(9): 1221-1253.

第9章 梯田的水土-养分保持作用

9.1 材料和方法

9.1.1 研究区概况

梯田和坡耕地样地分别选取在丹江上游的闵家河流域(梯田,水土保持工程治理流域)和引寺沟流域(坡耕地,未治理流域)。

(1) 梯田采样流域。闵家河小流域属于商州区西部的黑龙口镇,该流域属丹江二级支流,是丹江口水库上游重要水源涵养区。地势西高东低,介于109°40'E～109°44'E,33°44' N～33°49'N,流域总面积为28.19km²。小流域多年平均气温为10.3℃,年平均最高气温为18.7℃,年平均最低气温为8.3℃,极端最高气温为36.5℃,极端最低气温为-14.8℃,大于10℃积温为3810.5℃,无霜期194d。多年平均降水量为890.4mm,降雨日120d,降水年际变化受季风气候的影响,降水量具有明显的季节性,且多集中于7～9月。

(2) 坡耕地采样流域。引寺沟小流域位于商州区西北方向腰市镇的腰市河中下游。腰市河是丹江一级支流板桥河的一级支流。土地总面积为56.44km²,流域地势西北高东南低。多年平均气温为12.9℃,年均最高气温为18.7℃,年均最低气温为8.3℃,极端最高气温为39.8℃,极端最低气温为-14.8℃,大于10℃积温为4018.8℃,无霜期209d。多年平均降水量为715.3mm。降水有明显季节性,7～9月降水最多,多年平均为321mm,最大年降水量为1125mm,最小为472mm。

9.1.2 样地特征及土样采集

梯田样地修建时间为2008年(丹治一期),样地共6个台阶,台阶田面宽度为5.8～10.5m,田面长度为63.8～88.0m,田坎高度为0.8～2m,田面平整度为上下游梯田,样地田面接近水平,中游梯田样地田面坡度为5°～14°;坡耕地样地面积为732m²,坡度为5°～12°。梯田和坡耕地的种植作物均为玉米,4月末开始种植,施磷酸氢二铵(100斤①/亩)做底肥,5～7月期间每月各施一次尿素(三次共计100斤/亩)进行追肥。

---

①1斤=0.5kg。

取样时间为2012年8月27日,采用网格法利用土钻分层(0～10 cm和10～20cm)取样,梯田和坡耕地采样点示意图分别见图9.1和图9.2。梯田和坡耕地共计采样点99个。采样的同时进行GPS定位,记录各个样点的植被类型、坡度和坡向等信息。

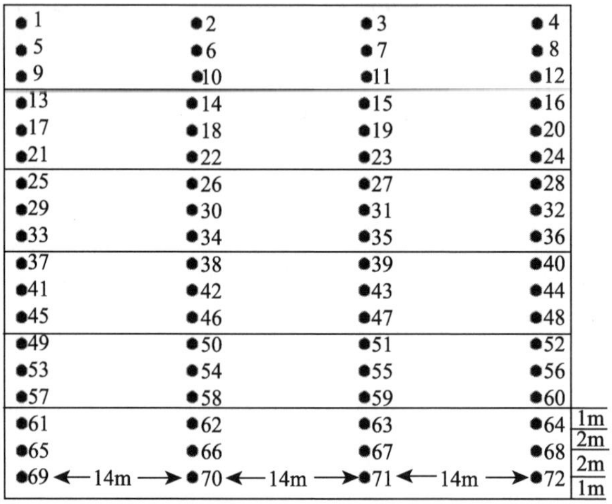

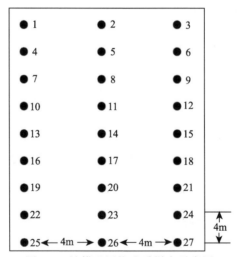

图 9.1 梯田地网格法采样点示意图

图 9.2 坡耕地网格法采样点示意图

9.1.3 土壤样品测定

将野外采回的土样风干后分别研磨,经过土壤筛(全量元素分析样品为 0.25mm,速效养分为 1mm)后装入纸袋中备用。各养分测定方法如下:

(1) 称取 1.0g 土样至凯氏瓶，加入催化剂和浓硫酸，消煮 1h，然后用 Foss8400 全自动凯氏定氮仪测定土壤全氮含量(方正三，1985)。

(2) 全磷、速效磷、氨氮、硝氮经过相应的预处理后用间断化学分析仪(ADA，CleverChem200，德国)测定。

(3) 称取 0.1g 土样于取样瓶内，滴入 0.1mol/L 的盐酸，充分润湿样品，放入烘箱中，105℃烘 4h，取出静置过夜(12h)后，采用 TOC 分析仪(HT 1300 Analyzer)法测定土壤有机碳含量(哈德逊，1976)。

(4) 土样经过自然风干，过 2 mm 的筛子，去根，称取土样 0.5g 左右，加 30% 过氧化氢(H$_2$O$_2$)，浸泡 24h 去除有机质，加蒸馏水稀释、静置，除上清液以除酸，超声 30s 后用激光粒度仪 Mastersizer2000 测量土壤粒径的体积百分比。粒径分别设为 2～1mm(d_1)，1～0.5mm(d_2)、0.5～0.25mm(d_3)、0.25～0.1mm(d_4)、0.1～0.05mm(d_5)、0.05～0.002mm(d_6)、小于 0.002mm(d_7)7 级。根据美国制分类标准分为极粗砂粒(2～1 mm)、中粗砂粒(1～0.25mm)、细砂粒(0.25～0.05mm)、粉粒(0.05～0.002mm)和黏粒(小于 0.002mm)。

9.1.4　数据处理方法

实验数据统计分析用 SPSS16.0 软件，Excel 绘制文中图形。土壤养分的空间结构分析、Kriging 插值均用 ArcGIS9.2 和 GS+7.0 软件进行分析。

9.1.5　土壤养分储量计算

土壤全氮、全磷储量的计算借鉴土壤有机碳储量的计算公式(李凤博等，2012)，为

$$C_i = d_i \times \rho_i \times O_i / 100 \tag{9.1}$$

$$S_i = A_i \times C_i \tag{9.2}$$

式中，i 为土壤不同层次；C 为土壤全氮、全磷密度(kg/m^2)；d 为土层厚度(cm)；ρ 为土壤容重(g/cm^3)；O 为土壤全氮、全磷含量(g/kg)；A 为各类型土壤所占面积(m^2)；S 为土壤全氮、全磷储量(kg)。

9.1.6　土壤可蚀性 *K* 值计算公式

土壤可蚀性 *K* 值计算采用 EPIC(erosion-productivity impact calculator)模型中土壤可蚀性因子 *K* 值的方法进行计算(式(3.7))。

9.1.7　半方差函数的理论模型

半方差函数的理论模型可用来分析土壤养分空间变异的随机性和结构性，它是地统计学特有工具和分析基础。半方差函数是研究空间变异的关键函数，该函数表

达式为

$$\gamma(h) = \frac{1}{2N(h)} \sum_{i=1}^{N(h)} [z(x_i + h)]^2 \tag{9.3}$$

式中，$\gamma(h)$ 为半方差函数；$[z(x_i); z(x_i+h)]$ 为间隔为 h 的两个观测点的实测值；$N(h)$ 为以 h 为步长的所有观测点的成对数目。由 $\gamma(h)$ 对 h 作图可得到半方差函数图，依据决定系数 R^2 和残差 RSS 对半方差函数进行拟合得到合理的理论模型。

9.2 梯田土壤养分时空变化及其影响因素研究

氮、磷等营养元素对提高农作物的产量至关重要，但是当土壤中的营养物质超过了农作物的需求时，就会造成农业非点源污染，进而引起湖泊和水库等水体的富营养化(王建中和刘凌，2007)。丹江发源于商洛市商州区秦岭东南凤凰山，是我国南水北调中线工程的重要水源地。据调查，流域部分支流水质指标超过国家地表水环境质量Ⅱ类标准，其中，全氮明显超标，这与丹江流域农业面源污染有很大关系(贺敬滢等，2012)。坡面水土流失是造成河流非点源污染的主要途径，坡耕地又是坡面水土流失的主要源头，水平梯田的建设，可以有效遏制坡耕地水土流失造成的河流污染，保护河流水质洁净(白丹等，2010)。

梯田是我国重要的耕地资源，据统计，坡度大于 8°的坡耕地面积为 33334 万 hm²，约占全国耕地总面积的 35.11%(张金池等，2008)。梯田建设可有效降低地面坡度，改变小地形，从而增加入渗，减少径流速率，提高土壤质量，增加作物产量(Zhang et al.，2008；Hammad et al.，2006；Vancampenhout et al.，2006)。目前针对梯田的研究主要集中于梯田的分类与设计、蓄水保土效益、农地生产力、水环境等方面(刘世梁等，2011；薛萐等，2011；朱安香和阎彦梅，2011；康玲玲等，2006；吴发启等，2003)，而关于梯田土壤养分分布特征及养分储存量的估算则鲜有研究。因此，本章选取丹江闵家河小流域，通过实地调查和采样分析，从梯田土壤全氮和全磷的空间分布入手，探析陕南秦巴土石山区梯田养分分布及变化特征，旨在为科学利用和保护梯田资源、南水北调丹江流域非点源污染治理提供基础数据与决策支持。

9.2.1 梯田土壤养分的总体含量特征

由表 9.1 和表 9.2 可以看出，研究区内由于流域上中下游成土母质分布、土壤发育程度不同，加之流域不同位置梯田修建规模以及质量、土壤侵蚀、人为耕作和施肥等因素的影响，梯田土壤养分含量水平分布的差异较大；而养分垂直含量均表现为随土层深度的增加而降低，其变化范围也随之减小。

据 Nielson 和 Bouma (1985)的分类系统：弱变异 $C_V \leqslant 10\%$，中等变异 $10\% < C_V < 100\%$，强变异 $C_V \geqslant 100\%$。表 9.1 和表 9.2 计算结果中所有全氮和全磷的变异系数均为中等变异。水平方向上，修建较不规整的中游梯田变异强度较高，说明梯田修建质量会在一定程度上影响养分在田间的均匀分布。垂直方向上，全氮和全磷养分的变异强度均表现为随土壤深度的增加而逐渐增大。但全氮养分在垂直剖面底层的变异程度减缓，说明研究区梯田汛期内部垂直方向的壤中流对全氮养分的再分配作用不容忽视。全磷养分的总体变异强度相比全氮有所不同，因其土壤养分在流域范围内的变化受环境及人为因素的影响以外，还与其自身在土壤中不同的化学表现形式及流失形态有关。受到研究区汛期和种植季节的影响，8 月梯田的各土层养分变异强度均减小，随着农作物在生长过程中对养分吸收作用，以及汛期降雨径流冲刷和入渗的影响，养分趋于均一化分布。

表 9.1　土壤全氮含量

梯田位置	土层厚度/cm	样品数	含量/(g/kg)				C_V/%	偏度	峰度
			极小值	极大值	均值	标准差			
4 月									
上游	0~10	18	1.28	2.52	1.83	0.30	16.32	0.40	0.85
	10~20	18	0.71	1.95	1.33	0.33	24.65	-0.10	-0.35
	20~40	17	0.44	1.70	0.93	0.30	31.65	0.68	1.81
中游	0~10	24	0.87	2.22	1.54	0.34	22.02	0.29	-0.14
	10~20	24	0.61	1.69	1.17	0.27	23.08	-0.27	-0.43
	20~40	24	0.47	1.44	0.95	0.27	28.25	-0.10	-0.94
下游	0~10	18	1.04	1.71	1.35	0.19	14.35	0.77	-0.23
	10~20	18	0.58	1.51	0.94	0.21	21.89	1.00	2.45
	20~40	18	0.42	1.21	0.71	0.19	26.35	0.99	2.00
8 月									
上游	0~10	72	1.16	2.61	1.94	0.31	15.85	0.17	-0.38
	10~20	72	0.86	2.50	1.78	0.33	18.77	-0.06	0.21
	20~40	18	0.78	1.69	1.29	0.25	19.20	-0.17	-0.47
中游	0~10	24	1.07	2.52	1.53	0.31	20.48	1.37	3.27
	10~20	24	0.66	2.08	1.30	0.32	24.67	0.48	0.44
	20~40	24	0.50	2.18	1.06	0.41	38.83	0.84	0.97
下游	0~10	18	1.21	1.76	1.50	0.15	10.18	-0.55	-0.55
	10~20	18	1.07	1.79	1.36	0.19	14.11	0.55	-0.09
	20~40	18	0.72	1.29	0.97	0.15	15.97	0.35	-0.57

表9.2 土壤全磷含量

梯田位置	土层厚度/cm	取样点	含量/(g/kg)				C_V/%	偏度	峰度
			极小值	极大值	均值	标准差			
			4月						
上游	0~10	18	0.62	1.03	0.86	0.11	12.45	−0.43	0.08
	10~20	18	0.37	0.79	0.64	0.12	19.29	−1.07	0.63
	20~40	17	0.37	0.84	0.54	0.14	25.23	0.57	−0.09
中游	0~10	24	0.21	1.30	0.88	0.23	26.59	−0.99	1.79
	10~20	24	0.18	1.12	0.76	0.25	33.45	−1.16	1.09
	20~40	24	0.41	0.99	0.70	0.16	22.52	−0.08	−0.52
下游	0~10	18	0.74	1.57	1.18	0.22	18.49	−0.12	−0.28
	10~20	18	0.73	1.55	0.94	0.22	23.64	1.56	2.33
	20~40	18	0.63	0.99	0.81	0.10	12.20	−0.34	−0.40
			8月						
上游	0~10	72	0.55	1.34	0.92	0.13	13.91	0.28	1.54
	10~20	72	0.55	1.40	0.83	0.14	16.73	0.93	3.37
	20~40	18	0.45	0.88	0.69	0.13	18.50	−0.22	−0.97
中游	0~10	24	0.60	1.45	0.99	0.23	23.44	0.12	−0.53
	10~20	24	0.33	1.26	0.95	0.21	21.96	−1.19	2.02
	20~40	24	0.50	1.46	0.91	0.24	26.76	0.63	0.32
下游	0~10	18	0.95	2.05	1.53	0.24	15.73	−0.24	1.92
	10~20	18	0.95	1.64	1.37	0.21	15.68	−0.78	−0.31
	20~40	18	0.89	1.27	1.04	0.11	10.38	0.61	−0.25

9.2.2 梯田土壤养分的水平分布特征

对流域水平方向不同位置梯田的土壤养分含量进行 ANOVA 检验,发现存在极显著差异性($p < 0.01$)。通过对流域上游、中游、下游三块梯田土壤的全氮和全磷含量对比显示,4月(图9.3和图9.4)全氮含量在各土层的分布大致表现为:上游 > 中游 > 下游。而全磷养分含量在各土层的分布呈相反规律:上游 < 中游 < 下游。8月含量基本呈现与4月相同的规律(图9.5和图9.6),但受到汛期和种植季节的影响,中游和下游梯田全氮含量开始接近。

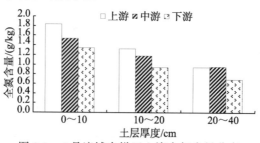

图9.3 4月流域内梯田土壤全氮含量分布

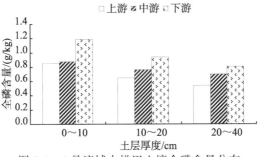

图 9.4　4 月流域内梯田土壤全磷含量分布

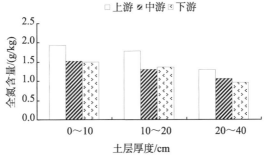

图 9.5　8 月流域梯田土壤全氮含量分布

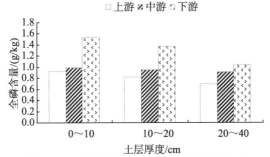

图 9.6　8 月流域内梯田土壤全磷含量分布

　　坡面氮、磷流失是降雨和径流驱动下，坡面土壤侵蚀及土壤氮、磷随径流迁移的过程(吴电明等，2009)。流域内地形地貌、成土母质和土壤发育程度的水平分布差异性，塑造不同流域位置梯田土壤本底属性，而不同坡面的土壤侵蚀等地表生态过程及其人为活动，包括种植结构和施肥量，又会对土壤养分水平方向再分布产生显著影响。坡面坡度主要是通过影响梯田的田面宽度和坎高(朱清科，1996)，间接影响氮、磷养分的流失。已有的研究表明(吴电明等，2009)，土壤中全氮养分溶解于地表的径流，随径流而损失。上游修建的梯田田面较下游梯田的田面窄、地块小，在坡面及田面上汇集的产流量小，减少了全氮随径流的流失量，全氮在土壤中的含量比下游梯田高。地形因素也会影响养分的流失量，土壤侵蚀量和养分流失量随坡度的增加而增加。磷的输出主要是以泥沙结合态为主，泥沙是磷的主要载体。相比较而言，下游梯田比上游梯田更为平缓，土壤侵蚀量小，全磷随泥沙流失量少，田面宽、地块大，田间固着的泥沙含量多，全磷蓄集在下游梯田中的养分含量就更高。因此，上、中、下游地形和梯田自身修建规模特点的不同，在不同程度上影响了流域内梯田土壤全氮和全磷空间分布的差异。

9.2.3　梯田土壤养分的垂直分布特征

对垂直方向各土层深度下梯田的土壤养分含量进行 ANOVA 检验，发现存在极显著差异性($p < 0.01$)。从上、中、下游三块梯田土壤养分含量的垂直分布看(图 9.7～图 9.10)，全氮和全磷的养分含量变化明显，4 月和 8 月均随着土壤厚度的增加而逐渐降低。成土母质和地形因素塑造了土壤垂直剖面分布的雏形，在降雨和土壤侵蚀等自然因素作用下会对养分再分布进行修饰，同时还受到人为活动的影响。梯田作为耕地，在农业种植过程中，氮磷养分主要是靠外界供给在土壤表层施加氮肥和磷肥，由天然下渗雨水或人工灌溉，通过土壤的淋溶作用，将养分溶解下移至土壤的下方不同深度处，因此，耕作层养分含量高于底层。受到农作物在种植季生长对养分的吸收作用，以及汛期表层养分随降雨径流流失及壤中流入渗对氮磷养分的再分配，使得土壤垂直剖面上氮磷养分含量在各土层间相差量 8 月相比 4 月要小，8 月土壤剖面更加均质。

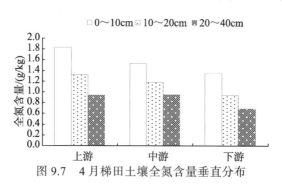

图 9.7　4 月梯田土壤全氮含量垂直分布

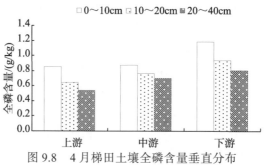

图 9.8　4 月梯田土壤全磷含量垂直分布

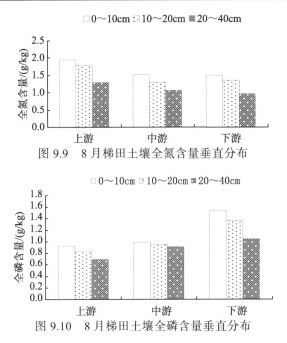

图 9.9　8 月梯田土壤全氮含量垂直分布

图 9.10　8 月梯田土壤全磷含量垂直分布

9.2.4　梯田台阶的土壤养分分布特征

1. 土壤养分在不同梯田台阶级的分布特征

对梯田不同台阶的土壤养分进行 ANOVA 检验，发现存在一定的差异性($p <$ 0.05)。梯田 4 月土壤养分随梯田台阶的逐级变化(图 9.11)，沿台阶自上而下略有波动，但总体呈现上升趋势，这一规律大致在各个土层都有体现。上部台阶中的养分随径流和泥沙沿坡面高处向低处流失和迁移，最终汇集在了底部台阶，因此，梯田每级台阶土壤全氮和全磷养分含量：底部 > 中部 > 上部。

而在 0~10cm 土层，中游梯田全氮含量和下游梯田全磷含量表现为底部 < 上部 [图 9.11(a)、图 9.11(d)]，可能与中游和下游两个梯田自身修建的规格特点有关。中游梯田是上部田面窄、底部宽，底部台阶较上部汇水面积大，产流量大，氮流失较多，因此中游梯田底部台阶全氮含量低于上部；而下游梯田为上部田面宽、底部窄，底部台阶较上部的泥沙含量少，故吸附在泥沙上的全磷含量也低，使得底部全磷含量低于上部，也可能是因为表层作为耕作层，受外界或其他因素影响较下层土壤大。

上游梯田全氮和全磷含量在各土层随台阶级增加上升趋势明显，因其上游梯田修建在坡度较大的坡面，坡度较陡，地坎较高，使得梯田水土流失强度较中下游的梯田严重，养分在各级台阶上流失和迁移过程强烈。同时，选取上游的这块梯田，各台阶修建较规整，田面宽度和坡度差别不大，使得每级台阶在流失和拦蓄养分过程中不会造成忽高忽低的含量差异。

　　中游梯田全氮和全磷养分含量在各土层随台阶的逐级变化波动较剧烈,这是因为选取的梯田每个台阶修建的田面宽度和地坎高度规格不一,田面不够水平,弯曲起伏,造成每个台阶的水土流失强度不同,并且整块梯田按台阶分配至多家农户进行种植,种植结构和施肥习惯略有差别,从而引起中游梯田养分变化较为波动。但梯田底部台阶养分含量仍高于上部,说明梯田修建质量、种植结构和施肥对整个梯田养分含量由上部流失到下部过程略有影响,但作用结果较小。

　　下游梯田全氮和全磷养分含量在各土层随台阶逐级上升趋势较平缓,底部养分略高于上部,这与下游梯田本身每个台阶较规整、田面相对水平、地坎较低,并且所在坡面较缓有关,水土流失强度小,养分流失和迁移得不强烈。

　　梯田8月土壤养分随梯田台阶的逐级变化与4月相似(图9.12),沿台阶自上而下略有波动,但总体呈现上升趋势。受种植季节和汛期影响,上升趋势相比4月要平缓一些。

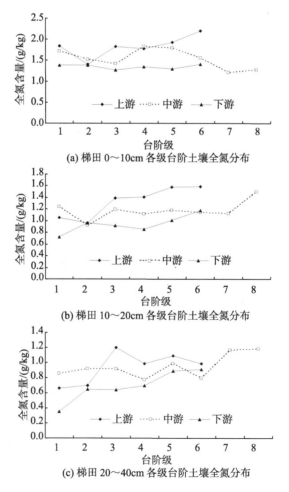

(a) 梯田 0～10cm 各级台阶土壤全氮分布

(b) 梯田 10～20cm 各级台阶土壤全氮分布

(c) 梯田 20～40cm 各级台阶土壤全氮分布

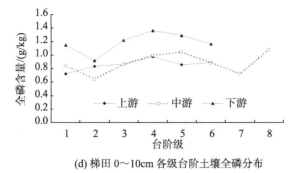

(d) 梯田 0～10cm 各级台阶土壤全磷分布

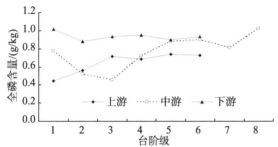

(e) 梯田 10～20cm 各级台阶土壤全磷分布

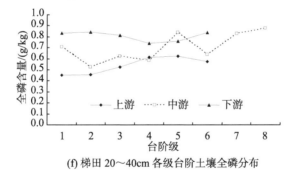

(f) 梯田 20～40cm 各级台阶土壤全磷分布

图 9.11　4 月梯田各土层深度下土壤全氮全磷随台阶的逐级变化

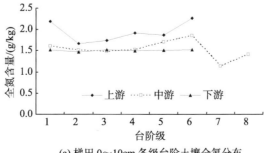

(a) 梯田 0～10cm 各级台阶土壤全氮分布

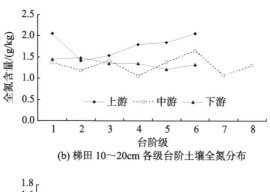

(b) 梯田 10～20cm 各级台阶土壤全氮分布

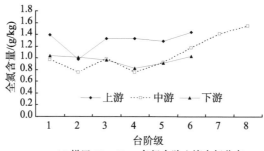

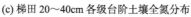

(c) 梯田 20～40cm 各级台阶土壤全氮分布

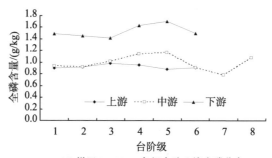

(d) 梯田 0～10cm 各级台阶土壤全磷分布

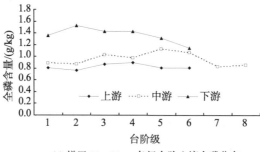

(e) 梯田 10～20cm 各级台阶土壤全磷分布

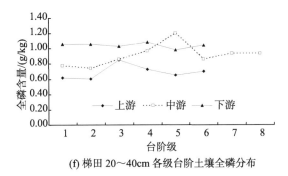

(f) 梯田 20～40cm 各级台阶土壤全磷分布

图 9.12　8 月梯田各土层深度下土壤全氮全磷随台阶的逐级变化

2. 土壤养分在梯田台阶不同部位的分布特征

在每块梯田田面靠上一个台阶田面的部位称"里坎",靠下一个台阶田面的部位称"外坎",对梯田台阶里坎、外坎以及田面中部养分进行 ANOVA 检验,8 月3 个土层下呈现一定的差异性($p < 0.05$),说明梯田台阶不同部位影响其土壤养分的分布。具体表现为表 9.3,全氮含量在 3 个土层深度下均为外坎 > 中部 > 里坎;而全磷含量在底层表现出相同规律:外坎 > 中部 > 里坎,而在 0～10cm 和 10～20cm 中部和外坎全磷含量相当,但里坎全磷含量仍为最低。

表 9.3　梯田台阶不同部位的养分状况

土层厚度/cm	全氮含量/(g/kg)			全磷含量/(g/kg)		
	里坎	中部	外坎	里坎	中部	外坎
0～10	1.68	1.80	1.87	0.99	1.06	1.05
10～20	1.48	1.63	1.73	0.88	0.97	0.96
20～40	0.98	1.10	1.22	0.86	0.87	0.92

梯田是在斜坡地上挖里填外培土筑埂修建而成的,因此梯田外坎的土层相对较厚,外坎紧邻梯田坎埂侧面,具有良好通气及存在水分蒸发等作用,而里坎的土层较薄,同时长期受不同水、气、热条件的影响(朱清科,1996;金志荣等,1988;北京市教育局教材编写组,1975),含水率高,土壤紧实,通气状况远不及外坎部位,这就直接影响到土壤养分积累,造成土壤理化性状的较大差异。

9.2.5　梯田规格对土壤养分含量的影响

通常认为梯田的建设可以有效地改变地面坡度和径流系数,缩短原有坡面坡长,具有较强的水土保持作用,是治理坡耕地的有效措施。但是在实践中,受制于梯田的工程质量和设计标准，如田面的平整程度、地坎的高度及牢固性等因素的影响，梯田的减水减沙效益很难达到100%(朱安香和阎彦梅，2011；康玲玲等，2006；吴发启等，2003)，从而间接造成养分随水土的流失，影响养分含量。针对研究区的梯田的设计标准的修建特点，对梯田规格特征与土壤养分含量的相关性进行分析(表9.4)。

表 9.4 梯田规格特征与土壤养分含量的相关性

养分	田面长度	田面宽度	田面坡度	地坎高度	台阶分级	里外坎
全氮	0.471**	−0.163**	−0.244**	0.257**	0.065	0.101*
全磷	−0.431**	0.150**	−0.098*	−0.383**	0.081	0.023

**表示极显著相关，$p<0.01$；*表示显著相关，$p<0.05$。

表 9.4 表明：土壤全氮养分含量与梯田田面长度、地坎高度呈极显著正相关，相关系数分别为 0.471 和 0.257；与所在梯田台阶的不同部位成显著正相关，相关系数为 0.101；而与田面宽度和坡度成极显著负相关，相关系数分别为−0.163 和−0.244。土壤全磷养分含量与田面宽度呈极显著正相关，相关系数为 0.150；与田面长度、坡度和地坎高度呈极显著负相关，相关系数分别为−0.431、−0.098 和−0.383。

陡坡地修建梯田后，坡度越陡，梯田田面越窄，地坎越高。而缓坡地修建梯田后，坡度越缓，梯田越宽，地坎越低。田面窄可以减小径流形成汇流面积，减少土壤氮素的流失量。但是田面宽度的降低会影响泥沙的沉降，导致产沙量有所增加，增加土壤磷素的流失量(刘世梁等，2011)。田面不平整，导致径流在田面凹处容易形成淤积，对氮素和磷素的流失都造成很大的影响。地坎高使得土层增厚，提高了土壤蓄水能力，使得氮素易随径流就地入渗，蓄存在自身土体中。但地坎增高却对磷素产生负作用，使得磷素更易流失，地坎高度通过对泥沙沉降量的直接影响，对磷素含量起间接作用。梯田台阶对养分的沉积作用影响不大，但也间接影响在不同台阶上的含量，底部台阶会略高于上部台阶。而梯田台阶的不同部位对氮素的影响大于磷素，越靠近田面外侧，水热气条件越优良，更利于养分的矿化作用。寻找梯田减少养分流失的最优断面设计，确定最佳田面宽度和地坎高度需要在今后做进一步的深入研究；同时，不同类型及质量的梯田对坡面水土保持效应与养分含量的影响及作用机理，不同地形地貌条件、降水和空间配置条件下，也需要进一步研究。

9.3 坡改梯土壤养分空间变异性及有效性对比研究

坡面是流域的基本单元，坡面水土流失加剧了区域土壤质量退化及生产力下降

(尹娜，2010)，且坡面水土流失是造成河流非点源污染的主要途径，坡耕地又是坡面水土流失的主要源头，水平梯田的建设，可以有效遏制坡耕地水土流失造成的河流污染，保护河流水质洁净(白丹等，2010)。前人多集中在坡改梯之后对坡面减水、减沙效益的分析，而鲜有对坡改梯之后养分空间变异及有效性的对比，本节从田块尺度出发，以坡面单元为研究对象，通过分析梯田和坡耕地的养分空间分布特征、迁移规律和养分有效性来进一步阐明坡改梯对土壤环境的响应机制，对丰富研究区坡地治理措施的理论基础、提高坡面土壤的生产力以及减少坡面物质对水体的非点源污染具有重要意义。

9.3.1 土壤养分的总体含量特征

梯田和坡耕地在各土层深度下土壤养分的统计特征见表 9.5。梯田和坡耕地养分含量均随土层深度的增加而降低，其变化范围也随之减小。梯田土壤全氮、全磷和有机碳在 0～10cm 的均值分别为 1.94 g/kg、0.92 g/kg 和 1.61 g/kg，坡耕地土壤全氮、全磷和有机碳在 0～10cm 的均值分别为 1.02 g/kg、0.61 g/kg 和 0.75 g/kg。在土层深度 0～10cm 和 10～20cm 下，土壤全氮、全磷和有机碳的变异系数均为中等变异，但坡耕地的变异系数较大，表明坡耕地土壤养分不均匀性更大，主要原因是随着水土流失的发生，养分也会随之迁移，造成了养分在坡面上存在一定的分布差异。梯田的变异系数整体小于坡耕地，这是由于梯田水土流失量小，对养分迁移的影响较小。

表 9.5　不同深度下梯田和坡耕地土壤养分的统计特征

养分	土层厚度/cm	样品量/个	极小值/(g/kg)	极大值/(g/kg)	均值/(g/kg)	标准差/(g/kg)	C_V/%	K-S(p)
				梯田				
全氮	0～10	72	1.16	2.61	1.94	0.31	15.85	0.530
	10～20	72	0.86	2.5	1.78	0.33	18.77	0.584
全磷	0～10	72	0.55	1.34	0.92	0.13	13.91	0.766
	10～20	72	0.55	1.4	0.83	0.14	16.73	0.975
有机碳	0～10	72	0.91	2.13	1.61	0.28	17.54	0.789
	10～20	72	0.58	2.18	1.5	0.31	20.88	0.464
				坡耕地				
全氮	0～10	27	0.76	2.3	1.02	0.28	27.22	0.017
	10～20	27	0.48	1.44	0.7	0.2	28.83	0.317
全磷	0～10	27	0.18	0.99	0.61	0.16	25.64	0.908
	10～20	27	0.22	0.72	0.51	0.11	21.66	0.224

养分	土层厚度/cm	样品量/个	极小值/(g/kg)	极大值/(g/kg)	均值/(g/kg)	标准差/(g/kg)	C_V/%	K-S(p)
有机碳	0~10	27	0.58	0.92	0.75	0.09	11.33	0.88
	10~20	27	0.35	0.72	0.52	0.1	19.76	0.779

注：K-S(p)，正态分布显著性水平为 $p>0.05$。

9.3.2　土壤养分的空间结构分析

在 GS+7.0 软件中对两个土层深度下梯田和坡耕地的土壤属性进行半方差函数模拟得到各自的理论模型及其拟合参数值，并将各地统计学参数归纳于表 9.6 中。选取拟合度(R^2)最高且残差平方和(RSS)最小的模型作为最优模型。全氮的最优模型在梯田 10~20cm 深度下为高斯模型，在梯田表层和坡耕地两个深度下均为球状模型；全磷的最优模型在梯田 0~10cm 深度下为高斯模型、10~20cm 深度下为球状模型，在坡耕地两个深度下均为线性模型；有机碳的最优模型在梯田和坡耕地的表层均为高斯模型，10~20cm 深度下均为球状模型。

表 9.6　不同深度下梯田和坡耕地土壤属性的空间结构特征

养分	土层厚度/cm	块金值	基台值	块金系数/%	变程	模型	R^2	RSS
				梯田				
全氮	0~10	0.00	0.10	1.45	16.14	球状	0.76	2.65e-03
	10~20	0.01	0.11	10.14	15.42	高斯	0.77	2.04e-03
全磷	0~10	0.00	0.02	0.06	14.12	高斯	0.51	1.35e-04
	10~20	0.01	0.02	16.54	18.17	球状	0.39	4.61e-04
有机碳	0~10	0.01	0.08	10.46	15.75	高斯	0.58	3.31e-03
	10~20	0.01	0.10	4.68	16.36	球状	0.68	2.03e-03
				坡耕地				
全氮	0~10	0.02	0.06	29.10	11.02	球状	1.00	2.61e-07
	10~20	0.01	0.05	17.05	12.38	球状	1.00	1.79e-08
全磷	0~10	0.02	0.03	63.73	12.85	线性	0.45	2.08e-05
	10~20	0.01	0.01	78.37	12.85	线性	0.68	3.10e-07
有机碳	0~10	0.00	0.01	3.42	9.27	高斯	1.00	2.63e-08
	10~20	0.00	0.01	12.55	11.89	球状	1.00	1.80e-09

梯田的各养分块金系数在 0.06%~16.54%波动，说明各养分在梯田土壤中均具有较强的空间相关性，且主要受结构因素影响。而坡耕地的块金系数变化差异较大，其全磷和全氮块金系数均高于梯田，特别是全磷元素块金系数在 10~20cm 土层下

达到了 78.37%，空间相关性极弱，随机因子加剧了养分在坡耕地土壤中的空间变异程度。另外，梯田养分的变程在 14.12～18.17m，而坡耕地的变程在 9.27～12.85m，这也直接说明梯田养分空间相关性较坡耕地大。

土壤有机碳空间变异性在梯田和坡耕地中均较弱，坡耕地有机碳的块金系数仅在 3.42%～12.55%，空间相关性较强，说明结构性因子是影响土壤有机碳含量分布特征的主要因素。近几年来农民在种植过程中施用氮磷等复合化肥，越来越忽视对土壤中有机物质的供给，致使土壤中有机碳的含量更多地受到土壤类型和成土母质的影响，而受施肥等随机因素的影响较小(姜勇等，2003)。因此，梯田和坡耕地的有机碳空间结构性差异不大。

可以看出在田块尺度上，各养分元素间具有相近的结构性因子(姜勇等，2005)，坡耕地较大的块金值表明较小尺度上的水土流失过程不可忽视；而梯田发挥其水土保持作用，能够有效地减缓养分的迁移过程，使得土壤养分具有强烈的空间相关性而在土体中均匀分布。梯田的块金方差低于坡耕地，但多数养分仍大于 0，因此，梯田土壤养分空间结构分布中由随机因素引起的微弱变异也值得关注。

9.3.3　空间插值分析

分别对梯田和坡耕地在土层深度 0～10cm 和 10～20cm 下的土壤全氮、全磷、有机碳进行空间克里格差值分析，结果见图 9.13 和图 9.14。梯田和坡耕地东北方向为坡面上部，西南方向为坡面下部。结果表明，梯田全氮养分受梯田坎埂影响而呈阶梯状分布，由东北到西南方向养分含量逐渐增大，说明梯田土壤全氮随梯坎的降

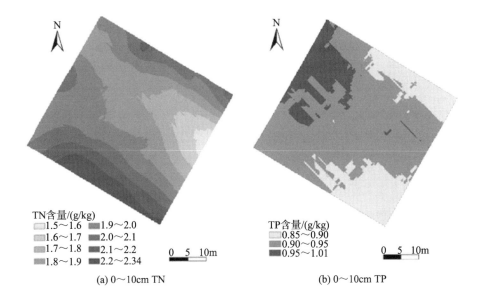

TN含量/(g/kg)
1.5～1.6　1.9～2.0
1.6～1.7　2.0～2.1
1.7～1.8　2.1～2.2
1.8～1.9　2.2～2.34
0　5　10m

TP含量/(g/kg)
0.85～0.90
0.90～0.95
0.95～1.01
0　5　10m

(a) 0～10cm TN　　　　　　　　　(b) 0～10cm TP

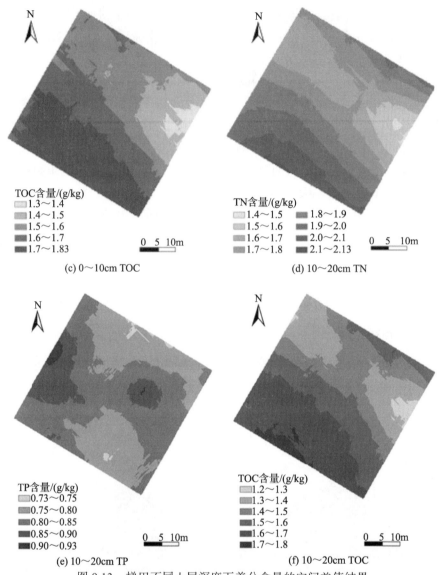

(c) 0~10cm TOC　　　　　　　　　(d) 10~20cm TN

(e) 10~20cm TP　　　　　　　　　(f) 10~20cm TOC

图 9.13　梯田不同土层深度下养分含量的空间差值结果

低呈增大趋势。梯田全磷养分分布较为连续，在表层超过 2/3 的面积土壤全磷含量处在这层全磷含量的平均值水平，而下层土壤同样有 1/2 的面积的全磷含量能够达到该层全磷平均值，表现出相对较好的空间同质性特征。不少研究指出，土壤中有机氮与全氮具有很好的相关性，且全氮中 90%以上为有机氮(徐国策等，2011)，因此梯田有机碳分布格局与全氮较为相似，但有机碳分布格局中的变化级差比全氮小，这是因为土壤中有机碳分布与有机质关系密切，有机质较不易发生迁移，且影响因素较多。

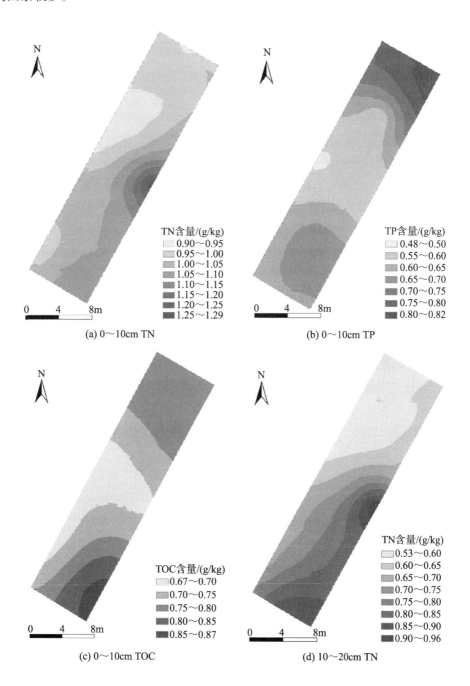

(a) 0～10cm TN

(b) 0～10cm TP

(c) 0～10cm TOC

(d) 10～20cm TN

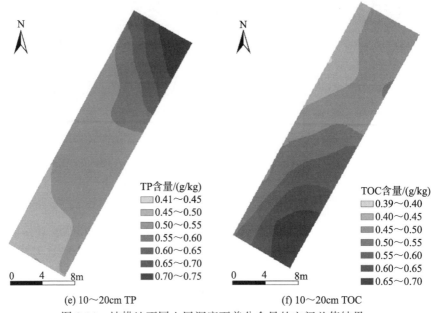

(e) 10～20cm TP　　　　　　　　　　　(f) 10～20cm TOC

图 9.14　坡耕地不同土层深度下养分含量的空间差值结果

　　坡耕地全氮和有机碳含量在 0～10cm 总体上呈现向坡下部汇聚的趋势,这与土壤养分随降雨径流向坡耕地下部迁移有关;在 10～20cm,土壤全氮和有机碳呈现与 0～10cm 相似的分布方式,但分层更加明显。土壤全磷在坡耕地 0～10cm 上部含量较大,但也呈现出随坡面迁移的趋势,其在 10～20cm 呈现出明显的从坡上部至坡下部的降低趋势,表现出与土壤全氮和有机碳分布的差异,这是因为土壤磷素以及施加的磷肥容易与土壤成土矿物、氧化物及土壤表面的固磷介质形成不易溶解的稳定化合物,该化合物常为沉淀态,或吸附于土壤颗粒物表面(Haygarth and Jarvis, 1999),不易发生迁移。在 10～20cm,壤中流有一定发育(彭圆圆等,2012),全磷中的速效磷流失较大,表现出较明显的分层现象。总之,土壤养分在整个坡耕地的分布多呈层状和块状分布,养分含量坡面分布差异较大。

9.3.4　土壤养分有效性对比

　　生态系统中养分和能量间的流动过程是相互耦合的,其循环过程和流动速率受到养分比例的制约(王绍强和于贵瑞,2008)。植物体内养分含量取决于自身养分需求和土壤养分供应两者的动态平衡,而土壤养分的有效性就是调节这种平衡关系的主要因素,较低的土壤养分有效性会制约植物的生长和生理代谢过程。限制性最强的养分决定了所有养分元素的循环速度,土壤养分间失衡严重,会导致养分更易流失，造成环境污染的同时也使得土壤肥力下降。因此，研究土壤养分间的比例平衡和有效性，对提高土壤生产力和土壤质量具有十分重要的意义。对梯田和坡耕地的各养分间构成比例和有效性计算结果见表 9.7。

表 9.7 土壤养分构成比和有效性

指标	NH$_4^+$-N /TN/%	NO$_3^-$-N /TN/%	有机氮/%	AP/TP/%	N/P	C/N
			0～10 cm			
梯田	1.42	5.77	92.81	1.99	2.14	0.83
坡耕地	1.89	2.28	95.83	1.86	1.83	0.76
			10～20 cm			
梯田	1.06	5.01	93.95	1.96	2.20	0.84
坡耕地	1.66	1.86	96.48	1.52	1.47	0.77

氮素是植物最重要的结构物质，又是植物生长过程中部分代谢酶的重要成分。而不同形态的氮素在植物生长和代谢中产生不同的效应，其中，硝氮和氨氮是植物吸收的主要的氮源(曹翠玲和李生秀，2004)。研究区梯田和坡耕地土壤中无机矿质氮均以硝氮为主，硝氮在梯田中占全氮含量百分比平均值在 5.01%～5.77%，高于坡耕地 3%左右。硝氮能够提高植物叶片的光呼吸速率，促进植物合成碳水化合物中蔗糖的积累(Cruz et al.，2006)，提高矿质阳离子的吸收量，增加细胞的渗透势(Engels and Marschner，1993)，提供更多的生物能量而利于植物的成长和生理代谢等活动(曹翠玲和李生秀，2004；赵越等，2001)；而氨氮过多会导致植物吸收较多的矿质阴离子，使阳离子的吸收作用得到抑制，进而产生氨害(曹翠玲和李生秀，2004；赵越等，2001)，因此，坡耕地中氨氮含量略高于梯田，会对植物阳离子吸收作用产生负效应。梯田的全氮含量中硝氮略高和氨氮略低的结构比能够为其农作植物带来更多的生物量和产量。另从计算结果中可以看出，梯田和坡耕地土壤中氮素组分构成均以有机氮为主，占全氮含量百分比的平均值达 90%以上，但在梯田中的构成比例相对坡耕地大约低 3%，表明梯田中有机氮转化效率要更高一些，转换为更易吸收的无机矿质氮利于植物生长。

土壤速效磷主要指土壤中能够随土壤性质变化而溶解的磷酸根、代换吸附态磷酸根离子，主要存在于土壤有机磷、无机磷和磷酸盐固相矿物当中(沈善敏，1998；袁可能，1983)，可被植物直接吸收用于自身生长活动。速效磷占全磷含量百分比平均值极低，仅为 1%～2%，在梯田表层土壤中略高于坡耕地 0.13%，在土层 10～20cm 土壤中高于坡耕地 0.44%。梯田土壤中磷素养分有效性更高。

氮磷作为植物生长的必需矿质营养元素和生态系统常见的限制性元素，在植物体内存在功能上的联系，两者之间具有重要的相互作用(王绍强和于贵瑞，2008)。农业种植中，对氮磷养分需求量较大，依靠土壤本身供应往往得不到满足，必须通过氮磷化肥的施加得以补给，如偏施、重施单一化肥，造成养分比例不协调，养分失衡状况较为严重，更易流失，因此，世界平衡施肥建议氮磷最佳比例为(2.5～2):1(王晓燕，2011)。通过计算得出研究区全氮与全磷的比值：梯田为 2.14:1、坡耕地为 1.83:1，说明梯田的土壤中氮磷比例较坡耕地更为合理。

土壤有机碳与全氮的比值是土壤重要的化学性质，反映有机质的质量和数量、氮素的含量和有效程度、土壤肥力和耕作程度，是表征土壤质量的重要指标(戴朱恒，1983)。通常也是土壤氮素矿化能力的标志，与土壤中氮素的矿化、固定和硝化密切相关(张彦军等，2012；张春华等，2011)。土壤碳氮比的演变对衡量碳氮营养物质循环具有重要意义(张春华等，2011)。近几年，随着人们对有机肥的投入显著减少，研究区农耕地土壤的碳氮比值整体较低，但梯田的碳氮比同样高于坡耕地，有机碳在梯田中可较好地受到保护，更加稳定且含量更高。当氮含量相同时，在梯田中会积累储存更多的有机碳，表明梯田土壤具有的汇集碳氮的能力更强。倡导秸秆和根茬还田以提高土壤有机质含量时，需加强对坡耕地的管理。

梯田发挥减水减沙的作用可显著改善土壤质量，土壤养分间的结构比例相对协调、平衡，土壤养分有效性更高；而坡耕地因水土流失过程更为剧烈，养分迁移流失速率较高而得不到有效的累计富集，进一步导致土壤退化。因此，梯田土壤质量优于坡耕地。

9.4　不同治理年限坡改梯的土壤理化性质演变

本节以丹江流域商南县不同治理年限梯田土壤为研究对象，揭示了不同治理年限坡改梯中土壤理化性质和土壤可蚀性的变化。

9.4.1　不同治理年限坡改梯的土壤理化性质演变

采集 2009 年、2008 年、2007 年、1999 年、1996 年不同治理时期的梯田和附近坡耕地土壤剖面 0～60cm 不同层次的土壤，采样地点均为南坡坡面坡中部。南坡不同治理年限坡改梯和对比坡耕地的土壤剖面采样地点情况见表 9.8。不同治理年限坡改梯土壤坡面理化性质见图 9.15。在坡改梯的初期(2009 年，2008 年修筑)，梯田的平均土壤容重高于坡耕地，随着治理时间的延长(2007 年、1999 年、1996 年修筑)，梯田的平均土壤容重逐渐小于坡耕地。无论是梯田还是坡耕地，从表层到底层，土壤容重呈现降低趋势。

在坡改梯的初期(2009 年修筑)，从表层到底层，有机质的含量差异较小；全氮、氨氮和全磷除 0～10cm 明显较高以外，其他层次差异较小。随着治理时间的延长(2008 年、2007 年、1999 年)，各层次的养分含量呈现波动变化。达到治理 15 年时(1996 年修筑)，从表层到底层，养分呈现降低趋势。而从表层到底层，坡耕地的养分含量一直呈现降低趋势。

表 9.8　土壤剖面的采样地点分布

剖面名称	采样地点	小流域名称	土壤类型	坡度/(°)	主要植被	郁闭度/%	备注
2009 年新修梯田	过凤楼镇柳树湾村	水利沟	黄棕壤	5	花生，已收获，仅有少量杂草	5	"丹治"工程
2009 年对比坡耕地	过凤楼镇柳树湾村	水利沟	黄棕壤	12	玉米，已收获，仅有少量杂草	5	
2008 年新修梯田	金丝峡镇白玉河口村	朱利沟	黄棕壤	8	花生，已收获，仅有少量杂草	2	"丹治"工程
2008 年对比坡耕地	金丝峡镇白玉河口村	朱利沟	黄棕壤	17	花生，已收获，仅有少量杂草	2	
2007 年新修梯田	富水镇沐河村	富水河	黏壤土	2	玉米，未收获	80	"丹治"工程
2007 年对比坡耕地	富水镇沐河村	富水河	沙壤土	18	玉米，未收获	80	
1999 年新修梯田	城关镇党马店村	索峪河	沙壤土	2	玉米，未收获	60	"长治"工程
1999 年对比坡耕地	城关镇党马店村	索峪河	沙壤土	20	玉米，未收获	80	
1996 年新修梯田	试马镇八龙村	清泉	黄棕壤	4	玉米，未收获	90	"长治"工程
1996 年对比坡耕地	试马镇八龙村	清泉	黄泥土	15	玉米，未收获	70	

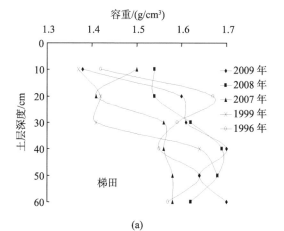

(a)

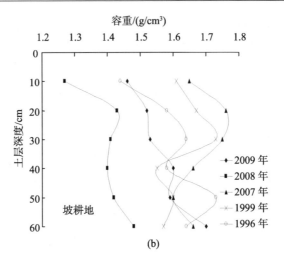

(b)

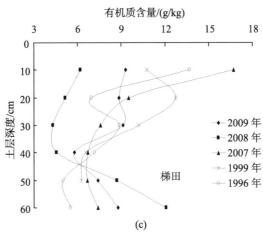

(c)

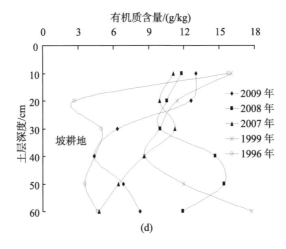

(d)

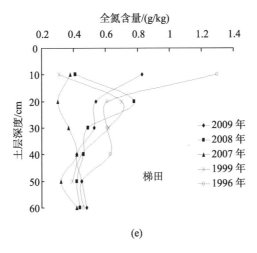

(e)

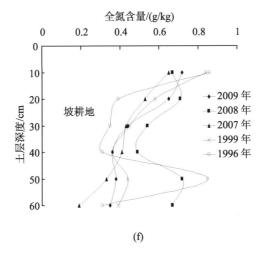

(f)

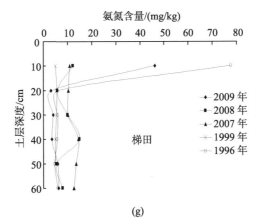

(g)

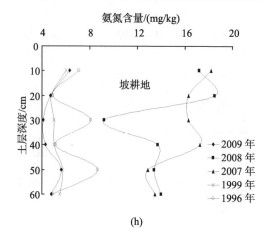

(h)

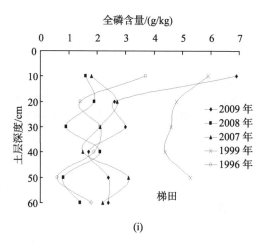

(i)

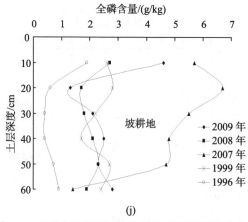

(j)

图 9.15 不同治理年限坡改梯土壤坡面的理化性质

南坡不同治理年限梯田和坡耕地的土壤养分密度见图 9.16。在治理初期(2009年修筑)，梯田的有机质密度与坡耕地的密度接近，而全氮、氨氮和全磷的密度比坡耕地略高；随着治理时间的延长，3～4 年后(2008～2007 年修筑)，梯田的密度比坡耕地降低；治理 12 年后(1999 年修筑)，梯田的全磷密度已高于坡耕地；治理 15年后(1996 年修筑)，梯田的有机质、全氮、氨态氮和全磷的密度均高于坡耕地。

在坡改梯的初期，由于土层发生扰动而变得疏松，养分随着壤中流的增加而淋溶和流失。随着治理时间的增加，坡改梯的土壤结构逐渐稳定，养分得以固定，养分密度高于坡耕地，显示出其保存养分的作用。

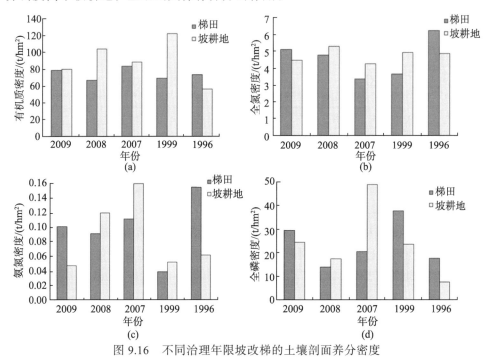

图 9.16　不同治理年限坡改梯的土壤剖面养分密度

不同治理年限梯田和坡耕地的土壤养分密度的 t 值检验结果见表 9.9。t 值检验结果显示梯田和坡耕地的各项土壤养分密度均没有达到显著水平。

表 9.9　不同治理年限梯田和坡耕地的土壤养分密度的 t 值检验

项目	t	p	显著水平
有机质	1.248	0.280	
全氮	0.271	0.800	$t_8(0.05)=2.306$，$t_8(0.01)=3.355$
氨氮	0.418	0.697	
全磷	0.061	0.954	

9.4.2 坡改梯对土壤可蚀性的影响

梯田的治理时间分别为 2009 年、2008 年、2007 年、1999 年，梯田和对比坡耕地土壤剖面可蚀性 K 值见图 9.17。在梯田新修时，与坡耕地的土壤可蚀性 K 值基本一致；3～4 年后，梯田比坡耕地的土壤可蚀性 K 值略有升高；耕作 11 年后，梯田比坡耕地的土壤可蚀性 K 值明显降低。

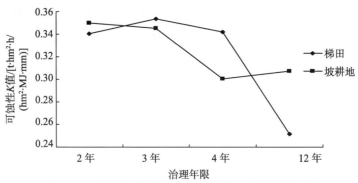

图 9.17　不同治理年限坡改梯土壤剖面的可蚀性 K 值

梯田和对比坡耕地可蚀性 K 值特征值见表 9.10。梯田的土壤可蚀性 K 值的最大值、标准差和变异系数均大于对比坡耕地，而最小值和平均值均小于对比坡耕地。梯田的土壤可蚀性 K 值的平均值与对比坡耕地接近，但却显示出较大的变异。坡耕地在改造为梯田的过程中，土壤剖面各层次的颗粒组成发生较大变化，导致可蚀性 K 值发生波动。

表 9.10　不同治理年限梯田和对比坡耕地土壤可蚀性 K 值特征值

土地利用类型	最大值	最小值	平均值	标准差	变异系数 C_V/%
梯田	0.354	0.252	0.322	0.00223	0.69
对比坡耕地	0.35	0.301	0.326	0.000641	0.20

注：土壤可蚀性 K 值单位为 $t \cdot hm^2 \cdot h/(hm^2 \cdot MJ \cdot mm)$。

对梯田和对比坡耕地土壤平均可蚀性 K 值进行 t 值检验，结果 $t=0.175$，$p=0.872$，不显著，$t_6(0.05)=2.447$。

参考门明新等(2004)的计算和划分方法，可将土壤可蚀性 K 值划分为高易蚀性、易蚀性、较易蚀性、较难蚀性、难蚀性、高难蚀性 6 个等级。从图 9.17 中可以看出，各土地利用类型、大部分梯田和对比坡耕地均属于易蚀土；只有 1999 年新修梯田、2007 年和 1999 年对比坡耕地的表层等少部分土层属于较易蚀土。

本章在土壤学相关理论研究的指导下,通过实地调查取样和实验室内理化分析相结合的方法,对丹江上游流域梯田水土养分保持作用开展了深入研究,将有助于梯田的功能完善和建设发展,科学利用和保护梯田资源,对控制坡面水土流失具有重要意义。所取得的主要结论如下。

(1) 研究区内梯田土壤养分含量空间分布规律表现为:水平方向全氮为上游 > 中游 > 下游,全磷则表现为上游 < 中游 < 下游。垂直方向分布为随土壤深度的增加而降低。梯田土壤养分随梯田不同台阶的分布规律为底部台阶 > 中部台阶 > 上部台阶。梯田在台阶的不同部位受不同水、气、热条件的影响,外坎养分高于里坎。土壤养分随时间变化规律表现为:8 月土壤养分含量整体高于 4 月,其中,水平方向上,全氮养分的增加量在上游梯田相对较大,全磷养分的增加量在下游梯田最大。垂直方向上,梯田就地拦蓄形成壤中流,使得 $10 \sim 20cm$ 处养分含量增幅最大,表层养分因流失强烈而增幅最小。

(2) 梯田的工程质量和设计标准影响土壤养分含量,土壤全氮、全氮养分含量与梯田田面长度、宽度、坡度、地坎高度、台阶级数及部位呈不同显著程度的相关性;研究区梯田 4 月全氮存储量为 $5.47t/hm^2$、全磷存储量为 $2.25t/hm^2$,8 月全氮存储量为 $6.51t/hm^2$、全磷存储量为 $3.94t/hm^2$,全氮存储量高于全磷,8 月养分存储量高于 4 月。

(3) 研究区内梯田土壤可蚀性 K 值变化范围在 $0.3 \sim 0.4$,水平方向表现为中游梯田的土壤可蚀性 K 值最高,上游梯田可蚀性总体平均值略高于下游。垂直方向上表现为随土层深度增加而逐渐增大。经过汛期及种植季后,K 值均有不同程度的增加,土壤抵抗侵蚀的能力下降。研究区内梯田土壤可蚀性 K 值均与砂粒含量呈极显著负相关,与粉粒和黏粒含量呈极显著正相关,K 值大小受细颗粒含量影响较为显著,其中,粉粒的影响贡献率更大;与土壤中有机质、全氮、全磷呈现不同显著程度的负相关性,而与速效养分相关性较弱;土壤可蚀性 K 值能够很好地反映研究区梯田土壤结构及性质,可以作为评价土壤质量的有效指标之一。

(4) 梯田发挥其水土保持作用,使得环境条件对于其养分迁移的影响较小,表层及中层土壤养分变异含量系数较小,且具有强烈的空间相关性而在土壤中均匀分布;在水平方向上随地表径流迁移极少,主要在坡面下部沉积;梯田就地拦蓄的径流使得壤中流活跃,深部土壤养分含量变异系数较大,养分主要随壤中流以垂直方向迁移为主,被更好地固定蓄存在自身土体中。梯田可显著改善土壤质量,土壤养分间的结构比例相对协调、平衡,土壤养分有效性更高。

(5) 坡耕地土质疏松,养分含量较高,是面源污染主要策源地。梯田在修筑初期,土壤结构发生巨变,理化性质混乱。但随着治理时间的延长,土壤结构和理化性质逐渐稳定，显示出保土保肥的作用。梯田的土壤可蚀性 K 值随着治理时间的延长呈现出先略有升高，然后逐渐降低的趋势。梯田的土壤可蚀性 K 值的变异系数大于对比坡耕地，显示坡耕地在改造为梯田的过程中，土壤剖面各层次的颗粒组成发生较大变化。

参 考 文 献

白丹, 王玮, 王勇, 2010. 南水北调中线水源区水平梯田建设效益分析[J]. 西北大学学报, 2(1): 158-161.

北京市教育局教材编写组, 1975. 土壤[M]. 北京: 人民出版社.

曹翠玲, 李生秀, 2004. 氮素形态对作物生理特性及生长的影响[J]. 华中农业大学学报, 23(5): 581-586.

戴朱恒, 1983. 从碳氮变化看上海土壤的养分状况[J]. 上海农业科技, (3): 23-24.

方正三, 1985. 关于黄土高原梯田的几个问题[J]. 中国水土保持, (8): 7-10.

葛方龙, 张建辉, 苏正安, 等, 2007. 坡耕地紫色土养分空间变异对土壤侵蚀的响应[J]. 生态学报, 27(2): 459-464.

哈德逊, 1976. 土壤保持[M]. 窦葆璋, 译. 北京: 科学出版社.

贺敬滢, 张桐艳, 李光录, 2012. 丹江流域土壤全氮空间变异特征及其影响因素[J]. 中国水土保持科学, 10(3): 81-86.

胡国庆, 董元杰, 史衍玺, 等, 2010. 坡面土壤侵蚀空间分异特征的磁性示踪法和侵蚀针法对比研究[J]. 水土保持学报, 24(1): 53-57.

姜勇, 梁文举, 张玉革, 2005. 田块尺度下土壤磷素的空间变异性[J]. 应用生态学报, 16(11): 2086-2091.

姜勇, 张玉革, 梁文举, 等, 2003. 沈阳市苏家屯区耕层土壤养分空间变异性研究[J]. 应用生态学报, 14(10): 1673-1676.

金志荣, 黄自俭, 陈惠英, 1988. 丘陵梯田里外坎土壤肥力与增产技术的研究[J]. 土壤肥料, (6): 6-9.

康玲玲, 张宝, 甄斌, 等, 2006. 多沙粗沙区梯田对径流影响的初步分析[J]. 水力发电, 32(12): 16-19.

李凤博, 蓝月相, 徐春春, 等, 2012. 梯田土壤有机碳密度分布及影响因素[J]. 水土保持学报, 2(1): 179-183.

刘世梁, 王聪, 张希来, 等, 2011. 土地整理中不同梯田空间配置的水土保持效应[J]. 水土保持学报, 25(4): 59-62, 68.

刘世梁, 王聪, 张希来, 等, 2011. 土地整理中不同梯田空间配置的水土保持效应[J]. 水土保持学报, 8(4): 59-62.

门明新, 赵同科, 彭正萍, 等, 2004. 基于土壤粒径分布模型的河北省土壤可蚀性研究[J]. 中国农业科学, 37(11): 1647-1653.

彭圆圆, 李占斌, 李鹏, 2012. 模拟降雨条件下丹江鹦鹉沟小流域坡面径流氮素流失特征[J].水土保持学报, 6(2): 1-5.

沈善敏, 1998. 中国土壤肥力[M]. 北京: 中国农业出版社.

宋阳, 刘连友, 严平, 等, 2006. 土壤可蚀性研究评述[J]. 干旱区地理, 29(1): 124-131.

王建中, 刘凌, 2007. 坡面氮、磷流失特征分析及预测[J]. 河海大学学报, 7(4): 359-362.

王绍强, 于贵瑞, 2008. 生态系统碳氮磷元素的生态化学计量学特征[J]. 生态学报, 28(8): 3937-3947.

王晓燕, 2011. 非点源污染过程机理与控制管理——以北京密云水库流域为例[M]. 北京: 科学出版社.

魏朝富, 高明, 谢德体, 等, 1995. 有机肥对紫色水稻土水稳性团聚体的影响[J]. 土壤通报, 26(3): 114-116.

吴电明, 夏立忠, 俞元春, 等, 2009. 坡耕地氮磷流失及其控制技术研究进展[J]. 土壤, 41(6): 857-861.

吴发启, 张玉斌, 宋娟丽, 等, 2003. 水平梯田环境效应的研究现状及其发展趋势[J]. 水土保持学报, 17(5): 28-31.

徐国策, 李占斌, 李鹏, 等, 2011. 丹江鹦鹉沟小流域土壤总氮空间变异特征研究[J]. 水土保持学报, 25(5): 59-63.

徐国策, 李占斌, 李鹏, 等, 2012. 丹江中游典型小流域土壤总氮的空间分布[J]. 地理学报, 67(11): 1547-1555.

许晓鸿, 隋媛媛, 张瑜, 等, 2012. 东北丘陵漫岗区坡耕地土壤抗蚀性研究[J]. 水土保持通报, 32(4): 32-35, 47.

薛萐, 刘国彬, 张超, 等, 2011. 黄土高原丘陵区坡改梯后的土壤质量效应[J]. 农业工程学报, 27(4): 310-316.

尹娜, 2010. 小流域水土流失治理对土壤养分空间分布调控作用的研究[D]. 西安: 西安理工大学硕士学位论文.

袁可能, 1983. 植物营养的土壤化学[M]. 北京: 科学出版社.

张春华, 王宗明, 居为民, 2011. 松嫩平原玉米带土壤碳氮比的时空变异特征[J]. 环境科学, 32(5): 1409-1414.

张金池, 李海东, 林杰, 等, 2008. 基于小流域尺度的土壤可蚀性 K 值空间变异[J]. 生态学报, 28(5): 2199-2206.

张彦军, 郭胜利, 南雅芳, 2012. 黄土丘陵区小流域土壤碳氮比的变化及其影响因素[J]. 自然资源学报, 27(7): 1214-1221.

赵越, 马凤鸣, 王丽艳, 等, 2001. 不同氮源对甜菜蔗糖合成酶的影响[J]. 黑龙江农业科学, (2): 11-12.

朱安香, 阎彦梅, 2011. 坡耕地新修梯田土壤水分状况研究[J]. 农业科技通讯, (1): 54-56.

朱冰冰, 李占斌, 李鹏, 等, 2009. 土地退化/恢复中土壤可蚀性动态变化[J]. 农业工程学报, 25(2): 56-61.

朱利安, 李定强, 魏秀国, 等, 2007. 广东省土壤可蚀性现状及影响因素分析[J]. 亚热带水土保持, 19(4): 4-7, 16.

朱明勇, 谭淑端, 顾胜, 等, 2010. 湖北丹江口水库库区小流域土壤可蚀性特征[J]. 土壤通报, 41(2): 434-436.

朱清科, 1996. 黄土高原梯田坎边附近土壤库水养分特征及影响因素分析[J]. 西北林学院学报, (4): 35-39.

BISSONNAIS Y L, 1996. Aggregate stability ang assessment of soil crustability and erodibility I: Theory and methodology[J]. European Journal of Soil Science, 47(4): 425-435.

BO Z H, LI Q Y, 1995. Preliminary study on the methods of soil erodibility value mapping[J]. Rural Eco-Enviroment, 11(1): 5-9.

CRUZ C, LIPS S H, MRTINS-LOUCAO M A, 2006. The effect of nitrogen on photosynthesis of carbon at high CO_2 concentrations[J]. Physiol Plant, 89(3): 552-556.

ENGELS C, MARSCHNER H, 1993. Influence of the form nitrogen supply on root uptake and translocation of catin in the xylem exudates of maize (Zea mays L.)[J]. J Exp Bot, 44(11): 1695-1701.

HAMMAD A H, BØRRESEN T, HAUGEN L E, 2006. Effects of rain characteristics and terracing on runoff and erosion under the Mediterranean[J]. Soil and Tillage Research, 87(1): 39-47.

HAYGARTH P M, JARVIS S C, 1999. Soil derived phosphorus in surface runoff from grazed grassland lysimeters[J]. Water Research, 13: 140-148.

LAL R, 1991. Soil and Water Conservation Academy, Translation by the Publication Center of Yellow River Resources Committee[M]. Erodibility and Erosion. Beijing: Science Press.

NIELSEN D R, BOUMA J, 1985. Soil Spatial Variability[M]. Wageningen: PUDOC.

VANCAMPENHOUT K, NYSSEN J, GEBREMICHAEL D, et al., 2006. Stone bunds and soil conservation in the northern Ethiopian highlands: Impacts on soil fertility and crop yield [J]. Soil and Tillage Research, 90(1/2): 1-15.

WISCHMEIER W H, MANNERING J V, 1969. Relation of soil properties to its erodibility [J]. Soil Society of American Proceeding, 33(1): 131-137.

WISCHMEIER W H, et al., 1971. A Soil Erodibility Nomograph Farmland and Construction sites [J]. Journal of Soil and Water Conservation, 26(5): 189-193.

ZHANG J H, SU Z A, LIU G C, 2008. Effects of terracing and agroforestry on soil and water loss in hilly areas of the Sichuan Basin[J]. Journal of Mountain Science, 5(3): 241-248.

第10章 丹汉江小流域氮磷流失迁移规律

10.1 鹦鹉沟小流域水土–养分流失过程

10.1.1 鹦鹉沟小流域断面氮素流失特征

1. 断面 1 氮素平均浓度计算

断面 1 的枯季径流是由流经农地的地表径流和农地壤中流汇聚而成的，但与汛期降雨产生的地表径流又有区别，故仍将其作为点源污染。2011 年和 2012 年 10 次降雨数据和 4 次基流监测数据的平均值见表 10.1。算出各次暴雨的产流量和非点源污染负荷量后，由式(10.1)可得出各自的平均浓度，再以各次暴雨的产流量为权重，由式(10.2)求得各种污染物多次暴雨洪水的非点源污染加权平均浓度(李怀恩，2000)。此外，由定期(特别是枯季)水质监测资料可算出各种污染物的(算术)平均浓度，用来近似代表点源污染(枯季径流)的平均浓度(秦耀民等，2009)。由此可得，断面 1 非点源污染氨氮、硝氮和总氮的平均浓度分别为 0.16mg/L、2.65mg/L 和 4.39mg/L，

表 10.1 鹦鹉沟流域断面 1 水质水量同步监测数据

数据类型	编号	降雨时长/h	采样次数	流量/(m³/s)	氨氮浓度/(mg/L)	硝氮浓度/(mg/L)	总氮浓度/(mg/L)
次降雨径流数据	1	13	5	0.08	0.03	2.75	4.34
	2	19	6	0.08	0.08	2.86	4.47
	3	7	3	0.07	0.06	3.03	4.68
	4	8	4	0.03	0.01	3.40	5.24
	5	13	4	0.06	0.16	2.73	4.34
	6	15	5	0.06	0.20	2.43	4.25
	7	36	10	0.09	0.24	2.68	4.40
	8	27	8	0.09	0.29	2.21	4.11
	9	46	16	0.12	0.22	2.14	3.87
	10	36	11	0.08	0.18	2.72	4.41
基流数据	1	0	1	0.002	0.20	1.17	2.21
	2	0	1	0.002	0.21	0.59	2.87
	3	0	1	0.003	0.15	2.43	2.98
	4	0	1	0.002	0.17	2.29	6.89

点源污染氨氮、硝氮和总氮的平均浓度分别为 0.18mg/L、1.40mg/L 和 2.68mg/L。由表 10.1 可以看出，断面 1 总氮含量全都超出 V 类水水质标准，氨氮浓度始终小于地表水环境质量标准(GB 3838—2002)中规定的 II 类水水质标准值 0.5mg/L，硝酸盐含量也始终小于地表水环境质量标准(GB 3838—2002)中规定的标准值 10mg/L，说明断面 1 氮素主要是总氮污染，需要采取控制措施。暴雨径流过程的非点源污染物的平均浓度由下式计算：

$$\overline{C} = W_{\mathrm{L}}/W_{\mathrm{A}} \tag{10.1}$$

式中，$\overline{C}$ 为单次暴雨径流过程的非点源污染物的平均浓度；W_{L} 为该次暴雨携带的负荷量(g)；W_{A} 为该次暴雨产生的产流量(m^3)。

$$C = \sum_{j=1}^m \overline{C_j}W_{\mathrm{A}j} / \sum_{j=1}^m W_{\mathrm{A}j} \tag{10.2}$$

式中，C 为多次暴雨洪水的非点源污染加权平均浓度；m 为总暴雨洪水次数；j 为第 j 次暴雨洪水；$W_{\mathrm{A}j}$ 为第 j 次暴雨洪水的产流量(m^3)。

2. 把口站氮素平均浓度计算

把口站是鹦鹉沟流域的出口断面，其和断面 1 之间有大量居民点，存在生产生活污染物排放。2011 年和 2012 年 10 场降雨数据和 4 次基流监测数据的平均值见表 10.2。从表 10.2 中可以看出，把口站总氮含量也都超出 V 类水水质标准，氨氮浓度始终小于《地表水环境质量标准》(GB 3838—2002)中规定的 II 类水水质标准值 0.5mg/L，硝酸盐含量也始终小于《地表水环境质量标准》(GB 3838—2002)中规定标准值 10mg/L，说明把口站水质依然主要是总氮污染。另外，硝氮含量约占总氮含量的 60%，表明硝氮在总氮中占主要部分，有机氮含量也较大，且不容忽视，这与断面 1 相同。根据式(10.1)和式(10.2)计算可得，把口站非点源污染氨氮、硝氮和总氮的平均浓度分别为 0.17mg/L、4.71mg/L 和 7.55mg/L，点源污染氨氮、硝氮和总氮的平均浓度分别为 0.20mg/L、2.12mg/L 和 4.08mg/L。由此可见，从断面 1 到把口站，水中氨氮浓度变化不大，这主要是因为河水在流动过程中与 O_2 有充分的接触，NH_4^+ 与水中 O_2 结合，在亚硝化细菌与硝化细菌的作用下最终生成 NO_3^-，从而使氨氮稳定在某一范围；硝氮浓度和总氮浓度则有较大的增加，这与农村生产生活污染物排放有直接关系。

表 10.2　鹦鹉沟流域把口站水质水量同步监测数据

数据类型	编号	降雨时长/h	采样次数	流量/(m³/s)	氨氮浓度/(mg/L)	硝氮浓度/(mg/L)	总氮浓度/(mg/L)
次降雨径流数据	1	13	5	0.19	0.17	5.01	8.06
	2	19	6	0.31	0.20	4.67	7.44

续表

数据类型	编号	降雨时长/h	采样次数	流量/(m³/s)	氨氮浓度/(mg/L)	硝氮浓度/(mg/L)	总氮浓度/(mg/L)
次降雨径流数据	3	7	3	0.30	0.17	4.84	7.7
	4	8	4	0.18	0.05	5.14	7.92
	5	13	4	0.15	0.11	5.64	8.72
	6	15	5	0.21	0.19	4.78	7.65
	7	36	10	0.30	0.25	4.4	7.17
	8	27	8	0.44	0.27	4.05	6.86
	9	46	16	0.51	0.12	4.14	6.65
	10	36	11	0.26	0.17	5.42	8.46
基流	1	0	1	0.006	0.13	2.05	2.77
	2	0	1	0.006	0.31	1.11	6.05
	3	0	1	0.007	0.09	3.20	3.42
	4	0	1	0.006	0.19	2.68	6.87

10.1.2　鹦鹉沟小流域断面养分水平迁移特征

1. 氮素随时间变化

1) 裸地

裸地条件下坡面各处氮素随时间的变化如图 10.1 所示。从图 10.1 中可以看出，随降雨历时的增加，总氮和硝氮流失浓度均呈增加的趋势，在 40min 内 A、B、C、D 各点硝氮和总氮的浓度分别增加了 36.94%、45.54%，32.91%、41.66%，13.01%、23.98%，54.50%、55.79%，D 点氮素浓度增加比率最大。其中，坡面上部(A 点)氮素流失浓度在整场降雨过程中均为持续增加趋势，B、C、D 点氮素浓度呈波动性增加，且与总氮相比，硝氮浓度变化更剧烈。

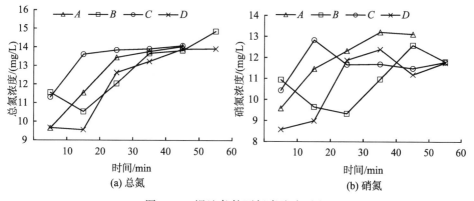

图 10.1　裸地条件下氮素流失过程

2) 秸秆覆盖

秸秆覆盖条件下坡面各处氮素随时间的变化如图 10.2 所示。由图可知，秸秆覆盖小区氮素流失浓度明显低于裸地小区，坡面各部位总氮及硝氮平均流失浓度分别较裸地小区减少了 6.00%和 5.00%，而且随降雨历时的增加，A、B、C、D 各点氮素流失浓度增加幅度也较裸地小区低，分别为 23.48%、22.21%、14.97%、11.91%、17.07%、16.36%和 26.89%、22.05%。说明秸秆覆盖这一水土保持措施在一定程度上可以减少降雨过程中的氮素流失，并减缓其流失浓度的增加速率，因此在未来的水土保持与非点源污染治理中，可以将其作为有效措施加以普及和应用。

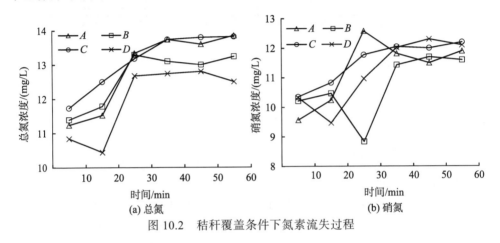

图 10.2　秸秆覆盖条件下氮素流失过程

3) 50%玉米+50%花生

50%玉米+50%花生地条件下，小区各点地表径流中氮素流失过程如图 10.3 所示。随着降雨历时的增加，总氮和硝氮的流失浓度均呈现波动性增加，且硝氮流失浓度变化幅度大于总氮，A、B、C 和 D 点总氮及硝氮增加幅度分别为 10.02%、21.02%、23.61%、21.32%，20.41%、12.62%和 33.29%、39.02%。其流失程度比秸秆覆盖条件严重，但仍比裸地条件下有所减缓，说明农作物在一定程度上也起到了防止地表养分流失的作用。与裸地和秸秆覆盖相似。坡面小区下部(D 点)流失浓度增加幅度最大。

4) 50%裸地+50%花生

坡面小区在 50%裸地+50%花生立地条件下，小区各点地表径流中氮素流失过程如图 10.4 所示。由图可得，全氮和硝氮流失浓度变化规律相似，整场降雨各点流失浓度增加幅度分别为 11.85%、31.52%，13.60%、12.42%，3.63%、3.89%和 19.17%、11.18%。由于坡面上部为裸地，因此 A、B 点养分流失浓度增加幅度相对较高，而花生在坡面下部起到了拦截径流减缓养分流失的作用，其氮素流失浓度增加的幅度最低达到 3.63%，而坡面下部的氮素流失浓度也呈现明显的波动性变化，正是花生作物对径流拦截及减缓养分流失的体现。

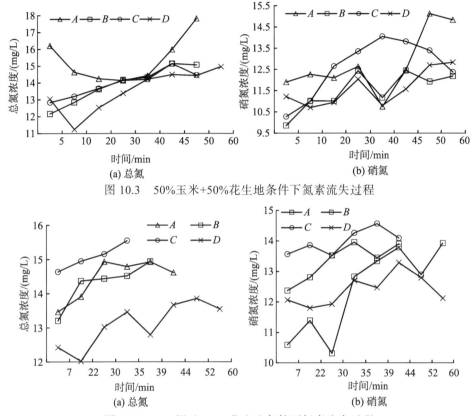

图 10.3　50%玉米+50%花生地条件下氮素流失过程

图 10.4　50%裸地+50%花生地条件下氮素流失过程

2. 磷素随时间变化

对于观测到的四场典型次降雨，在降雨期间分批次采集小流域断面径流，测定其总磷含量，如图 10.5 所示(A～F 分别代表降雨期间采集批次)。

鹦鹉沟小流域总磷流失浓度在 0.01～0.43mg/L (图 10.5)。2011 年小流域各断面径流总磷含量均高于 2012 年，说明随着小流域的治理及污染防治理念的宣传，流域的水质向好。且除了 0911 场次降雨，其余场次降雨各采样批次的总磷浓度都有先增大后减小的趋势，主要是因为径流的采样基本随降雨进行，体现了降雨初期径流中总磷流失逐渐增多，以及后期随径流减退，总磷含量也逐渐减少的过程。由于9 月 11 号进行径流采样时已为降雨后期，因此各批次径流中总磷浓度呈下降趋势。

由研究区各次降雨特征(表 10.3)可知，虽然 0917 场次降雨总降雨量(45.40mm)明显高于 0907 场次降雨(15.40mm)，但其雨强仅为 0.94mm/h，低于 0907 降雨

(1.51mm)，因此，其产生的径流中总磷浓度明显低于 0907 场次，说明雨强对径流中总磷含量的影响大于雨量对其的影响。与 2011 年两场降雨相似，由于 2012 年的 0704 场降雨强度达到 2.19mm/h，其产生的流域径流中总磷浓度(均值为 0.07mg/L) 明显高于 0911 场次降雨(均值为 0.02mg/L)。另外，流域的上游至下游，亦即断面 1 至断面 6 的径流总磷浓度在 2011 年的两场降雨中变化规律不明显，除两个高峰含量外，各断面总磷浓度相差不大；而 2012 年两场降雨的径流中总磷含量由上游至下游呈现逐渐增加的趋势，这可能是因为流域内农户基本沿河两岸居住，随着径流的形成，人为产生的生活污水和农田土壤养分流失等非点源污染逐渐累积，总磷浓度表现为沿河增加。

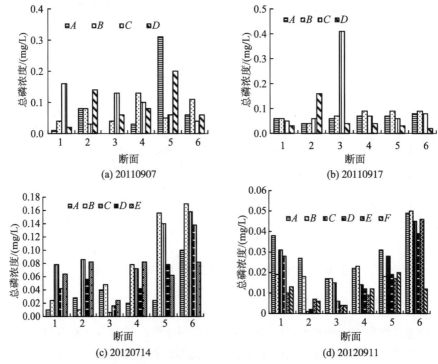

图 10.5　径流总磷流失特征

表 10.3　研究区各次降雨特征

日期	降雨历时/h	总降雨量/mm	雨强/（mm/h）	最大30min雨强/mm
20110907	10.17	15.40	1.51	2.60
20110917	48.17	45.40	0.94	2.40
20120704	17.67	38.63	2.19	7.80
20120831	29.00	46.40	1.60	3.52
20120911	13.25	11.38	0.86	2.64

10.2　石泉饶峰河流域水土-养分流失过程

10.2.1　坡面土壤机械组成变化

2011 年石泉后沟小流域典型坡面长度大约 40m，完整的坡面宽度大约 10m，为了尽可能消除地形、季节和人类活动等因素对土壤特性的影响，所选取的样地确保是坡位、坡度相似的迎风坡面。从坡顶到坡底按 S 形选取 15 个样点，挖取 0～100cm 深度的土壤样品，充分混合均匀后用四分法取出适量备用。采集的土样剔除可见的动、植物残体和石块，风干后带回实验室过 0.25mm、1mm 和 2mm 筛储存，用于分析测量土壤理化性质。

分析显示，土壤可蚀性的强弱本质上取决于土壤结构的稳定性，当林地破坏后，改造为其他土地利用方式(农业用地)，植被遭到破坏，土壤养分流失加剧，土壤有机质含量降低，土壤更加容易遭受侵蚀，侵蚀营力分离和搬运作用敏感性增强，在同一单位降雨侵蚀力作用下，土壤越易侵蚀产沙，土壤可蚀性增大(朱冰冰等，2009)。不同的土地利用方式由于植被和耕作模式的不同，土壤理化性质和结构稳定性发生差异，进一步导致不同土地利用方式下土壤可蚀性的差异。

林地和荒草地，其土壤可蚀性都处于较低的水平。受人为活动影响强烈的农业用地(玉米和红苕地)，其土壤可蚀性水平一般较高，说明该地区农业耕作措施可导致土壤对侵蚀营力分离和搬运作用的敏感性增强，抗蚀性能降低，更容易遭受侵蚀。因此，从水土保持角度出发，秦巴山区应尽可能地减少人为活动对土地的干扰程度，提高土地抵抗侵蚀的能力，只有这样才能做到保水保土和保肥的功能。

从坡顶到坡下土壤机械组成的分布大约为砂粒—粉粒—黏粒的沉降次序，主要原因可能为在坡面地形状况下，当径流到达坡底后，被径流携带的泥沙在从坡顶到坡底的迁移运动过程中发生了沉积现象，受重力和水流挟沙能力的综合影响，大颗粒被运输的距离较短，通常在坡面的中上部沉积，而细颗粒可迁移至坡底，于是在从坡顶到坡底的坡面方向上形成了以砂粒—粉粒—黏粒为主的沉降次序；当水流运动停止后，泥沙在重力作用下沉积，并且是由粗至细逐级沉降形成坡面土壤机械组成的沉积情况，如图 10.6 所示。

10.2.2　流域水沙过程

2011 年监测年度(6 月 16 日～9 月 30 日)，共监测有效降雨场次 12 次。其中，包含由于连续降雨而合并的场次。流域的水沙关系主要由洪峰与沙峰对应关系、产流量与含沙量过程的对应关系等反映(汪丽娜，2007)。2011 年度石泉后沟小流域把口站水沙流失过程见图 10.7。流域的出口断面含沙量的大小表明流域径流挟沙能力，流域输沙特性主要是由流域的产沙特性和汇沙特性决定的。流域产沙特性又是由降雨特性和下垫面的土质、植被条件决定的；而汇沙特性是由流域下垫面的流域面积、流域坡降或河道比降决定，故从地表径流到河流泥沙必须经历侵蚀、沉积、归槽和运移等过程(梁川，2002)。

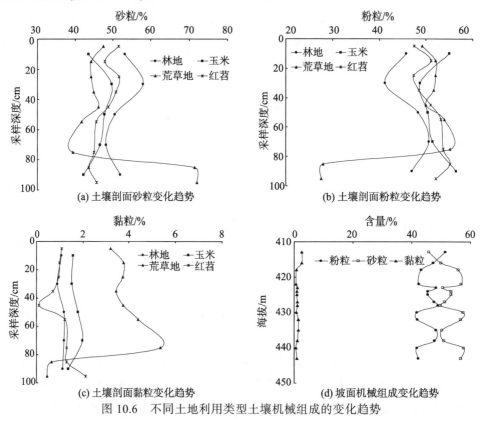

图 10.6　不同土地利用类型土壤机械组成的变化趋势

　　饶峰河后沟小流域把口站监测的水位变化滞后于降雨产流大约 1h，水位最大值则滞后于有产流降雨最大值约 30min，在降雨当天跟踪水位变化监测泥沙含量时发现，流域侵蚀产沙量与水位变化基本同步，而且在降雨初期这种现象更为明显；单位时间内泥沙流失的增加量比径流增加量要迅速，每场降雨过程中，泥沙达到峰值的时间比径流峰值的时间相应提前；随着降雨历时的延长，该现象趋于减弱。随着降雨历时延长，土壤表层的细颗粒被径流携带，径流在流动过程中会不断冲刷、剥蚀表层土壤，并对土壤颗粒进行搬运，在此过程中消耗大量能量，导致在径流中挟带的泥沙超过它的挟沙能力时，泥沙在搬运过程开始沉积。由于产流量、地表阻力和能量的沿程变化，因此流域内的径流侵蚀是一个剥离与沉积不断转化的过程。径流对流域土壤不断侵蚀，径流中的泥沙含量不断变化，产沙速率也不断变化。径流是泥沙的载体，一般而言，含沙量是径流承载泥沙量的表现，含沙量亦随产流量的增加而增加(汪丽娜，2007)。

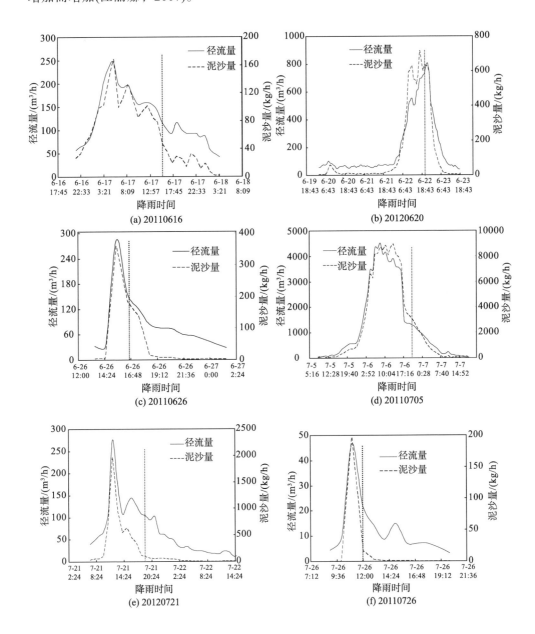

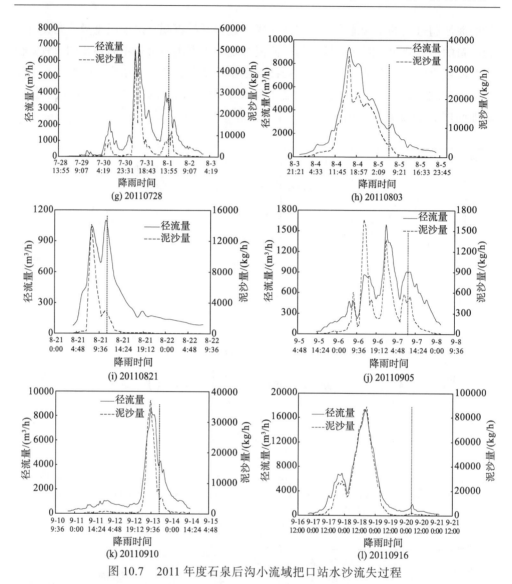

图 10.7　2011 年度石泉后沟小流域把口站水沙流失过程

在后沟小流域出口(把口站)采集的泥沙数据表明:产流速率随流量的增大而增大,前期降雨过程,流速与流量呈现幂函数变化趋势,且增长率有增大趋势,后期降雨过程流速与流量呈现线性变化趋势,且增长率减小趋势较平缓。

降雨过程中产沙速率随径流动能增大呈现明显增大趋势,而且随着降雨过程的波动,产沙过程呈现双峰增长趋势,产沙量随着流量动能的增加呈现幂函数增大趋势,增长率却在逐渐减小,累计产沙量与累计产流量呈现非常显著的二次函数关系。

通过 12 场降雨计算单场降雨的泥沙侵蚀模数分别为:2011 年 6 月 16 日降雨过

程(首场降雨)为 0.40t/km^2；2011 年 6 月 22 日降雨过程为 1.80t/km^2；2011 年 6 月 26 日降雨过程为 0.20t/km^2；2011 年 7 月 6 日降雨过程为 28.60t/km^2；2011 年 7 月 19～22 日降雨过程为 1.40t/km^2；2011 年 7 月 26 日降雨过程为 0.04t/km^2；2011 年 7 月 28～8 月 2 日降雨过程为 82.40t/km^2；2011 年 8 月 3～5 日降雨过程为 61.00t/km^2；2011 年 8 月 21 日降雨过程为 5.50t/km^2；2011 年 9 月 5～7 日降雨过程为 3.50t/km^2；2011 年 9 月 10～14 日降雨过程为 54.80t/km^2；2011 年 9 月 16～20 日降雨过程为 319.20t/km^2，在 2011 年汛期 12 场降雨监测过程中合计泥沙侵蚀模数为 558.84t/(km^2·a)。

10.2.3　流域把口站水质变化规律

2011 年石泉后沟小流域监测期(6 月初～9 月底)内对把口站的水质状况进行现场监测，共监测有效场次 12 场，对 TN、硝氮、氨氮、TP 等指标进行分析监测，监测方法和步骤严格按照国家规定标准进行。

水质监测结果为各监测项目指标的浓度过程图，2011 年石泉后沟小流域把口站径流 TN、硝氮、氨氮、TP 流失过程见图 10.8。每种养分在单场降雨中的浓度通过流失总量和径流总量计算得到。

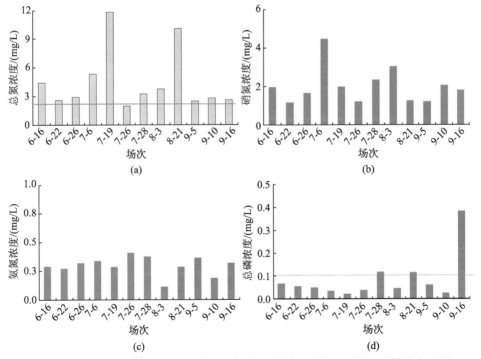

图 10.8　2011 年石泉后沟小流域把口站径流总氮、硝氮、氨氮和总磷流失过程

从 2011 年监测的 12 场降雨来看，径流 TN 超标严重，仅有一场降雨水样 TN 含量低于地表水环境质量标准(GB 3838—2002)所规定的地表水水质Ⅴ类标准，所有水样中的硝氮和氨氮含量全部达到地表水水质Ⅱ类标准。而在所有降雨过程中，径流 TP 含量有 3 场降雨超出地表水水质Ⅱ类标准，超标率为 25%。

上述结果说明，土壤氮素随径流和泥沙流失的主要途径是径流的流失(李宪文和史学正，2002)。而对于土壤磷素，其流失的主要途径为泥沙流失，随泥沙流失的土壤磷素一般为径流流失的 3.87 倍以上；从同一产流和产沙事件上看，土壤氮、磷随径流与土壤氮、磷随径流和泥沙流失的量的排列顺序为：20110916 > 20110728 > 20110803 > 20110910 > 20110706 > 20110821 > 20110905 > 20110622 > 20110719 > 20110616 > 20110626 > 20110726，这也就是说，在研究流域，降雨强度和植被覆盖与泥沙流失量有着非常密切的关系。降雨强度大且植被覆盖低的时间段，土壤氮、磷随径流和泥沙流失强度要大于其他降雨过程。与此同时，农民的耕作和施肥习惯，导致其仅从粮食产量和经济利益的角度考虑，很少甚至不考虑施肥和耕作措施对生态环境所造成的影响。例如，农民为了尽量增加农作物的收成，会节约化肥的费用，加大对廉价低效化肥(如碳酸氢铵)施用，农民根据"不离土、不离水和先肥土、后肥苗"的施肥原则，即把碳酸氢铵深施入土，使其不离水土，被土粒吸持并不断对作物供肥。其中，结合耕耙作业将碳酸氢铵作基肥深施，较方便且功效高，肥效稳定。但是碳酸氢铵比较容易随径流和泥沙流失。复合肥养分含量较高，属于典型的缓释肥料，但价格较高，坡耕地(农业用地)收益较少，导致农民对于复合肥基本上很少施用。对于泥沙磷素来讲，12 场降雨泥沙中有明显的富集，同时泥沙磷的富集系数与泥沙浓度有幂函数关系($P=3.12×S^{1.01}$，$R^2=0.70$)，这一点与泥沙氮的富集特征明显不同，因此，在农民施肥方面，如果施用复合肥，则除了"保水"外，更重要的是"保土"，防止泥沙携带大量的磷素流失；如果农作物施用碳酸氢铵，则更重要的是"保水"，因为径流对氮的富集远远大于泥沙的富集。

同一流域不同产流和产沙事件的土壤氮、磷随径流和泥沙流失特征也有明显的不同，这一方面可能与土壤本体养分含量具有明显的时间变异有关，但更为重要的是，不同雨次产流和产沙模式对养分的影响所造成(李宪文和史学正，2002)。如 9 月 10 日和 9 月 16 日两次产流和产沙事件，它们产流前的土壤本体养分含量可认为基本一致，但它们土壤氮、磷流失特征有明显差异，主要是因为 9 月 16 日降雨过程中降雨量大和降雨历时长，而且植被覆盖度相对较小，这些因素直接影响着该降雨过程中的产流产沙的总量，同时影响氮、磷养分的流失。

10.2.4　石泉后沟小流域水土-养分流失关系模拟

径流中氮素流失量在观测期的 3 个不同阶段表现不同的流失规律。第一阶段 TN 与产流量和产沙量呈现极显著的线性关系，说明径流和泥沙对 TN 的流失未体现明显差异。氨氮流失量与产流量呈现极显著的幂函数关系($r=0.91$，$p < 0.01$)，与产沙量呈现极显著的线性关系($r=0.94$，$p < 0.01$)，许多研究表明，氨氮主要溶解于径流和吸附于泥沙中。观测期第一阶段氨氮未及时溶解在径流里，该阶段泥沙是氨氮流失的主要载体，径流内氨氮含量主要是由泥沙表面逐渐释放到水体中。硝氮流失量与产流量和产沙量均呈现极显著幂函数关系($r=0.84$ 和 0.85，$p<0.01$)，说明硝氮沿土壤剖面向下淋溶，大部分硝氮溶解在土壤水分里面，第一阶段主要是土壤表面(浮土)侵蚀，而且作物种植时施用的农家肥料大部分被吸收，土壤中养分含量较低，氮素流失量最低。

第二阶段中后沟小流域内植被覆盖度不断增大，茂密的植被可以减缓雨滴对土壤表面的直接溅击，增加土壤水分的入渗时间，从而延长地表径流的形成时间。由于该阶段为作物生长的关键期，7 月初期作物追施氮肥(玉米和水稻施纯氮分别为 $250kg/hm^2$ 和 $128kg/hm^2$)，提高作物产量，所以 TN、氨氮和硝氮流失量分别为第一阶段相应养分的 33 倍、23 倍和 57 倍。TN 与产流量呈现极显著的线性关系($r=0.96$，$p < 0.01$)，与产沙量呈现极显著幂函数相关性($r=0.91$，$p < 0.01$)。说明第一阶段的降雨过程使土壤水分接近饱和，此时作物追施氮肥和长历时、低雨强的降雨过程，增大了 TN 在径流中的溶解量，而地面植被有效阻挡土壤侵蚀，产沙过程表现为空间尺度的复杂性，TN 流失量与产流量和产沙量表现的相关关系不一致。氨氮与产流量呈现极显著的幂函数关系($r=0.94$，$p < 0.01$)，与产沙量呈现极显著的线性关系($r=0.97$，$p < 0.01$)，虽然与第一阶段产流量拟合关系一致，但是相关系数明显增大，表明此时氨氮的流失不仅依靠吸附在土壤颗粒表面，硝氮流失量与产流量呈现极显著的线性关系($r=0.96$，$p < 0.01$)，与产沙量呈现极显著幂函数相关性($r=0.93$，$p < 0.01$)，说明第二阶段土壤水分已经达到饱和，并且转化为壤中流，溶解在土壤水分中的硝氮最终流入沟道。

第三阶段随着部分农作物收获，植被减缓雨滴溅蚀的作用减弱，裸露的土壤经过晾晒导致表面容易形成结皮，在雨滴直接溅蚀作用下，地表容易发育细沟、浅沟，可能允许径流更快地离开，挟带更多泥沙量，残留在土壤内的氮素也会流失地更快。虽然第三阶段降雨量仅为第二阶段降雨量的 50%，但 TN、氨氮、硝氮流失量分别是第二阶段相应养分流失量的 1.04 倍、1.64 倍和 1.01 倍。说明前期过量的追肥，导致大量氮素残留在土壤中，耕作过程扰动土壤，位于耕作层底部的氮素被带到土壤表层，氮素流失呈现增加趋势。TN 与产流量和产沙量均呈现极显著的线性关系

($p<0.01$)。说明在第三阶段降雨过程中，产流量和产沙量对 TN 流失量关系未体现明显差异，结合前面的分析可知，植被拦截作用会明显影响 TN 的流失过程，完善和稳定的植被措施对降低 TN 流失量具有积极作用。

综合以上分析，同一个阶段内氮素流失量与产流量和产沙量均呈现极显著相关性。为了进一步探索氮素流失量与产流量和产沙量的关系，把 2011 年后沟小流域的观测期的 3 个时段与观测期内 12 场降雨作为一个整体比较研究，并分别进行方程拟合，拟合结果见表 10.4。结果表明，分时段研究可以有效提高氮素流失量模拟的精度，减小模拟结果的相对误差，如果对观测期内 12 场降雨作为一个整体进行方程拟合，氮素流失量的模拟结果误差很大，而且在很大程度上掩盖了每个阶段内氮素流失的机理过程和施肥、植被覆盖度和耕作习惯等因素对氮素流失过程的影响。

表 10.4　不同阶段下氮素流失拟合方程

阶段	拟合方程	r^2	实测均值/kg	模拟均值/kg	相对误差/%
I	$TN_1=17.91R^{0.58}S^{0.112}$	0.80	49.49	50.34	1.72
	$NH_4^+-N_1=0.99R^{0.08}S^{0.76}$	0.89	4.99	4.89	−2.00
	$NO_3^--N_1=39.56R^{0.16}S^{0.25}$	0.66	20.72	21.02	1.45
II	$TN_2=3.95R^{1.04}S^{-0.04}$	0.92	1642.29	1631.05	−0.68
	$NH_4^+-N_2=5.22R^{0.19}S^{0.40}$	0.69	115.37	119.59	3.66
	$NO_3^--N_2=1.15R^{1.22}S^{-0.10}$	0.93	1185.2	1212.01	2.26
III	$TN_3=0.23R^{1.43}S^{-0.13}$	0.97	1715.50	1665.47	−2.92
	$NH_4^+-N_3=0.35R^{0.47}S^{0.46}$	0.94	189.54	181.33	−4.33
	$NO_3^--N_3=0.19R^{1.45}S^{-0.16}$	0.96	1198.85	1174.55	−2.03
汛期	$TN=1.88R^{1.14}S^{-0.06}$	0.94	3407.27	3317.07	−2.65
	$NH_4^+-N=0.32R^{0.45}S^{0.48}$	0.89	309.90	284.44	−8.22
	$NO_3^--N=1.61R^{1.15}S^{-0.09}$	0.92	2404.76	2454.36	2.06

氮素和径流、泥沙流失往往是伴随着降雨径流过程产生的，植被覆盖情况对于氮素和径流、泥沙流失影响具有显著作用。观测期监测结果还显示在 9 月农作物收获之后，再来一场或者几场暴雨的情况下，水土流失和氮素流失产输出都会加剧，因此为避免这种情况发生，建议采取"少施多次"施肥方式，同时将秸秆还田，增加表层土壤覆盖度，可以有效减少水土流失及养分流失。研究表明，虽然可能造成土地产量下降，但土壤养分条件会得到很大的改善，从而可以少施化学肥料。

2011 年汛期内氮素流失过程分阶段表达可以明显提高模拟的准确性。虽然对于整个汛期和分阶段模拟氮素流失过程，氮素流失量与产流量和产沙量的表达式均为：$N=aR^bS^c$，但是分阶段模拟氮素流失过程的相对误差要小得多，换句话说，最后氮素流失量的模拟值更接近实测值。但其仅仅是针对后沟小流域 2011 年汛期 12 场降雨的模拟表达式，如果更进一步研究还需要从多个小流域和长时间的观测才能更全面地估算氮素流失量。

10.3　汉滨余姐河流域水土–养分流失过程

10.3.1　汉滨余姐河流域泥沙过程

2011 年监测年度(6 月 16 日～9 月 30 日),共监测有效降雨场次 10 次,其中,具有明显的产流产沙条件的典型降雨 4 次。

流域的水沙关系主要由洪峰与沙峰对应关系、产流量与含沙量过程的对应关系等反映。流域的出口断面含沙量的大小表明流域径流挟沙能力,流域输沙特性主要是由流域的产沙特性和汇沙特性决定的。流域产沙特性又是由降雨特性和下垫面的土质、植被条件决定的;而汇沙特性是由流域下垫面的流域面积、流域坡降或河道比降决定的,故从地表径流到河流泥沙必须经历侵蚀、沉积、归槽和运移等过程。

汉滨余姐河流域 2011 年把口站水沙过程见图 10.9。可以看出,余姐河流域把口站监测的水位变化滞后于降雨产流大约 1h,而水位最大值则滞后于有产流降雨最大值约 30min。在降雨当天跟踪水位变化进行监测泥沙含量时发现,流域侵蚀产沙量与水位变化基本同步。由于监测流域面积较小(大约 1.88km²)和结合石泉后沟小流域同期观测数据,在降雨初期侵蚀产沙量与水位变化基本同步更为明显,单位时间内泥沙流失的增加量比径流增加量要迅速。每场降雨过程中,泥沙达到峰值的时间比径流峰值的时间相应提前,随着降雨历时的延长,该现象趋于减弱,由于随着降雨历时延长,土壤表层的细颗粒被径流携带,径流在流动过程中会不断冲刷、剥蚀表层土壤,并对土壤颗粒进行搬运,在过程中消耗大量能量,导致在径流中挟带的泥沙超过它的挟沙能力时,泥沙在搬运过程开始沉积。由于产流量、地表阻力和能量的沿程变化,因此,流域内的径流侵蚀是一个剥离与沉积不断转化的过程。径流对流域土壤不断侵蚀,径流中的泥沙含量不断变化,产沙速率也不断变化。径流是泥沙的载体,含沙量是径流承载泥沙量的表现,含沙量亦随产流量的增加而增加(汪丽娜,2007)。

余姐河流域把口站采集的泥沙数据表明,产流速率随流量增大而增大,前期降雨过程流速与流量呈现幂函数变化趋势,且增长率有增大趋势,后期降雨过程流速与流量呈现线性变化趋势,且增长率减小趋势较平缓。

降雨过程中产沙速率随径流动能增大呈现明显增大趋势,而且随着降雨过程的波动,产沙过程呈现双峰增长趋势,产沙量随着流量动能的增加呈现幂函数增大趋势,增长率却在逐渐减小,累计产沙量与累计产流量呈现显著的二次函数关系。

通过 4 场典型降雨计算单场降雨的泥沙侵蚀模数分别为:2011 年 7 月 22 日降

雨过程 0.03t/km²；2011 年 7 月 31 日～8 月 1 日降雨过程 2.25t/km²；2011 年 8 月 4～
5 日降雨过程 1.63t/km²；2011 年 9 月 6～7 日降雨过程 2.68t/km²，在 2011 年汛期 4
场降雨监测过程中，合计泥沙侵蚀模数为 6.60t/km²。

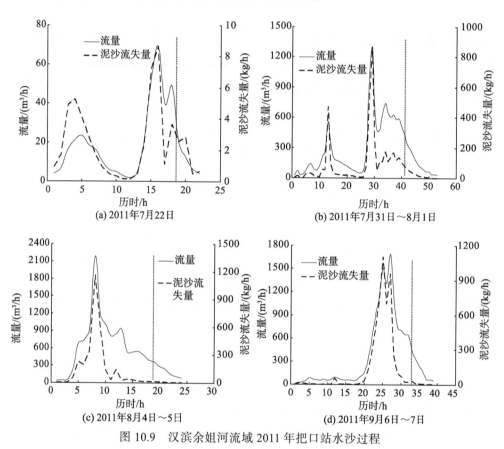

图 10.9　汉滨余姐河流域 2011 年把口站水沙过程

10.3.2　汉滨余姐河流域把口站水质变化规律

　　2011 年度汉滨余姐河流域监测期(6 月初～9 月底)内对把口站的水质状况进行
现场监测，共监测有效降雨场次 10 场，其中，具有明显的氮、磷流失过程的降雨
4 场，对 4 场降雨的 TN、硝氮、氨氮、TP 等指标进行分析监测，监测方法和步骤
严格按照国家规定标准进行，监测结果如图 10.10 所示。

　　根据图 10.10 所示水质监测结果为分监测项目指标的养分浓度过程图，能够较
直观地表达 2011 年度汉滨余姐河流域径流 TN、硝氮、氨氮、TP 浓度流失过程。
每种养分在单场降雨中的浓度通过流失总量和径流总量所计算得到。

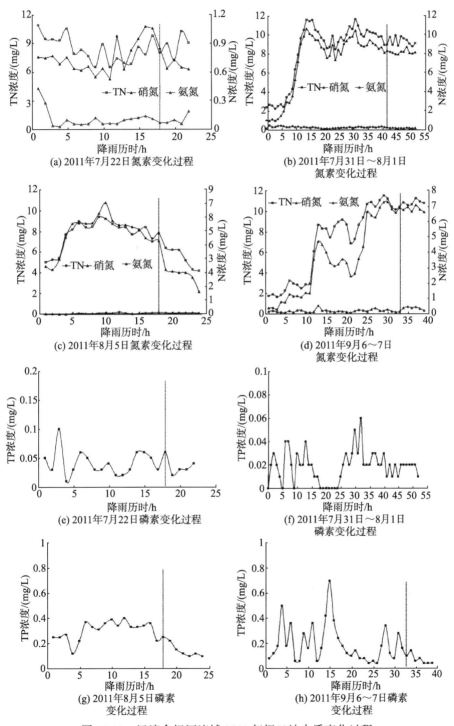

图 10.10　汉滨余姐河流域 2011 年把口站水质变化过程

从 2011 年监测年度 4 场降雨来看，径流 TN 超标严重，超标率在 100%，水样 TN 含量高于地表水环境质量标准(GB 3838—2002)所规定的地表水水质 V 类标准，所有水样中的硝氮和氨氮含量达到地表水水质 II 类标准。而对于 TP 来说，在所有降雨过程中，径流 TP 含量有 1 场降雨(8 月 4~5 日降雨)超出地表水水质 II 类标准，超标率为 25%。

上述结果说明，土壤氮素随径流和泥沙流失的主要途径是径流的流失，而对于土壤磷素来讲，其流失的主要途径为泥沙流失，随泥沙流失的土壤磷素一般为径流流失的 2.96 倍以上；而且在 7~8 月降雨过程中，把口站氮、磷流失量略小于 9 月降雨的氮、磷流失量，这也就是说，在研究流域所具有的独特物理和利用特征的情况下，降雨强度和植被覆盖与泥沙流失量有着非常密切的关系。降雨强度大且植被覆盖低的时间段，土壤氮、磷随径流和泥沙流失强度要大于其他降雨过程。

同一流域不同产流和产沙事件的土壤氮、磷随径流和泥沙流失特征也有明显的不同，这可能与土壤本体养分含量具有明显的时间变异有关，但更为重要的是，不同雨次产流和产沙模式对养分的影响所造成(李宪文和史学正，2002)，如对 7 月 22 日和 7 月 31 日两次产流和产沙事件，它们产流前的土壤本体养分含量可认为基本一致，但它们的土壤氮、磷流失特征有明显差异，主要是因为 7 月 31 日降雨过程中降雨量大和降雨历时长，直接影响着该降雨过程中的产流产沙的总量，同时影响氮、磷养分的流失。

10.4　小流域自净能力分析

10.4.1　后沟小流域自净能力分析

径流自坡面沿着土层、沟道流失的过程中，携带大量泥沙和污染物，在该过程中，污染物被土壤、植被和沟道截留，同时污染物自身发生沉淀、稀释、吸收、消解、转化等物理生化过程，在小流域把口站泥沙和污染物浓度会相应降低。本书选择石泉后沟小流域内径流自产生到把口站污染物(N、P)自净过程做分析，以便更好地控制农业非点源污染。

径流污染物自净系数公式如下：

$$P_i = \frac{(A_{i1} - A_{i2})}{A_{i1}} \tag{10.3}$$

式中，P_i 为第 i 种污染物污染物自净系数；A_{i1} 为第 i 种污染物径流小区流失浓度 (mg/L)；A_{i2} 为第 i 种污染物把口站流失浓度(mg/L)。

石泉后沟小流域坡面到沟道污染物的自净系数统计结果见表 10.5，总体上氮素自净消解比较明显,其中,径流中 TN、硝氮和氨氮的自净系数的均值分别为 0.77、0.82 和 0.44。说明径流中的 N 素在流失的过程中自净效果比较明显,同时说明坡面地表径流和壤中流是 N 素的主要来源,这与常规监测试验过程中得到的结论是一致的。而磷素自净效果不明显,其原因是磷素主要随泥沙流失,而且磷的化学性质不活泼,不容易发生理化反应,在后沟小流域沟道出口处水田占有很大的比例,在施肥过程中的磷肥大量使用,造成了磷的自净系数明显偏低。因此,在农业非点源治理措施中应该加强对磷流失的控制,避免水体环境的恶化。

表 10.5　石泉后沟小流域坡面到沟道污染物的自净系数统计表

降雨日期	自净系数			
	TN	NH$_3^-$-N	NH$_4^+$-N	TP
20110617	0.78	0.83	0.45	0.39
20110622	0.87	0.90	0.48	0.49
20110626	0.85	0.86	0.39	0.55
20110708	0.73	0.62	0.35	0.67
20110722	0.41	0.83	0.45	0.41
20110726	0.90	0.90	0.21	0.65
20110802	0.84	0.80	0.28	−0.06
20110805	0.81	0.74	0.79	0.57
20110821	0.50	0.89	0.45	−0.06
20110910	0.86	0.82	0.64	0.77
20110916	0.87	0.85	0.39	−2.49
平均值	0.77	0.82	0.44	0.17

天然降雨条件下后沟小流域各养分的自净系数顺序为:NO_3^--N>TN> NH_4^+-N>TP,说明小流域对氮的自净能力较强,但由于氮的总流失量较大,因此,后沟小流域的氮污染仍是防治重点。采用合理、有效的水土保持措施配以较高的流域自净能力才能使小流域氮素流失有效减少。流域对磷素的自净能力差,流域对其的容纳能力便会迅速降低,更需要采取水保措施防治以减少磷素的流失。结合上述分析,石泉后沟小流域内径流中的氮素在流失的过程中自净效果比较明显,而磷素自净效果不明显,进一步验证了氮主要随径流流失,而磷主要随泥沙流失。

10.4.2　鹦鹉沟小流域自净能力分析

污染物进入水体后,要发生扩散、沉淀悬浮与再悬浮、生化降解等一系列变化过程,这些变化过程都能使水体得到不同程度的净化(陈丁江等,2007)。为了研究鹦鹉沟小流域的水体自净,选择几场典型降雨计算小区及流域出口的养分流失浓

度，定义流域自净系数

$$f = \frac{K_1 - K_2}{K_1} \tag{10.4}$$

式中，K_1 是小区养分流失浓度；K_2 是小流域出口养分流失浓度。

鹦鹉沟小流域自净系数计算结果见表 10.6。

表 10.6　鹦鹉沟小流域自净系数统计表

降雨日期	自净系数/%				
	TN	NO_3^--N	NH_4^+-N	TP	AP
20110716	14.58	23.66	14.29	6.49	14.20
20110719	67.35	2.80	10.66	5.56	3.32
20110724	2.42	7.82	5.00	7.04	14.58
20110906	36.15	18.01	76.36	0.92	5.90
平均值	30.12	13.07	26.58	5.00	9.50

由表 10.6 可知，鹦鹉沟小流域 7 月 19 日次降雨对总氮(TN)的自净系数最大(67.35%)，9 月 6 日次降雨对总磷的自净系数最小(0.92%)，但总体自净系数为 TN>NH_4^+-N>NO_3^--N>AP>TP，说明小流域对氮的自净能力较强，但由于氮的总流失量较大，因此鹦鹉沟小流域的氮污染仍是防治重点。而正是由于鹦鹉沟小流域对氮较强的自净能力，水保措施便可发挥更好的污染防治能力，采用合理、有效的水土保持措施配以较高的流域自净能力才能使鹦鹉沟小流域氮素流失有效减少。表 10.6 显示流域对磷素的自净能力差，虽然目前小流域磷素流失浓度低于氮素，一旦发生水土流失，流域对其的容纳能力便会迅速降低，需要采取水保措施防治以减少磷素的流失。

参 考 文 献

陈丁江, 吕军, 沈晔娜, 等, 2007. 非点源污染河流水质的人工神经网络模拟[J]. 水利学报, 38(12): 1519-1525.

李怀恩, 2000. 估算非点源污染负荷的平均浓度法及其应用[J]. 环境科学学报, 20(4): 397-400.

李宪文, 史学正, 2002. 四川紫色土区土壤养分径流和泥沙流失特征研究[J]. 资源科学, 24(6): 22-28.

梁川, 2002. 长江上游成为第二条黄河的可能性及其防治对策[J]. 水土保持通报, 22(4): 62-66.

秦耀民, 胥彦玲, 李怀恩, 2009. 基于 SWAT 模型的黑河流域不同土地利用情景的非点源污染研究[J]. 环境科学学报, 29(2): 440-448.

汪丽娜, 2007. 黄土高原粗泥沙集中来源区水沙时空分布特征研究[D]. 杨凌: 中国科学院研究生院硕士学位论文.

朱冰冰, 李占斌, 李鹏, 等, 2009. 土地退化/恢复中土壤可蚀性动态变化[J]. 农业工程学报, 25(2): 56-61.

第 11 章 丹江流域景观格局演变与水质动态响应关系

环境问题已成为 21 世纪面临的重大挑战，而水土流失被联合国列为全球三大环境问题之一(李会科，2013)。它不仅是我国的生态问题，更是世界的生态问题(代肖，2013；胡宏祥等，2007)。根据第一次全国水利普查水土保持公报，我国土壤侵蚀总面积为 $2.95 \times 10^6 km^2$，占普查面积的 31.12%。严重的水土流失易使当地水土资源遭到破坏，削弱生态系统功能，并对下游环境形成威胁，从而对人民生活、生产及社会经济造成危害。对此，国内外学者对水土流失及其影响因素和危害做了大量研究工作(胡建民等，2013；Grirmay et al.，2009)，但对于水土流失过程中土壤及河流泥沙的粒径组成、分布及其携带养分的相关研究较少。为此，本书对丹江流域源头土壤及干流、支流水体、泥沙的颗粒组成与所含的养分进行了测定分析，以期揭示丹江流域水土养分流失的规律。

自 20 世纪 80 年代起，景观生态学在北美逐渐发展，成为研究景观单元结构、功能及其动态的综合性学科，是近年来发展最快的分支之一。因此，景观可以以土壤侵蚀的角度理解为植被、地貌、居民用地格局及土地利用的特别结构(邹爱平，2008)，而不同侵蚀强度可以理解为不同侵蚀等级的斑块在空间上的组合，亦即各种侵蚀强度镶嵌而成的侵蚀景观(段正松，2009)。作为一个多因素综合影响的复杂空间变异过程，对于土壤侵蚀的研究不仅可以从单因子研究，更应该从景观生态的角度综合考虑其影响因素(邱扬和傅伯杰，2004；邱扬等，2002)。结合景观生态学，以景观指数和土壤侵蚀相关参数为量化指标，揭示土壤侵蚀的景观结构(分布特征)及其与周围环境(外部驱动因素)之间的关系，可以为规划水土保持措施提供科学依据。

11.1 土壤侵蚀及其与景观格局响应关系

张志等(2001)在土壤侵蚀领域首次将土壤侵蚀模数的概念和景观生态学原理结合，以区位商法对湖北省的土壤侵蚀景观进行了计算。更多学者针对土壤侵蚀景观做了研究(潘竟虎等，2007；朱韦等，2007；游珍等，2005；王库等，2003)。而目前对于丹江流域侵蚀模数与景观格局的特征还未有相应关系的研究，运用"3S"技术将景观生态学中关于元素及结构的指标定量计算应用于丹江流域土壤侵蚀,可以定量描述土壤侵蚀空间结构,优于以往的定性分析,也丰富和促进了水土保持科学的发展。

为了计算土壤侵蚀模数与景观格局指数之间的相关关系,利用 ArcSWAT 将丹江流域划分为 25 个流域子单元,计算丹江土壤侵蚀栅格图提取的各小流域的平均土壤侵蚀模数。提取 25 个流域子单元的土地利用图,利用 Fragstats 3.3 求算各小流域的景观指数,其中,景观指数选择面积/边缘/密度指数(PD、LPI、AREA_MN),形状指数(SHAPE_MN、FRAC_MN),聚散性指数(AI、CONTAG、IJI),连接性指数(COHESION),临近度指数(ENN_MN),多样性指数(SHDI、SHEI)共 12 个,可以较为全面反映土地利用的空间分布,从而定量描述景观和侵蚀的关系(表 11.1)。

表 11.1　丹江流域土壤侵蚀模数与景观指数相关关系

景观指数	PD	LPI	AREA_MN	SHAPE_MN	FRAC_MN	AI
相关系数	−0.03	−0.11	−0.08	0.23	0.27	−0.06
景观指数	CONTAG	IJI	COHESION	SHDI	SHEI	ENN_MN
相关系数	−0.02	−0.02	0.04	−0.13	−0.19	−0.23

由表 11.1 可以看出,丹江流域各景观指数与各小流域的平均侵蚀模数不存在明显的相关性。由于丹江流域研究范围较广,地形地貌、土壤及土地利用等差异明显,每一个景观指数本身就是对景观格局与生态过程关系的不完整表达,并且常规的景观指数很难指示过程且不能同时表达不同尺度的空间异质性,这使得复杂的、跨尺度的土壤侵蚀过程所求算出的景观指数与平均侵蚀模数之间不存在单一的相关关系(刘宇等,2011)。

将丹江流域的侵蚀模数分为中度及以下侵蚀强度和强烈及以上侵蚀强度两个段区,再次分析侵蚀与景观的关系,发现各小流域平均侵蚀模数与指数间的关系逐渐呈现,其中与 IJI 有显著的相关性($p<0.05$)。从丹江各流域的平均侵蚀模数与各景观指数的关系发现,即便是同一类型的指数其关系特征也不尽相同(张素梅等,2008),这与张素梅对吉林省辉发河小流域的研究结果不同。表 11.2 是以 PD、IJI、SHEI 和 ENN_MN 为例,分别对中度及以下和强度及以上侵蚀区的平均侵蚀模数与其进行线性关系拟合的结果。

PD 与侵蚀模数呈正相关,但相关系数较低;IJI、SHEI、ENN_MN 与中度及以下侵蚀区内的侵蚀模数呈正相关,其相关性也较弱,但在强烈及以上侵蚀区的侵蚀模数均与这三种指数呈负相关,且相关趋势相对明显。

表 11.2　丹江流域景观指数与侵蚀模数关系模型

线性回归	中度侵蚀及以下	强烈侵蚀及以上
PD	$y=-444.95x+4530.50$　$R^2=0.09$	$y=4702.60x+142.60$　$R^2=0.23$
IJI	$y=60.19x-348.39$　$R^2=0.27$	$y=-224.90x+23072.72$　$R^2=0.41$
SHEI	$y=3253.30x+1287.54$　$R^2=0.03$	$y=-28422.65x+29423.60$　$R^2=0.27$
ENN_MN	$y=2.59x+2725.03$　$R^2=0.01$	$y=-20.34x+15476.25$　$R^2=0.47$

　　为了更直观地表明各流域单元侵蚀模数与对应景观指数的变化关系，以标准化的侵蚀模数和景观指数为基础作图 11.1。整体上除 SHAPE_MN、FRAC_MN 和 COHESION 外，其他景观指数均与侵蚀模数呈负相关，即斑块完整度越高，地区中斑块类型及土地利用越丰富，同类型斑块距离越远，侵蚀性越低；而当同斑块类型结合较高时，相互间越容易发生干扰，侵蚀性越高。产流产沙须经由一定的路径才可汇集，并被迁移出流域，因此一定程度上讲，较高的斑块连接度会促进坡面产流产沙，但这仅限于农地景观类型、裸露或覆盖度较低的斑块；高覆盖植被斑块的高连接度反而会更好地抑制径流泥沙的形成，因此反映斑块结合指数的 COHESION 与侵蚀模数的对应变化规律不明显，而在高侵蚀地区，较高的蔓延度(CONTAG)表明某种优势地块类型(农地)连接性较高，大块的农田使得侵蚀更易发生，从而与侵蚀模数呈正相关。低侵蚀区，IJI 与侵蚀模数呈正相关($R^2=0.27$)，高侵蚀区却为负相

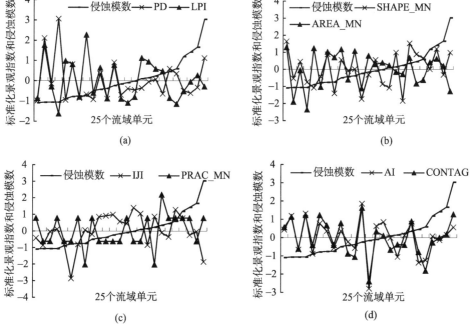

(a)　　　　　　　　　　　　　　　(b)

(c)　　　　　　　　　　　　　　　(d)

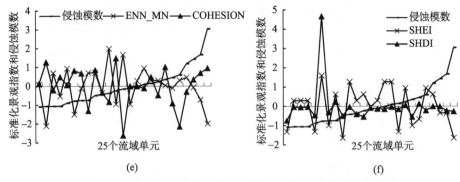

图 11.1　丹江小流域单元侵蚀模数与标准化景观指数的关系

关(R^2=0.41)，这是因为在低侵蚀区广泛分布有林草，空间破碎度越低，则 IJI 值越低，从而侵蚀模数越小；相反，高侵蚀地区农田及裸露斑块较多，斑块与其他要素相邻的数量越低，IJI 值越低，侵蚀越高。不论对景观的平均形状指数还是对标准化的形状指数(SHAPE_MN 和 FRAC_MN)进行分析，均发现其对侵蚀模数的影响趋势不明显，即总体上丹江各流域单元的斑块形状对相应地区的土壤侵蚀作用不规律。

11.2　流域土壤与全磷

　　大小不等的土壤颗粒混合在一起组成了土壤，这些不同粒径的颗粒由于分布及混合比例的不同，使得土壤有不同的粗细状况，即为土壤机械组成或土壤质地。由于不同的颗粒表现出对物质吸附能力、孔隙度的不同，以及被携带至径流或泥沙中的过程差异，因此土壤机械组成对土壤本身的性质及其生长的植被都有影响。土壤各粒径保持比例适当，其结构性就会保持良好的状态，并有比例适中的土壤孔隙，从而形成渗透性好、保水保肥力强、物质能量转化性能较高的肥沃土壤，这有利于植物更好地生长发育(王长庭等，2013)。土壤的颗粒组成从某种意义上反映了土壤母质的演变转化过程，因此机械组成的变化也就是土壤的形成过程(马云等，2010；邹诚等，2008)。更重要的是，土壤粒径的分布特征对土壤水分运动及其所携带的养分迁移过程都有重要的影响，同时决定了土壤的可蚀性(温绣娟，2013)。因此，研究丹江流域土壤的颗粒组成是研究丹江流域土壤养分流失规律的基础和前提。

11.2.1　流域土壤粒径分布特征

　　采集丹江流域上中下游小流域不同土地利用方式的土壤，对其六种粒径的体积百分比进行测定和分析得表 11.3。

表 11.3　丹江流域土壤粒径分布(%)

分类	粒径分级/mm					
	<0.05	0.05~0.15	0.15~0.25	0.25~0.50	0.50~1.00	1.00~2.00
农	46.23	19.22	10.28	14.87	8.63	0.77
林	48.78	16.93	9.04	13.52	9.68	2.05
草	60.25	19.72	6.01	8.20	5.29	0.53
均值	51.53	18.65	8.52	12.30	7.90	1.10

由表 11.3 可以看出，随着粒径变大，丹江流域土壤各颗粒体积含量呈先减小后增大的趋势，小于 0.05mm 的粒径所占含量最多，平均值可达 51.53%，粒径大于 1mm 的沙粒仅有 1.10%的体积含量。根据 SPSS 方差齐次性检验结果，显著性概率小于 0.01，即各粒径含量的方差不具有齐次性。因此，对各粒径进行多重比较时选择方差不具有齐次性的 Tamhane 方法，结果显示不同粒径的体积含量均有显著性差异；而且随着粒径的增大，其含量逐渐变小，仅在 0.15~0.25mm 和 0.25~0.50mm 粒径下出现相反规律，但总体减小趋势明显。对于不同的土地利用方式，各粒径的体积含量基本表现为林草土壤中的小粒径含量较多，中级粒径(0.05~0.50mm)农地较多，其中，草地小粒径(小于 0.05mm)土壤的体积含量比农田高 30.32%。这是因为在水土流失过程中，农田更易遭受径流冲刷(Zhang et al.，2010；Schiettecatte et al.，2008)，小粒径的土壤颗粒更容易被径流携带迁移(Cerda，1997；Medowell et al.，1984)，中级或较大粒径被保留在土壤中；林草有良好的水土保持作用(汪邦稳等，2012；陈磊等，2011)，良好的土壤结构和广泛分布的根系在一定程度上保护土壤颗粒免受土壤侵蚀，从而造成林草立地条件下小颗粒土壤多于农田的现象。

11.2.2　流域不同土壤粒径全磷特征

丹江流域土壤不同粒径的全磷含量统计特征值见表 11.4。土壤全磷含量为 0.87~1.10g/kg，当土壤粒径逐渐变大，全磷含量基本呈现增加的趋势，可能是由于小颗粒土壤比表面积大，养分受径流冲刷作用更明显。与其他粒径相比，小于 0.05mm 的粒径全磷含量明显降低，分别比 0.05~0.15mm、0.15~0.25mm、0.25~0.50mm、0.50~1.00mm 和 1.00~2.00mm 的土壤降低了 3.98%、18.34%、17.57%、18.34%和 20.56%。描述土壤特性变异特征的常用方法，采用描述性统计学中的变异系数分析土壤不同粒径下全磷含量的分布情况。各组粒径的全磷变异系数相差较小，变化范围在 45.88%~69.88%，按照变异系数的划分标准属于中等变异强度。对不同粒径的全磷含量进行方差齐次性检验，得知各粒径全磷方差具有齐次性，因此，采用 LSD 法进行多重比较可知，不同粒径的全磷含量在 α=0.05 的水平上没有显著性差异，仅在小于 0.05mm 粒径下总磷含量与其他粒径在 0.05 水平下有显著性差异。

表 11.4　丹江流域土壤各粒径全磷含量统计特征

项目	粒径/mm					
	<0.05	0.05～0.15	0.15～0.25	0.25～0.50	0.50～1.00	1.00～2.00
平均值/(g/kg)	0.87	0.91	1.07	1.06	1.07	1.10
最大值/(g/kg)	2.00	2.30	3.29	3.40	3.06	2.61
最小值/(g/kg)	0.28	0.06	0.25	0.35	0.38	0.23
标准差	0.40	0.64	0.58	0.58	0.58	0.56
变异系数/%	45.88	69.88	54.41	54.95	54.02	50.77

由此可见，在丹江流域小于 0.05mm 粒径的土壤颗粒含量最多，其所携带的全磷含量却最少。因此，在对该区域进行水土保持和非点源污染防治时，应重点考虑小粒径土壤的流失防治，有针对性地采取水土保持措施。

11.3　丹江水沙与磷素

作为影响环境与人类健康的重要因子之一，水质受到地理位置、生态环境、季节和人类活动的影响(Scheili et al., 2015)。而区域中磷的流失是水质污染的重要影响因素，识别水体磷素水平对于了解河流及南水北调中线水源区面源污染具有重要意义(张平等，2011)。

近年来，河流泥沙已得到世界范围的广泛重视(Dai et al., 2009；Aigars and Carman, 2001)。由于水体中大部分污染物都可以被吸附在泥沙颗粒上，它既能吸收也能释放物质，因此泥沙在水生态环境中扮演着"源"和"汇"的双重身份(汤鸿霄，1997；Southwell et al., 2011；Liang and Zhang, 2011)，底泥对营养物质的释放和吸附成为水体富营养化的重要影响因素。而不同粒径的泥沙颗粒的比表面积、质量、悬浮能力等物理化学性质存在较大差异(崔双超等，2013；王圣瑞等，2005；Stone and Mudroch, 1989)，其吸附解析营养物质的能力也各有不同(黄敏，2009)。作为泥沙理化性质的主要组成部分，对于河流泥沙的粒径及矿物成分特征的研究成为解决泥沙问题及其与河流泥沙相关的科学问题的关键(苏斌，2013)。考虑到泥沙颗粒的非均匀性，为了进一步研究不同粒径泥沙对全磷的分布影响，对丹江水体底部泥沙不同粒径及其所含全磷进行了测定分析，以期为建立水体中磷的迁移转化模型提供理论基础。

2013 年 6～7 月，沿丹江干流自上游到下游每 5km 采集径流及泥沙样品，共采集水样及泥沙样各 35 个，并在丹江上游、中游和下游的典型小流域内采集水样，采样的同时用 GPS 进行定位，记录每个采样点的位置，采样点分布如图 11.2 所示。每个水样点采集水样 250ml 保存在便携式冰箱中，将水样及泥沙样带回实验室后分析。

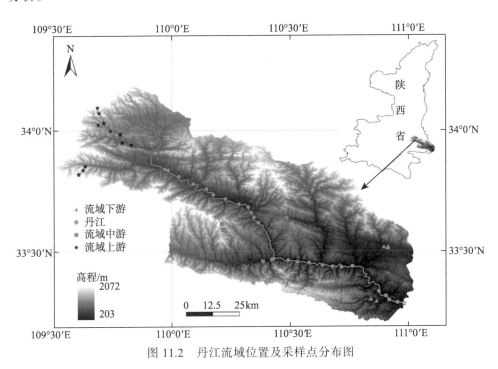

图 11.2　丹江流域位置及采样点分布图

11.3.1　丹江水体总磷

分析丹江沿程水体总磷特征可知，总磷平均浓度为 0.04mg/L (表 11.5)，比汉江的总磷平均浓度要高 0.03mg/L(Li et al.，2013)，但根据地表水环境质量标准(GB 3838—2002)，丹江水体总磷属于 II 级水质(<0.10mg/L)，即未受到磷污染。与鹦鹉沟小流域相比，丹江干流水体中总磷含量明显降低。由总磷沿江变化可知(图 11.3)，其总磷呈"W"形变化，且变异属中等水平。

表 11.5　丹江水体总磷统计特征

平均值/(mg/L)	最小值/(mg/L)	最大值/(mg/L)	标准差	变异系数/%
0.04	0.000313	0.09	0.02	53.44

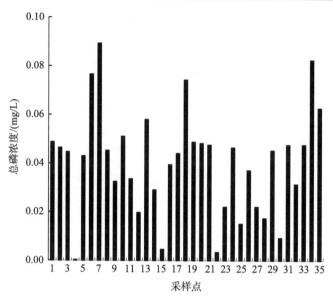

图 11.3　丹江水体总磷沿程变化

11.3.2　丹江泥沙粒径分布特征

丹江泥沙各粒径体积含量在 8.67%～23.36%，且随着粒径的增大，其含量呈现先增加后减少的趋势。与土壤相比，泥沙各粒径的体积含量变化范围较小。对丹江沿程泥沙不同粒径进行方差齐次性检验可知，显著性概率 $p<0.05$，各组方差在 $\alpha=0.05$ 水平上具有显著性差异，即方差不具有齐次性。因此，对其进行多重比较时采用 Tamhane 方法分析得到 1.00～2.00mm 粒径的体积含量与其他粒径的体积含量有显著性差异。为了分析土壤颗粒的冲刷程度，计算了各粒径的富集比。公式为

$$某粒径富集比=\frac{泥沙某粒径含量-土壤相同粒径含量}{土壤某粒径含量}\times100\% \tag{11.1}$$

从表 11.6 的计算结果能直观地看到，泥沙中小于 0.05mm 的颗粒比土壤中少了67.23%，说明经过径流的携带冲刷，土壤中小于 0.05mm 的颗粒被带入水体使得泥沙各粒径的颗粒趋于均匀。而随着粒径的增加，颗粒逐渐在泥沙中富集，对于 1.00～2.00mm 的颗粒，其富集比甚至达到了 685.44%。

表 11.6　丹江泥沙粒径分布统计特征

粒径/mm	<0.05	0.05～0.15	0.15～0.25	0.25～0.05	0.50～1.0	1.00～2.00
含量/%	16.89	16.17	13.37	23.36	21.54	8.67*
粒径富集比/%	−67.23	−13.30	57.02	89.85	172.83	685.44

*表示在 $\alpha=0.05$ 水平下差异显著。

11.3.3 不同粒径泥沙的全磷分布特征

与土壤中全磷含量相比，泥沙含磷量较低，变化范围为 0.59～1.02g/kg。随着泥沙粒径的逐渐增大，全磷的含量呈现先减小后增加的趋势，这与土壤中全磷的变化趋势明显不同。其中，0.25～0.50mm 粒径的泥沙中含磷量平均值仅为 0.59g/kg，与粒径小于 0.05mm 的泥沙相比，减少了 42.48%。对各组粒径的全磷含量进行方差齐次性检验知，各组方差具有极显著差异($p<0.01$)，即各组方差不具有齐次性。因此，利用 Tamhane 方法进行多重比较分析后发现，小于 0.05mm 粒径的全磷含量与其他各组粒径均存在极显著差异；0.05～0.15mm、0.50～1.00mm 和 1.00～2.00mm 三组粒径的全磷含量相互之间差异不显著，但与其他粒径差异极显著；0.15～0.25mm 与 0.25～0.50mm 粒径的全磷含量差异不显著，但与其他粒径差异极显著。

为了进一步分析各组粒径下泥沙全磷含量相对于土壤的富集情况，全磷富集比按照以下公式进行计算：

$$某粒径全磷富集比 = \frac{泥沙某粒径全磷含量 - 土壤相同粒径全磷含量}{土壤某粒径全磷含量} \times 100\% \quad (11.2)$$

从表 11.7 中各组粒径全磷富集比的数值来看，除了小于 0.05mm 粒径的全磷被富集到泥沙中，其他粒径中全磷含量都不同程度地低于对应粒径中土壤的全磷含量，说明全磷被径流从土壤携带到水体的过程中，大颗粒吸附的全磷被逐渐释放到水体，其中，0.25～0.50mm 粒径的全磷释放最多(44.7%)，仅在细颗粒(小于 0.05mm)中全磷被较好地保存下来，但其富集率也只有 16.64%。

表 11.7 丹江不同粒径泥沙全磷分布特征

项目	粒径/mm					
	<0.05	0.05～0.15	0.15～0.25	0.25～0.50	0.50～1.00	1.00～2.00
平均值/(g/kg)	1.02	0.86	0.67	0.59	0.74	0.76
最大值/(g/kg)	2.27	3.98	1.50	1.24	1.33	1.23
最小值/(g/kg)	0.23	0.14	0.04	0.07	0.15	0.12
标准差	0.37	0.59	0.30	0.21	0.22	0.23
全磷富集比/%	16.64	−5.86	−37.37	−44.70	−31.04	−30.93

11.3.4 丹江泥沙沿程全磷变化特征

为了分析丹江沿程不同粒径中全磷的变化情况，以采样点至丹江口水库的距离为横轴，各粒径全磷含量为纵轴，绘制图 11.4。

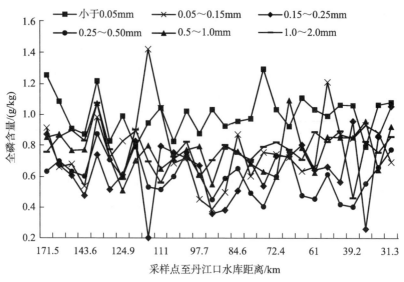

图 11.4　丹江不同粒径的泥沙全磷沿程变化

由图 11.4 可以看出,不同粒径泥沙颗粒的全磷含量变化较小,基本稳定在平均值附近,并上下波动。经计算,按粒径从小到大全磷含量的变异系数分别为 36.35%、68.91%、44.17%、35.12%、30.30% 和 29.74%,随着粒径变大,全磷变异系数呈 "Λ" 形分布,中级粒径(0.05~0.25mm)的全磷含量变异系数较大。虽然同属于中等变异强度,但泥沙各组粒径全磷含量的变异系数都不同程度地小于对应粒径土壤中全磷含量的变异系数。

11.3.5　丹江水沙磷素转换过程

为研究丹江沿程磷素在水体与泥沙之间的吸附与解析过程,按测定的丹江沿程水体及泥沙中磷素数据,定义水体中总磷含量与泥沙中全磷含量比值为水沙全磷比,计算得出各采样点水沙全磷比(图 11.5)。

中等粒径(0.15~0.25mm)的水沙全磷比相对较大(均值为 7.36%),即该粒径范围的泥沙最可能向水体中析出磷素。相对的,较大粒径(1.00~2.00mm)和较小粒径(小于 0.05mm)的水沙全磷比都较小,即这两种粒径泥沙的磷素相对稳定,向水体中析出磷素的可能性相对较小,这与两种粒径变异系数 C_V 值相对较小的结果相符。从沿程来看,从上游至下游水沙全磷比波动较大(各粒径 C_V 值均大于 50%),城市居民点内的水沙全磷比相对较大。一方面可能是由于居民区向水体排放的全磷多于其他地区,另一方面由于城市效应,居民区温度相对较高,对于磷素的解析具有一定的促进作用(Sjursen et al., 2005)。

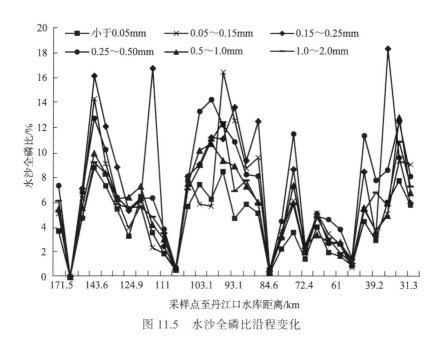

图 11.5　水沙全磷比沿程变化

11.4　流域磷素流失模数

根据鹦鹉沟流域 2010~2012 年天然降雨监测数据和 2012 年野外模拟降雨数据，结合其他学者的研究结果(王鹏举，2012；张展羽等，2012)，利用平均浓度法和输出系数法(廖义善等，2014；Webb et al., 1997)对不同土地利用类型的磷素流失情况进行分析，统计大于 25°耕地、小于 25°耕地、林地和草地等坡面的磷素流失浓度，见表 11.8。

小流域年平均降水量为 803.20mm，结合流域各土地利用面积、产流系数及径流中总磷流失浓度计算可得鹦鹉沟流域径流总磷年流失量为 0.03t/a。同理可计算丹江流域不同土地利用类型总磷流失量。鹦鹉沟小流域断面出口径流总磷平均流失浓度为 0.09mg/L，丹江流域径流总磷平均流失浓度为 0.04mg/L，因此，计算丹江流域总磷流失模数时应乘以变换系数 0.44。丹江流域年平均降水量为 743.5mm，结合流域各土地利用面积计算得农地、林地、草地、城镇居民用地、未利用土地总磷流失模数分别为 15.83kg/(km^2·a)、2.68kg/(km^2·a)、6.70kg/(km^2·a)、17.84kg/(km^2·a)和8.92kg/(km^2·a)，流域非点源污染过程中径流总磷年平均流失量为 37.01t/a。

表 11.8　各土地利用类型径流及总磷流失参数

土地利用类型	产流系数	总磷流失浓度/(mg/L)
>25°农地	0.18	0.18
<25°农地	0.10	0.21
梯田	0.09	0.13
草地	0.09	0.10
林地	0.04	0.09
城镇居民用点	0.15	0.16
未利用土地	0.08	0.15

参 考 文 献

蔡崇法, 丁树文, 史志华, 等, 2000. 应用 USLE 模型与地理信息系统 IDRISI 预测小流域土壤侵蚀量的研究[J]. 水土保持学报, 14(2): 19-24.

陈磊, 李占斌, 李鹏, 等, 2011. 黄土高原人为加速侵蚀下水土与养分流失耦合研究[J]. 水土保持学报, 25(3): 7-11.

崔双超, 丁爱中, 潘成忠, 等, 2013. 不同粒径泥沙理化特性对磷吸附过程的影响[J]. 环境工程学报, 7(3): 863-868.

代肖, 2013. 模拟降雨条件下片麻岩山地水土和养分流失规律研究[D]. 保定: 河北农业大学博士学位论文.

段正松, 2009. 紫色丘陵区土壤侵蚀评价和景观格局分析——盐亭县为例[J]. 杨凌: 西北农林科技大学硕士学位论文.

胡宏祥, 洪天求, 马友华, 等, 2007. 土壤及泥沙颗粒组成与养分流失的研究[J]. 水土保持学报, 21(1): 26-29.

胡建民, 宋月君, 杨洁, 等, 2013. 南方红壤区马尾松林下水土流失与降雨量关系研究[J]. 水土保持学报, 24(6): 82-87.

环境保护部和国家质量监督检验检疫总局, 2002.地表水环境质量标准 (GB 3838—2002). 北京: 中国环境科学出版社.

黄敏, 2009. 泥沙对总磷的吸附与释放研究及总磷含量预测[D]. 重庆: 重庆交通大学博士学位论文.

江忠善, 王志强, 刘志, 1996. 黄土丘陵区小流域土壤侵蚀空间变化定量研究[J]. 土壤侵蚀与水土保持学报, 1: 1-9.

景可, 卢金发, 梁季阳, 等, 1997. 黄河中游侵蚀环境特征和变化趋势[M]. 郑州: 黄河水利出版社.

李会科, 2013. 黄土高原地区大昌汗小流域水土流失综合治理规划设计[D]. 杨凌: 西北农林科技大学博士学位论文.

廖义善, 卓慕宁, 李定强, 等, 2014. 基于"径流–地类"参数的非点源氮磷负荷估算方法[J]. 环境科学学报, 34(8): 2126-2132.

林杰, 2011. 基于植被结构特征的土壤侵蚀遥感定量反演[D]. 南京: 南京林业大学博士学位论文.

刘宝元, 张科利, 焦菊英, 1999. 土壤可蚀性及其在侵蚀预报中的应用. 自然资源学报, 14(4): 345-350.

刘宇, 吕一河, 傅博杰, 2011. 景观格局–土壤侵蚀研究中景观指数的意义解释及局限性[J]. 生态学报,

31(1): 267-275.

马云, 何丙辉, 何建林, 等, 2010. 植物篱对紫色土区坡地不同土层土壤物理性质的影响[J]. 水土保持学报, 24(6), 60-70.

潘竟虎, 鱼腾飞, 相得年, 等, 2007. 陇东黄土高原土壤侵蚀景观格局变化分析——以庆城项目区为例[J]. 山地农业生态学报, 26(4): 314-318.

祁漫宇, 朱维斌, 2012. 叶面积指数主要测定方法和设备[J]. 安徽农业科学, 40(31): 15097-15099.

邱扬, 傅伯杰, 2004. 异质景观中水土流失的空间变异与尺度变异[J]. 生态学报, 24(2): 331-337.

邱扬, 傅伯杰, 王勇, 2002. 土壤侵蚀时空变异及其与环境因子的时空关系[J]. 水土保持学报, 16(1): 108-111.

苏斌, 2013. 大坝引起的泥沙粒径与矿物成分分布研究: 以澜沧江–泪公河为例[A]. 山地环境与生态文明建设——中国地理学会 2013 年学术年会·西南片区会议论文集[C]. 中国地理学会西南地区代表处: 中国地理学会. 229.

汤鸿霄, 1997. 水体颗粒物[A]. 当代化学前沿[C]. 北京: 中国致公出版社.

汪邦稳, 肖胜生, 张光辉, 等, 2012. 南方红壤区不同利用土地产流产沙特征试验研究[J]. 农业工程学报, 28(2): 239-243 .

王长庭, 王根绪, 刘伟, 等, 2013. 高寒草甸不同类型草地土壤机械组成及肥力比较[J]. 干旱区资源与环境, 27(9): 160-165.

王辉, 郭文康, 宁清浅, 等, 2010. 地表坡度对坡面溶质随薄层水流迁移特征的影响[J]. 农业现代化研究, 31(3): 360-376.

王库, 史学正, 于东升, 等, 2003. 基于景观格局分析的兴国县土壤侵蚀演变研究[J]. 水土保持学报, 17(4): 94-97.

王利, 王慧鹏, 任启龙, 等, 2014. 关于基准地形起伏度的设定和计算——以大连旅顺口区为例[J]. 山地学报, 32(3): 177-283 .

王鹏举, 2012. 基于土地利用结构与景观格局的小流域氮、磷、碳输出特征分析[D]. 武汉: 华中农业大学硕士学位论文.

王圣瑞, 金相灿, 赵海超, 等, 2005. 湖泊沉积物物中水溶性有机质对吸附磷的影响[J]. 土壤学报, 42(5) : 806-808.

温绣娟, 2013. 武夷山土壤粒径分布特征及其可蚀性研究[J]. 太原师范学院学报(自然科学版), 12(3): 130-134 .

吴发启, 赵晓光, 刘秉正, 1998. 地表粗糙度的量测方法及对坡面径流和侵蚀的影响[J]. 西北林学院学报, 13(2): 15-19 .

游珍, 李占斌, 袁琼, 2005. 景观生态学原理在土壤侵蚀学中的应用与实例分析[J]. 水土保持研究, 12(3): 141-144.

张平, 刘云慧, 肖禾, 等, 2011. 基于 SWAT 模型的北京密云水库沿湖区氮磷流失风险分区[J]. 中国农业大学学报, 11(6): 53-59.

张素梅, 王宗明, 闫百兴, 等, 2008. 辉发河流域景观格局与土壤侵蚀的关系研究[J]. 水土保持学报, 22(3): 29-35 .

张展羽, 张卫, 杨洁, 等, 2012. 不同尺度下梯田果园地表径流养分流失特征分析[J]. 农业工程学报, 28(11): 105-109.

张志, 王少军, 赵温霞, 2001. 湖北省土壤侵蚀景观信息定量研究[J]. 水土保持通报, 21(2): 37-40.

朱筠, 2010. 流域下垫面抗蚀力时空演化模拟[D]. 开封: 河南大学博士学位论文.

朱韦, 魏虹, 彭月, 等, 2007. 三峡库周区不同土地利用方式下土壤侵蚀变化特征——以重庆市璧山县为例[J]. 水土保持研究, 14(3): 376-380.

邹爱平, 2008. 红壤退化区侵蚀景观格局及其演变——以长汀县朱溪河小流域为例[D]. 福州: 福建师范大学博士学位论文.

邹诚, 徐福利, 闫业丹, 2008. 黄土高原丘陵沟壑区不同土地利用模式对土壤机械组成和速效养分影响分析[J]. 生态农业科学, 24(12) : 424-427.

AIGARS J, CARMAN R, 2001. Seasonal and spatial variations of carbon and nitrogen distribution in the surface sediments of the Gulf of Riga, Baltic Sea [J]. Chemosphere, 43(3): 313-320.

BURWELL R E, ALLMARAS R R, SLONEKER L L, 1966. Structural alteration of soil surfaces by tillage and rainfall [J]. Soil and water Conservation, 21(2): 61-63 .

CERDA A, 1997. Soil erosion after land abandonment in a semiarid environment of southern Spain [J]. Arid Soil Research and Rehabilitation, 11(2): 163-176.

CHEN J M, CIHIAR J, 1996. Retrieving leaf area index of boreal conifer forests using landsat TM images [J]. Remote Sensing of Environment, 22(2): 153-162.

DAI S B, YANG S L, LI M, 2009. Sharp decrease in suspended sediment supply from China's rivers to the sea: anthropogenic and natural causes [J]. Hydrological Science Journal, 54(1): 135-146.

GRIRMAY G, SING B R, NYSSEN J J, et al., 2009. Runoff and sediment associated nutrient losses under different land use in Tigray, Northern Ethiopia [J]. Journal of Hydrology, 376 (1/2): 70-80.

KÜHNI A, PFIFFNER O A, 2001. The relief of the Swiss Alps and adjacent areas and its relation to lithology and structure: topographic analysis from a 250-m DEM [J]. Geomorphology, 41(4): 285-307.

LEHRSCH G A, WHISLER F D, RÖMKENS M J M, 1987. Soil surface roughness as influenced by selected soil physical properties [J]. Soil and Tillage Research, 10(3): 197-212.

LI S, SHENG G, XIANG T, et al., 2009. Water quality in the upper Han River basin, China: The impacts of land use/land cover in riparian buffer zone [J]. Journal of Hazardous Materials, 165: 317-324.

LIANG W, ZHANG S, 2011. Analysis of characteristics of contaminated surface sediments in Wuliangsuhai Lake [J]. Water Saving Irrigation, 4: 35-39.

MEDOWELL L L, WILLIS G H, MURPHREE C E, 1984. Plant nutrient yields in runoff from a Mississippi delta watershed [J]. Transactions of the ASAE (American Society of Agricultural Engineers), 27(4): 1059-1066.

RÖMKENS M J M, WANG J Y, 1986. Effect of tillage on surface roughness [J]. Transactions of ASAE, 29(2): 429-433.

SCHEILI A, RODRIGUEZ M J, SADIQ R, 2015. Seasonal and spatial variations of source and drinking water quality in small municipal systems of two Canadian regions [J]. Science of the Total Environment, 508: 514-524.

SCHIETTECATTE W, D'HONDT L, CORNELIS W M, et al., 2008. Influence of landuse on soil erosion risk in the Cuyaguateje watershed (Cuba) [J]. Catena, 74: 1-12.

SJURSEN H, MICHELSEN A, HOLMSTRUP M, 2005. Effects of freeze-thaw cycles on microarthropods and nutrient availability in a sub-Arctic soil [J]. Applied Soil Ecology, 28(1): 79-93.

SOUTHWELL M W, MEAD R N, LUQUIRE C M, et al., 2011. Influence of organic matter source and diagenetic state on photochemical release of dissolved organic matter and nutrients from resuspendable estuarine sediments [J]. Marine Chemistry, 126(1-4): 114-119.

STONE M, MUDROCH A, 1989. Effect of Particle-size, chemistryand mineralogy of river sediments on Phosphate adsorption [J]. Environmental Technology Letters, 10 (5): 501-510.

WEBB B W, PHILLIPS J M, WALLING D E, et al., 1997. Load estimation methodologies for British rivers and their relevance to the LOIS RACS(R) programme [J]. The Science of the Total Environment, (194/195): 379-389.

WEN Z M, BRIAN G L, JIAO F, et al., 2011. Stratified vegetation cover index: a new way to assess vegetation impact on soil erosion [J]. Catena, 83(1): 87-93.

WISCHMEIER W H, 1971. A soil erodibility nomograph farmland and construction sites [J]. Journal of Soil and Water Conservation, 26(5): 189-193.

ZHANG X, CAO W, GUO Q, et al., 2010. Effects of landuse change on surface runoff and sediment yield at different watershed scales on the Loess Plateau [J]. International Journal of Sediment Research, 25(3): 283-293.

第 12 章　流域水土保持治理效益及评价

12.1　陕南地区水土保持生态建设项目的规划与实施

12.1.1　陕西省水土保持项目规划

1989～2008 年国家启动了长江上中游水土保持重点防治工程，宝鸡、汉中、安康、商洛 4 市 13 个县被列入治理范围，开展了一至七期工程建设。

2006 年 2 月 10 日，国务院以国函[2006]10 号批复了《丹江口库区及上游水污染防治和水土保持规划》，同意将规划中近期项目纳入南水北调工程总体方案，与南水北调工程同步实施。规划中水土保持方面涉及陕西省 25 个县，781 个项目，投资 34.97 亿元。其中，小流域治理 690 条，投资 34.14 元；流域监测项目 70 个，投资 0.25 亿元；湿地恢复与保护项目 2 个，投资 0.20 亿元；小流域治理示范项目 14 个，投资 0.28 亿元；中心苗圃建设项目 5 个，投资 0.10 亿元。规划近期项目实施期限为 2006～2010 年，远期项目实施期限为 2011～2020 年。汉中、安康、商洛 3 市有 24 个县(区)被列入一期项目治理范围,重点治理小流域 337 条,投资 18.95 亿元。

2010～2011 年国家南水北调办和水利部组织对《丹江口库区及上游水污染防治和水土保持规划》进行修编，将近期项目的实施期限延长至 2015 年。2012 年 6 月国务院以国函[2012]50 号批复了《丹江口库区及上游水污染防治和水土保持"十二五"规划》，"十二五"期间，汉中、安康、商洛三市 28 县(区)全部列入"丹治"二期项目实施范围，规划治理小流域 218 条，治理水土流失面积 4891.3km²，总投资 19.76 亿元。

12.1.2　项目实施情况

自 1989 年国家启动长江上中游水土保持重点防治工程，截至 2008 年，陕南地区的 4 市 13 个县开展了一至七期工程建设，累计治理水土流失面积 820.03km²，完成投资 17245.5 万元，其中，中央投资 10588 万元。1989 年"长治"一期工程启动实施,涉及陕西省的镇巴、宁强、略阳 3 个县,开展治理小流域 7 条,实施期为 1989～

1993 年，1994 年通过国家验收。1990 年"长治"二期工程启动实施，涉及陕西省的略阳、宁强、镇巴、凤县 4 个县，开展治理小流域 39 条，实施期为 1990～1994 年，1995 年通过国家验收。1994 年"长治"三期工程启动实施，涉及陕西省的略阳、宁强、镇巴、凤县、西乡、南郑、商南、白河 8 个县，开展治理小流域 96 条，实施期为 1994～1998 年，1999 年通过国家验收。1998 年"长治"四期工程启动实施，涉及陕西省的太白、留坝、佛坪 3 个县，开展治理小流域 8 条，实施期为 1998～2000 年，2001 年通过国家验收。1999 年"长治"五期工程启动实施，涉及陕西省的凤县、略阳、宁强、南郑、西乡、镇巴、商南、白河 8 个县，开展治理小流域 72 条，实施期为 5 年(1999～2003 年)，2004 年通过国家验收。2001 年"长治"六期工程启动实施，涉及陕西省的太白、留坝、佛坪、山阳、丹凤 5 个县，开展治理小流域 25 条，实施期为 5 年(2001～2005 年)，2004 年进行了阶段验收。2004 年"长治"七期工程启动实施，涉及陕西省的凤县、太白、略阳、宁强、镇巴、留坝、南郑、西乡、白河、商南、山阳、丹凤 12 个县，开展治理小流域 89 条，实施期为 5 年(2004～2008 年)，2009 年通过国家验收。

2007～2010 年，陕西省"丹治"一期项目累计治理小流域 348 条，治理水土流失面积 7681.55km²，完成投资 191882.90 万元，其中中央投资 103609 万元。2011～2015 年，陕西省"丹治"二期项目累计治理小流域 214 条，治理水土流失面积 4893.10km²，完成投资 197602 万元，其中中央投资 158082 万元。

12.1.3　"丹治"工程的效益

本节首先分析"丹治"一期工程的效益，然后估算"丹治"二期工程的效益，并模拟陕西省丹汉江全部治理后可产生的生态、经济效益。

"丹治"一期工程的完成措施数量为竣工验收情况，"丹治"二期工程(2011～2015 年实施)为规划情况。根据长江水利委员会 2007 年遥感调查的数据，陕西省水土流失面积 26267.55km²，年土壤侵蚀总量为 10618.79 万 t(长江水利委员会，2007)。"丹治"一期工程和二期工程已治理 12575.09km²，还有 13692.46km² 没有治理，如果在远期规划中全部治理，可按照"丹治"二期工程的比例确定各项措施的数量。"丹治"一期水土保持治理措施的蓄水保土效益指标见表 12.1。

根据《水土保持综合治理效益计算方法》(GB/T 15774—1995)，并结合 2007 年的物资、材料、农产品市场价格，计算治理后的年均直接经济效益。"丹治"工程水土保持措施直接经济效益计算指标见表 12.2，主要农产品市场价格见表 12.3。

表 12.1 "丹治"一期工程水土保持治理措施蓄水保土效益指标

项目	保土效益		蓄水效益	
	单位	定额	单位	定额
坡改梯(粮食梯田)	t/(hm²·a)	57	m³/(km·a)	600.00
坡改梯(果树梯田)	t/(hm²·a)	57	m³/(km·a)	600.00
蓄水池	t/(口·a)	—	m³/(口·a)	50.00
沉沙池	t/(座·a)	1.50	m³/(座·a)	1.20
谷坊	t/(座·a)	100	m³/(座·a)	10.00
拦沙坝	t/(座·a)	800	m³/(座·a)	50.00
退耕还林(生态林)	t/(hm²·a)	45	m³/(km·a)	405.00
退耕还林(经济林)	t/(hm²·a)	50	m³/(km·a)	450.00
荒山造生态林	t/(hm²·a)	45	m³/(km·a)	405.00
退耕还草	t/(hm²·a)	40	m³/(km·a)	400.00

表 12.2 "丹治"工程水土保持措施直接经济效益指标

项目	单位	实物增产量						新增产值/元
		粮食/kg	木材/m³	薪柴/kg	果品/kg	经济林产品/kg	饲草/kg	
坡改粮梯	hm²	1250	—	—	—	—	—	2500
坡改果梯	hm²	—	—	—	6000	—	—	18000
坡耕地造生态林	hm²	—	0.70	1500	—	—	—	1760
坡耕地造经济林	hm²	—	—	—	—	3000	—	8400
荒山造生态林	hm²	—	0.60	1200	—	—	—	1440
坡耕地种草	hm²	—	—	—	—	—	7500	3750

表 12.3 "丹治"工程主要农产品市场价格

品种	单位	价格/元
粮食	kg	2.00
木材	m³	800
薪柴	kg	0.80
果品	kg	3.00
经济林产品	kg	2.80
饲草	kg	0.50

1. 水土保持工程减少非点源污染量

水土保持工程减少非点源污染量的计算公式为

$$W = W_i \times E_i \times C \times 10^{-3} \qquad (12.1)$$

式中，W 为污染物负荷量(t)；W_i 为泥沙流失量(t)；E_i 为污染物富集系数；C 为土壤中污染物平均含量(g/kg)。总磷的富集比(污染物富集系数)取 2.00，总氮、氨氮的富集比取 3.00(一般为 2.00～4.00)，水土中污染物入河系数为 1.00(王桂玲等，2004；金春久等，2004)。

由于水土中污染物入河系数为 1.00，水土流失量实际应为泥沙入河量，直接由泥沙入河量乘以泥沙中养分含量，得到非点源污染物含量。

2. 水土保持工程减少土壤侵蚀经济损失

土壤侵蚀损失包括土壤养分损失、土壤水分损失、土地废弃损失、泥沙滞留及淤积损失、径流非点源污染损失。

1) 土壤养分损失价值

利用市场价值法计算土壤养分损失价值。土壤侵蚀中养分的损失价值计算公式为

$$M_i = Z \times C_i \qquad (12.2)$$

$$E_i = M_i \times S_i \times P_i \qquad (12.3)$$

式中，M_i 为 N、P、K 养分流失量(t)；Z 为土壤年度侵蚀量(t/a)；C_i 为 N、P、K 在土壤中的含量(%)；E_i 为土壤养分经济损失价值(元)；i 为第 i 个养分。

2) 土壤水分损失价值

土壤水分流失的经济损失也就是该地所流失的土壤水量与修建每立方米农用水库所需投资费用的乘积，其计算公式为

$$V = Z \times W / \rho \qquad (12.4)$$

$$E_w = V \times P \qquad (12.5)$$

式中，V 为水分流失量(m³)；Z 为土壤年度侵蚀量(t/a)；W 为土壤水分平均含量(%)；E_w 为土壤水分经济损失价值(元)；ρ 为土壤密度(kg/m³)；P 为每立方米农用水库的费用(元)。

3) 土地废弃损失价值

利用机会成本法估算因土地废弃而丧失的经济损失价值，其计算公式为

$$S = Z / (h \times \rho \times 10000) \qquad (12.6)$$

$$E_S = S \times B \qquad (12.7)$$

式中，S 为土地废弃面积(hm²)；Z 为土壤年度侵蚀量(t/a)；h 为土层厚度(m)，陕南土石山区土层较薄，平均厚度取 0.30m；ρ 为土壤容重(g/cm³)；B 为土地损失的机

会成本(元/hm²)，全国农业土地扣除成本后年平均收益为 9753.60 元/hm²(贾忠华和赵恩辉，2009)；E_S 为土地废弃经济损失价值(元)。

4) 泥沙滞留、淤积损失价值

根据国内已有的研究成果，我国土壤侵蚀总量中滞留泥沙、淤积泥沙和入海泥沙量各约占 33%、24% 和 37%(侯秀瑞等，1998)。利用影子工程法计算滞留和淤积的经济损失，其计算公式为

滞留损失价值：

$$V_z = Z \times 33\% / \rho \tag{12.8}$$

$$E_z = V_z \times P_z \tag{12.9}$$

淤积损失价值：

$$V_y = Z \times 24\% / \rho \tag{12.10}$$

$$E_y = V_y \times P_y \tag{12.11}$$

式中，E_z 和 E_y 分别为泥沙滞留损失价值和泥沙淤积损失价值；Z 为土壤年度侵蚀量(t/a)；ρ 为泥沙容重(g/cm³)，取 1.28g/cm³(杨志新等，2004)；P_z 为挖取泥沙的费用(元/m³)，挖取 1m³ 泥沙费用大约为 6.50 元(周晓峰，1999)；P_y 为修建 1m³ 农用水库的投资费用(元/m³)；E_z 为泥沙滞留经济损失价值；E_y 为泥沙淤积经济损失价值(元)。

5) 径流非点源污染损失价值

径流非点源污染物的经济损失可以采用价格代替法计算，其计算公式为

$$G_i = V_i \times P_i \tag{12.12}$$

$$E_i = G_i \times C / K_i \tag{12.13}$$

式中，V_j 为产流量(m³)；P_j 为径流中氮、磷非点源污染物浓度(mg/L)；i 指的是 N 或 P 元素；G_i 为径流中第 i 种养分流失总量(t)；K_i 为第 i 养分折算为碳酸氢铵或过磷酸钙的系数；C 为碳酸氢铵或过磷酸钙的价格(元)，氮在碳酸氢铵中的比例为 14/79，磷在过磷酸钙中的比例为 62/506。2006 年碳酸氢铵和过磷酸钙的市场平均价格分别为 540 元/t 和 400 元/t，2010 年碳酸氢铵和过磷酸钙的市场平均价格分别为 660 元/t 和 540 元/t；E_i 为第 i 种养分流失所损失的经济价值(元)。

3. 减少非点源污染经济损失的计算方法

非点源污染中的水土流失污染经济损失与土壤侵蚀经济损失中的氮磷养分流失经济价值的计算方法有相似之处。土壤养分流失所造成的环境损失，可以应用环境经济学中恢复防护费用计算，该方法是用假设法假设人们为了避免环境危害应用货币尺度衡量治理其所需的费用，把这种费用作为对环境资源破坏所造成经济损失的最低估计(王金南，1994)。采用价格代替法计算，见公式(12.14)：

$$S_i = \sum T_i \times C / K_i \qquad (12.14)$$

式中，S_i 为第 i 种养分流失所损失的经济价值(元)；i 指的是氮素或磷素；T_i 为土壤中第 i 种养分流失总量(t)；K_i 为第 i 养分折算为碳酸氢氨或过磷酸钙的系数；C 为碳酸氢氨或过磷酸钙的价格(元)，氮在碳酸氢铵中的比例为 14/79，磷在过磷酸钙中的比例为 62/506，2006 年碳酸氢铵和过磷酸钙的市场平均价格分别为 540 元/t 和 400 元/t，2010 年碳酸氢铵和过磷酸钙的市场平均价格分别为 660 元/t 和 540 元/t(不考虑工程保存率、运行费、折现率等)。

丹汉江流域水土保持工程的经济效益分析及预测结果见表 12.4。"丹治"一期工程竣工后，经验收评估，水土保持措施年蓄水量达 9456 万 m³/a、保土量达 1322 万 t/a，减少氨氮、总氮、总磷等非点源污染量分别达 126t/a、6171 t/a、3895 t/a，增加直接经济价值 8.49 亿元/a、减少土壤侵蚀经济损失 33.03 亿元/a、减少非点源污染经济损失 0.41 亿元/a。如果陕西省丹汉江流域全部得到治理，则年蓄水量

表 12.4　丹汉江流域水土保持工程的经济效益分析及预测

项目	内容	单位	"丹治"一期工程(2006~2010 年)	"丹治"二期工程(2011~2015 年)	"丹治"远期工程(2016~2020 年)	合计
治理措施	治理水土流失面积	km²	7682	4893	13692	26268
	坡改粮梯	hm²	19295	21212	59358	99865
	坡改果梯	hm²	1673	3409	9539	14621
	坡耕地造生态林	hm²	78403	16230	45417	140050
	坡耕地造经济林	hm²	53085	8092	22644	83821
	荒山造生态林	hm²	121402	32459	90831	244692
	坡耕地种草	hm²	3256	2045	5723	11024
	蓄水池	口	7558	13513	37814	58885
	沉沙池	口	12266	26293	73576	112135
	谷坊	座	1326	811	2269	4406
	拦沙坝	座	127	69	193	389
生态效益	蓄水量	万 m³/a	9456	3967	11101	24524
	保土量	万 t/a	1322	842	2357	4522
	减少非点源污染量　氨氮	t/a	126	80	225	431
	总氮	t/a	6171	3931	10999	21101
	总磷	t/a	3895	2481	6942	13318
经济效益	增加直接经济价值	亿元/a	8.49	2.65	7.42	18.56
	减少水土流失经济损失	亿元/a	33.03	21.04	58.86	112.93
	减少非点源污染经济损失	亿元/a	0.41	0.13	0.37	0.90

达 24524 万 m³/a、保土量达 4522 万 t/a,减少氨氮、总氮、总磷等非点源污染量分别达 431t/a、21101t/a、13318t/a,增加直接经济价值 18.56 亿元/a,减少水土流失经济损失 112.93 亿元/a,减少非点源污染经济损失 0.90 亿元/a。

12.2　重点水土保持工程完成情况和适宜性评价

12.2.1　水土保持工程的动态特征

自 20 世纪 80 年代以来,主要水土保持工程实施的范围逐期扩大,由"长治"一期的 3 个县提高到"丹治"一期的 24 个县;小流域条数逐期增加,由"长治"一期的 7 条提高到"丹治"一期的 348 条;单位面积总投资呈增加趋势,由"长治"一期的 5.09 万元/km² 提高到"丹治"一期的 24.94 万元/km²,在"长治"五期达到最大值 34 万元/km²;单位面积中央投资逐渐增加,由"长治"一期的 0.80 万元/km² 提高到"丹治"一期的 13.45 万元/km²,提高了 15.81 倍;中央投资比例逐渐提高,由"长治"一期的 15.80% 提高到"丹治"一期的 53.90%。

由于每一期工程的建设规模不同,社会经济情况、治理措施、完成投资、治理效益也不同。随着工程的实施,增加人均基本农田和经果林略有减少,而粮食亩产和农业人均纯收入却大幅提高。蓄水池(窖)、谷坊、沟渠等小型水利水保工程的数量明显增加,说明工程建设中逐步重视农田基本建设的配套措施,农业生产条件得到改善。年拦蓄泥沙量、年拦蓄产流量、增加粮食产量、增加经济林果产量均呈增加趋势。

12.2.2　评价指标的选择及指标体系的建立

目前水土保持适宜性的主要评价方法较多。很多学者(仇亚琴等,2006;陈江南等,2003)用成因分析法(水土保持法)或对比分析法对研究区域进行了水土保持效应的估算。有学者提出"双套对偶评价指标体系",一套是"求-供"指标体系,即措施对自然和社会环境所要求的与措施实施地所能提供的对应的自然和社会环境的一类指标;另一套是"产-望"指标体系,即措施实施后所产生的自然环境和社会条件的响应特征与措施实施地人们所期望的对应的自然环境和社会条件的响应结果的一类指标(刘刚才等,2009)。有学者采用层次分析法评价对县域水土保持治理措施进行了适宜性评价(陈梓玄等,2009)。

本书分别采用层次分析法和主成分分析法,对陕西省丹汉江流域的国家主要水土保持工程的适宜性进行评价,并比较两种方法评价的结果。

　　水土流失治理综合评价指标体系是包括社会经济和资源环境在内的指标,对大量信息进行了综合,能全面表征流域生态系统的主要特征。一般采用典型区域水土流失详查,从水土资源、生态与环境、经济发展等方面构建水土流失治理综合评价指标体系框架(刘纪根等,2008)。根据陕西省丹汉江流域生态环境和水土保持工程实施的实际情况,结合已有研究成果,选取 25 个评价指标,建立水土保持工程的适宜性评价指标体系,见表 12.5。评价指标体系由 4 个一级指标构成,即社会经济情况、治理措施、完成投资和治理效益,每个一级指标又包含几个最能反映其内涵的二级指标(陈梓玄等,2009;Dawson et al.,1999;Zhang et al.,1998)

表 12.5　水土保持工程适宜性评价的指标体系

	准则层	指标层
目标层 O	社会经济情况 U_1	农业人口 M_1
		农业劳动力 M_2
		增加人均基本农田 M_3
		增加人均经果林 M_4
		增加粮食亩产 M_5
		增加农业人均纯收入 M_6
		减少贫困人口数量 M_7
	治理措施 U_2	治理水土流失面积 M_8
		坡改梯 M_9
		水保林 M_{10}
		经果林 M_{11}
		种草 M_{12}
		封禁治理 M_{13}
		保土耕作 M_{14}
		蓄水池 M_{15}
		谷坊 M_{16}
		沟渠 M_{17}
	完成投资 U_3	总投资 M_{18}
		中央投资 M_{19}
	治理效益 U_4	年拦蓄泥沙量 M_{20}
		年拦蓄产流量 M_{21}
		增加植被覆盖率 M_{22}
		增加粮食产量 M_{23}
		增加经济林果产量 M_{24}

12.2.3　基于层次分析法的水土保持工程适宜性评价

用层次分析法做系统分析时，首先将问题层次化，形成一个多层次的分析结构模型；然后，通过专家独立打分，求平均(去掉最小值和最大值)值，确定准则层和指标层的权重；最后构造判断矩阵，进行排序与一致性检验，排序结果满足一致性检验要求，判断矩阵与运算结果见表 12.6～表 12.10，评价系统的权重排序见表 12.11。

表 12.6　O-U 矩阵与运算结果

O	U_1	U_2	U_3	U_4	权重 W_i
U_1	1	1/3	1/2	1/3	0.11
U_2	3	1	3	2	0.45
U_3	2	1/3	1	2	0.24
U_4	3	1/2	1/2	1	0.20

表 12.7　U_1-M 矩阵与运算结果

U_1	M_1	M_2	M_3	M_4	M_5	M_6	M_7	权重 W_i
M_1	1	1/2	1/5	1/3	1/5	1/5	1/3	0.04
M_2	2	1	1/3	1/3	1/3	1/5	1/2	0.06
M_3	5	3	1	2	1/2	1/3	1	0.14
M_4	3	3	1/2	1	1/3	1/5	2	0.11
M_5	5	3	2	3	1	1/2	2	0.22
M_6	5	5	3	5	2	1	2	0.32
M_7	3	2	1	1/2	1/2	1/2	1	0.11

表 12.8　U_2-M 矩阵与运算结果

U_2	M_8	M_9	M_{10}	M_{11}	M_{12}	M_{13}	M_{14}	M_{15}	M_{16}	M_{17}	权重 W_i
M_8	1	1/2	3	5	7	5	7	7	7	7	0.29
M_9	2	1	2	3	5	3	5	5	5	5	0.24
M_{10}	1/3	1/2	1	2	3	2	3	3	3	3	0.13
M_{11}	1/5	1/3	1/2	1	2	1/2	2	2	2	2	0.07
M_{12}	1/7	1/5	1/3	1/2	1	2	1	1	1	1	0.05
M_{13}	1/5	1/3	1/2	2	1/2	1	1	1	1	1	0.06
M_{14}	1/7	1/5	1/3	1/2	1	1	1	1	1	1	0.04
M_{15}	1/7	1/5	1/3	1/2	1	1	1	1	1	1	0.04
M_{16}	1/7	1/5	1/3	1/2	1	1	1	1	1	1	0.04
M_{17}	1/7	1/5	1/3	1/2	1	1	1	1	1	1	0.04

表 12.9　U_3-M 矩阵与运算结果

U_3	M_{18}	M_{19}	权重 W_i
M_{18}	1	1/2	0.33
M_{19}	2	1	0.67

表 12.10　U_4-M 矩阵与运算结果

U_4	M_{20}	M_{21}	M_{22}	M_{23}	M_{24}	权重 W_i
M_{20}	1	2	3	3	5	0.41
M_{21}	1/2	1	2	3	2	0.24
M_{22}	1/3	1/2	1	2	3	0.17
M_{23}	1/3	1/3	1/2	1	2	0.11
M_{24}	1/5	1/2	1/3	1/2	1	0.07

表 12.11　水土保持工程适宜性评价系统的权重排序

评价指标	U_1 0.11	U_2 0.45	U_3 0.24	U_4 0.20	权重 W_i	排名
M_1	0.04				0.004	21
M_2	0.06				0.006	20
M_3	0.14				0.015	16
M_4	0.11				0.011	19
M_5	0.22				0.023	12
M_6	0.32				0.035	8
M_7	0.11				0.012	18
M_8		0.29			0.123	2
M_9		0.24			0.109	3
M_{10}		0.13			0.057	6
M_{11}		0.07			0.032	10
M_{12}		0.05			0.021	14
M_{13}		0.05			0.024	11
M_{14}		0.04			0.020	15
M_{15}		0.04			0.020	15
M_{16}		0.04			0.020	15
M_{17}		0.04			0.020	15
M_{18}			0.33		0.078	5
M_{19}			0.67		0.157	1
M_{20}				0.41	0.084	4
M_{21}				0.24	0.049	7
M_{22}				0.17	0.034	9
M_{23}				0.11	0.022	13
M_{24}				0.07	0.015	17

4 个准则层的权重排名分别是治理措施、完成投资、治理效益、社会经济情况。社会经济情况中权重最大的是增加农业人均纯收入，治理措施中权重最大的是治理水土流失面积，完成投资中权重最大的是中央投资，治理效益中权重最大的是年拦蓄泥沙量。所有指标权重排名前 3 位的分别是中央投资、治理水土流失面积和坡改梯。

指标的隶属度为某一评价指标在某一期的数值占该指标总和的比例，见表 12.12。

表 12.12　评价指标的隶属度值

评价指标	"长治"一期	"长治"二期	"长治"三期	"长治"四期	"长治"五期	"长治"六期	"长治"七期	"丹治"一期
M_1	0.042	0.025	0.114	0.004	0.090	0.017	0.112	0.597
M_2	0.031	0.022	0.104	0.004	0.084	0.021	0.12	0.616
M_3	0.140	0.218	0.146	0.176	0.097	0.135	0.048	0.040
M_4	0.108	0.239	0.140	0.120	0.111	0.189	0.018	0.074
M_5	0.977	0.144	0.087	0.035	0.196	0.111	0.097	0.232
M_6	0.066	0.078	0.136	0.113	0.193	0.127	0.113	0.174
M_7	0.238	0.079	0.360	0.0003	0.197	0.001	0.082	0.043
M_8	0.069	0.050	0.151	0.008	0.076	0.014	0.059	0.573
M_9	0.091	0.075	0.232	0.012	0.138	0.029	0.057	0.367
M_{10}	0.087	0.081	0.202	0.009	0.089	0.017	0.010	0.503
M_{11}	0.090	0.078	0.212	0.009	0.147	0.028	0.030	0.407
M_{12}	0.014	0.019	0.172	0.025	0.171	0.003	0.186	0.410
M_{13}	0.043	0.025	0.091	0.005	0.049	0.009	0.093	0.684
M_{14}	0.168	0.058	0.254	0.016	0.068	0.007	0.046	0.384
M_{15}	0.0008	0.0002	0.0068	0.0026	0.2675	0.0037	0.1718	0.5467
M_{16}	0.0051	0.020	0.054	0.004	0.044	0.077	0.131	0.666
M_{17}	0.109	0.062	0.142	0.011	0.111	0.037	0.113	0.415
M_{18}	0.016	0.016	0.108	0.010	0.116	0.019	0.072	0.644
M_{19}	0.006	0.006	0.023	0.005	0.047	0.009	0.058	0.846
M_{20}	0.047	0.034	0.111	0.133	0.087	0.011	0.054	0.522
M_{21}	0.118	0.073	0.208	0.253	0.104	0.015	0.053	0.177
M_{22}	0.178	0.142	0.116	0.139	0.127	0.111	0.077	0.111
M_{23}	0.067	0.040	0.175	0.178	0.105	0.011	0.079	0.344
M_{24}	0.012	0.034	0.108	0.121	0.140	0.098	0.344	0.143

根据层次分析法，将各适宜性评价指标的权重值进行加权组合，按式(12.15)计算各工程适宜性的综合评价分值，然后对各期水土保持工程的适宜性进行分析。

$$EI = \sum_{i=1}^{n}(W_i \times F_i) \tag{12.15}$$

式中，EI 为评价指标的综合评价值；W_i 为第 i 个指标的权重；F_i 为第 i 个指标的隶属度值。

从表 12.13 中可以看出，从"长治"工程一期到七期，综合评价分值 EI 一直处于波动变化，其中，"长治"工程三期 EI 值最大，"长治"工程六期 EI 值最小。2007 年启动实施的"丹治"一期工程由于其治理范围广、投资量大、效益显著，EI 值急剧提高，是"长治"工程三期的 3.5 倍，显示出工程具有较强的适宜性。

表 12.13　水土保持工程的综合评价分值 EI 计算结果

工程名称	"长治"一期	"长治"二期	"长治"三期	"长治"四期	"长治"五期	"长治"六期	"长治"七期	"丹治"一期
综合评价分值 EI	0.06	0.05	0.14	0.05	0.10	0.03	0.07	0.49
排名	5	6	2	7	3	8	4	1

12.2.4　基于主成分分析法的水土保持工程适宜性评价

主成分分析法的主要步骤是：第一步，根据研究问题选取指标与数据；第二步，指标数据标准化(采用 SPSS 软件自动执行)(张力，2008)；第三步，指标之间的相关性判定；第四步，确定主成分个数；第五步，主成分表达式；第六步，主成分命名；第七步，主成分与综合主成分值(白慧强，2009)。

首先在表 12.13 中选取 8 个样本，即"长治"一期到七期和"丹治"一期 8 个时期，每个样本选取 24 个变量指标，构成 1 个 8×24 阶的数据矩阵。对数据进行标准化，即消除量纲的影响，统一成无量纲的数据，利用极差标准化方法，在 SPSS 软件中进行标准化，可得标准化后的数据(矩阵转置)，如表 12.14 所示。求得标准化后的相关关系矩阵，见表 12.15。

表 12.14　24 个变量指标的矩阵转置

评价指标	"长治"一期	"长治"二期	"长治"三期	"长治"四期	"长治"五期	"长治"六期	"长治"七期	"丹治"一期
M_1	−0.43	−0.51	−0.06	−0.62	−0.18	−0.56	−0.07	2.41
M_2	−0.46	−0.51	−0.10	−0.60	−0.20	−0.51	−0.03	2.42

续表

评价指标	"长治"一期	"长治"二期	"长治"三期	"长治"四期	"长治"五期	"长治"六期	"长治"七期	"丹治"一期
M_3	0.24	1.53	0.33	0.85	−0.45	0.16	−1.26	−1.39
M_4	−0.25	1.69	0.23	−0.07	−0.20	0.94	−1.59	−0.75
M_5	−0.43	0.30	−0.61	−1.42	1.11	−0.21	−0.44	1.70
M_6	−1.37	−1.08	0.26	−0.29	1.57	0.05	−0.28	1.13
M_7	0.88	−0.36	1.84	−0.97	0.56	−0.97	−0.34	−0.64
M_8	−0.30	−0.40	0.14	−0.63	−0.26	−0.60	−0.35	2.41
M_9	−0.28	−0.42	0.89	−0.94	0.11	−0.81	−0.57	2.02
M_{10}	−0.22	−0.27	0.47	−0.70	−0.22	−0.65	−0.69	2.29
M_{11}	−0.26	−0.35	0.65	−0.88	0.16	−0.74	−0.72	2.13
M_{12}	−0.79	−0.76	0.33	−0.71	0.33	−0.87	0.44	2.03
M_{13}	−0.36	−0.44	−0.15	−0.52	−0.33	−0.51	−0.14	2.45
M_{14}	0.32	−0.50	0.96	−0.82	−0.43	−0.88	−0.59	1.93
M_{15}	−0.63	−0.63	−0.60	−0.62	0.72	−0.61	0.24	2.13
M_{16}	−0.54	−0.47	−0.32	−0.54	−0.37	−0.22	0.03	2.43
M_{17}	−0.13	−0.50	0.14	−0.91	−0.11	−0.71	−0.10	2.32
M_{18}	−0.51	−0.51	−0.08	−0.54	−0.04	−0.50	−0.25	2.42
M_{19}	−0.41	−0.41	−0.35	−0.41	−0.27	−0.40	−0.23	2.47
M_{20}	−0.47	−0.55	−0.08	0.05	−0.23	−0.69	−0.43	2.40
M_{21}	−0.09	−0.64	1.02	1.57	−0.26	−1.35	−0.89	0.64
M_{22}	1.80	0.57	−0.32	0.48	0.05	−0.47	−1.63	−0.48
M_{23}	−0.54	−0.80	0.47	0.50	−0.19	−1.07	−0.44	2.06
M_{24}	−1.13	−0.90	−0.17	−0.04	0.14	−0.27	2.18	0.18

　　计算主成分贡献率及累计贡献率，方差分析结果见表 12.16。根据主成分分析原理，用雅可比法求出特征值及对应于特征值的特征向量，并使其按大小顺序排列，见表 12.17。选取特征值大于 1 的成分为主成分，则有 1、2、3、4 主成分及其特征向量。由主成分分析法原理，加权计算出各主成分以及综合成分的得分矩阵，见表 12.18。

表 12.15　相关系数矩阵

评价指标	M_1	M_2	M_3	M_4	M_5	M_6	M_7	M_8	M_9	M_{10}	M_{11}	M_{12}	M_{13}	M_{14}	M_{15}	M_{16}	M_{17}	M_{18}	M_{19}	M_{20}	M_{21}	M_{22}	M_{23}	M_{24}
M_1	1.00	1.00	-0.67	-0.42	0.71	0.53	-0.11	0.99	0.89	0.94	0.91	0.92	1.00	0.83	0.91	0.98	0.98	1.00	0.99	0.96	0.25	-0.31	0.85	0.20
M_2	1.00	1.00	-0.68	-0.42	0.71	0.53	-0.14	0.98	0.87	0.93	0.90	0.92	1.00	0.82	0.91	0.99	0.98	0.99	0.99	0.96	0.24	-0.32	0.84	0.21
M_3	-0.67	-0.68	1.00	0.83	-0.48	-0.58	0.05	-0.58	-0.50	-0.46	-0.48	-0.79	-0.63	-0.42	-0.79	-0.67	-0.67	-0.64	-0.61	-0.54	0.11	0.61	-0.45	-0.69
M_4	-0.42	-0.42	0.83	1.00	-0.06	-0.30	-0.05	-0.33	-0.25	-0.20	-0.21	-0.58	-0.38	-0.27	-0.53	-0.39	-0.42	-0.37	-0.35	-0.37	-0.18	0.41	-0.42	-0.74
M_5	0.71	0.71	-0.48	-0.06	1.00	0.61	-0.05	0.70	0.68	0.69	0.73	0.67	0.69	0.51	0.82	0.69	0.73	0.74	0.71	0.60	0.47	-0.22	0.39	-0.01
M_6	0.53	0.53	-0.58	-0.30	0.61	1.00	0.02	0.49	0.56	0.47	0.57	0.69	0.48	0.32	0.71	0.50	0.49	0.59	0.49	0.52	0.16	-0.48	0.53	0.33
M_7	-0.11	-0.14	0.05	-0.05	-0.05	0.02	1.00	-0.04	0.31	0.10	0.23	0.06	-0.16	0.37	-0.18	-0.28	0.05	-0.13	-0.25	-0.18	0.22	0.24	-0.01	-0.21
M_8	0.99	0.98	-0.58	-0.33	0.70	0.49	-0.04	1.00	0.93	0.98	0.98	0.89	0.99	0.89	0.85	0.96	0.98	0.99	0.97	0.96	0.31	-0.20	0.86	0.07
M_9	0.89	0.87	-0.50	-0.25	0.68	0.56	0.31	0.93	1.00	0.97	0.99	0.87	0.86	0.95	0.75	0.80	0.93	0.89	0.82	0.84	0.37	-0.16	0.81	-0.01
M_{10}	0.94	0.93	-0.46	-0.20	0.69	0.47	0.10	0.98	0.97	1.00	0.98	0.84	0.94	0.94	0.77	0.89	0.96	0.95	0.92	0.92	0.37	-0.10	0.85	-0.07
M_{11}	0.91	0.90	-0.48	-0.21	0.73	0.57	0.23	0.98	0.99	0.98	1.00	0.86	0.89	0.94	0.78	0.83	0.94	0.92	0.86	0.87	0.36	-0.12	0.82	-0.06
M_{12}	0.92	0.92	-0.79	-0.58	0.67	0.69	0.06	0.89	0.87	0.84	0.86	1.00	0.88	0.76	0.92	0.87	0.92	0.91	0.85	0.85	0.26	-0.51	0.81	0.45
M_{13}	1.00	1.00	-0.63	-0.38	0.69	0.48	-0.16	0.99	0.86	0.94	0.89	0.88	1.00	0.83	0.88	0.99	0.97	0.99	0.99	0.96	0.26	-0.26	0.84	0.15
M_{14}	0.83	0.82	-0.42	-0.27	0.51	0.32	0.37	0.89	0.95	0.94	0.94	0.76	0.83	1.00	0.61	0.75	0.90	0.82	0.78	0.80	0.44	0.00	0.79	-0.12
M_{15}	0.91	0.91	-0.79	-0.53	0.82	0.71	-0.18	0.85	0.75	0.77	0.78	0.92	0.88	0.61	1.00	0.89	0.88	0.91	0.89	0.85	0.10	-0.38	0.72	0.37
M_{16}	0.98	0.99	-0.67	-0.39	0.69	0.50	-0.28	0.96	0.80	0.89	0.83	0.87	0.99	0.75	0.89	1.00	0.94	0.98	0.99	0.94	0.16	-0.36	0.79	0.23
M_{17}	0.98	0.98	-0.67	-0.42	0.73	0.49	0.05	0.98	0.93	0.96	0.94	0.92	0.97	0.90	0.88	0.94	1.00	0.97	0.95	0.91	0.23	-0.23	0.81	0.14
M_{18}	1.00	0.99	-0.64	-0.37	0.74	0.59	-0.13	0.99	0.89	0.96	0.92	0.91	0.99	0.82	0.91	0.98	0.97	1.00	0.99	0.97	0.27	-0.28	0.86	0.16
M_{19}	0.99	0.99	-0.61	-0.35	0.71	0.49	-0.25	0.97	0.82	0.92	0.86	0.85	0.99	0.78	0.89	0.99	0.95	0.99	1.00	0.97	0.24	-0.24	0.83	0.13
M_{20}	0.96	0.96	-0.54	-0.37	0.60	0.52	-0.18	0.96	0.84	0.92	0.87	0.85	0.96	0.80	0.85	0.96	0.91	0.97	0.97	1.00	0.47	-0.18	0.94	0.10
M_{21}	0.25	0.24	0.11	-0.18	0.47	0.16	0.22	0.31	0.37	0.37	0.36	0.26	0.26	0.44	0.10	0.16	0.23	0.27	0.24	0.47	1.00	0.24	0.72	-0.15
M_{22}	-0.31	-0.32	0.61	0.41	-0.22	-0.48	0.24	-0.20	-0.16	-0.10	-0.12	-0.51	-0.26	0.00	-0.38	-0.36	-0.23	-0.28	-0.24	-0.18	0.24	1.00	-0.16	-0.86
M_{23}	0.85	0.84	-0.45	-0.42	0.39	0.53	-0.01	0.86	0.81	0.85	0.82	0.81	0.84	0.79	0.72	0.79	0.81	0.86	0.83	0.94	0.72	-0.16	1.00	0.13
M_{24}	0.20	0.21	-0.69	-0.74	-0.01	0.33	-0.21	0.07	-0.01	-0.07	-0.06	0.45	0.15	-0.12	0.37	0.23	0.14	0.16	0.13	0.10	-0.15	-0.86	0.13	1.00

表 12.16　方差分析结果

成分	初始特征值			提取平方和载入		
	合计	方差的/%	累计/%	合计	方差的/%	累计/%
1	16.22	67.58	67.58	16.22	67.58	67.58
2	3.19	13.28	80.86	3.19	13.28	80.86
3	1.71	7.11	87 97	1.71	7.11	87.97
4	1.34	5.59	93.56	1.34	5.59	93.56
5	0.84	3.50	97.06			
6	0.57	2.36	99.41			
7	0.14	0.59	100			
8	0	0	100			
9	0	0	100			
10	0	0	100			
11	0	0	100			
12	0	0	100			
13	0	0	100			
14	0	0	100			
15	0	0	100			
16	0	0	100			
17	0	0	100			
18	0	0	100			
19	0	0	100			
20	0	0	100			
21	0	0	100			
22	0	0	100			
23	0	0	100			
24	0	0	100			

表 12.17　各主成分特征向量

成分 1	成分 2	成分 3	成分 4
0.992	0.00	−0.08	−0.06
0.989	−0.02	−0.10	−0.08
−0.691	0.62	−0.13	−0.16
−0.444	0.58	−0.52	0.09
0.720	0.01	−0.48	0.42

续表

成分 1	成分 2	成分 3	成分 4
0.611	−0.28	0.05	0.28
−0.032	0.37	0.62	0.68
0.982	0.14	−0.06	−0.04
0.917	0.26	0.13	0.24
0.946	0.30	−0.03	0.04
0.933	0.29	0.04	0.20
0.950	−0.21	0.15	0.12
0.979	0.04	−0.12	−0.13
0.849	0.39	0.22	0.14
0.918	−0.25	−0.133	0.06
0.957	−0.08	−0.20	−0.15
0.981	0.07	−0.02	0.08
0.992	0.03	−0.10	−0.06
0.965	0.03	−0.19	−0.17
0.953	0.12	−0.01	−0.27
0.298	0.45	0.65	−0.45
−0.315	0.80	−0.04	−0.06
0.871	0.17	0.30	−0.31
0.212	−0.92	0.27	−0.06

表 12.18　各主成分和综合成分得分矩阵

工程名称	主成分 1	主成分 2	主成分 3	主成分 4	综合成分	排名
"丹治"一期	9.63	0.39	−0.72	−0.51	6.93	1
"长治"三期	0.44	1.41	2.21	0.85	0.73	2
"长治"五期	0.16	−0.77	−0.02	1.35	0.08	3
"长治"七期	−0.46	−3.82	0.74	−0.04	−0.82	4
"长治"一期	−1.97	1.84	0.46	0.27	−1.11	5
"长治"四期	−2.49	0.30	1.03	−2.05	−1.80	6
"长治"二期	−2.62	1.53	−1.85	0.05	−1.82	7
"长治"六期	−2.68	−0.88	−1.85	0.07	−2.19	8

　　采用层次分析法和主成分分析法对陕西省丹汉江流域重点水土保持工程的适宜性进行评价的结果比较见表 12.19。除了"长治"二期和"长治"四期的排名略有差异外，2 种方法计算的结果基本一致，说明分析的结果较为合理。

表 12.19　层次分析法和主成分分析法计算结果比较

排名	层次分析法	主成分分析法
1	"丹治"一期	"丹治"一期
2	"长治"三期	"长治"三期
3	"长治"五期	"长治"五期
4	"长治"七期	"长治"七期
5	"长治"一期	"长治"一期
6	"长治"二期	"长治"二期
7	"长治"四期	"长治"四期
8	"长治"六期	"长治"六期

12.3　基于水土保持的生态安全评价

本节分别采用压力-状态-响应(PSR)模型和 BP 神经网络模型对"丹治"一期工程治理前(2006 年)和治理后(2010 年)陕西省丹汉江流域的生态安全状况进行定量评价,为丹江口水库水源区水土流失治理规划和生态安全保护提供数据支撑。

12.3.1　指标体系的建立

生态安全评价的方法从最早定性的简单描述发展到目前定量的精确判断,取得了长足的进步。区域生态安全评价方法可归结为数学模型法、生态模型法、景观模型法和数字地面模型法 4 种 (刘红等, 2006)。目前, 生态安全评价的方法主要为基于经济、社会、生态关系的综合指标体系下的评价。有的研究是以 PSR 模型为基础来反映生态安全状态, 应用数学方法进行有效的评价。除此之外, 还有生态足迹法、物元模型法、景观格局分析法等。

本书采用广义的生态安全含义, 包括自然、资源、环境、社会经济等方面的状态。选择陕西省丹汉江流域所涉及的汉中、安康、商洛三市为研究区域, 采用层次分析法构建生态安全评价的指标体系, 分别对"丹治"一期工程治理前(2006 年)和治理后(2010 年)陕西省丹汉江流域的生态安全状况进行评价。

该体系从上至下主要包括三个层次: 目标层、准则层和指标层。体系最高层目标层(O)为生态安全综合评价, 采用生态安全等级来表征评价结果。准则层(A)包括自然人文压力、生态系统状态、社会和生态响应 3 个子系统, 分别用来表征系统的压力、状态、响应状况。其中, 自然人文压力反映了人口、资源和环境等方面的压力因素; 生态系统状态包括社会经济和资源环境等的状态; 社会和生态响应则体现了系统对引发的各种环境问题的反应和解决能力。子准则层主要用来反映准则层各部分的单项指标,由菜单式多指标构成。指标层(C)由可以度量的指标组成，是生态安全评价指标体系最基础的层面，本书共选取了 20 个评价指标($C_1 \sim C_{20}$)。与艾蕾(2010)的研究结果相比，评价指标中包含了与水土保持有关的指标，减少了环保指标，尽可能反映水保工程的效应。构建的基于水土保持的生态安全评价指标体系具体见表 12.20。

表 12.20　基于水土保持的生态安全评价指标体系

目标层	准则层	子准则层	指标层	安全趋势	说明
生态安全评价 O	自然人文压力 A_1	人口压力 B_1	农业人口密度 C_1	−	单位面积农业人口数量
			人口自然增长率 C_2	−	人口自然增加数/年平均人数
		资源压力 B_2	农民人均基本农田面积 C_3	+	农民人均平地和梯田面积
			有效灌溉面积比例 C_4	+	有效灌溉面积/耕地总面积
			生态用地比例 C_5	+	林地、草地占全部农业用地(耕地、园地、林地、草地)的比例
		环境压力 B_3	化肥施用量 C_6	−	化肥施用量(折纯量)/耕地总面积
			水土流失率 C_7	−	水土流失面/土地总面积
			土壤侵蚀模数 C_{16}	−	单位时段内单位水平面积地表土壤及其母质被侵蚀的总量
	生态系统状态 A_2	社会经济状况 B_4	农民人均纯收入 C_9	+	农村人口从各来源得到的总收入−所发生的费用
			农民人均粮食产量 C_{10}	+	粮食产量/农业人口
		资源环境状况 B_5	森林覆盖率 C_{11}	+	森林面积/土地总面积
			土地复种指数 C_{12}	+	全年播种(或移栽)作物的总面积/耕地总面积
			粮食亩产 C_{13}	+	每亩耕地的年均粮食作物产量
	社会和生态响应 A_3	生态环境响应 B_6	工业废水排放达标率 C_{14}	+	工业废水排放达标量占排放总量比例
			工业固体废弃物综合利用率 C_{15}	+	工业固体废弃物综合利用量占产生总量的比例
			SO_2 排放量 C_8	−	工业 SO_2 排放量/工业总产值
		社会经济响应 B_7	环境保护投资指数 C_{17}	+	环境污染治理投资总额占GDP 总量比例
			水土保持工程投资强度 C_{18}	+	单位面积水土保持工程总投资
			人均农业产值 C_{19}	+	农业产值/农业总人口
			第三产业比例 C_{20}	+	第三产业产值/GDP 总量

2006～2010 年的评价指标现状值见表 12.21。农民人均基本农田面积、水土流失率、土壤侵蚀模数、农民人均纯收入、农民人均粮食产量、森林覆盖率、水土保持工程投资强度等为"丹治"工程验收时项目区的数据，其他数据为陕西省统计年鉴中汉中、安康、商洛三市的平均值。

表 12.21　评价指标现状值

指标层	单位	2006 年现状值	2007 年现状值	2008 年现状值	2009 年现状值	2010 年现状值	备注
农业人口密度 C_1	人/km²	127	128	127	123	126	汉中、安康、商洛三市，陕西省统计年鉴
人口自然增长率 C_2	‰	2.46	2.48	2.51	2.46	2.77	汉中、安康、商洛三市，陕西省统计年鉴
农民人均基本农田面积 C_3	亩/人	0.79	0.8	0.88	0.94	0.96	"丹治"工程
有效灌溉面积比例 C_4	%	39.05	39.69	38.21	40.45	41.8	汉中、安康、商洛三市，陕西省统计年鉴
生态用地比例 C_5	%	78.37	79.56	87.18	88.64	90.1	汉中、安康、商洛三市，陕西省统计年鉴
化肥施用量 C_6	kg/hm²	485	494	530	531	547	汉中、安康、商洛三市，陕西省统计年鉴
水土流失率 C_7	%	53.07	49.87	28.67	23.54	18.4	"丹治"工程
SO₂ 排放量 C_8	kg/万元	53.88	44.81	34.19	29.22	18.59	汉中、安康、商洛三市，陕西省统计年鉴
农民人均纯收入 C_9	元/a	1772	1903	2044	2195	2348	"丹治"工程
农民人均粮食产量 C_{10}	kg/人	356	368	380	392	405	"丹治"工程
森林覆盖率 C_{11}	%	25.27	26.39	32.85	39.84	50.22	"丹治"工程
土地复种指数 C_{12}	%	231.51	204.58	225.08	220.34	223.56	汉中、安康、商洛三市，陕西省统计年鉴
粮食亩产 C_{13}	kg/亩	165	279	309	335	368	汉中、安康、商洛三市，陕西省统计年鉴
工业废水排放达标率 C_{14}	%	92.77	93.32	94.06	95.6	96.5	汉中、安康、商洛三市，陕西省统计年鉴

续表

指标层	单位	2006 年现状值	2007 年现状值	2008 年现状值	2009 年现状值	2010 年现状值	备注
工业固体废弃物综合利用率 C_{15}	%	23.45	30.34	22.6	18.04	26.03	汉中、安康、商洛三市，陕西省统计年鉴
土壤侵蚀模数 C_{16}	t/(km²·a)	2846	2724	1913	1117	816	"丹治"工程
环境保护投资指数 C_{17}	%	1.10	0.80	1.10	1.50	1.79	汉中、安康、商洛三市，陕西省统计年鉴
水土保持工程投资强度 C_{18}	万元/km²	13.05	24.16	25.7	24.58	24.43	"长治"工程、"丹治"工程
人均农业产值 C_{19}	元	1702	1902	2390	2631	3277	汉中、安康、商洛三市，陕西省统计年鉴
第三产业比例 C_{20}	%	39.38	39.22	37.4	41.3	39.09	汉中、安康、商洛三市，陕西省统计年鉴

12.3.2　权重的确定

根据修正后的基于压力–状态–响应(PSR)模型，首先，采用层次分析法(简称 AHP)确定每个指标的相对权重值。各层次之间的矩阵与运算结果见表 12.22～表 12.32，各指标的权重见表 12.33。从 A 层的权重值来看，影响丹江口库区生态安全的因素按权重大小依次是自然人文压力、生态系统状态、社会和生态响应，这表明研究区的生态安全状况主要取决于自然条件的改变和人类生产活动的影响，因此，人类应在保护自然生态环境的基础上进行丹江口库区生态安全评价，以获得自然所能给予的最大服务，这也是决定区域生态安全的关键问题。从 C 层权重值来看，决定区域生态安全的因素中，权重最大的是农民人均基本农田面积、水土流失率，其次为生态用地比例、化肥施用量等。

表 12.22　O-A 矩阵与运算结果

O	A_1	A_2	A_3	权重 W_i
A_1	1	3	3	0.60
A_2	1/3	1	1	0.20
A_3	1/3	1	1	0.20

表 12.23 A_1-B 矩阵与运算结果

A_1	B_1	B_2	B_3	权重 W_i
B_1	1	1/7	1/7	0.06
B_2	7	1	1	0.47
B_3	7	1	1	0.47

表 12.24 B_1-C 矩阵与运算结果

B_1	C_1	C_2	权重 W_i
C_1	1	1	0.50
C_2	1	1	0.50

表 12.25 B_2-C 矩阵与运算结果

B_2	C_3	C_4	C_5	权重 W_i
C_3	1	5	3	0.64
C_4	1/5	1	1/3	0.10
C_5	1/3	3	1	0.26

表 12.26 B_3-C 矩阵与运算结果

B_3	C_6	C_7	C_8	权重 W_i
C_6	1	1/3	3	0.26
C_7	3	1	5	0.63
C_8	1/3	1/5	1	0.11

表 12.27 A_2-B 矩阵与运算结果

A_2	B_4	B_5	权重 W_i
B_4	1	1	0.50
B_5	1	1	0.50

表 12.28 B_4-C 矩阵与运算结果

B_4	C_9	C_{10}	权重 W_i
C_9	1	1/3	0.25
C_{10}	3	1	0.75

表 12.29 B_5-C 矩阵与运算结果

B_5	C_{11}	C_{12}	C_{13}	权重 W_i
C_{11}	1	3	1	0.43
C_{12}	1/3	1	1/3	0.14
C_{13}	1	3	1	0.43

表 12.30 A_3-B 矩阵与运算结果

A_3	B_6	B_7	权重 W_i
B_6	1	3	0.75
B_7	1/3	1	0.25

表 12.31　B_6-C 矩阵与运算结果

B_6	C_{14}	C_{15}	C_{16}	权重 W_i
C_{14}	1	1	1/3	0.20
C_{15}	1	1	1/3	0.20
C_{16}	3	3	1	0.60

表 12.32　B_7-C 矩阵与运算结果

B_7	C_{17}	C_{18}	C_{19}	C_{20}	权重 W_i
C_{17}	1	1	3	4	0.40
C_{18}	1	1	3	3	0.37
C_{19}	1/3	1/3	1	1	0.12
C_{20}	1/4	1/3	1	1	0.11

表 12.33　生态安全评价指标权重

目标层	准则层	准则层权重	子准则层	子准则层权重	指标层	指标层权重	指标层针对准则层的权重
生态安全评价 O	自然人文压力 A_1	0.6	人口压力 B_1	0.07	农业人口密度 C_1	0.50	0.03
					人口自然增长率 C_2	0.50	0.03
			资源压力 B_2	0.47	农民人均基本农田面积 C_3	0.64	0.30
					有效灌溉面积比例 C_4	0.10	0.05
					生态用地比例 C_5	0.26	0.12
			环境压力 B_3	0.47	化肥施用量 C_6	0.26	0.12
					水土流失率 C_7	0.64	0.30
					土壤侵蚀模数 C_{16}	0.10	0.05
	生态系统状态 A_2	0.2	社会经济状况 B_4	0.50	农民人均纯收入 C_9	0.25	0.13
					农民人均粮食产量 C_{10}	0.75	0.38
			资源环境状况 B_5	0.50	森林覆盖率 C_{11}	0.43	0.21
					土地复种指数 C_{12}	0.14	0.07
					粮食亩产 C_{13}	0.43	0.21
	社会和生态响应 A_3	0.2	生态环境响应 B_6	0.75	工业废水排放达标率 C_{14}	0.60	0.45
					工业固体废弃物综合利用率 C_{15}	0.20	0.15
					SO_2 排放量 C_8	0.20	0.15
			社会经济响应 B_7	0.25	环境保护投资指数 C_{17}	0.40	0.10
					水土保持工程投资强度 C_{18}	0.37	0.09
					人均农业产值 C_{19}	0.12	0.03
					第三产业比例 C_{20}	0.11	0.03

12.3.3 指标现状值与标准值

2006 年和 2010 年评价指标现状值见表 12.21，标准值见表 12.34。水土流失率的标准值为水土保持综合治理验收规范；农民人均基本农田面积、农民人均粮食产量等为"丹治"工程规划目标；其他评价指标标准值为中国统计年鉴、陕西省统计年鉴、中国环境统计年鉴中的全国平均值。

表 12.34 评价指标标准值

指标	单位	2006 年标准值	2010 年标准值	备注
农业人口密度 C_1	人/km^2	76	70	全国平均值，中国统计年鉴
人口自然增长率 C_2	‰	5.28	4.79	全国平均值，中国统计年鉴
农民人均基本农田面积 C_3	亩/人	1	1	"丹治"工程规划目标
有效灌溉面积比例 C_4	%	42.32	48.69	全国平均值，中国统计年鉴
生态用地比例 C_5	%	83.21	86.43	全国平均值，中国统计年鉴
化肥施用量 C_6	kg/hm^2	3789	4569	全国平均值，中国统计年鉴
水土流失率 C_7	%	30	30	水土保持综合治理验收规范 (GB/T 15773—2008)
SO$_2$ 排放量 C_8	kg/万元	66.50	29.90	全国平均值，中国环境统计年鉴
农民人均纯收入 C_9	元/a	3587	5919	全国平均值，陕西省统计年鉴
农民人均粮食产量 C_{10}	kg/人	400	400	"丹治"工程规划目标
森林覆盖率 C_{11}	%	18.21	20.36	中国环境统计年鉴
土地复种指数 C_{12}	%	120.75	132.01	全国平均值，中国统计年鉴
粮食亩产 C_{13}	kg/亩	255	299	全国平均值，中国统计年鉴
工业废水排放达标率 C_{14}	%	90.70	95.30	全国平均值，中国环境统计年鉴
工业固体废弃物综合利用率 C_{15}	%	60.20	66.70	全国平均值，中国环境统计年鉴
土壤侵蚀模数 C_{16}	t/(km^2·a)	500	500	土壤容许流失量，《土壤侵蚀分类分级标准》(SL190—2007)
环境保护投资指数 C_{17}	%	1.22	1.66	全国平均值，中国环境统计年鉴
水土保持工程投资强度 C_{18}	万元/km^2	15.19	21.42	全国平均值，全国水利发展统计公告，中国水土保持公告
人均农业产值 C_{19}	元	2945	5504	全国平均值，中国统计年鉴
第三产业比例 C_{20}	%	39.49	42.97	全国平均值，陕西省统计年鉴

12.3.4　评价方法

1. 基于压力-状态-响应(PSR)模型的生态安全评价

从区域安全的角度进行考虑,生态安全评价采用"安全指数"来表示。生态安全评价是多指标综合评价,指标类型多样、涉及范围较广,如果指标之间没有统一的度量标准,就难以进行比较。为了避免这个问题,使表示不同含义的各种指标能够综合起来表征生态安全评价结果,本书采用下述计算模型将评价指标进行归一化处理,换算成以百分比为单位的指标值,以计算各评价指标的安全指数。

生态环境安全评价指数计算模型如下。

正向安全趋势指标:当 $X_i \geqslant Y_i$,则 $P_i=1$;当 $X_i \leqslant Y_i$,则 $P_i=X_i/Y_i \times 100\%$

负向安全趋势指标:当 $X_i \leqslant Y_i$,则 $P_i=1$;当 $X_i \geqslant Y_i$,则 $P_i=Y_i/X_i \times 100\%$

式中,X_i 表示第 i 个评价指标的实际值;Y_i 表示第 i 个评价指标的标准值;P_i 表示计算后第 i 个评价指标的安全指数($0 \leqslant P_i \leqslant 1$)。

生态安全综合指数模型表达式为

$$ES_i = \sum_{i=1}^{n} (P_i \times W_i) \tag{12.16}$$

式中,ES_i 表示综合生态安全值;P_i 表示单项指标的生态安全指数(n 为指标个数);W_i 表示单项指标权重。

为了将计算所得的综合生态安全值转换为人们更易直观理解和判断的等级值,本书采用级差标准化的方法,建立评判集(即等级值)与标准化值(即指数值)之间的概念关联。本书确定的区域生态安全综合评价标准如表 12.35 所示,安全标准共分5 个级别,分别对应研究区域的生态安全程度,对比计算所得的综合生态安全值所属安全标准的级别。综合生态安全值越大,表明研究区生态安全状况越好,反之则状况越差(邓楚雄,2006;吴国庆,2001;王良健等,1999)。

安全指数和生态安全值见表 12.36,基于 PSR 模型的水土保持生态安全评价结果见表 12.37。陕西省丹汉江流域总体生态环境安全状况较好,2006 年和 2010 年安全等级分别为Ⅳ级和Ⅴ级。2010 年与 2006 年相比,综合生态安全值略有增加。分别从"压力""状态"和"响应"三方面来看,2010 年与 2006 年相比,自然人文压力和生态系统状态的生态安全值略有增加,主要是因为经过"丹治"工程水土保持治理,农民人均基本农田面积、农民人均粮食产量、粮食亩产、生态用地比例等增加,而水土流失率、土壤侵蚀模数下降,资源、环境、社会经济等指标响应好转;由于陕南地区发展水平较低,工业废水排放达标率、SO_2 排放量、人均农业产值、第三产业比例始终低于全国标准,但水土保持治理后环境保护投资指数、水土保持工程投资强度略有增加外，社会和生态响应变化不大。

表 12.35　区域生态安全综合评价标准

综合生态安全值	安全等级	状态	特征
< 0.45	I	重警状态	生态系统服务功能几乎丧失，生态环境遭到严重破坏，生态过程很难逆转，生态系统结构残缺不全，生态恢复与重建困难，极易发生生态灾害
0.45～0.65	II	中警状态	生态系统服务功能严重退化，生态环境遭到较大破坏，生态系统结构破坏较大、功能不全，受外界干扰后恢复困难，生态灾害较多
0.65～0.75	III	预警状态	生态系统服务功能出现退化，生态环境遭到一定破坏，生态系统结构变化但还可维持基本功能，受外界干扰后易恶化，生态灾害时有发生
0.75～0.90	IV	较安全状态	生态系统服务功能比较完整，生态环境较少受到破坏，生态系统结构比较完整、功能尚好，一般干扰后可以恢复，生态问题不显著，生态灾害不大
> 0.90	V	安全状态	生态系统服务功能基本完整，生态环境基本未受到干扰破坏，生态系统结构完整、功能性强，系统恢复再生能力强，生态灾害少

表 12.36　安全指数和生态安全值

评价指标	2006 年		2010 年	
	安全指数	生态安全值	安全指数	生态安全值
C_1	0.61	0.02	0.56	0.02
C_2	1.00	0.03	1.00	0.03
C_3	0.79	0.24	0.94	0.28
C_4	0.92	0.04	0.86	0.04
C_5	1.00	0.12	1.00	0.12
C_6	1.00	0.12	1.00	0.12
C_7	0.57	0.17	1.00	0.30
C_8	0.42	0.02	0.30	0.02
C_9	0.50	0.06	0.40	0.05
C_{10}	0.89	0.33	1.00	0.38
C_{11}	1.00	0.21	1.00	0.21
C_{12}	1.00	0.07	1.00	0.07
C_{13}	0.65	0.14	1.00	0.21
C_{14}	1.00	0.15	1.00	0.15
C_{15}	0.39	0.06	0.39	0.06
C_{16}	1.00	0.45	1.00	0.45
C_{17}	1.00	0.10	1.00	0.10
C_{18}	1.00	0.09	1.00	0.09
C_{19}	0.67	0.02	0.46	0.01
C_{20}	1.00	0.03	0.91	0.03

表 12.37　基于 PSR 模型的水土保持生态安全评价结果

年份	子系统生态安全值			综合生态安全值	安全等级
	自然人文压力	生态系统状态	社会生态响应		
2006	0.45	0.16	0.18	0.79	IV
2010	0.57	0.19	0.18	0.93	V

2. 基于 BP 神经网络模型的生态安全评价

人工神经网络是在现代神经科学的基础上提出和发展起来的,是反映人脑结构及功能的一种抽象数学模型。人工神经网络经过多年的发展,其算法已臻于完善。BP 神经网络的优越性在于其高度的仿真功能,经过网络的反复学习,能有效修正误差,可以跨越传统评价中的专家打分环节,在一定程度上避免主观因素对结果的影响。另外,BP 神经网络的非线性运算,不同于一般的数理回归,能够更好地把握各变量之间的关系,同时又能把隐性变量对结果造成的影响作为一个整体纳入计算过程中。BP 神经网络是一种具有三层或三层以上神经元的神经网络,包括输入层、中间层(隐层)和输出层。上下层之间实现全连接,而每层神经元之间无连接(张小虎等,2009)。

如图 12.1 所示,神经网络的每一个节点称为神经元,输入层各神经元的主作用是接收来自外界的输入信息,并传给中间层的神经元。而中间的隐层主要负责处理内部的信息,中间层可以设计为单隐层或者多隐层结构。隐层通过一系列的算法,完成自学习过程,最终由最后一个隐层把信息传递到输出层。输出层向外界输出最终的结果及数字信息。当一对学习样本提供给网络后,神经元的激活值从输入层经各中间层向输出层传播,在输出层的各神经元获得网络的输入响应。按照减少目标输出与实际输出之间误差的方向,从输出层反向经过各中间层回到输入层,从而逐层修正各连接权值。

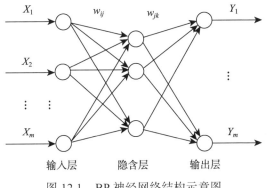

图 12.1　BP 神经网络结构示意图

设神经元网络有 n 个输入神经元, m 个输出神经元和 p 个隐层神经元, 则神经元的输出为

$$x_i = \sigma\left(\sum_{j=1}^{n} w_{ij} x_j - \theta_j\right), \quad i=1,2,\cdots,p \tag{12.17}$$

输出层神经元的输出为

$$y_i = \sum_{k=1}^{p} w_{jk} x_j - \theta_j, \quad k=1,2,\cdots,m \tag{12.18}$$

激励函数采用 sigmoid 函数:

$$\sigma(x) = \frac{1}{1+\mathrm{e}^{-x}} \tag{12.19}$$

式中, w_{ij}、w_{jk} 为相互两层神经元之间的权值; θ_j 为阈值, 均为随机值, 初始值置为 0。

在 BP 神经网络评价过程中, 通过反复地修改设定网络参数, 最终使自学习过程得以完成。各层权值在自学习过程中不断地调整和修正, 一直到网络输出的误差到达可以接受的程度或预先设定的学习次数为止。

由于 sigmoid 函数的取值及网络最后一个节点的输出范围是 0~1, 必须先对样本进行归一化处理。为保持相对合理性, 剔除 0 和 1 两种极值的影响, 使结果更加贴近现实, 在一般归一化公式的基础上添加 0.10 及 0.10~0.90 两个项, 运用式(12.19)使数据分布在 0.1~0.90。

$$x_{ij} = \frac{x_{ij} - x_{\min}}{x_{\max} - x_{\min}} \tag{12.20}$$

$$x_{ij} = 0.1 + \frac{(x_{ij} - x_{\min})(0.9 - 0.1)}{x_{\max} - x_{\min}} \tag{12.21}$$

以每年的数据为一个样本, 总样本数为 5, 指标数为 20。因此 $i = 1, 2, \cdots, 20$; $j = 1, 2, \cdots, 5$。

生态安全评价指标体系如表 12.20 所示, 将表 12.21 中各年度的评价指标现状值进行无量纲化(归一化)处理后的结果见表 12.38。

将 2006~2009 年各项指标的数据作为神经元节点输入, 对神经网络进行训练。利用 Palisade 公司生产的统计软件 NeuralTools 5.7, 神经网络经过学习, 获得各指标及评价结果间的关系。再输入 2010 年的各项指标数据, 最后得到各子系统安全等级的评价结果(表 12.39)。生态安全的各项指标与安全程度之间存在一个复杂非线性的函数关系 $f(C_1, C_2, C_3, \cdots, C_{20})$。BP 神经网络通过自学习, 得到指标与安全程度的关系, 从而得到 2006~2010 年的评价结果。其中, BP 神经网络的训练参

数的设定误差 0.00001，隐层神经元数由软件系统根据误差调整。为评价准则层的生态安全，本书分为 4 个神经网络系统进行评价，分别是自然人文系统、生态系统、社会和生态响应系统及综合评价，神经网络运算次数分别为 82 次、70 次、72 次及 82 次，所得到的误差均小于设定误差 0.00001。生态安全评价标准如表 12.35 所示。

表 12.38　2006～2010 年指标无量纲化数据

指标	2006 年	2007 年	2008 年	2009 年	2010 年
C_1	0.74	0.90	0.74	0.10	0.58
C_2	0.10	0.15	0.23	0.10	0.90
C_3	0.10	0.15	0.52	0.80	0.90
C_4	0.29	0.43	0.10	0.60	0.90
C_5	0.10	0.18	0.70	0.80	0.90
C_6	0.10	0.22	0.68	0.69	0.90
C_7	0.90	0.83	0.34	0.22	0.10
C_8	0.90	0.85	0.53	0.22	0.10
C_9	0.10	0.28	0.48	0.69	0.90
C_{10}	0.10	0.30	0.49	0.69	0.90
C_{11}	0.10	0.14	0.34	0.57	0.90
C_{12}	0.90	0.10	0.71	0.57	0.66
C_{13}	0.10	0.55	0.67	0.77	0.90
C_{14}	0.10	0.22	0.38	0.71	0.90
C_{15}	0.45	0.90	0.40	0.10	0.62
C_{16}	0.90	0.69	0.45	0.34	0.10
C_{17}	0.34	0.10	0.34	0.67	0.90
C_{18}	0.10	0.80	0.90	0.83	0.82
C_{19}	0.10	0.20	0.45	0.58	0.90
C_{20}	0.51	0.47	0.10	0.90	0.45

表 12.39　基于 BP 神经网络模型的水土保持生态安全评价结果

年份	子系统生态安全评价结果			综合评价结果	安全等级
	自然人文系统	生态系统	社会和生态响应系统		
2006	0.78	0.84	0.78	0.80	IV
2007	0.78	0.81	0.8	0.80	IV
2008	0.85	0.85	0.85	0.85	IV
2009	0.95	0.87	0.85	0.92	V
2010	0.95	0.91	0.85	0.93	V

分别采用 PSR 模型和 BP 神经网络模型对"丹治"一期工程治理前(2006 年)和治理后(2010 年)陕西省丹汉江流域的生态安全状况进行定量评价,结果分别见表12.37 和表 12.39。两种评价方法的结果基本一致,治理前的 2006 年丹汉江流域生态安全等级为Ⅳ级,治理后的 2010 年上升到Ⅴ级,说明分析的结果较为合理。由于进行 BP 神经网络模型评价时需要各年度的现状值构建神经网络,可以详细地看出各年综合评价结果逐年上升,2006～2008 年的安全等级为Ⅳ级,到 2009 年时已上升至Ⅴ级。PSR 模型评价时只需要治理前后 2 年的现状值,但需要标准值做对比。两种评价方法各有利弊,相互补充。

12.3.5　评价结果

(1) 20 世纪 80 年代以来,陕西省丹汉江流域水土保持工程的实施范围逐步扩大、治理任务和投资量增加、单位面积投资和中央投资比例提高;工程的措施逐渐配套,效益逐渐提高。指标权重排名前三位的分别是中央投资、治理水土流失面积、坡改梯。从"长治"工程一期到七期,综合评价分值一直处于波动变化,到"丹治"一期工程时急剧提高,显示"丹治"一期工程较强的适宜性。层次分析法和主成分分析法评价的结果基本一致。

(2) "丹治"一期工程竣工后,水土保持措施年蓄水量达 9455.66 万 m^3/a、保土量达 1322.35 万 t/a,减少氨氮、总氮、总磷等非点源污染量分别达 126 t/a、6171 t/a、3895 t/a,增加直接经济效益 8.49 亿元/a、减少土壤侵蚀经济损失价值 33.00 亿元/a、减少非点源污染经济损失价值 0.41 亿元/a。

如果陕西省丹汉江流域水土流失全部得到治理,则年蓄水量达 24523.52 万 m^3/a、保土量达 4521.60 万 t/a,减少氨氮、总氮、总磷等非点源污染量分别达 431t/a、21101t/a、13318t/a,增加直接经济效益 18.56 亿元/a、减少土壤侵蚀经济损失价值112.85 亿元/a、减少非点源污染经济损失价值 0.90 亿元/a。

(3) 经过水土流失治理,陕西省丹汉江流域总体生态环境安全状况较好,2006年和 2010 年安全等级分别为Ⅳ级和Ⅴ级。2010 年与 2006 年相比,各子系统生态安全、综合生态安全值均略有增加。PSR 模型和 BP 神经网络模型评价的结果基本一致。

参 考 文 献

艾蕾, 2010. 丹江口库区土地利用时空变化及生态安全评价初探[D]. 武汉: 华中农业大学硕士学位论文.

白慧强, 2009. 主成分分析法在 SPSS 中的应用——以文峪河河岸带林下草本群落为例[J]. 科技情报开发与经济, 19(9): 173-176.

长江水利委员会, 2007.长江流域水土保持公报[N]. 中国水利报, 004.

陈江南, 曾茂林, 康玲玲, 等, 2003. 孤山川流域已有水土保持措施蓄水减沙效益计算成果分析[J]. 水土保持学报,17(4): 135-138.

陈梓玄, 李占斌, 李鹏, 等, 2009. 陕北黄土高原县域水土保持治理的适宜性评价[J]. 西北农林科技大学学报(自然科学版), 37(12): 159-167.

邓楚雄, 2006. 武冈市土地资源生态安全评价研究[D]. 长沙: 湖南师范大学博士学位论文.

侯秀瑞, 许云龙, 毕绪岱, 1998. 河北省山地森林保土生态效益计量研究[J]. 水土保持通报, 18(1): 17-21.

贾忠华, 赵恩辉, 2009. 南水北调中线陕西水源区土壤侵蚀损失估算[J]. 西北大学学报(自然科学版),39(4): 673-676.

金春久, 李环, 蔡宇, 2004. 松花江流域面源污染调查方法初探[J]. 东北水利水电, 22(6): 54-55.

刘刚才, 张建辉, 杜树汉, 等, 2009.关于水土保持措施适宜性的评价方法[J]. 中国水土保持科学,7(1): 108-111.

刘红, 王慧, 张兴卫, 2006. 生态安全评价研究述评[J]. 生态学杂志, 25(1): 74-78.

刘纪根,张平仓,喻惠花, 2008. 水土流失治理率综合评价指标体系框架研究[J]. 长江科学院院报,25(3): 82-85,89.

仇亚琴, 王水生, 贾仰文, 等, 2006. 汾河流域水土保持措施水文水资源效应初析[J]. 自然资源学报, 21(1): 26-32.

王桂玲, 王丽萍, 罗阳, 2004. 河北省面源污染分析[J]. 海河水利, (4): 29-30,45.

王金南, 1994. 环境经济学[M]. 北京: 清华大学出版社.

王良健, 陈浮,包浩生, 1999. 区域土地资源可持续管理评估研究——以广西梧州市为例[J].自然资源学报, 14(3): 201-205.

魏彬, 杨校生, 吴明,等, 2009. 生态安全评价方法研究进展[J]. 湖南农业大学学报(自然科学版), 35(5): 572-579.

吴国庆, 2001. 区域农业可持续发展的生态安全及其评价研究[J]. 自然资源学报,16(3): 227-233.

杨志新, 郑大玮, 李永贵, 2004. 北京市土壤侵蚀经济损失分析及价值估算[J]. 水土保持学报,18(3): 175-178.

张力, 2008. SPSS 在生物统计中的应用[M]. 厦门: 厦门大学出版社.

张小虎, 袁磊, 宋卫方, 等, 2009. 基于灰关联法的城市土地生态安全评价—以哈尔滨市为例[J]. 国土与自然资源研究, 4: 19-20.

周晓峰, 1999. 森林生态功能与经营途径[M]. 北京: 中国林业出版社.

DAWSON E M, ROT H W H, DRESCHER A, 1999. Slope stability analysis by strength reduction [J]. Geotechnique, 49 (6): 835-840.

TENGE A J, GRAAFF J DE, HELLA J P, 2005. Financial efficiency of major soil and water conservation measures in West Usambara highlands, Tanzania [J]. Applied Geography, 25(4): 348-366.

ZHANG X, QUINE T A, WALLING D E, 1998. Soil erosion rates on sloping cultivated land on the Loess Plateau near Ansai, Shaanxi Province, China: An investigation using 137Cs and rill measurements [J]. Hydrology processes, 12(1): 171-189.

第 13 章 氮磷流失预测及其不同治理格局优化配置

13.1 流域水土保持治理演变模型

13.1.1 坡面演变模型

坡耕地是陕南地区分布较为广泛的农业用地类型(张骅等，2002)，随着国家退耕还林(草)、水土保持治理等工程的实施，坡耕地，尤其是陡坡坡耕地将逐渐转变为生态用地。在这一过程中，将最初没有进行坡耕地治理的坡面定义为水土保持治理初期，此时，坡面上没有水土保持治理措施，坡面具有最大的土壤流失量；随着退耕还林(草)和坡改梯的实施，坡耕地逐渐转变为梯田或是林草地，此时为坡面水土保持治理中期；随后坡面达到水土保持治理最佳状态，视为坡面水土保持治理相对稳定期。水土保持治理坡面演变模型如图 13.1 所示。

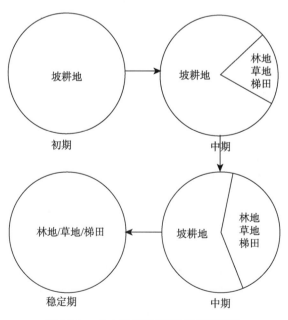

图 13.1　水土保持治理坡面演变模型

13.1.2　流域演变模型

坡度对土地利用有着重要的影响：小于 5°的坡地可开发为旱地或菜地；大于 5°的坡地已开始产生土壤侵蚀，需修筑梯田或采用水保耕作法等水保措施；25°是退耕还林还草的界限，该类土地应以种草造林为主要利用方式，以保护边坡的稳定性，防止崩塌、错落等重力侵蚀发生。本书中坡度分成平坡(0°～5°)、缓坡(5°～15°)、斜坡(15°～25°)和陡坡(>25°)4 个坡度级。

在流域尺度上，将丹江流域 2000 年的土地利用现状作为流域演变模型的初期。在水土保持措施作用下，大于 25°的坡耕地必须坡改梯或是退耕还林(草)，随后，15°～25°的坡地逐渐转化为梯田或是逐渐退耕还林(草)，此时为流域治理的中期，中期是流域水土保持治理的最长存在状态。随着坡耕地的减少，最后仅保留小于 15°的缓坡耕地，15°以上全部成为林地，将此时流域的状态视为相对稳定期。本书将 5°以上坡耕地全部成为林地时的状态视为丹江流域的相对稳定期。

13.2　修正通用土壤流失方程各因子确定

1. 降雨侵蚀力 R 值

依据丹江流域各县区 1999～2010 年的逐月降雨资料，根据式(3.11)和式(3.12)计算得到丹江流域各县区的年降雨侵蚀力 R 值，然后利用计算得到的结果，采用 IDW 内插方法进行降雨侵蚀力空间表面插值，得到丹江流域降雨侵蚀力分布图[图 13.2(a)]，降雨侵蚀力单位为公制单位 $MJ \cdot mm/(hm^2 \cdot h \cdot a)$。

2. 土壤可蚀性因子 K 值的计算

土壤可蚀性即土壤遭受侵蚀的敏感程度，是土壤抵抗由降雨、径流产生的侵蚀能力的综合体现。根据全球 1:100 万土壤数据库，利用 EPIC 模型中 K 值计算公式得丹江流域土壤可蚀性因子 K 值分布图[图 13.2(b)]。

3. 坡度坡长因子 LS 的计算

利用丹江流域 30m 分辨率 DEM 数据，依据式(3.13)～式(3.15)分别计算得丹江流域的坡长因子和坡度因子，丹江流域的坡长坡度因子分布图见图 13.2(c)。

4. 覆盖与管理因子 C 值的计算

根据丹江流域 2000 年土地利用类型图，利用式(3.16)和式(3.17)对研究区不同土地

利用 C 值进行估算。并根据研究区径流小区监测结果和其他类似的研究成果，对研究区林地、草地和农地的 C 因子进行赋值，结果见表 13.1，具体到不同的地块，依据覆盖度，其 C 值会有一定变化。

表 13.1　　不同土地利用 C 因子的计算值

土地利用类型	水田	旱地	林地	疏林地	高覆盖度草地	中覆盖度草地	水域	建设用地	裸地
年平均 C 因子	0.15	0.31	0.006	0.017	0.015	0.04	0	0	1

5. 水土保持措施因子 P 的计算

一般无任何水土保持措施的土地类型，其 P 值为 1，其他情况 P 值在 0~1。参照有关研究结果，将梯田的 P 因子确定为 0.15，未采用水土保持措施的土地利用类型 P 值取 1(刘世梁等，2011；刘雯等，2011；李亦秋等，2010；王晓峰等，2010；史志华等，2002)。丹江流域土壤侵蚀模型因子及侵蚀量分布图见图 13.2。

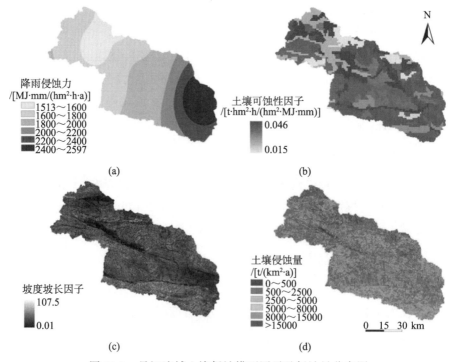

图 13.2　丹江流域土壤侵蚀模型因子及侵蚀量分布图

13.3　流域水土保持治理下的土壤侵蚀和养分流失预测

13.3.1　水土保持措施下土壤侵蚀动态理论分析

在地理信息系统(GIS)软件支持下，将丹江流域陕西水源区和商南县鹦鹉沟流域数字高程模型(DEM)进行坡长和坡度运算，得到丹江流域和鹦鹉沟流域水平投影坡长的平均值分别为 120m 和 20m，平均坡度分别为 19°和 18°。初期和稳定期代表了流域水土保持治理的两个极限状态(表 13.2 和表 13.3)。初期坡面上全部是坡耕

表 13.2　鹦鹉沟流域坡耕地转化情景下的土壤侵蚀动态变化

地类比例/%	平均侵蚀模数/[t/(km²·a)]						
	林地	草地	梯田	坡耕地	坡耕地转林地	坡耕地转草地	坡耕地转梯田
0	0.0	0.0	0.0	23144.9	23144.9	23144.9	23144.9
5	100.2	250.4	776.3	22558.9	21435.9	21443.5	21469.8
10	141.7	354.1	1097.9	21957.2	19775.6	19796.9	19871.3
15	173.5	433.7	1344.6	21338.6	18163.8	18202.8	18339.5
20	200.3	500.8	1552.6	20701.5	16601.2	16661.3	16871.7
25	224.0	560.0	1735.9	20044.1	15089.1	15173.1	15467.0
30	245.4	613.4	1901.5	19364.4	13628.7	13739.1	14125.6
35	265.0	662.6	2053.9	18660.0	12221.8	12360.9	12847.9
40	283.3	708.3	2195.7	17928.0	10870.1	11040.1	11635.1
45	300.5	751.3	2328.9	17164.7	9575.8	9778.7	10488.6
50	316.8	791.9	2454.9	16365.9	8341.3	8578.9	9410.4
55	332.2	830.6	2574.7	15526.1	7169.5	7443.5	8402.8
60	347.0	867.5	2689.2	14638.1	6063.5	6375.7	7468.8
65	361.2	902.9	2799.0	13692.7	5027.2	5379.3	6611.8
70	374.8	937.0	2904.7	12677.0	4065.8	4459.0	5836.4
75	388.0	969.9	3006.6	11572.5	3184.1	3620.5	5148.1
80	400.7	1001.7	3105.2	10350.7	2390.7	2871.5	4554.3
85	413.0	1032.5	3200.8	8964.0	1695.7	2222.2	4065.3
90	425.0	1062.4	3293.6	7319.1	1114.4	1688.1	3696.1
95	436.6	1091.6	3383.8	5175.4	673.6	1295.7	3473.4
100	448.0	1119.9	3471.7	0.0	448.0	1119.9	3471.7

表 13.3　丹江流域坡耕地转化情景下的土壤侵蚀动态变化

地类比例/%	平均侵蚀模数/[t/(km²·a)]						
	林地	草地	梯田	坡耕地	坡耕地转林地	坡耕地转草地	坡耕地转梯田
0	0.0	0.0	0.0	38753.8	38753.8	38753.8	38753.8
5	167.7	419.3	1299.8	37772.6	35892.3	35904.9	35948.9
10	237.2	593.0	1838.3	36765.1	33112.3	33147.9	33272.4
15	290.5	726.3	2251.4	35729.3	30413.4	30478.8	30707.6
20	335.4	838.6	2599.7	34662.5	27797.1	27897.7	28249.9
25	375.0	937.6	2906.5	33561.8	25265.1	25405.7	25898.0
30	410.8	1027.1	3184.0	32423.8	22819.9	23004.8	23651.8
35	443.7	1109.4	3439.1	31244.3	20464.1	20697.1	21512.5
40	474.4	1186.0	3676.5	30018.6	18200.9	18485.5	19481.8
45	503.2	1257.9	3899.5	28740.6	16033.8	16373.4	17562.1
50	530.4	1326.0	4110.5	27403.1	13966.7	14364.5	15756.8
55	556.3	1390.7	4311.1	25996.9	12004.5	12463.5	14069.7
60	581.0	1452.5	4502.8	24510.1	10152.6	10675.5	12505.7
65	604.7	1511.8	4686.6	22927.1	8417.5	9007.2	11070.8
70	627.6	1568.6	4863.6	21226.3	6807.2	7466.1	9772.4
75	649.6	1624.0	5034.3	19376.9	5331.4	6062.2	8619.9
80	670.9	1677.2	5199.4	17331.2	4003.0	4808.0	7625.7
85	691.5	1728.8	5359.4	15009.3	2839.2	3720.9	6806.9
90	711.6	1779.0	5514.8	12255.0	1865.9	2826.6	6188.8
95	731.1	1827.7	5665.9	8665.6	1127.8	2169.6	5815.9
100	750.1	1875.2	5813.1	0.0	750.1	1875.2	5813.1

地,丹江流域和鹦鹉沟流域的平均侵蚀模数分别为 38753.8t/(km²·a)和 23144.9t/(km²·a),稳定期坡面上全部是林地时,丹江流域和鹦鹉沟流域的平均侵蚀模数分别为 750.1t/(km²·a)和 448.0t/(km²·a)。因此,在整个土壤侵蚀治理期间,丹江流域和鹦鹉沟流域的平均侵蚀模数变化分别介于 750.1~38753.8t/(km²·a)和 448.0~23144.9 t/(km²·a),最大值均约为最小值的 51.7 倍。水土保持措施治理下,当坡面上全部是草地时,丹江流域和鹦鹉沟流域的平均侵蚀模数分别为 1875.2t/(km²·a)和 1119.9t/(km²·a);当坡面上全部是梯田时,丹江流域和鹦鹉沟流域的平均侵蚀模数分别为 5813.1t/(km²·a)和 3471.7t/(km²·a)。表明当坡面全部退耕还林(草)时,丹江流域的土壤侵蚀强度可达到轻度土壤侵蚀,但当坡面全部坡改梯时,丹江流域的土壤侵蚀强度仍旧属于中度土壤侵蚀。

运用函数拟合水土保持措施坡耕地比例与侵蚀模数之间的关系(图 13.3 和图 13.4),结果表明丹江流域和鹦鹉沟流域的林地比例和草地比例与侵蚀模数的最佳拟合函数均为线性函数，但梯田比例与侵蚀模数的最佳拟合函数均为指数函数。说明不同流域林地比例和草地比例与侵蚀模数的关系可以表示为 $y=ax+b$：当 x 等于 0 时，即林(草)地比例为 0 时，侵蚀模数 y 等于截距 b，可以定义 b 为初期侵蚀模数，即全部是坡耕地时的侵蚀模数；系数 a 为侵蚀速率，即林(草)地每增加一个百分点，侵蚀模数降低 a t/(km²·a)。梯田比例与侵蚀模数的关系可以表示为 $y=ae^{bx}$：当 x 等于 0 时，即梯田比例为 0 时，侵蚀模数 y 等于截距 a，将 a 定义为初期侵蚀模数，即全部是坡耕地时的侵蚀模数；系数 b 为侵蚀速率，即梯田每增加一个百分点，侵蚀模数降低为原来的 e^b 倍。线性函数和指数函数中的 a 和 b 均与 RUSLE 模型的各因子有关。

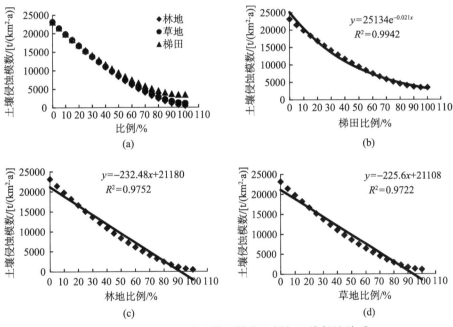

图 13.3　鹦鹉沟流域坡耕地转化比例与土壤侵蚀关系

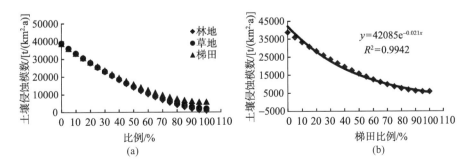

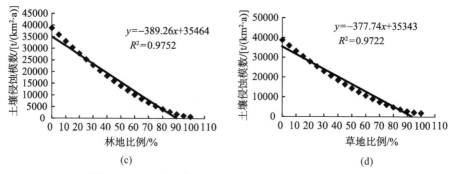

图 13.4　丹江流域坡耕地转化比例与土壤侵蚀关系

13.3.2　水土保持措施下土壤侵蚀动态实例分析

　　基于丹江流域 2000 年土地利用图和丹江流域 30mDEM 数据，利用 ERDAS IMAGINE 9.1 和 ArcGIS 9.3 软件对丹江流域 2000 年耕地、林地和草地在不同坡度上的分布面积进行计算分析，结果见表 13.4。由表 13.4 可知，丹江流域 2000 年耕地在 4 个坡度级上的分布面积分别为 212.2 km²、630.1 km²、513.9 km² 和 241.2 km²。由于小于 5°的耕地土壤侵蚀量较小，故对丹江流域 5°以上的坡耕地进行水土保持治理情景模拟，结果见表 13.5 和图 13.5～图 13.7。由表 13.5 知，尽管 5°～15°的坡耕地分布面积大于 15°～25°和>25°的坡耕地分布面积，但水土保持治理下 5°～15°的土壤侵蚀减少量却小于 15°～25°和>25°的土壤侵蚀减少量，其中，15°～25°的土壤侵蚀减少量最大。在林地、草地和梯田 3 个极限治理状态下，15°～25°的土壤侵蚀减少量分别为 251.1 万 t、239.8 万 t 和 219.1 万 t。丹江流域>5°的坡耕地在林地、草地和梯田 3 个极限治理状态下，其土壤平均侵蚀模数分别为 1871.4 t/(km²·a)、2018.2 t/(km²·a)和 2308.6 t/(km²·a)，均属于轻度土壤侵蚀强度，其土壤侵蚀减少量分别为 554.8 万 t、531.4 万 t 和 485.0 万 t。在>25°坡耕地退耕为林地且 15°～25°坡耕地修为梯田的条件下，丹江流域年土壤侵蚀量可减少 407.1 万 t。

表 13.4　丹江流域 2000 年耕地、林地和草地在不同坡度上的分布面积 (单位：km²)

坡度/(°)	耕地	林地	草地
0～5	212.2	66.5	117.3
5～15	630.1	571.9	838.1
15～25	513.9	1024.7	1159.0
>25	241.2	868.7	812.4

表 13.5　丹江流域坡耕地转化情景下的土壤侵蚀变化

坡度/(°)	转化地类	平均侵蚀模数/[t/(km²·a)]	侵蚀减少量/万 t
>25	林地	4167.9	188.0
	草地	4217.1	180.1
	梯田	4315.2	164.5
15~25	林地	3773.1	251.1
	草地	3843.4	239.8
	梯田	3973.4	219.1
5~15	林地	4579.4	122.3
	草地	4622.5	115.4
	梯田	4673.1	107.3
>5	林地	1871.4	554.8
	草地	2018.2	531.4
	梯田	2308.6	485.0

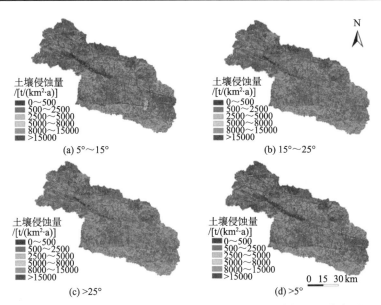

图 13.5　丹江流域坡耕地转化为林地情景下的土壤侵蚀量分布图

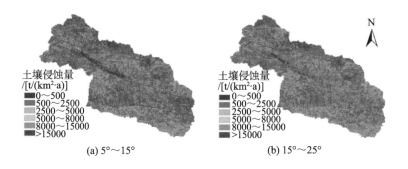

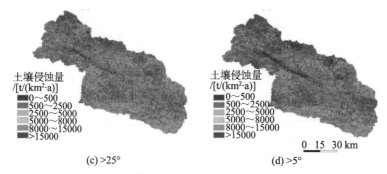

(c) >25°　　　　　　　　　　　　(d) >5°

图 13.6　丹江流域坡耕地转化为草地情景下的土壤侵蚀量分布图

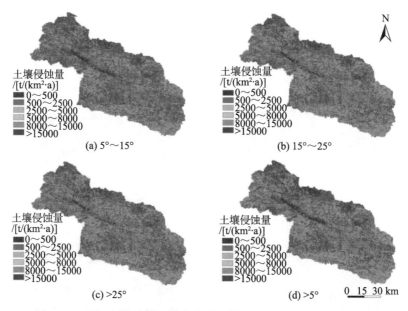

图 13.7　丹江流域坡耕地转化为梯田情景下的土壤侵蚀量分布图

13.3.3　水土保持措施下丹江流域泥沙氮素流失分析

　　参考陕西师范大学地理系吴成基等(1998)在地理科学关于"陕南河流泥沙输移比问题"的研究,确定丹江流域泥沙输移比为 0.37,由此可计算得丹江流域坡耕地转化情景下的泥沙流失量。根据丹江流域泥沙氮素含量数据,确定泥沙氨氮、硝氮和全氮含量分别为 6.90mg/kg、20.10mg/kg 和 357.00mg/kg。据此计算得到丹江流域坡耕地转化情景下的泥沙氮素流失量,见表 13.6。由表 13.6 可知,丹江流域>5°的坡耕地在林地、草地和梯田 3 个极限治理状态下,其泥沙年流失量分别为 110.6 万t、

119.3 万 t 和 136.4 万 t，年泥沙减少量分别为 205.3 万 t、196.6 万 t 和 179.4 万 t；在林地极限治理状态下，其氨氮、硝氮和全氮年流失量分别为 7.6t、22.2t 和 394.8t，其氨氮、硝氮和全氮年减少量分别为 14.2t、41.3t 和 732.8t。在大于 25°坡耕地退耕为林地，且 15°～25°坡耕地修为梯田的条件下，丹江流域全氮年流失量可减少 537.7t。

表 13.6　丹江流域坡耕地转化情景下的泥沙氮素流失量

坡度 /(°)	转化 地类	泥沙		氨氮		硝氮		全氮	
		年流失量/万t	年减少量/万t	年流失量/t	年减少量/t	年流失量/t	年减少量/t	年流失量/t	年减少量/t
>25	林地	246.3	69.6	17.0	4.8	49.5	14.0	879.3	248.3
	草地	249.2	66.7	17.2	4.6	50.1	13.4	889.7	237.9
	梯田	255.0	60.9	17.6	4.2	51.3	12.2	910.4	217.2
15～25	林地	223.0	92.9	15.4	6.4	44.8	18.7	796.1	331.6
	草地	227.1	88.7	15.7	6.1	45.7	17.8	810.9	316.8
	梯田	234.8	81.1	16.2	5.6	47.2	16.3	838.3	289.4
5～15	林地	270.6	45.2	18.7	3.1	54.4	9.1	966.2	161.5
	草地	273.2	42.7	18.8	2.9	54.9	8.6	975.3	152.4
	梯田	276.2	39.7	19.1	2.7	55.5	8.0	985.9	141.7
>5	林地	110.6	205.3	7.6	14.2	22.2	41.3	394.8	732.8
	草地	119.3	196.6	8.2	13.6	24.0	39.5	425.8	701.9
	梯田	136.4	179.4	9.4	12.4	27.4	36.1	487.1	640.6

13.3.4　水土保持措施下丹江流域径流氮素流失分析

根据丹江流域年平均降水量(743.50mm)、年平均流量(17.10 亿 m³)和鹦鹉沟流域农地、草地和林地的产流系数和径流氮素含量，计算得丹江流域坡耕地转化面积上(>5°)径流氮素流失量和丹江径流氮素浓度降低量，见表 13.7 和表 13.8。由此可知，丹江流域>5°的坡耕地在林地和草地两个极限治理状态下，坡耕地转化面积上(>5°)的年均产流量分别为 4119.2 万 m³ 和 9268.3 万 m³；在林地极限治理状态下，该面积上的氨氮、硝氮和总氮年流失量分别为 11.9t、66.3t 和 109.6t，其氨氮、硝氮和总氮年减少量分别为 33.6t、256.3t 和 346.9t。在林地极限治理状态下，丹江径流氨氮、硝氮和总氮年均浓度降低量分别为 0.020mg/L、0.150mg/L 和 0.203mg/L。

表 13.7　丹江流域坡耕地转化情景下的径流氮素流失量

坡度/(°)	转化地类	年均产流量/万 m³	氨氮		硝氮		总氮	
			年流失量/t	年减少量/t	年流失量/t	年减少量/t	年流失量/t	年减少量/t
>25	林地	717.2	2.1	5.8	11.5	44.6	19.1	60.4
	草地	1613.7	4.2	3.7	29.9	26.3	50.0	29.5
15~25	林地	1528.2	4.4	12.5	24.6	95.1	40.6	128.7
	草地	3438.4	8.9	7.9	63.6	56.1	106.6	62.8
5~15	林地	1873.9	5.4	15.3	30.2	116.6	49.8	157.8
	草地	4216.2	11.0	9.7	78.0	68.8	130.7	77.0
>5	林地	4119.2	11.9	33.6	66.3	256.3	109.6	346.9
	草地	9268.3	24.1	21.4	171.5	151.2	287.3	169.2

表 13.8　坡耕地转化情景下的丹江径流年均氮素浓度降低量

坡度/(°)	转化地类	氨氮		硝氮		总氮	
		年减少量/t	浓度降低量/(mg/L)	年减少量/t	浓度降低量/(mg/L)	年减少量/t	浓度降低量/(mg/L)
>25	林地	5.8	0.003	44.6	0.026	60.4	0.035
	草地	3.7	0.002	26.3	0.015	29.5	0.017
15~25	林地	12.5	0.007	95.1	0.056	128.7	0.075
	草地	7.9	0.005	56.1	0.033	62.8	0.037
5~15	林地	15.3	0.009	116.6	0.068	157.8	0.092
	草地	9.7	0.006	68.8	0.040	77.0	0.045
>5	林地	33.6	0.020	256.3	0.150	346.9	0.203
	草地	21.4	0.013	151.2	0.088	169.2	0.099

13.4　水土保持治理下的土壤侵蚀和全磷流失

13.4.1　丹汉江侵蚀及磷素流失现状

以 ArcMap 为计算平台，将丹汉江区域的降雨侵蚀力(R)、土壤可蚀性因子(K)、坡度坡长因子(LS)、覆盖与管理因子(C)和水土保持措施因子(P)提取，并根据修正的通用土壤流失方程(RUSLE)计算丹汉江区域各土壤侵蚀因子，得到丹汉江土壤侵蚀模数，如图 13.8 所示。

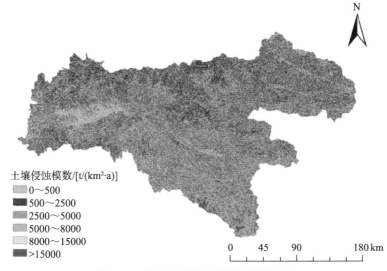

图 13.8　丹汉江区域土壤侵蚀模数分布

由 RUSLE 计算得出丹汉江流域平均侵蚀模数为 9935.18 t/(km²·a)，根据丹汉江区域土壤侵蚀等级分布(表 13.9)得出丹汉江区域属极强烈侵蚀。微度侵蚀[<500t/(km²·a)]基本集中分布于低山丘陵区和河岸缓冲区，而强烈及以上侵蚀[>5000 t/(km²·a)]广泛分布在高山保护区。因此，按 3 个治理分区对丹汉江区域进行水土保持分区治理有了数据支持。

表 13.9　丹汉江区域土壤侵蚀等级分布

级别	平均侵蚀模数/[t/(km²·a)]	面积/km²	面积比例/%
微度侵蚀	<500	7623.48	12.67
轻度侵蚀	500~2500	19423.12	32.28
中度侵蚀	2500~5000	11514.46	19.14
强烈侵蚀	5000~8000	6257.87	10.40
极强烈侵蚀	8000~15000	5732.41	9.53
剧烈侵蚀	>15000	9616.20	15.98

丹汉江流域总磷流失模数计算同理 12.5 节。流域年平均降水量为 817.3mm，结合区域各土地利用面积计算得，非点源污染过程中农地、林地、草地、城镇居民用地、未利用土地总磷流失模数分别为 19.31 kg/(km²·a)、2.94 kg/(km²·a)、7.36 kg/(km²·a)、19.61 kg/(km²·a)、9.81 kg/(km²·a)，区域径流总磷年平均流失量为 406.65t/a。

13.4.2　水土保持治理下的土壤侵蚀

根据前述分区调控模式，选择研究区>25°的耕地进行退耕还林，共计 2331.29km²；河岸缓冲区和低山丘陵区<25°耕地进行坡改梯，共计 1386.06km²；高山保护区所有耕地退耕还林，并进行封禁治理，共计 6599.94km²(所有耕地不包括水田)。研究区耕地分组统计见表 13.10。

表 13.10　研究区耕地分组统计

耕地分组	分区面积/km²			
	总研究区	河岸缓冲区	低山丘陵区	高山保护区
<25°耕地	5868.89	383.12	1002.95	4482.35
>25°耕地	2331.29	141.30	72.34	2117.60
<25°其他	31286.75	1764.97	5777.41	23735.97
>25°其他	20934.13	871.76	461.37	19599.83

河海大学刘玉含研究 2001～2005 年梯田橘园的 C 因子分别为 0.064、0.116、0.191、0.187、0.086。本书取梯田农田的 C 因子为 0.16，模拟退耕还林后的林地 C 因子为 0.006，由此计算得到的治理后丹汉江土壤侵蚀模数分布见图 13.9。

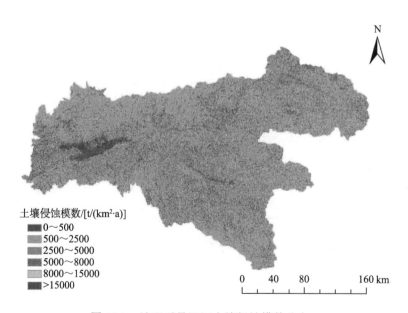

土壤侵蚀模数/[t/(km²·a)]
- 0～500
- 500～2500
- 2500～5000
- 5000～8000
- 8000～15000
- >15000

图 13.9　治理后丹汉江土壤侵蚀模数分布

治理后的丹汉江平均侵蚀模数为 6299.50t/(km²·a)，比实际的侵蚀模数降低了

36.60%，从原有的强烈侵蚀变为中度侵蚀。河岸缓冲区的大部分面积均为微度侵蚀，由表 13.11 可知，经过针对性的坡改梯及退耕还林，微度侵蚀的面积增加了近 2000km²，剧烈侵蚀面积与治理前相比减少了 22.15%。

表 13.11　水土保持治理后的丹汉江侵蚀模数变化

级别	平均侵蚀模数 /[t/(km²·a)]	面积/km²	面积比例/%	治理前后 变化幅度/%
微度	<500	9608.35	15.98	26.14
轻度	500~2500	22780.08	37.89	17.38
中度	2500~5000	7736.18	12.87	−32.76
强烈	5000~8000	5287.99	8.80	−15.43
极强烈	8000~15000	7226.60	12.02	26.17
剧烈	>15000	7480.61	12.44	−22.15

13.4.3　水土保持治理下的磷素流失

根据治理模式，河岸缓冲区及低山丘陵区<25°的农地实行坡改梯措施，高山保护区所有农地退耕还林。因此，治理后林地面积增加 6599.98km²，农地(即梯田)水土流失模数由 19.31kg/(km²·a)降为 9.56kg/(km²·a)，降幅高达 50.48%；区域年平均径流总磷流失量由 406.65t/a 降为 280.96t/a，降幅为 30.91%。在该种极限治理下，农地(即梯田)总磷流失模数已经低于居民区的流失模数，而且区域林草覆盖率高达 84.39%，将对丹汉江流域的生态环境及水质安全形成显著的积极影响(表 13.12)。

表 13.12　分区治理下不同土地利用非点源污染径流总磷流失

土地利用类型	面积 /km²	总磷流失量 /(t/a)	丹汉江总磷 流失模数/[t/(km²·a)]
梯田	1386.05	13.25	9.56
草地	25197.68	185.35	7.36
林地	25795.11	75.90	2.94
城镇居民用点	327.78	6.43	19.62
未利用土地	3.43	0.03	9.81

当坡面全部退耕还林(草)时，丹江流域的土壤侵蚀强度可达到轻度土壤侵蚀，但当坡面全部坡改梯时，丹江流域的土壤侵蚀强度仍旧属于中度土壤侵蚀。另外，林草措施较大限度地减少了地表产流量，起到了削减洪峰和涵养水源的作用，说明水土保持措施起到了较好的减水减沙效果，其中，林草措施减水减沙效益最好，坡

改梯次之。在陕南土石山区，林草措施虽然起到了减水效益，但却是以壤中流的形式补给给了地表径流，使地表径流在总量上没有减少的同时，净化了水质。

丹江流域>5°的坡耕地在林地和草地极限治理状态下，其泥沙全氮含量分别减少 732.80t 和 701.90t，径流总氮流失量分别减少 346.90t 和 169.20t。尤其在林地极限治理状态下，丹江径流总氮年均浓度将降低 0.20mg/L，说明传统水土保持林草措施可以较大程度地降低非点源污染程度。

土壤侵蚀模数与水土保持措施比例之间最佳的拟合函数均应是一元二次函数，只是林地措施和草地措施比例与侵蚀模数之间的关系接近于线性函数，而梯田比例与侵蚀模数之间的关系更接近于指数函数。利用 RUSLE 精确计算年均土壤侵蚀模数需要高精度的 DEM 和准确的土地利用图，由于丹江流域高精度 DEM 数据较难获得，本书利用丹江流域 30mDEM 数据计算土壤侵蚀量，在一定程度上影响了计算精度。此外，由于是基于丹江流域的情景模拟计算，故利用 2000 年丹江流域土地利用图是可行的。

参 考 文 献

李亦秋，冯仲科，韩烈保，等，2010. 丹江口库区及上游生态系统土壤保持效益价值评估[J]. 中国人口·资源与环境，20(5): 64-68.

刘世梁，王聪，张希来，等，2011. 土地整理中不同梯田空间配置的水土保持效应[J].水土保持学报，25(4): 59-68.

刘雯，杨爱荣，蒋国富，等，2011. 南水北调中线工程水源区水土流失估算[J]. 河南科学，29(3): 310-314.

史志华，蔡崇法，丁树文，等，2002. 基于 GIS 和 RUSLE 的小流域农地水土保持规划研究[J]. 农业工程学报，18(4): 172-175.

王晓峰，常俊杰，余正军，等，2010. 基于 RUSLE 的土壤侵蚀量研究——以南水北调中线陕西水源区为例[J]. 西北大学学报(自然科学版)，40(3): 545-549.

吴成基，甘枝茂，1998. 陕南河流泥沙输移比问题[J]. 地理科学，18(1): 39-44.

张骅，杨西民，柳诗众，2002. 论陕南水土保持治理方略[J]. 中国水土保持，3: 20-22.

彩　图

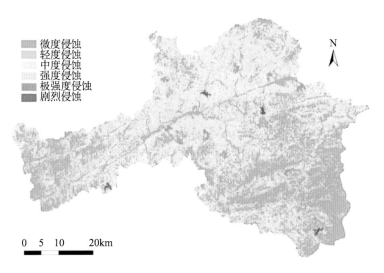

图 3.15　宁强县土壤侵蚀强度图

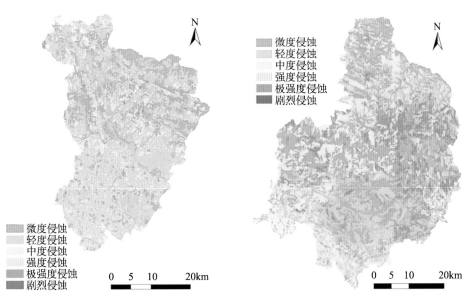

图 3.16　石泉县土壤侵蚀强度图　　　　图 3.17　商南县土壤侵蚀强度图

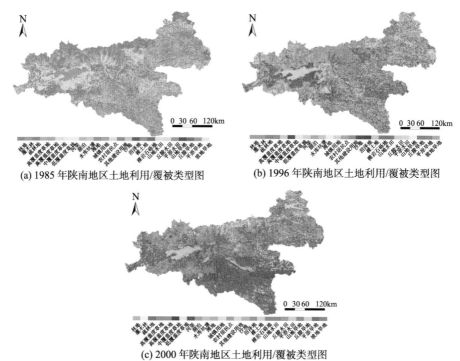

(a) 1985 年陕南地区土地利用/覆被类型图

(b) 1996 年陕南地区土地利用/覆被类型图

(c) 2000 年陕南地区土地利用/覆被类型图

图 5.1　1985 年、1996 年和 2000 年陕南地区土地利用/覆被类型图

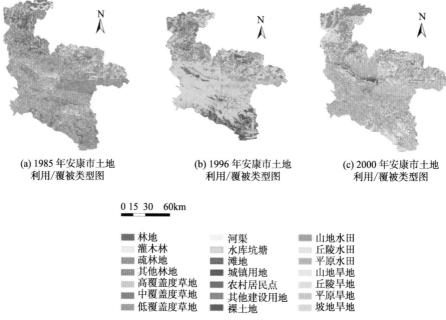

(a) 1985 年安康市土地
利用/覆被类型图

(b) 1996 年安康市土地
利用/覆被类型图

(c) 2000 年安康市土地
利用/覆被类型图

0 15 30　60km

林地	河渠	山地水田
灌木林	水库坑塘	丘陵水田
疏林地	滩地	平原水田
其他林地	城镇用地	山地旱地
高覆盖度草地	农村居民点	丘陵旱地
中覆盖度草地	其他建设用地	平原旱地
低覆盖度草地	裸土地	坡地旱地

图 5.2　1985 年、1996 年和 2000 年安康市土地利用/覆被类型图

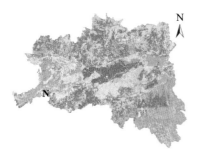

(a) 1985 年汉中市土地利用/覆被类型图

(b) 1996 年汉中市土地利用/覆被类型图

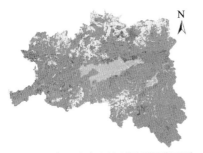

(c) 2000 年汉中市土地利用/覆被类型图

图 5.3　1985 年、1996 年和 2000 年汉中市土地利用/覆被类型图

(a) 1985 年商洛市土地利用/覆被类型图

(b) 1996 年商洛市土地利用/覆被类型图

(c) 2000 年商洛市土地利用/覆被类型图

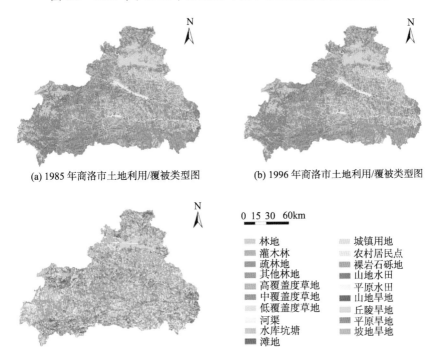

图 5.4　1985 年、1996 年和 2000 年商洛市土地利用/覆被类型图

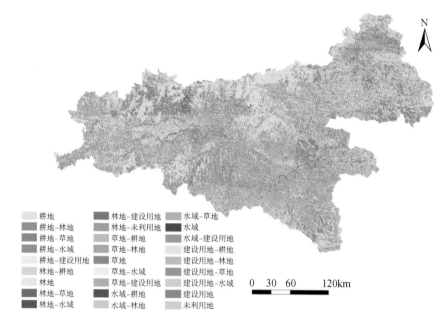

图例：
耕地
耕地-林地
耕地-草地
耕地-水域
耕地-建设用地
林地-耕地
林地
林地-草地
林地-水域
林地-建设用地
林地-未利用地
草地-耕地
草地-林地
草地
草地-水域
草地-建设用地
水域-耕地
水域-林地
水域-草地
水域
水域-建设用地
建设用地-耕地
建设用地-林地
建设用地-草地
建设用地-水域
建设用地
未利用地

0 30 60   120km

(a) 1985～1996 年水源区(陕西片)土地利用/覆被变化特征

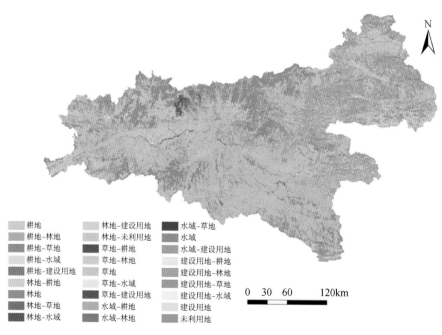

图例：
耕地
耕地-林地
耕地-草地
耕地-水域
耕地-建设用地
林地-耕地
林地
林地-草地
林地-水域
林地-建设用地
林地-未利用地
草地-耕地
草地-林地
草地
草地-水域
草地-建设用地
水域-耕地
水域-林地
水域-草地
水域
水域-建设用地
建设用地-耕地
建设用地-林地
建设用地-草地
建设用地-水域
建设用地
未利用地

0 30 60   120km

(b) 1996～2000 年水源区(陕西片)土地利用/覆被变化特征

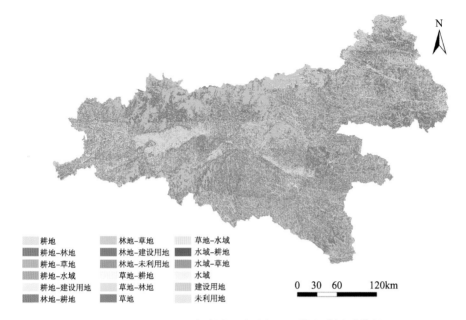

耕地　　　　林地–草地　　　草地–水域
耕地–林地　　林地–建设用地　水域–耕地
耕地–草地　　林地–未利用地　水域–草地
耕地–水域　　草地–耕地　　　水域
耕地–建设用地　草地–林地　　　建设用地
林地–耕地　　草地　　　　　　未利用地

0　30　60　　　　120km

(c) 1985～2000 年水源区(陕西片)土地利用/覆被变化特征

图 5.5　水源区(陕西片)土地利用/覆被变化特征

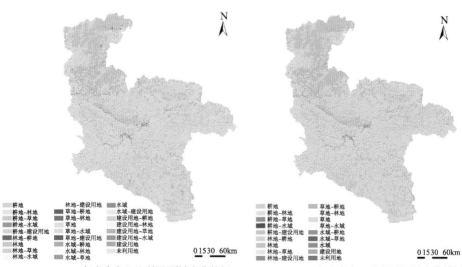

耕地　　　　　林地–建设用地　　水域
耕地–林地　　　草地–耕地　　　　水域–建设用地
耕地–草地　　　草地–林地　　　　建设用地–耕地
耕地–水域　　　草地–水域　　　　建设用地–林地
耕地–建设用地　水域–耕地　　　　建设用地–草地
林地–耕地　　　水域–草地　　　　建设用地–水域
林地–草地　　　水域–建设用地　　未利用地

0 1530　60km

(a) 1985～1996 年安康市土地利用/覆被变化特征

耕地　　　　　草地–耕地
耕地–林地　　　草地–林地
耕地–草地　　　草地
耕地–水域　　　草地–水域
耕地–建设用地　水域–草地
林地　　　　　水域
林地–耕地　　　建设用地
林地–草地　　　未利用地
林地–建设用地

0 1530　60km

(b) 1996～2000 年安康市土地利用/覆被变化特征

0 15 30   60 km

(c) 1985～2000 年安康市土地利用/覆被变化特征

图 5.6   安康市土地利用/覆被变化特征

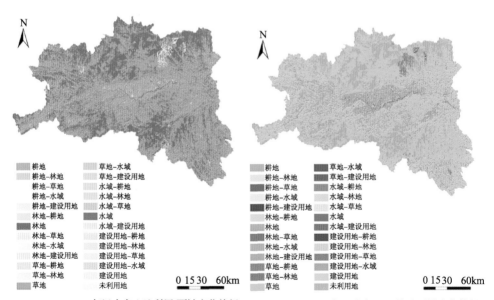

0 15 30   60km

(a) 1985～1996 年汉中市土地利用/覆被变化特征

0 15 30   60km

(b) 1996～2000 年汉中市土地利用/覆被变化特征

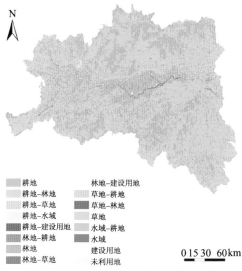

耕地
耕地–林地
耕地–草地
耕地–水域
耕地–建设用地
林地–耕地
林地
林地–草地

林地–建设用地
草地–耕地
草地–林地
草地
水域–耕地
水域
建设用地
未利用地

0 15 30　60km

(c) 1985～2000 年汉中市土地利用/覆被变化特征

图 5.7　汉中市土地利用/覆被变化特征

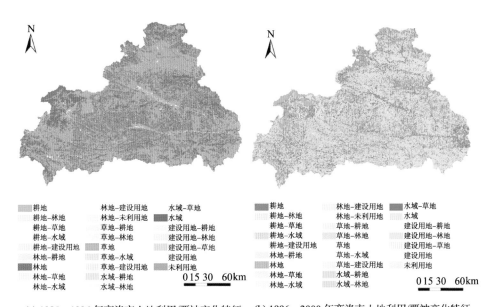

耕地
耕地–林地
耕地–草地
耕地–水域
耕地–建设用地
林地–耕地
林地
林地–草地
林地–水域

林地–建设用地
林地–未利用地
草地–耕地
草地–林地
草地
草地–水域
草地–建设用地
水域–耕地
水域–林地

水域–草地
水域
建设用地–耕地
建设用地–林地
建设用地–草地
建设用地
未利用地

0 15 30　60km

(a) 1985～1996 年商洛市土地利用/覆被变化特征

耕地
耕地–林地
耕地–草地
耕地–水域
耕地–建设用地
林地–耕地
林地
林地–草地
林地–水域

林地–建设用地
林地–未利用地
草地–耕地
草地–林地
草地
草地–水域
草地–建设用地
水域–耕地
水域–林地

水域–草地
水域
建设用地–耕地
建设用地–林地
建设用地–草地
建设用地
未利用地

0 15 30　60km

(b) 1996～2000 年商洛市土地利用/覆被变化特征

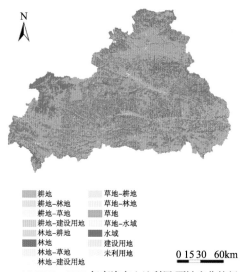

耕地　　　　　　　　草地–耕地
耕地–林地　　　　　草地–林地
耕地–草地　　　　　草地
耕地–建设用地　　　草地–水域
林地–耕地　　　　　水域
林地–草地　　　　　建设用地
林地–建设用地　　　未利用地

0 15 30   60km

(c) 1985～2000 年商洛市土地利用/覆被变化特征

图 5.8　商洛市土地利用/覆被变化特征

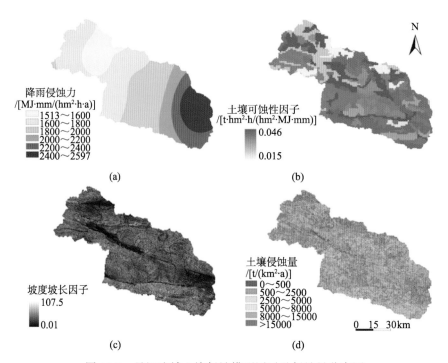

降雨侵蚀力
/[MJ·mm/(hm²·h·a)]
　1513～1600
　1600～1800
　1800～2000
　2000～2200
　2200～2400
　2400～2597

(a)

土壤可蚀性因子
/[t·hm²·h/(hm²·MJ·mm)]
　0.046

　0.015

(b)

坡度坡长因子
107.5

0.01

(c)

土壤侵蚀量
/[t/(km²·a)]
　0～500
　500～2500
　2500～5000
　5000～8000
　8000～15000
　>15000

0　15　30km

(d)

图 13.2　丹江流域土壤侵蚀模型因子及侵蚀量分布图

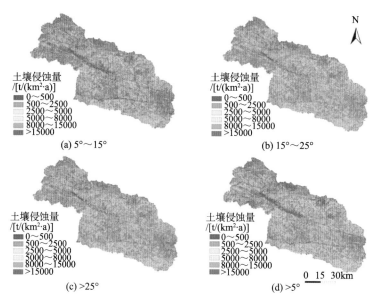

图 13.5 丹江流域坡耕地转化为林地情景下的土壤侵蚀量分布图

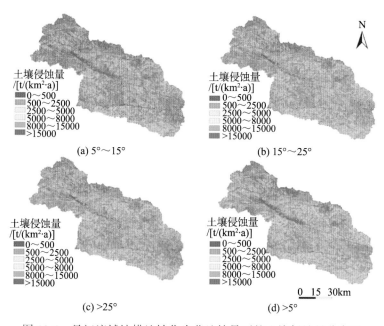

图 13.6 丹江流域坡耕地转化为草地情景下的土壤侵蚀量分布图

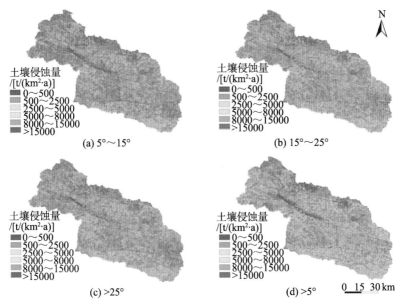

图 13.7 丹江流域坡耕地转化为梯田情景下的土壤侵蚀量分布图

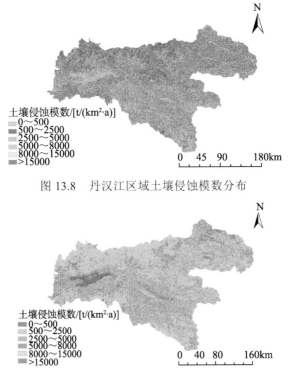

图 13.8 丹汉江区域土壤侵蚀模数分布

图 13.9 治理后丹汉江土壤侵蚀模数分布